Springer-Lehrbuch

Wilhelm Klingenberg

Lineare Algebra und Geometrie

Dritte Auflage

Mit 35 Abbildungen

Springer-Verlag
Berlin Heidelberg New York
London Paris Tokyo
Hong Kong Barcelona
Budapest

Wilhelm Klingenberg
Mathematisches Institut
der Universität Bonn
Wegelerstraße 10
W-5300 Bonn 1, FRG

Mathematics Subject Classification (1991): 15-01, 15A03, 15A04, 15A06, 15A15, 15A18, 15A21, 15A63, 51-01, 51M05, 51M10, 51N10, 51N15, 51N20, 51N25

Dieser Band erschien bisher in der Reihe *Hochschultext*

ISBN 3-540-55673-7 Springer-Verlag Berlin Heidelberg New York

ISBN 3-540-51736-7 2. Auflage Springer-Verlag Berlin Heidelberg New York

Die Deutsche Bibliothek – CIP-Einheitsaufnahme
Klingenberg, Wilhelm: Lineare Algebra und Geometrie / Wilhelm Klingenberg. – 3. Aufl.
– Berlin; Heidelberg; New York; London; Paris; Tokyo; Hong Kong; Barcelona; Budapest:
Springer, 1992 (Springer-Lehrbuch)
ISBN 3-540-55673-7

Dieses Werk ist urheberrechtlich geschützt. Die dadurch begründeten Rechte, insbesondere die der Übersetzung, des Nachdrucks, des Vortrags, der Entnahme von Abbildungen und Tabellen, der Funksendung, der Mikroverfilmung oder der Vervielfältigung auf anderen Wegen und der Speicherung in Datenverarbeitungsanlagen, bleiben, auch bei nur auszugsweiser Verwertung, vorbehalten. Eine Vervielfältigung dieses Werkes oder von Teilen dieses Werkes ist auch im Einzelfall nur in den Grenzen der gesetzlichen Bestimmungen des Urheberrechtsgesetzes der Bundesrepublik Deutschland vom 9. September 1965 in der jeweils geltenden Fassung zulässig. Sie ist grundsätzlich vergütungspflichtig. Zuwiderhandlungen unterliegen den Strafbestimmungen des Urheberrechtsgesetzes.

© Springer-Verlag Berlin Heidelberg 1984, 1990, 1992
Printed in Germany

Satz: Reproduktionsfertige Vorlage vom Autor
Druck und Bindearbeiten: Weihert-Druck GmbH, Darmstadt
44/3140-543210 Gedruckt auf säurefreiem Papier

Für Christian, Wilhelm und Karin

Vorwort zur dritten Auflage

Mit Stolz und Freude darf ich die dritte Auflage dieses Buches ankündigen. Offenbar hat sich das Konzept, die Lineare Algebra nicht als Selbstzweck, sondern als fundamentales Hilfsmittel für die Analysis und vor allem für die Geometrie zu präsentieren, bewährt.
Die wenigen mir bekannt gewordenen Druckfehler habe ich korrigiert.

Berlin, im Mai 1992 *Wilhelm Klingenberg*

Vorwort zur zweiten Auflage

In dreierlei Hinsicht stellt die neue Auflage eine Verbesserung dar: Einmal wurden Fehler korrigiert und manche Beweise übersichtlicher gestaltet. Dabei haben mir meine Studenten geholfen, mit denen ich den Stoff während dreier Semester in Vorlesungen und Proseminaren durchging. Ferner finden sich am Schluß eines jeden Kapitels jetzt Übungen; hierbei hat mich Hans-Bert Rademacher unterstützt. Schließlich – und das halte ich für einen großen Gewinn – ist das Buch von Barbara Strahl ganz neu im TEX-Verfahren geschrieben worden. Sie hat dies mit kritischem Engagement getan und dabei manches übersichtlicher gestaltet. So darf ich hoffen, daß mein letztes mathematisches Lehrbuch noch einmal Beachtung findet.

Bonn, im Mai 1989 *Wilhelm Klingenberg*

Vorwort zur ersten Auflage

AGERE AUT PATI FORTIORA

Das vorliegende Buch ist aus Vorlesungen entstanden, die ich wiederholt in Göttingen, Mainz und Bonn gehalten habe. Die Mainzer Vorlesungen 1963/64 wurden von K.H. Bartsch, K. Steffen und P. Klein ausgearbeitet. P. Klein erstellte eine erweiterte Fassung des algebraischen Teils, die 1971/73 unter gemeinsamem Namen im Bibliographischen Institut erschien. Zu der geplanten Veröffentlichung des geometrischen Teils ist es nie gekommen.

Gegen Ende meiner Lehrtätigkeit lege ich nun eine vollständige Fassung dessen vor, was ich unter "Analytische Geometrie" verstehe. Dies ist zum einen die lineare und bilineare Algebra in voller Allgemeinheit, dann aber auch die klassische Geometrie, d. h., die affine und euklidische Geometrie sowie die projektive und die beiden daraus nach Felix Klein herleitbaren nicht-euklidischen Geometrien.

Angesichts des Umfangs der klassischen Geometrie konnte ich natürlich in meinen Vorlesungen nur die Grundlagen entwickeln. Und auch hier bin ich nur bis zur euklidischen Geometrie gekommen, kaum einmal bis zur projektiven Geometrie. Ich konnte aber jedenfalls deutlich machen, wie sich die Fülle des klassischen Materials übersichtlich und einsichtig gestalten läßt, wenn die zuvor entwickelte lineare und bilineare Algebra in ihrer heutigen Gestalt zur Verfügung steht.

In dem vorliegenden Text führe ich nun Vieles aus, was in zwei Semestern nicht gebracht werden kann. Durch Selbststudium oder im Rahmen eines Proseminars im dritten Semester kann sich ein Student mit der heute stark vernachlässigten klassischen Geometrie vertraut machen. Er braucht sich dabei nicht mit dem veralteten und umständlichen Stil früherer Generationen herumzuschlagen. Vielmehr findet er hier solche Dinge wie Berührkreise von Dreiecken, Kegelschnitte, Quadriken, Dandelinsche Sphären, Fundamentalsatz der affinen und projektiven Geometrie, konforme Modelle der nicht-euklidischen Geometrien, Cliffordflächen bis hin zu solchen Kuriositäten wie den Satz von Morley. Und dies alles in einem Band zusammen mit allem, was man aus der (bi-) linearen Algebra wissen muß.

Von Anfang an wird der Stoff in der später benötigten Allgemeinheit entwickelt. Auf didaktische Präliminarien und Motivationen habe ich verzichtet. Ich bin auch davon überzeugt, daß eine gute Sache sich selber motiviert. Ein angehender Student hat keinerlei Schwierigkeiten, einige "abstrakte" Definitionen zu akzeptieren: Wenn er im Verlaufe der Vorlesung bei den Anwendungen sieht, wie nützlich und weittragend die eingeführten Begriffe sind, so wird er auch mit ihnen vertraut und lernt, mit ihnen umzugehen.

So stehen Gruppen ganz am Anfang. Gruppen treten ganz natürlich als strukturerhaltende Auto-Bijektionen auf. Bei Vektorräumen gibt es zunächst keine Beschränkung auf endliche Dimensionen, da die Funktionalräume zu den wichtigsten Beispielen für Vektorräume gehören. Später wird deutlich gemacht, daß der Verzicht auf endliche Dimension durch eine zusätzliche Struktur weitgehend wettgemacht wird; und dies sogar vollständig für Hilberträume.

Die Jordan-Normalform wird für den komplexen und für den reellen Fall auf elementare Weise hergeleitet. Wir lösen damit lineare Differentialgleichungssysteme mit konstanten Koeffizienten und charakterisieren diejenigen Systeme, für welche die Nullösung stabil ist.

Mit Kapitel 7 beginnt der geometrische Teil im engeren Sinne: Affine Räume und projektive Räume werden zunächst über allgemeinen Vektorräumen betrachtet. Wir klassifizieren die Quadriken und zeigen, daß im reellen Fall die Quadriken der Codimension 1 starr sind. Der Hauptsatz der affinen und projektiven Geometrie, mit dem die allgemeinen Kollineationen charakterisiert werden, wird ergänzt durch den Satz von v. Staudt über die Kennzeichnung der Bijektionen einer projektiven Geraden, die harmonische Quadrupel in ebensolche überführen. Das Doppelverhältnis wird später in der nicht-euklidischen Geometrie eine entscheidende Rolle spielen.

Affine Räume über einem euklidischen Vektorraum liefern die euklidische Geometrie; ihre projektiven Räume führen auf die elliptische Geometrie. Wenn der zugrunde liegende Vektorraum eine Lorentzmetrik trägt, erhalten wir die hyperbolische Geometrie. Die konformen Modelle ebenso wie die Grundformeln der Dreieckslehre werden hergeleitet. Für die Bewegungsgruppe der ebenen Geometrien sind die komplexen Zahlen wichtig, für die Bewegungsgruppe der räumlichen Geometrien die Quaternionen.

Für weitere Einzelheiten über den Inhalt sei auf das folgende Verzeichnis und den Index verwiesen.

Abschließend möchte ich noch einmal betonen, daß dieses Buch mehr sein will als nur ein weiterer Text zur linearen Algebra – und noch ein recht vollständiger dazu: Es soll darüber hinaus den Studenten – und hier insbesondere den angehenden Lehrer – mit der klassischen Geometrie vertraut machen. Sie ist eine der großen Leistungen unserer europäischen Kultur. In den Köpfen der jüngeren Generation ist die klassische Geometrie vom Aussterben bedroht. Davor möchte ich sie bewahren.

Beim Korrekturlesen haben mir meine Assistenten geholfen. Mancher Fehler wurde noch ganz am Schluß von meiner Kollegin A.M. Pastore entdeckt. Das Manuskript stellte in mühevoller Arbeit Frau Christine Sacher her. Ihnen allen gebührt mein Dank.

Bonn, im November 1983 *Wilhelm Klingenberg*

Inhaltsverzeichnis

1 Allgemeine Grundbegriffe

    1.1 Mengen und Abbildungen 1
    1.2 Gruppen 3
    1.3 Gruppenmorphismen 5
    1.4 Äquivalenzrelationen und Quotientengruppen 7
    1.5 Ringe und Körper 11

2 Vektorräume

    2.1 Moduln und Vektorräume 17
    2.2 Lineare Abbildungen 19
    2.3 Erzeugendensysteme und freie Systeme 21
    2.4 Basissysteme 24
    2.5 Endlichdimensionale Vektorräume 26
    2.6 Lineare Komplemente 28

3 Matrizen

    3.1 Vektorräume linearer Abbildungen 33
    3.2 Dualräume 34
    3.3 Die transponierte Abbildung 38
    3.4 Matrizen 41
    3.5 Das Matrizenprodukt 44
    3.6 Der Rang 47

4 Lineare Gleichungen und Determinanten

    4.1 Lineare Gleichungssysteme 53
    4.2 Das Gaußsche Eliminationsverfahren 55
    4.3 Die symmetrische Gruppe 58
    4.4 Determinanten 60
    4.5 Der Determinantenentwicklungssatz 65

5 Eigenwerte und Normalformen

- 5.1 Eigenwerte 71
- 5.2 Normalformen. Elementare Theorie 74
- 5.3 Der Satz von Hamilton-Cayley 77
- 5.4 Die Jordan-Normalform 79
- 5.5 Lineare Differentialgleichungssysteme mit konstanten Koeffizienten (komplexer Fall) 85
- 5.6 Die Jordan-Normalform über $\mathbb{R}$ 87
- 5.7 Lineare Differentialgleichungssysteme mit konstanten Koeffizienten (reeller Fall) 91

6 Metrische Vektorräume

- 6.1 Unitäre Vektorräume 97
- 6.2 Normierte Vektorräume 102
- 6.3 Hilberträume 108
- 6.4 Lineare Operatoren. Die unitäre Gruppe 114
- 6.5 Hermitesche Formen 121

7 Affine Geometrie

- 7.1 Der affine Raum 129
- 7.2 Affinitäten und Kollineationen. Der Fundamentalsatz 134
- 7.3 Lineare Funktionen 139
- 7.4 Affine Quadriken 145

8 Euklidische Geometrie

- 8.1 Der affin-unitäre Raum 159
- 8.2 Lineare und quadratische Funktionen 164
- 8.3 Der Winkel 170
- 8.4 Anhang: Quaternionen und $S\mathbb{O}(3)$, $S\mathbb{O}(4)$ 177
- 8.5 Dreieckslehre 181
- 8.6 Kegelschnitte 189

9 Projektive Geometrie

- 9.1 Der projektive Raum 207
- 9.2 Die projektive Erweiterung eines affinen Raumes 210
- 9.3 Anhang: Allgemeine projektive und affine Ebenen 217
- 9.4 Das Doppelverhältnis. Der Satz von v. Staudt 223
- 9.5 Quadriken und Polaritäten 231

10 Nichteuklidische Geometrie

- 10.1 Der hyperbolische Raum 243
- 10.2 Das konforme Modell des hyperbolischen Raumes 250
- 10.3 Elliptische Geometrie 262
- 10.4 Das konforme Modell des elliptischen Raumes 266
- 10.5 Cliffordparallelen 272
- 10.6 Sphärische Geometrie und Dreieckslehre 277

Literaturhinweise 283
Literaturverzeichnis 285
Index 287

Kapitel 1
Allgemeine Grundbegriffe

1.1 Mengen und Abbildungen

Wir betrachten Mengen $A, B, C, \ldots$. Ohne auf eine formallogische Begründung einzugehen, soll es für uns genügen, eine Menge A als eine Zusammenfassung von Objekten $x, y, z, \ldots$ zu betrachten. Ein Objekt x der Menge A heißt Element, und wir bezeichnen mit $x \in A$, daß x zu der Menge A gehört. Gelegentlich beschreiben wir eine Menge A auch in der Form $\{x, y, z, \ldots\}$, d. h., wir führen die Elemente in A explizit auf.

Daß die Menge A eine Teilmenge der Menge B ist, bedeutet, daß jedes Element x von A auch Element von B ist. Bezeichnung: $A \subset B$. Falls $A \subset B$, so bezeichnet $B \setminus A$ die Menge der $x \in B, x \notin A$.

Es ist zweckmäßig, auch von der leeren Menge $\emptyset$ zu reden. Dies ist die Menge ohne jedes Element.

Definition 1.1.1 *A und B seien Mengen. Eine* Abbildung $f: A \longrightarrow B$ *ist eine Vorschrift, die jedem $x \in A$ genau ein $y \in B$ zuordnet. Dies y wird mit $f(x)$ oder einfach fx bezeichnet und heißt* Bild *von x. Wenn $fx = y$, so heißt x ein* Urbild *von y.*

Beispiele 1.1.2 1. Sei $A = \mathbb{N} = $ die Menge der natürlichen Zahlen $\{0, 1, 2, \ldots\}$, m sei eine feste natürliche Zahl. Durch die Vorschrift $f(x) = mx$ ist eine Abbildung $f: \mathbb{N} \longrightarrow \mathbb{N}$ gegeben.
2. $\mathrm{id}_A: A \longrightarrow A$; $x \longmapsto x$, heißt *identische Abbildung* von A auf A.

Definition 1.1.3 *Sei $f: A \longrightarrow B$ eine Abbildung.*
1. *f heißt* surjektiv, *wenn $f(A) = \{f(x); x \in A\} = B$.*
2. *f heißt* injektiv, *wenn aus $f(x) = f(x')$ folgt $x = x'$, für alle Paare (x, x') aus A.*
3. *f heißt* bijektiv, *wenn f surjektiv und injektiv ist.*

Satz 1.1.4 *Wenn $f: A \longrightarrow B$ bijektiv ist, so gibt es die sogenannte* Umkehrabbildung *oder* inverse Abbildung $f^{-1}: B \longrightarrow A$: *Falls $y = f(x)$, so setze $f^{-1}(y) = x$. f^{-1} ist bijektiv.*

Beweis: Da f surjektiv ist, gibt es zu jedem $y \in B$ ein $x \in A$ mit $f(x) = y$. Da f injektiv ist, gibt es zu $y \in B$ nur ein einziges x mit $f(x) = y$. Daher ist f^{-1} eine Abbildung. Der Rest ist klar. □

Beispiele 1.1.5 1. Die Abbildung $f: \mathbb{N} \longrightarrow \mathbb{N}$ aus 1.1.2, 1. ist injektiv für jedes $m > 0$, denn aus $mx = mx'$ folgt $m(x - x') = 0$, also $x - x' = 0$. Für $m > 1$ ist f jedoch nicht surjektiv.

2. Sei $\mathbb{Z}$ die Menge aller ganzen Zahlen $\{0, \pm 1, \pm 2, \ldots\}$. Die Abbildung

$$f: \mathbb{Z} \longrightarrow \mathbb{N}; \quad x \longmapsto \left\{ \begin{array}{ll} x, & \text{für } x \geq 0 \\ -x, & \text{für } x \leq 0 \end{array} \right\}$$

ist surjektiv, aber nicht injektiv, da $f(-x) = f(x)$ für alle x.

3. Sei $\mathbb{Q}$ die Menge der rationalen Zahlen $\{0, \pm\frac{p}{q}; p, q \in \mathbb{N}^+ = \mathbb{N} - \{0\}\}$. Die Abbildung $f: x \in \mathbb{Q} \longmapsto mx \in \mathbb{Q}$, $m \in \mathbb{N} - \{0\}$ ist bijektiv, wie man verifiziere.

Definition 1.1.6 *Seien $f: A \longrightarrow B$; $g: B \longrightarrow C$ Abbildungen. Dann ist eine Abbildung $g \circ f: A \longrightarrow C$ erklärt durch $x \longmapsto g(f(x))$. $g \circ f$ heiße Komposition von f mit g.*

Bemerkung: Beachte die Reihenfolge $g \circ f$ und nicht $f \circ g$ für die Komposition von f mit g. Dies rührt von der Konvention her, $f(x)$ zu schreiben anstelle $x(f)$.

Satz 1.1.7 *Seien*

$$A \xrightarrow{f} B \xrightarrow{g} C \xrightarrow{h} D$$

Abbildungen. Dann gilt

$$h \circ (g \circ f) = (h \circ g) \circ f$$

und wir schreiben daher einfach $h \circ g \circ f$.

Beweis: Benutze die Definition der Komposition:

$$\begin{aligned} (h \circ (g \circ f))(x) &= h(g(f(x))) \\ &= (h \circ g)(f(x)) = ((h \circ g) \circ f)(x) \end{aligned}$$

$\square$

Satz 1.1.8 *Wenn $f: A \longrightarrow B$ und $g: B \longrightarrow C$*

$$\left. \begin{array}{c} surjektiv \\ injektiv \\ bijektiv \end{array} \right\} \quad dann \ auch \quad g \circ f \quad \left\{ \begin{array}{c} surjektiv \\ injektiv \\ bijektiv \end{array} \right.$$

Beweis: Seien f und g injektiv. Aus $(f \circ g)(x) = (f \circ g)(x')$ folgt $g(x) = g(x')$ und $x = x'$.
Seien f und g surjektiv. Da $f(A) = B, g(B) = C$, gilt $(g \circ f)(A) = C$. $\square$

Beispiel 1.1.9 In 1.1.4 zeigten wir, daß zu einer bijektiven Abbildung $f: A \longrightarrow B$ die inverse Abbildung $f^{-1}: B \longrightarrow A$ existiert. Dann gilt

$$f^{-1} \circ f = \text{id}_A; \quad f \circ f^{-1} = \text{id}_B.$$

Der folgende Satz liefert eine Umkehrung.

Satz 1.1.10 *Seien $f: A \longrightarrow B$, $g: B \longrightarrow A$ Abbildungen mit $f \circ g = \text{id}_B$. Dann ist f surjektiv und g injektiv.*

Beweis: Schreibe $y \in B$ als $f(g(y)) = y$. Also f surjektiv. Aus $g(y) = g(y')$ folgt $y = f(g(y)) = f(g(y')) = y'$, also g injektiv. □

Korollar 1.1.11 *$f: A \longrightarrow B$ ist bijektiv dann und nur dann, wenn es ein $g: B \longrightarrow A$ gibt mit $f \circ g = \text{id}_B$, $g \circ f = \text{id}_A$. Und zwar ist $g = f^{-1}$.* □

Korollar 1.1.12 *Sei $f: A \longrightarrow B$ bijektiv. Dann ist $(f^{-1})^{-1} = f$.*

Beweis: Nach 1.1.9 und der Definition von $(f^{-1})^{-1}$ ist $f^{-1} \circ f = f^{-1} \circ (f^{-1})^{-1} = \text{id}_A$; $f \circ f^{-1} = (f^{-1})^{-1} \circ f^{-1} = \text{id}_B$. Wende 1.1.11 an. □

1.2 Gruppen

Wir kommen nun zu dem ersten und zugleich sehr wichtigen Beispiel einer Menge mit einer zusätzlichen Struktur. Bei der Definition werden wir benutzen, daß mit zwei Mengen A und B auch die sogenannte Produktmenge $A \times B$ erklärt ist. Dies ist die Menge der Paare (x, y) mit $x \in A$ und $y \in B$.

Definition 1.2.1 *Eine* Gruppe G *ist eine Menge (die wir ebenfalls mit G bezeichnen) mit einer* Verknüpfung

$$G \times G \longrightarrow G;$$
$$(x, y) \longmapsto x \cdot y,$$

welche die folgenden sogenannten Gruppenaxiome *erfüllt:*

1. *Für alle x, y, z aus G gilt das Assoziativgesetz*

$$(x \cdot y) \cdot z = x \cdot (y \cdot z).$$

2. *Es gibt ein Element $e \in G$, das sogenannte* neutrale Element, *so daß*

$$e \cdot x = x \cdot e = x \quad \text{für alle } x \in G.$$

3. *Zu jedem $x \in G$ gibt es ein $y \in G$ mit*

$$y \cdot x = e$$

y heißt links-inverses *Element von x.*

Beispiel 1.2.2 Sei M eine beliebige Menge. Die Menge S_M oder Perm M der bijektiven Abbildungen (auch *Permutationen* genannt) bildet eine Gruppe, indem wir als Verknüpfung $f \cdot g$ die Komposition $g \circ f$ (vgl. 1.1.6) wählen. In der Tat, das Assoziativgesetz gilt nach 1.1.7, id_M ist neutrales Element, und f^{-1} ist links-inverses Element gemäß 1.1.9.

Definition 1.2.3 *Falls für alle* $(x,y) \in G \times G$ *gilt* $x \cdot y = y \cdot x$, *so heißt* G abelsche *oder* kommutative *Gruppe.*

In diesem Fall schreibt man auch oft $x + y$ anstelle $x \cdot y$.

Beispiele 1.2.4 1. Die Menge $\mathbb{Z}$ der ganzen Zahlen ist eine abelsche Gruppe unter der Verknüpfung $(x,y) \longmapsto x + y$. 0 ist neutrales Element, $-x$ links-inverses Element von x.
2. Die Menge $\mathbb{Q}^* = \mathbb{Q} \setminus \{0\}$ der rationalen Zahlen $\neq 0$ ist eine abelsche Gruppe unter der Verknüpfung $(x,y) \longmapsto x \cdot y$. 1 ist neutrales Element, $\frac{1}{x}$ links-inverses Element.
3. Die Gruppe $S_3 \equiv S\{1,2,3\}$ der Permutationen von 3 Elementen ist nicht abelsch: Man zeige, daß z. B. die Permutationen

$$\{1 \longmapsto 2, 2 \longmapsto 1, 3 \longmapsto 3\} \quad \text{und} \quad \{1 \longmapsto 1, 2 \longmapsto 3, 3 \longmapsto 2\}$$

nicht kommutieren.

Satz 1.2.5 1. *In einer Gruppe* G *gibt es nur ein einziges neutrales Element.*
2. *In einer Gruppe* G *gibt es zu* $x \in G$ *nur ein einziges links-inverses Element* y, *und dieses ist auch* rechts-inverses *Element, d. h.,* $x \cdot y = e$.

Bemerkung: Für das eindeutig bestimmte rechts- und links-inverse Element y von x schreiben wir auch x^{-1} oder (falls G abelsch ist und die Verknüpfung mit + bezeichnet wird) auch $-x$. Anstelle $x + (-y)$ schreiben wir auch $x - y$.

Beweis: Zu 1.: Seien e, e' neutrale Elemente in G. Dann ist $e = e \cdot e' = e'$.
Zu 2.: Sei $y \cdot x = e$. Dann ist $y \cdot x \cdot y = e \cdot y = y$. Sei z links-inverses Element von y. Unter Verwendung des Assoziativgesetzes finden wir $x \cdot y = z \cdot y \cdot x \cdot y = z \cdot y = e$. Schließlich folgt aus $y \cdot x = y' \cdot x$: $y \cdot x \cdot y = y' \cdot x \cdot y$, also $y = y'$. □

Korollar 1.2.6 $(x^{-1})^{-1} = x$; $(x \cdot y)^{-1} = y^{-1} \cdot x^{-1}$.

Beweis: $e = x^{-1} \cdot (x^{-1})^{-1}$ impliziert $x = (x^{-1})^{-1}$. Und $e = x \cdot y \cdot y^{-1} \cdot x^{-1} = (x \cdot y) \cdot (y^{-1} \cdot x^{-1})$ beweist wegen der Eindeutigkeit des inversen Elements die zweite Behauptung. □

Definition 1.2.7 *Sei* G *eine Gruppe. Für jedes* $g \in G$ *erkläre*

$$L_g : G \longrightarrow G; \quad x \longmapsto g \cdot x, \qquad R_g : G \longrightarrow G; \quad x \longmapsto x \cdot g.$$

L_g *und* R_g *heißen* Links- *bzw.* Rechtstranslation *(mit dem Element* $g \in G$).

Satz 1.2.8 L_g *und* R_g *sind Bijektionen.* $L_g^{-1} = L_{g^{-1}}$; $R_g^{-1} = R_{g^{-1}}$.

Beweis: $L_g x = L_g x'$, d. h., $g \cdot x = g \cdot x'$ und damit $x = x'$, also L_g injektiv. Zu $y \in G$ ist $x = g^{-1} \cdot y$ ein Element mit $L_g x = y$, d. h., L_g ist surjektiv. $L_{g^{-1}} \circ L_g x = g^{-1} \cdot g \cdot x = x$, d. h., $L_{g^{-1}} \circ L_g = \text{id}_G$. Ebenso folgt $L_g \circ L_{g^{-1}} = \text{id}_G$. Wende 1.1.11 an. Für R_g verläuft der Beweis analog. □

Definition 1.2.9 *Eine* Untergruppe U *in* G *ist ein Teil von* G *derart, daß die Einschränkung der Verknüpfung von* G *auf* U *eine Gruppe bildet.*

Bemerkung: Eine Untergruppe U kann nicht die leere Menge sein, da U ein neutrales Element enthalten muß. Die Menge $\{e\}$, e neutrales Element von G, ist sicherlich stets eine Untergruppe von G.

Theorem 1.2.10 (Untergruppenkriterium) *Ein nichtleerer Teil U von G ist Untergruppe von G dann und nur dann, wenn eine der beiden folgenden Bedingungen erfüllt ist:*

1. $(x, y) \in U \times U \Longrightarrow x \cdot y^{-1} \in U$
2. $(x, y) \in U \times U \Longrightarrow x \cdot y \in U$ und $y^{-1} \in U$.

Beweis: Sei U Untergruppe von G. Sei e_U das neutrale Element in U. Dann ist $e_U = e_U \cdot e_U \cdot e_U^{-1} = e_U \cdot e_U^{-1} = e$. Damit gelten dann auch 1. und 2., $U \neq \emptyset$. Sei nun umgekehrt $U \subset G, U \neq \emptyset$, so daß 1. gilt. Dann gilt $(y, y) \in U \times U \Longrightarrow y \cdot y^{-1} = e \in U$ und daher mit $(e, y) \in U \times U$ auch $e \cdot y^{-1} = y^{-1} \in U$. Also mit $(x, y) \in U \times U$ auch $x \cdot (y^{-1})^{-1} = x \cdot y \in U$. Das Assoziativgesetz gilt für Elemente aus U, da es für Elemente aus G gilt. Sei schließlich $U \subset G, U \neq \emptyset$, so daß 2. gilt. Mit $y \in U$ ist auch $y^{-1} \in U$, aber mit $(x, y) \in U \times U$ auch $x \cdot y^{-1} \in U$, damit gilt 1.. □

Beispiele 1.2.11 1. Betrachte die additive Gruppe $\mathbb{Z}$ der ganzen Zahlen aus 1.2.4, 1.. Für jedes ganze m ist die Menge $m\mathbb{Z} = \{mx; x \in \mathbb{Z}\}$ eine Untergruppe. Das Kriterium 2. aus 1.2.10 ist erfüllt: Mit $x' = mx$, $y' = my$ ist $x' + y' = m(x + y) \in \mathbb{Z}$ und $-y' = m(-y) \in m\mathbb{Z}$.

2. $G = \text{Perm } M$, die Permutationsgruppe aus 1.2.2. Wähle ein $x \in M$. Die Mengen G_x derjenigen Permutationen, die x fest lassen, ist eine Untergruppe von G. Denn sind f und g in G und $f(x) = x, g(x) = x$, so ist $g \circ f(x) = x$ und $f^{-1}(x) = x$.

1.3 Gruppenmorphismen

In 1.2 hatten wir für eine Menge eine zusätzliche Struktur betrachtet, nämlich die Gruppenstruktur. Für die Klasse der Mengen mit einer zusätzlichen Struktur sind nun nicht mehr beliebige Abbildungen angemessen – diese würden im allgemeinen die gegebene Struktur zerstören – sondern strukturerhaltende Abbildungen, für die wir auch das Wort Morphismen verwenden. In der älteren Literatur wird stattdessen oft auch das Wort Homomorphismus gebraucht.

Wie dies genau zu verstehen ist, wird im Laufe dieses Buches klar werden. Hier betrachten wir zunächst die Klasse der Gruppen.

Definition 1.3.1 *Seien G und G' Gruppen. Unter einem* Gruppenmorphismus *oder kürzer* Morphismus *verstehen wir eine Abbildung $f: G \longrightarrow G'$, so daß $f(x \cdot y) = f(x) \cdot f(y)$ für alle $x, y \in G$.*

Beispiele 1.3.2 1. Sei G eine Gruppe, S_G die Gruppe der Permutationen der Menge G, gebildet von den Elementen von G. Dann ist die Abbildung

$$R: G \longrightarrow S_G; \quad g \longmapsto R_g$$

ein Morphismus. Das gleiche gilt für
$$L^{-1}: G \longrightarrow S_G; \quad g \longmapsto L_{g^{-1}}$$
In der Tat, mit $x \in G$,
$$R_{g \cdot g'} = x \cdot g \cdot g' = R_{g'}(x \cdot g) = R_{g'} \circ R_g(x) = R(g)R(g')(x),$$
vgl. 1.2.2. Entsprechend für L^{-1}.

2. Betrachte die Untergruppe $m\mathbb{Z}$ von $\mathbb{Z}$, vgl. 1.2.11. Die Abbildung $x \in \mathbb{Z} \longmapsto mx \in m\mathbb{Z}$ ist ein Morphismus.

Satz 1.3.3 *Seien G und G' Gruppen mit neutralem Element e bzw. e'. Betrachte einen Morphismus $f: G \longrightarrow G'$. Dann ist $f(e) = e'$ und $f(x^{-1}) = f(x)^{-1}$ für alle $x \in G$.*

Beweis: $f(e) = f(e \cdot e) = f(e) \cdot f(e)$. Multiplikation von links mit $f(e)^{-1}$ liefert $e' = f(e)$.
Die zweite Behauptung folgt aus 1.2.5, 2. wegen $f(x^{-1}) \cdot f(x) = f(x^{-1} \cdot x) = f(e) = e'$. □

Lemma 1.3.4 *Sei $f: G \longrightarrow G'$ ein Morphismus, U' eine Untergruppe von G'. Dann ist $f^{-1}(U') = \{x \in G; f(x) \in U'\}$ eine Untergruppe U von G.*

Beweis: Wir zeigen, daß für U 1.2.10, 2. erfüllt ist. Für $e \in G$ ist $f(e) = e' \in U'$. Aus x und $y \in U$, d. h., $f(x)$ und $f(y) \in U'$ folgt $f(x \cdot y) = f(x) \cdot f(y) \in U'$, also $x \cdot y \in U$. Wegen $f(y^{-1}) = f(y)^{-1} \in U'$ (siehe 1.3.3) ist auch $y^{-1} \in U$. □

Definition 1.3.5 *Sei $f: G \longrightarrow G'$ ein Morphismus. Der Kern von f, $\ker f$, ist die Menge $f^{-1}\{e'\} = \{x \in G; f(x) = e'\}$. Das Bild von f, $\operatorname{im} f$, ist die Menge $f(G) = \{x' \in G'; \text{ es gibt } x \in G \text{ mit } f(x) = x'\}$.*

Theorem 1.3.6 *Sei $f: G \longrightarrow G'$ ein Morphismus. Dann ist $\ker f$ Untergruppe von G und $\operatorname{im} f$ Untergruppe von G'.*

Beweis: Die erste Behauptung folgt aus 1.3.4 mit $U' = \{e'\}$. Für $\operatorname{im} f$ gilt 1.2.10, 2.: $e' \in \operatorname{im} f$. Mit $f(x)$ und $f(y) \in \operatorname{im} f$ ist auch $f(x) \cdot f(y) = f(x \cdot y) \in \operatorname{im} f$. Schließlich, $f(y)^{-1} = f(y^{-1}) \in \operatorname{im} f$. □

Fundamental für die Gruppenmorphismen ist nun, daß auch die Komposition (vgl. 1.1.6) ein Gruppenmorphismus ist, und offenbar ist dies auch richtig für die identische Abbildung $\operatorname{id}_G: G \longrightarrow G$:

Theorem 1.3.7 *Seien $f: G \longrightarrow G'$ und $f': G' \longrightarrow G''$ Morphismen, so ist auch $f' \circ f: G \longrightarrow G''$ ein Morphismus.*

Beweis:
$$\begin{aligned}(f' \circ f)(x \cdot y) &= f'(f(x \cdot y)) = f'(f(x) \cdot f(y)) \\ &= f'(f(x)) \cdot f'(f(y)) = (f' \circ f)(x) \cdot (f' \circ f)(y).\end{aligned}$$
□

Der folgende Satz liefert eine nützliche Kennzeichnung dafür, daß ein Morphismus injektiv ist:

Satz 1.3.8 *Ein Morphismus* $f: G \longrightarrow G'$ *ist injektiv genau dann, wenn* $\ker f = \{e\}$.

Beweis: Da stets $f(e) = e'$, impliziert f injektiv, daß $\ker f = \{e\}$. Wenn f nicht injektiv ist, d. h., wenn es $x \neq y$ gibt mit $f(x) = f(y)$, so $f(x \cdot y^{-1}) = f(x) \cdot f(y)^{-1} = e'$, d. h., $x \cdot y^{-1} \neq e$ gehört zu $\ker f$. □

Definition 1.3.9 *Ein bijektiver Morphismus* $f: G \longrightarrow G'$ *heißt auch* Isomorphismus. *Ein Isomorphismus* $f: G \longrightarrow G$ *heißt auch* Automorphismus.

Satz 1.3.10 *Ist* $f: G \longrightarrow G'$ *ein Isomorphismus, dann ist auch* $f^{-1}: G' \longrightarrow G$ *ein Isomorphismus.*

Beweis: Wir müssen zeigen, daß $f^{-1}(x' \cdot y') = f^{-1}(x') \cdot f^{-1}(y')$ ist. Bestimme x und y in G derart, daß $f(x) = x', f(y) = y'$. Dann gilt $f^{-1}(x') \cdot f^{-1}(y') = x \cdot y = f^{-1}(f(x \cdot y)) = f^{-1}(f(x) \cdot f(y)) = f^{-1}(x' \cdot y')$. □

Beispiele 1.3.11 1. Die Menge Aut G der Automorphismen von G ist eine Untergruppe von Perm G. Denn mit f und g aus Aut G ist nach 1.3.7 auch $g \circ f \in$ Aut G und nach 1.3.10 $g^{-1} \in$ Aut G. 1.2.10, 2. ist also erfüllt.
2. $G = \mathbb{R}$ die additive Gruppe der reellen Zahlen, $G' = \mathbb{R}^+$ die multiplikative Gruppe der reellen Zahlen > 0. Dann ist durch $f(x) = e^x$ ein Isomorphismus f von $\mathbb{R}$ auf $\mathbb{R}^+$ gegeben.
3. Sei G eine Gruppe. Für ein festes $g \in G$ erkläre $i_g: G \longrightarrow G$ durch $x \longmapsto g \cdot x \cdot g^{-1}$.
   Offenbar ist $i_g = R_{g^{-1}} \circ L_g = L_g \circ R_{g^{-1}} \in$ Perm G. Da $i_g(x \cdot y) = g \cdot x \cdot y \cdot g^{-1} = (g \cdot x \cdot g^{-1}) \cdot (g \cdot y \cdot g^{-1}) = i_g(x) \cdot i_g(y)$, ist i_g ein Automorphismus, der sogenannte *innere Automorphismus von G mit dem Element* $g \in G$.
   Die durch $g \longmapsto i_g$ erklärte Abbildung $i: G \longrightarrow$ Aut G ist ein Morphismus, d. h., $i_{g \cdot g'} = i_g \cdot i_{g'}$. Das Bild von G unter i ist die *Untergruppe der inneren Automorphismen* von G in der Gruppe Aut G.

1.4 Äquivalenzrelationen und Quotientengruppen

In diesem Abschnitt setzen wir unsere Einführung in die Gruppentheorie fort.

Definition 1.4.1 *Eine* Äquivalenzrelation *' R' oder ' $\sim$ ' auf einer Menge M ist eine Teilmenge R von $M \times M$, so daß gilt*

1. $(x, x) \in R$, *für alle* $x \in M$ *(Reflexivität)*
2. $(x, y) \in R \Longrightarrow (y, x) \in R$ *(Symmetrie)*
3. $(x, y) \in R$ *und* $(y, z) \in R \Longrightarrow (x, z) \in R$ *(Transitivität)*

Bemerkungen:
1. Wie bereits zuvor, steht " $\Longrightarrow$ " als Abkürzung für "impliziert".
2. Wenn wir anstelle $(x, y) \in R$ schreiben $x \sim y$, so schreiben sich die Bedingungen 1., 2., 3. in der Form:

(a) $x \sim x$,

(b) $x \sim y \Longrightarrow y \sim x$,

(c) $x \sim y$ und $y \sim z \Longrightarrow x \sim z$.

Beispiele 1.4.2 1. Die Gleichheitsrelation ist eine Äquivalenzrelation. In diesem Falle besteht also R aus der sogenannten *Diagonalen* $\triangle_M$ von M:
$\triangle_M = \{(x,y) \in M \times M; x = y\}$.

2. Sei $m \in \mathbb{N}^*$. Auf der Menge $\mathbb{Z}$ der ganzen Zahlen erkläre $x \sim y$ durch $x - y \in m\mathbb{Z}$, d. h., $x - y$ ist teilbar durch m. Die Bedingungen 1., 2., 3. aus 1.4.1 lauten:

(a) $x - x \in m\mathbb{Z}$,

(b) $x - y \in m\mathbb{Z} \Longrightarrow y - x = -(x - y) \in m\mathbb{Z}$,

(c) $x - y \in m\mathbb{Z}$ und $y - z \in m\mathbb{Z} \Longrightarrow x - z \in m\mathbb{Z}$;

diese sind offenbar erfüllt.

3. Sei $f: M \longrightarrow M'$ eine Abbildung. Erkläre auf M $\quad x \sim y$ durch $f(x) = f(y)$. Das Beispiel 1. zeigt, daß dies eine Äquivalenzrelation ist.

Definition 1.4.3 *Sei M eine Menge mit einer Äquivalenzrelation $\sim$. Unter einer Äquivalenzklasse bezüglich $\sim$ oder Restklasse verstehen wir eine Teilmenge $M' \subset M$ so, daß $x, y \in M'$ gleichwertig ist mit $x \sim y$.*

Insbesondere bestimmt jedes $x \in M$ eine Äquivalenzklasse $\bar{x} \subset M$:
$\bar{x} = \{y \in M; x \sim y\}$.

Bemerkung: $\bar{x} = \bar{y} \Longleftrightarrow x \sim y$

Beispiele 1.4.4 Wir bestimmen die Restklassen zu den Beispielen aus 1.4.2:

1. $\bar{x} = \{x\}$, für jedes $x \in M$, d. h., die Restklassen bestehen aus den Mengen mit jeweils einem einzigen Element.

2. $\bar{x} = \{y = x + km; k \in \mathbb{Z}\} = \{x, x \pm m, x \pm 2m, \ldots\}$. Wir schreiben dafür auch $\bar{x} = \{x\} + m\mathbb{Z}$. Man sieht, daß es m verschiedene Restklassen gibt, die mit $\bar{0}, \bar{1}, \ldots, \overline{m-1}$ bezeichnet werden können.

Definition 1.4.5 *Sei M eine Menge $\neq \emptyset$. Unter einer* Partition *von M verstehen wir eine Familie $P = \{A\}$ von Teilmengen von M so, daß*

1. $A \neq \emptyset$
2. $A \cap B = \emptyset$, falls $A \neq B$
3. $\bigcap_{A \in P} A = M$

Das heißt, daß M in disjunkte, nichtleere Mengen zerlegt ist.

Theorem 1.4.6 1. *Eine Äquivalenzrelation $\sim$ auf M bestimmt eine Partition $P = P(\sim)$ von M. Die Elemente sind durch die Restklassen $\bar{x}$ von $\sim$ gegeben.*

2. *Umgekehrt, eine Partition P von M bestimmt eine Äquivalenzrelation $\sim$ = $\sim_P$ auf M. $x \sim y$ wird definiert durch die Bedingung, daß x und y demselben Element A von P angehören.*

1.4 Äquivalenzrelationen und Quotientengruppen

3. Wenn $P = P(\sim)$, so $\sim_P = \sim$, und wenn $\sim = \sim_P$, so $P(\sim) = P$. Damit entsprechen sich die Äquivalenzrelationen auf M und die Partitionen von M in eineindeutiger Weise.

Beweis: Zu 1.: Offenbar ist $\bar{x} \neq \emptyset$, da $x \in \bar{x}$. Aus $\bar{x} \cap \bar{y} \neq \emptyset$ folgt $\bar{x} = \bar{y}$. Denn $z \in \bar{x} \cap \bar{y}$ bedeutet $x \sim z$ und $z \sim y$, also auch $x \sim y$. Schließlich gehört x zu $\bar{x}$.
Zu 2.: Für $\sim_P$ gilt: $x \sim_P x$, und aus $x \sim_P y$ folgt $y \sim_P x$. $x \sim_P y$ und $y \sim_P z$ bedeutet, daß x, y einer Menge A aus P angehören und y und z einer Menge B aus P. Also ist $y \in A \cap B$ und daher $A = B$, d. h., $x \sim_P z$.
Zu 3.: $x \sim y \iff \bar{x} = \bar{y} \iff x \sim_{P(\sim)} y$. x und y gehören zu einer Menge aus $P \iff x \sim_P y \iff x$ und y gehören zu einer Menge aus $P(\sim_P)$. □

Die vorstehenden Überlegungen werden nun auf eine Gruppe und ihre Untergruppen angewandt.

Satz 1.4.7 *Sei U Untergruppe einer Gruppe G. Erkläre auf G die Relation $x \sim_U y$ durch $x \cdot y^{-1} \in U$. $\sim_U$ ist eine Äquivalenzrelation.*

Beweis: Offenbar ist $x \sim_U x$, da $x \cdot x^{-1} = e \in U$. $x \sim_U y$, d. h., $x \cdot y^{-1} \in U$, impliziert $y \cdot x^{-1} \in U$, also $y \sim_U x$. Schließlich gilt die Transitivität, denn $x \cdot y^{-1} \in U$ und $y \cdot z^{-1} \in U$ impliziert $x \cdot z^{-1} \in U$. □

Bemerkung: Die Restklassen $\bar{x}$ der Relation $\sim_U$ sind von der Form $\bar{x} = U \cdot x = \{u \cdot x; u \in U\}$.

Wir fragen, ob man auf den Mengen der Restklassen eine Verknüpfung erklären kann durch die Festsetzung $\bar{x} \cdot \bar{y} = \overline{x \cdot y}$. Damit dies möglich ist, muß aus $\bar{x} = \bar{x}', \bar{y} = \bar{y}'$ folgen $\overline{x \cdot y} = \overline{x' \cdot y'}$. Das heißt, aus $x' \cdot x^{-1} \in U, y' \cdot y^{-1} \in U$ muß $x' \cdot y' \cdot (x \cdot y)^{-1} = x' \cdot y' \cdot y^{-1} \cdot x^{-1} \in U$ folgen. Wir wissen aber nur, daß $x' \cdot x^{-1} \cdot y' \cdot y^{-1} \in U$. Falls G kommutativ ist, ist dies gleich $x' \cdot y' \cdot y^{-1} \cdot x^{-1}$. Das deutet darauf hin, daß es nicht für jede Untergruppe U von G möglich ist, auf den Restklassen in der oben angegebenen Weise eine Verknüpfung zu erklären.

Wir definieren daher:

Definition 1.4.8 *Eine Untergruppe U von G heißt* invariante Untergruppe *oder* Normalteiler, *wenn für alle $g \in G$ gilt: $gUg^{-1} = U$. Oder, mit der Bezeichnung aus 1.3.11, 3.: $i_g U = U$, für alle $g \in G$.*

Theorem 1.4.9 *Sei U Normalteiler von G. Dann ist auf der Menge $\bar{G} = G/U$ der Restklassen bezüglich $\sim_U$ eine Gruppenstruktur erklärt durch die Verknüpfung $\bar{x} \cdot \bar{y} = \overline{x \cdot y}$.*

Beweis: Da U Normalteiler ist, gilt mit $x' \cdot x^{-1} \in U, y' \cdot y^{-1} \in U$ auch $x \cdot (y \cdot y^{-1}) \cdot x^{-1} \in U$, also $x' \cdot y' \cdot (x \cdot y)^{-1} = x' \cdot y' \cdot y^{-1} \cdot x^{-1} = x' \cdot x^{-1} \cdot x \cdot y' \cdot y^{-1} \cdot x^{-1} \in U$. Also ist $\bar{x} \cdot \bar{y}$ durch $\overline{x \cdot y}$ wohldefiniert, vgl. letzte Bemerkung. Die Gruppenaxiome sind nun leicht zu verifizieren:
$(\bar{x} \cdot \bar{y}) \cdot \bar{z} = \overline{(x \cdot y)} \cdot \bar{z} = \overline{(x \cdot y) \cdot z} = \overline{x \cdot (y \cdot z)} = \bar{x} \cdot \overline{(y \cdot z)} = \bar{x} \cdot (\bar{y} \cdot \bar{z})$.
$\bar{x} \cdot \bar{e} = \overline{(x \cdot e)} = \bar{x}$ und $\bar{e} \cdot \bar{x} = \overline{(e \cdot x)} = \bar{x}$, d. h. $\bar{e}$ ist neutrales Element.
$\overline{x^{-1}} \cdot \bar{x} = \overline{x^{-1} \cdot x} = \bar{e}$, d. h., $\overline{x^{-1}}$ ist (links)-inverses Element von $\bar{x}$. □

Beispiel 1.4.10 Betrachte $G = \mathbb{Z}$ und $U = m\mathbb{Z}$, vgl. 1.2.11. Da G abelsch ist, ist $\mathbb{Z}/m\mathbb{Z}$ eine Gruppe. Gemäß 1.4.4, 2. können wir die Elemente von $\mathbb{Z}/m\mathbb{Z}$ in der Form $\bar{0}, \bar{1}, \ldots, \overline{m-1}$ schreiben. $\bar{a} + \bar{b} = \overline{a+b}$. In $\overline{a+b}$ können wir $a + b$ durch das eindeutig bestimmte Element $c \in \{0, \ldots, m-1\}$ ersetzen mit $\bar{c} = \overline{a+b}$, d. h., $c = a + b + xm$.

Lemma 1.4.11 *Jede Untergruppe $U \neq \{0\}$ von $G = \mathbb{Z}$ ist von der Form $m\mathbb{Z}, m \in \mathbb{N}^+$.*

Beweis: Da $U \neq \{0\}$, gibt es ein kleinstes positives Element m in U. Beachte, daß mit $x \in U$ auch $-x \in U$. Ferner gehören auch die Summen $m+\cdots+m = km$ (k Summanden) zu U und damit auch $-km \in U$, d. h., $m\mathbb{Z} \subset U$. Es bleibt zu zeigen, daß jedes $a \in U$ von der Form $a = mq$, $q \in \mathbb{Z}$, ist. Es genügt, dies für $a > 0$ zu zeigen. Die Division von a durch m mit Rest liefert für a die Darstellung $a = mq + r$, $0 \leq r < m$. Da mit a und $-mq$ in U auch $r = a - mq$ in U, folgt aus der Definition von m, daß $r = 0$. □

In 1.3.6 zeigten wir, daß für einen Morphismus $f: G \longrightarrow G'$ ker f eine Untergruppe ist. Wir können nun den sogenannten *1. Homomorphiesatz für Gruppen* beweisen.

Theorem 1.4.12 *Sei $f: G \longrightarrow G'$ ein Morphismus. Dann ist ker f invariante Untergruppe von G und $G/\mathrm{ker}\, f$ isomorph zu im f, kurz:*

$$G/\mathrm{ker}\, f \cong \mathrm{im}\, f$$

Beweis: ker f ist invariant, da mit $f(x) = e'$ auch $f(g \cdot x \cdot g^{-1}) = f(g) \cdot f(x) \cdot f(g^{-1}) = e'$.
Erkläre nun

$$\Phi: \mathrm{im}\, f \longrightarrow G/\mathrm{ker}\, f; \quad f(x) \longmapsto \bar{x} = (\mathrm{ker}\, f) \cdot x$$

Φ ist eine Abbildung, d. h., aus $f(x) = f(x')$ folgt $\bar{x} = \bar{x}'$. In der Tat, $f(x) = f(x')$ bedeutet $f(x' \cdot x^{-1}) = f(x') \cdot f(x)^{-1} = e'$, also $x' \cdot x^{-1} \in \mathrm{ker}\, f$, d. h., $\bar{x}' = \bar{x}$.
Φ ist ein Morphismus, denn $\Phi(f(x) \cdot f(x')) = \Phi(f(x \cdot x')) = \overline{x \cdot x'} = \bar{x} \cdot \bar{x}' = \Phi(f(x)) \cdot \Phi(f(x'))$.
Φ ist injektiv, denn $\Phi(f(x')) = \Phi(f(x))$, d. h., $\bar{x}' = \bar{x}$ impliziert $x' \cdot x^{-1} \in \mathrm{ker}\, f$, also $e' = f(x' \cdot x^{-1}) = f(x') \cdot f(x)^{-1}$.
Φ ist surjektiv, da $\bar{x} = \Phi(f(x))$. □

Beispiel 1.4.13 Betrachte den Morphismus

$$i: G \longrightarrow \mathrm{Perm}\, G; \quad g \longmapsto i_g$$

mit i_g der innere Automorphismus $\{x \in G \longmapsto g \cdot x \cdot g^{-1} \in G\}$, vgl. 1.3.11, 3..
ker $i = \{g \in G;\, i_g = \mathrm{id}_G\}$. D.h., $g \in \mathrm{ker}\, i$ bedeutet $g \cdot x \cdot g^{-1} = x$, für alle $x \in G$. Die invariante Untergruppe ker i von G heißt *Zentrum von G*. Nach 1.4.12 gilt $G/\mathrm{ker}\, i$ isomorph zu im i.

1.5 Ringe und Körper

Nach den Gruppen führen wir nun Mengen ein mit zwei Verknüpfungen. Das Modell hierfür bilden die ganzen Zahlen $\mathbb{Z}$ mit der Addition und Multiplikation und die rationalen Zahlen $\mathbb{Q}$.

Definition 1.5.1 *Unter einem* **Ring** *R verstehen wir eine Menge R mit mindestens zwei Elementen, auf der zwei Verknüpfungen erklärt sind.*

1. *Die* Addition
   $(x, y) \in R \times R \longmapsto x + y \in R.$
2. *Die* Multiplikation
   $(x, y) \in R \times R \longmapsto xy \in R.$

Dabei soll folgendes gelten:

1. *Bezüglich der Addition bildet R eine kommutative Gruppe. Das neutrale Element dieser Gruppe wird mit 0 bezeichnet und heißt* Null.
2. *Die Multiplikation erfüllt das* assoziative Gesetz*:*
   $(xy)z = x(yz),$ *für alle* $x, y, z \in R.$
3. *Es gibt in R eine* Eins, *d. h., ein mit 1 bezeichnetes Element, so daß* $1x = x1 = x$ *für alle* $x \in R.$
4. *Es gelten die sogenannten* Distributivgesetze*:*
   $x(y + z) = xy + xz; \quad (x + y)z = xz + yz.$

Falls die Menge $R^* = R \setminus \{0\}$ *eine Gruppe bildet bezüglich der Multiplikation, mit 1 als neutralem Element, so heißt der Ring R auch* **Körper**.

Bemerkung: Beachte, daß wir nicht die Kommutativität der Multiplikation fordern. Allerdings werden die Körper mit dieser Eigenschaft in unserer Darstellung eine größere Rolle spielen als die sogenannten nicht-kommutativen Körper.

Beispiele 1.5.2 1. $\mathbb{Z}$ mit der gewöhnlichen Addition und Multiplikation ist ein Ring, aber kein Körper, da $\mathbb{Z}^* = \mathbb{Z} \setminus \{0\}$ keine Gruppe ist unter der Multiplikation: Abgesehen von den Elementen $\{+1, -1\}$ besitzt kein Element in $\mathbb{Z}^*$ ein (multiplikatives) Inverses.
2. Die rationalen Zahlen $\mathbb{Q}$ bilden einen Körper unter den gewöhnlichen Verknüpfungen. $\mathbb{Z}$ ist Teil von $\mathbb{Q}$ und offenbar ist $\mathbb{Q}$ die kleinste "Erweiterung" von $\mathbb{Z}$ zu einem Körper.
3. Die Menge $\mathbb{Z}[t]$ der Polynome $p(t) = \sum_i a_i t^i$, $a_i \in \mathbb{Z}, a_i = 0$ für fast alle i (d. h., alle i mit endlich vielen Ausnahmen), bildet einen Ring, aber keinen Körper. Die Addition und Multiplikation sind in der üblichen Weise erklärt. Ebenso bildet die Menge $\mathbb{Q}[t]$ der Polynome mit Koeffizienten $a_i \in \mathbb{Q}$ einen Ring, aber keinen Körper.
   Es gibt eine kleinste Erweiterung von $\mathbb{Q}[t]$ zu einem Körper, nämlich die Menge der sogenannten *rationalen Funktionen* $\frac{p(t)}{q(t)}$, mit $p(t)$ und $q(t)$ aus $\mathbb{Q}[t]$, $q(t) \neq 0$.
4. Die Menge $\mathbb{R}$ der *reellen Zahlen* bildet einen Körper unter den üblichen Verknüpfungen.

5. Die Menge $\mathbb{C}$ der *komplexen Zahlen* bildet einen Körper. Die Elemente von $\mathbb{C}$ sind von der Form $z = x+iy$, x und y aus $\mathbb{R}$. Die Verknüpfungen sind erklärt als

$$(z = x + iy, z' = x' + iy') \longmapsto z + z' = (x + x') + i(y + y'),$$
$$(z, z') \longmapsto zz' = (xx' - yy') + i(xy' + yx').$$

Das Element $0+i0$ ist die Null, wir schreiben dafür auch 0. Das Element $1+i0$ ist die Eins, wir schreiben dafür auch 1. Anstelle $0+i1$ schreiben wir auch i. Dann ist offenbar $ii = -1$. Die Ringaxiome 1. bis 4. aus 1.5.1 sind leicht zu verifizieren. Offenbar ist $\mathbb{C}$ kommutativ. Auf $\mathbb{C}$ definieren wir die Abbildung

$$z = x + iy \longmapsto \bar{z} = x - iy.$$

$\bar{z}$ heißt *konjugiert* zu z. $\bar{\bar{z}} = z$. $z\bar{z} = x^2 + y^2$, wenn $z = x+iy$ ist. Insbesondere $z\bar{z} \neq 0$, falls $z \neq 0$. Jedes $z \neq 0$ besitzt ein multiplikatives Inverses, nämlich $z^{-1} = \bar{z}(z\bar{z})^{-1}$. Daher ist $\mathbb{C}$ ein Körper.

Satz 1.5.3 *Für einen Ring R gelten die folgenden Rechenregeln:*
1. $0x = x0 = 0$, *für alle $x \in R$.*
2. $(-y)x = -(yx) = y(-x)$.
3. $1y = 1$ *impliziert* $y = 1$.
4. $1 \neq 0$.
5. *Falls R Körper ist, so folgt aus $xy = 0$ $x = 0$ oder $y = 0$.*
6. *Sei R Körper. Dann ist $xx = 1$ gleichbedeutend mit $x = 1$ oder $x = -1$.*

Beweis: Zu 1.: $0x + xx = (0+x)x = xx$ und $x0 + xx = x(0+x) = xx$.
Zu 2.: Aus $y + (-y) = 0$ folgt mit 1.

$$0 = (y+(-y))x = yx + (-y)x,$$
$$0 = y(x+(-x)) = yx + y(-x).$$

Zu 3.: $y = 1y = 1$.
Zu 4.: Es gibt, neben $0 \in R$, noch ein Element $x \neq 0$ in R. $1x = x$, aber $0x = 0 \neq x$.
Zu 5.: Aus $x \in R^*, y \in R^*$ folgt $xy \in R^*$.
Zu 6.: $1 \cdot 1 = 1$ ist klar. Aus 2. folgt $(-1)(-1) = -(1(-1)) = -(-1) = 1$.
Umgekehrt folgt aus $x^2 - 1 = 0$: $(x+1)(x-1) = 0$. Wende 5. an. □

Beispiel 1.5.4 Die additive Restklassengruppe $\mathbb{Z}_m = \mathbb{Z}/m\mathbb{Z}$, vgl. 1.4.10, ist ein Ring, wenn wir die Multiplikation $\bar{x}\bar{y}$ durch $\overline{xy}$ definieren. Wir zeigen zunächst, daß $\bar{x} = \bar{x}', \bar{y} = \bar{y}'$ impliziert $\overline{xy} = \overline{x'y'}$. In der Tat, wir haben $x = x' + am, y = y' + bm$, also $xy = x'y' + m(ay' + bx' + abm)$.
Es bleiben die Ringaxiome 1. bis 4. aus 1.5.1 zu verifizieren. Diese folgen jedoch sofort aus der Tatsache, daß $\mathbb{Z}$ ein Ring ist.

Als nächstes formulieren wir ein fundamentales Resultat für den Ring der ganzen Zahlen.

1.5 Ringe und Körper

Theorem 1.5.5 *Seien p und q positive ganze Zahlen. Betrachte die von $p\mathbb{Z}$ und $q\mathbb{Z}$ erzeugte Untergruppe von $\mathbb{Z}$, d. h., alle Elemente der Form $px + qy$, $x, y \in \mathbb{Z}$. Dann ist diese Gruppe von der Form $r\mathbb{Z}$, wobei $r > 0$ der größte gemeinsame Teiler von p und q ist, kurz: $r = GGT(p, q)$. Falls insbesondere p und q keine gemeinsamen Primfaktoren $\neq 1$ besitzen (p und q heißen dann relativ prim), so gibt es a und b in $\mathbb{Z}$ mit $pa + qb = 1$.*

Beweis: Nach 1.4.11 ist jede Untergruppe $\neq \{0\}$ von $\mathbb{Z}$ von der Form $r\mathbb{Z}, r > 0$. Also können wir schreiben
$$p\mathbb{Z} + q\mathbb{Z} = r\mathbb{Z}.$$
Insbesondere ist damit $p = ra, q = rb$, also r gemeinsamer Teiler von p und q. Umgekehrt ist jeder gemeinsame Teiler von p und q auf Grund obiger Formel auch Teiler von r, d. h., $r = \text{GGT}(p, q)$. □

Theorem 1.5.6 *Sei m eine ganze Zahl ≥ 2. Der Ring $\mathbb{Z}_m = \mathbb{Z}/m\mathbb{Z}$ ist dann und nur dann ein Körper, wenn m eine Primzahl ist.*

Beweis: m Primzahl bedeutet, daß m nicht darstellbar ist als Produkt $m_1 m_2$ zweier ganzer Zahlen > 1.
Falls m Primzahl ist, gibt es zu $\bar{x} \neq \bar{0}$ in $\mathbb{Z}_m$ ein $\bar{y}$ mit $\bar{x}\bar{y} = \bar{1}$. Denn $\text{GGT}(x, m) = 1$ impliziert nach 1.5.5 die Existenz von ganzen Zahlen a und y mit $ma + xy = 1$. Falls m nicht Primzahl ist, also $m = m_1 m_2$, mit $m_1 > 1, m_2 > 1$, so ist $\bar{0} = \bar{m} = \bar{m}_1 \bar{m}_2$, mit $\bar{m}_1 \neq \bar{0}, \bar{m}_2 \neq \bar{0}$. Wegen 1.5.3, 5. ist daher $\mathbb{Z}_m$ kein Körper. □

Übungen

1. Welche der folgenden Abbildungen sind injektiv bzw. surjektiv?

   (a) $f: \mathbb{Z} \longrightarrow \mathbb{Z}$
   $x \longmapsto x^2$

   (b) $g: \mathbb{Z} \longrightarrow \mathbb{Z}$
   $x \longmapsto 2x - 5$

   (c) $h: \mathbb{Z} \longrightarrow \mathbb{Z}$
   $x \longmapsto x + 2$

2. Beweise durch vollständige Induktion, daß
$$1 + 2 + \cdots + n = \frac{n(n+1)}{2}$$
für alle natürlichen Zahlen n mit $n \geq 1$.

3. A und B seien Mengen. Zeige:
$$(A \setminus B) \cup (B \setminus A) = (A \cup B) \setminus (A \cap B)$$

4. Zeige durch vollständige Induktion:

$$\sum_{i=1}^{n}(2i-1) = n^2$$

für alle natürlichen Zahlen n mit $n \geq 1$.

5. Sei G eine Gruppe und e ihr neutrales Element. Für alle $a \in G$ gelte $a \cdot a = e$. Zeige, daß G abelsch ist.
(Hinweis: Benutze die Eindeutigkeit des inversen Elements und $(a \cdot b)^{-1} = b^{-1} \cdot a^{-1}$.)

6. Sei M eine Menge, $N \subset M$ mit $N \neq \emptyset$. S_M und S_N bezeichne die Permutationsgruppen von M und N. Wir ordnen jedem $f \in S_N$ ein $\bar{f} \colon M \longrightarrow M$ zu durch

$$\bar{f}(x) = \begin{cases} f(x), & \text{falls } x \in N \\ x, & \text{falls } x \notin N \end{cases}.$$

$\bar{f}$ heißt auch Erweiterung von f.

   (a) Zeige, daß $\bar{f} \in S_M$.
   (b) Zeige, daß $^-\colon S_N \longrightarrow S_M$; $f \longmapsto \bar{f}$ ein Morphismus ist.
   (c) Ist $^-$ injektiv?
   (d) Zeige, daß $^-$ surjektiv ist genau dann, wenn $N = M$.

7. Betrachte die additive Gruppe $G = \mathbb{Z}$.

   (a) Bestimme alle Untergruppen U von $\mathbb{Z}$.
   (Hinweis: Wenn $U \neq \{0\}$, so gibt es ein kleinstes Element $m > 0$ in U. Zeige: $U = m\mathbb{Z}$)
   (b) Bestimme alle möglichen Morphismen $f \colon \mathbb{Z} \longrightarrow \mathbb{Z}$.

8. Erkläre auf $\mathbb{R} \times \mathbb{R}$ Addition und Multiplikation durch

$$\begin{aligned}(x,y) + (x',y') &= (x+x', y+y') \\ (x,y) \cdot (x',y') &= (xx' - yy', xy' + yx').\end{aligned}$$

Zeige, daß damit $\mathbb{R} \times \mathbb{R}$ ein Körper ist.

9. Sei R ein Ring. Ein Polynom $p(t)$ mit Koeffizienten in R ist ein Ausdruck der Form $a_0 + a_1 t + \cdots + a_n t^n, n \geq 0, a_i \in R$. Wenn $a_n \neq 0$, so heißt n der Grad von p. Falls alle $a_i = 0$, so geben wir p den Grad $-\infty$.

   (a) Zeige, daß die Menge $R[t]$ der Polynome mit Koeffizienten in R mit den üblichen Verknüpfungen einen Ring bilden.
   (b) Sei R ein Körper. Bezeichne mit $R(t)$ die Menge der rationalen Funktionen $\frac{p(t)}{q(t)}$, wo $p, q \in R[t]$ und $q \neq 0$ ist. Zeige, daß $R(t)$ ein Körper ist mit den üblichen Verknüpfungen.
   (Hinweis: Mit "üblichen Verknüpfungen" meinen wir, daß man so rechnet, als seien die Elemente von $R(t)$ reelle Zahlen.)

10. In Aufgabe 8. haben wir auf $\mathbb{R} \times \mathbb{R}$ die Struktur eines Körpers erklärt. $\mathbb{R} \times \mathbb{R}$ wird durch $(x,y) \longleftrightarrow x+iy$ mit dem Körper $\mathbb{C}$ der komplexen Zahlen identifiziert. Betrachte die Abbildung $x \in \mathbb{R} \longmapsto \cos x + i \sin x \in \mathbb{C}$. Zeige, daß dies ein Morphismus der additiven Gruppe von $\mathbb{R}$ in die multiplikative Gruppe $\mathbb{C}^*$ von $\mathbb{C}$ ist und bestimme den Kern.

Kapitel 2
Vektorräume

2.1 Moduln und Vektorräume

Nachdem wir in Kapitel 1 Gruppen und Ringe sowie Körper eingeführt haben, kommen wir jetzt zu einem Begriff, der für die gesamte Analytische Geometrie von grundlegender Bedeutung ist.

Definition 2.1.1 *Gegeben sei ein Ring R. Unter einem R-Modul V oder Modul V über R verstehen wir folgendes: V ist eine abelsche Gruppe mit der Verknüpfung $+$. Ferner ist eine Abbildung $(\alpha, x) \in R \times V \longmapsto \alpha x \in V$ erklärt. Wir sagen auch, daß eine Multiplikation von dem Skalar $\alpha \in R$ mit dem Vektor $x \in V$ erklärt ist.*
Es sollen folgende Regeln gelten, mit α, α' beliebig aus R, x, x' beliebig aus V:

1. $(\alpha + \alpha')x = \alpha x + \alpha' x$,
2. $\alpha(x + x') = \alpha x + \alpha x'$,
3. $\alpha(\alpha' x) = (\alpha \alpha')x$,
4. $1x = x$.

Bemerkung: Die Regeln 1. und 2. heißen die *Distributivgesetze* und 3. heißt das *Assoziativgesetz* für einen Modul.

Falls R ein Körper ist, so heißt V auch *R-Vektorraum* oder *Vektorraum über R*.

Beispiele 2.1.2 1. $V = R$ ist R-Modul.
2. Sei $V = R^n = R \times \ldots \times R$ (n Faktoren). Dann ist V ein R-Modul. Die Addition zweier Elemente $x = (x_1, \ldots, x_n)$ und $y = (y_1, \ldots, y_n)$ des R^n sei erklärt durch
$$x + y = (x_1 + y_1, \ldots, x_n + y_n)$$
und αx sei als $(\alpha x_1, \ldots, \alpha x_n)$ definiert.
3. Sei M eine beliebige Menge, R^M die Menge aller Abbildungen $f: M \longrightarrow R$. Dann ist R^M ein R-Modul, wenn wir $(f + g)(p)$ durch $f(p) + g(p)$ erklären und $(\alpha f)(p)$ durch $\alpha f(p)$. Beachte, daß das Beispiel 2. hierunter fällt, mit $M = \{1, \ldots, n\}$.

Satz 2.1.3 *Für einen R-Modul V gelten folgende Rechenregeln:*

1. $0x = 0$ *für alle x aus V. (Hier ist die linke Null die Null in R und die rechte Null das neutrale Element in V).*
2. $(-1)x = -x$ *für alle $x \in V$.*
3. $\alpha 0 = 0$, *für alle $\alpha \in R$.*

Beweis: Zu 1.: $x = 1x = (1+0)x = 1x + 0x = x + 0x$.
Zu 2.: Unter Verwendung von 1. haben wir
$0 = 0x = (1+(-1))x = 1x + (-1)x = x + (-1)x$.
Zu 3.: Unter Verwendung von 1. und 2. haben wir
$\alpha \cdot 0 = \alpha(x+(-x)) = \alpha x + \alpha(-x) = \alpha x + \alpha(-1)x = \alpha x + (-\alpha)x = (\alpha + (-\alpha))x = 0x = 0$. □

Analog zu 1.2.9 definieren wir:

Definition 2.1.4 *Ein Teil U des R-Moduls V heißt* Untermodul, *wenn U mit der induzierten Struktur wieder ein Modul ist.*

Das Gegenstück zu 1.2.10 lautet:

Theorem 2.1.5 (Untermodulkriterium) *Sei U ein nichtleerer Teil des R-Moduls V. U ist Untermodul dann und nur dann, wenn eine der folgenden Bedingungen erfüllt ist:*

1. $(x,y) \in U \times U$ *und* $\alpha \in R \Longrightarrow x + y \in U$ *und* $\alpha x \in U$.
2. $(x,y) \in U \times U$ *und* $(\alpha, \beta) \in R \times R \Longrightarrow \alpha x + \beta y \in U$.

Beweis: Falls U Untermodul ist, so gelten 1. und 2..
Sei nun $U \neq \emptyset$ ein Teil von V, so daß 1. gilt. Wegen 2.1.3, 2. gehört mit x auch $(-1)x = -x$ zu U, also ist U gemäß 1.2.10 additive Untergruppe von V. Mit $(\alpha, x) \in R \times U$ ist $\alpha x \in U$. Die Axiome 1. bis 4. aus 2.1.1 gelten für U, da sie für V gelten. Wir zeigen, daß 1. und 2. äquivalent sind: Die Implikation 1. $\Longrightarrow$ 2. ist klar. Mit $\alpha = \beta = 1$ bzw. $\beta = 0$ ergibt sich 1. aus 2.. □

Beispiele 2.1.6 1. Für ein festes $m \in \mathbb{N}$ ist $m\mathbb{Z}$ (vgl. 1.2.11) ein Untermodul des $\mathbb{Z}$-Moduls $\mathbb{Z}$.
2. Sei N ein Teil der Menge M. Dann ist $\{f \in R^M; f|N = 0\}$ ein Untermodul von R^M, vgl. 2.1.2, 3..

Definition 2.1.7 *Sei M eine Menge.* Unter einer *Familie von Elementen von M mit Indexmenge I verstehen wir eine* Abbildung $\Phi: I \longrightarrow M$. *Wir bezeichnen das Bild $\Phi(\iota)$ von $\iota \in I$ auch mit x_ι und schreiben damit die Familie in der Form $(x_\iota)_{\iota \in I}$.*

Bemerkung: Ein n-Tupel $(x_1, \ldots, x_n)$ von Elementen x_i aus M ist nichts anderes als eine Familie mit Indexmenge $I = \{1, \ldots, n\}$. Eine Folge $(x_0, x_1, \ldots)$ von Elementen aus M ist eine Familie mit Indexmenge $\mathbb{N}$.

Satz 2.1.8 *Sei V ein R-Modul und $(U_\iota)_{\iota \in I}$ eine Familie von Untermoduln von V. Dann ist der Durchschnitt $\bigcap_{\iota \in I} U_\iota$ ein Untermodul.*

Beweis: Da für jedes $\iota \in I$ U_ι das Untermodulkriterium 2.1.5, 1. erfüllt, gilt dasselbe auch für den Durchschnitt. □

Definition 2.1.9 *Sei $(U_\iota)_{\iota \in I}$ eine Familie von Untermoduln von V. Die Summe $\sum_\iota U_\iota$ der Familie besteht aus den Elementen der Form $\sum_\iota u_\iota, u_\iota \in U_\iota$, mit $u_\iota = 0$ für fast alle ι. Falls überdies aus $\sum_\iota u_\iota = 0$ folgt $u_\iota = 0$ für alle $\iota \in I$, so heißt $\sum_\iota U_\iota$ auch* direkte Summe *und wir schreiben dafür auch $\bigoplus_\iota U_\iota$. Für $I = \emptyset$ setze $\sum_\iota U_\iota = \{0\}$.*

Bemerkung: In $\sum_\iota u_\iota$ gibt es also nur endlich viele (einschließlich gar keine) Elemente $u_\iota \neq 0$. $\sum_\iota u_\iota$ ist definiert als die Summe dieser Elemente (oder als 0).

Satz 2.1.10 *Die (direkte) Summe einer Familie $(U_\iota)_{\iota \in I}$ von Untermoduln von V ist ein Untermodul.*

Beweis: Wir verifizieren für $U = \sum_\iota U_\iota$ die Gültigkeit von 2.1.5, 1..Wenn $x = \sum_\iota u_\iota \in U, y = \sum_\iota v_\iota \in U$, so $u_\iota + v_\iota = 0$ und $\alpha u_\iota = 0$ für fast alle $\iota \in I$. Daher $x + y = \sum_\iota (u_\iota + v_\iota) \in U$ und $\alpha x = \sum_\iota \alpha u_\iota \in U$. □

Beispiel 2.1.11 Sei $V = \mathbb{Q}^\mathbb{N}$ der $\mathbb{Q}$-Modul (oder Vektorraum) der Folgen $\{x_n, n \in \mathbb{N}\}$ rationaler Zahlen. Für jedes $k \in \mathbb{N}$ bezeichne U_k den Untermodul der Folgen $\{x_n\}$ mit $x_n = 0$ für $n \neq k$. U_k gehört zu dem in 2.1.6, 2. betrachteten Beispiel. Die direkte Summe der Familie $(U_k)_{k \in \mathbb{N}}$ besteht aus den Folgen $\{x_n\}$ mit $x_n = 0$ für fast alle n.

2.2 Lineare Abbildungen

Wie wir schon zu Beginn von 1.3 bemerkten, sind für eine gegebene Struktur die Morphismen oder strukturerhaltenden Abbildungen von besonderem Interesse. Im Falle von Moduln haben die Morphismen einen besonderen Namen.

Definition 2.2.1 *Seien V und W R-Moduln. Eine Abbildung $f: V \longrightarrow W$ heißt* linear, *wenn gilt:*

1. $f(x + x') = f(x) + f(x')$,
2. $f(\alpha x) = \alpha f(x)$

für alle x, x' aus V, α aus R.

Beispiele 2.2.2 1. Die 0-Abbildung $0: x \in V \longmapsto 0 \in W$ ist linear. Ebenso die Identität $\mathrm{id}_V: V \longrightarrow V$.

2. Sei $V = R^n$, vgl. 2.1.2, 2.. Wähle ein k, $1 \leq k \leq n$. Die Abbildung

$$pr_k: x = (x_1, \ldots, x_k, \ldots, x_n) \in R^n \longmapsto x_k \in R$$

ist linear. pr_k heißt *Projektion* des Vektors x auf seine k-te Komponente.

3. Sei $V = R[t]$ der Ring der *Polynome* $\sum_{i \geq 0} a_i t^i$ mit Koeffizienten in dem Ring R, vgl. 1.5.2,3.. Die *Abbildung* $\frac{d}{dt}: R[t] \longrightarrow R[t]$, welche einem Polynom $\sum_{i \geq 0} a_i t^i$ das Polynom $\sum_{i \geq 1} i a_i t^{i-1}$ zuordnet, ist linear, wie man leicht verifiziert.

4. Sei $a \in R$. Die *Evaluierungsabbildung*

$$ev_a: \sum_i a_i t^i \in R[t] \longmapsto \sum_i a_i a^i \in R \quad \text{ist linear.}$$

Das Gegenstück zu 1.3.6 lautet:

Theorem 2.2.3 *Sei* $f: V \longrightarrow W$ *linear. Dann ist* $\ker f = \{x \in V;\ f(x) = 0\}$ *ein Untermodul von* V *und* $\operatorname{im} f = \{y \in W;\ \text{es gibt } x \in V \text{ mit } f(x) = y\}$ *ist Untermodul von* W.

Beweis: In 1.3.6 zeigten wir, daß $\ker f$ und $\operatorname{im} f$ Untergruppen der additiven Gruppe V bzw. W sind.
Sei $\alpha \in R$. Aus $f(x) = 0$ folgt $f(\alpha x) = \alpha f(x) = 0$ und aus $y = f(x)$ folgt $\alpha y = \alpha f(x) = f(\alpha x)$. Nun folgt die Behauptung aus 2.1.5, 1.. □

Das Gegenstück zu 1.3.4 lautet:

Lemma 2.2.4 *Sei* $f: V \longrightarrow W$ *linear und* U *ein Untermodul von* W. *Dann ist* $f^{-1}(U)$ *ein Untermodul von* V.

Beweis: Nach 1.3.4 ist $f^{-1}(U)$ additive Untergruppe von V. Da mit $\alpha \in R$ und $f(x) \in U \quad \alpha f(x) = f(\alpha x) \in U$, gilt 2.1.5, 1.. □

Beispiele 2.2.5 Wir betrachten die Beispiele aus 2.2.2:
1. $\ker 0 = V$ und $\operatorname{im} 0 = 0$; $\ker \operatorname{id}_V = 0$, $\operatorname{im} \operatorname{id}_V = V$.
2. $\ker pr_k = \{x \in R^n;\ x_k = 0\}$ und $\operatorname{im} pr_k = R$.
3. Um eine einfache Antwort zu bekommen, wählen wir als Ring R den Körper $\mathbb{Q}$ oder $\mathbb{R}$. $\ker\left(\frac{d}{dt}\right)$ = Menge der konstanten Polynome = $\{\sum_i a_i t^i;\ a_i = 0$ für $i > 0\}$. $\operatorname{im}\left(\frac{d}{dt}\right) = R[t]$.
4. Unter derselben Einschränkung wie in 3. gilt $\ker ev_a$ = Menge der Polynome $\sum_i a_i x^i$, die a als Nullstelle besitzen: $\sum_i a_i a^i = 0$. Speziell: $\ker ev_0 = tR[t]$. $\operatorname{im} ev_a = R$.

Das Gegenstück zu 1.3.7 lautet:

Theorem 2.2.6 *Falls* $f: U \longrightarrow V$ *und* $g: V \longrightarrow W$ *linear, so auch* $g \circ f: U \longrightarrow W$.

Beweis: $g \circ f$ ist additiver Morphismus gemäß 1.3.7. Und $g \circ f(\alpha x) = g(f(\alpha x)) = g(\alpha f(x)) = \alpha g(f(x)) = \alpha (g \circ f)(x)$. □

Wir fahren fort mit Gegenstücken zu 1.3.9 und 1.3.10.

Definition 2.2.7 *Eine bijektive lineare Abbildung* $f: V \longrightarrow W$ *heißt auch* linearer Isomorphismus. *Falls hier* $V = W$, *so heißt* f *auch* linearer Automorphismus.

Satz 2.2.8 *Falls* $f: V \longrightarrow W$ *linearer Isomorphismus, so auch* $f^{-1}: W \longrightarrow V$.

Beweis: Gemäß 1.3.9 ist f^{-1} additiver Morphismus. Und mit $f^{-1}(y) = x$ folgt aus $\alpha y = \alpha f(x) = f(\alpha x)$ durch Anwendung von f^{-1}: $f^{-1}(\alpha y) = \alpha f^{-1}(y)$. □

Beispiel 2.2.9 Die Menge der linearen Automorphismen eines R-Moduls V bildet eine Untergruppe der Gruppe Perm V der Permutationen von V. Das folgt ebenso wie in 1.3.11, 1., indem man für die Menge der linearen Automorphismen die Gültigkeit des Untergruppenkriteriums 1.2.10 verifiziert. Dieses gilt wegen 2.2.6 und 2.2.8.

Die Untergruppe wird mit $GL(V)$ bezeichnet und heißt auch *Gruppe der allgemeinen linearen Transformationen von V*. Die Bezeichnung "GL" stammt aus dem Englischen: "General linear".

Wir kommen nun zu dem Gegenstück von 1.4.9, d. h., wir betrachten einen Untermodul U von V. Bezüglich der Addition ist U invariante Untergruppe von V, und wir können daher die Gruppe $\bar{V} = V/U$ der Restklassen von V nach U einführen, vgl. 1.4.3. Wir zeigen nun, daß $\bar{V}$ auf kanonische Weise sogar ein R-Modul ist.

Theorem 2.2.10 *Sei V ein R-Modul und U ein Untermodul. Dann ist $\bar{V} = V/U$ ein R-Modul; neben der Addition der Restklassen erklären wir die Multiplikation mit einem Skalar $\alpha \in R$ durch $\alpha \bar{x} = \overline{\alpha x}$.*

Beweis: Wenn $\bar{x} = \bar{x}'$, d. h., $x - x' \in U$, so ist auch $\alpha(x - x') = \alpha x - \alpha x' \in U$, also $\overline{\alpha x} = \overline{\alpha x'}$.
Es bleibt, die Gültigkeit der Axiome 1. bis 4. aus 2.1.1 zu verifizieren. Dies folgt aber leicht aus der Gültigkeit dieser Axiome für V. □

Schließlich haben wir das Gegenstück zu dem 1. Homomorphiesatz 1.4.12:

Theorem 2.2.11 *Sei $f: V \longrightarrow W$ linear. Dann ist $V/\ker f$ kanonisch isomorph zu $\operatorname{im} f$.*

Beweis: Erkläre wie im Beweis von 1.4.12 $\Phi : \operatorname{im} f \longrightarrow V/\ker f$ durch $f(x) \longmapsto \bar{x}$. Nach 1.4.12 ist Φ ein Isomorphismus der additiven Gruppen. Ferner $\Phi(\alpha f(x)) = \Phi(f(\alpha x)) = \overline{\alpha x} = \alpha \bar{x} = \alpha \Phi(f(x))$. □

Beispiele 2.2.12 Wir betrachten die Beispiele 2. bis 4. aus 2.2.5:
Beispiel 2.: $R^n/\ker pr_k$ ist isomorph zu R, kurz: $R^n/\ker pr_k \cong R$.
Beispiel 3.: $R[t]/\ker(\frac{d}{dt}) \cong \operatorname{im}(\frac{d}{dt}) \cong R[t]$.
Beispiel 4.: $R[t]/\ker ev_0 \cong R$.

2.3 Erzeugendensysteme und freie Systeme

Wir kommen jetzt zu einer wichtigen Operation für Teilmengen E einer Menge M mit einer oder mehreren Verknüpfungen, dem Erzeugen.

Wir beschränken uns auf Moduln; dieselbe Konstruktion ist aber auch z. B. schon für Gruppen von Bedeutung.

Definition 2.3.1 *Sei V ein R-Modul, E ein Teil von V. Die lineare Hülle von E (oder auch das lineare Erzeugnis von E) ist definiert als die Menge der Elemente der Form $\sum_{e \in E} \alpha_e e$, mit $\alpha_e = 0$ für fast alle $e \in E$. Bezeichnung: $[E]$.*

Bemerkung: Man kann $[E]$ auch folgendermaßen erklären: Für jedes $e \in E$ betrachte den von e erzeugten Untermodul $Re = \{\alpha e;\ \alpha \in R\}$. $\{Re;\ e \in E\}$ ist dann eine Familie von Untermoduln von V mit Indexmenge E, vgl. 2.1.9. $[E]$ ist die Summe dieser Familie von Untermoduln.

Beispiele 2.3.2 1. Sei $V = R[t]$ der R-Modul der Polynome mit Koeffizienten aus R. Sei $E = \{1, t, t^2, \ldots\}$. Dann ist $[E] = V$.
2. Im R^3 betrachte die Elemente $e_1 = (1, 0, 0)$ und $e_2 = (0, 1, 0)$. Dann besteht das lineare Erzeugnis aus den Elementen der Form $(\alpha_1, \alpha_2, 0)$.
3. Für $E = \emptyset$ ist $[E] = \{0\}$, vgl. 2.1.9.

Satz 2.3.3 *Die lineare Hülle $[E]$ einer Teilmenge E von V ist ein Untermodul.*

Beweis: Dies folgt aus 2.1.10, wenn wir $[E]$ als $\sum_e Re$ auffassen. □

Definition 2.3.4 $E \subset V$ *heißt* Erzeugendensystem, *wenn $[E] = V$.*

Beispiele 2.3.5 1. Die Menge E aus 2.3.2, 1. ist ein Erzeugendensystem von $R[t]$.
2. Sei $V = R^n$. Dann ist die Menge $E = \{e_1, \ldots, e_n\}$ mit $e_i = (0, \ldots, 1, \ldots, 0)$, 1 an der i-ten Stelle, ein Erzeugendensystem.

Satz 2.3.6 *Wenn $E \subset E' \subset V$, so $[E] \subset [E']$.*

Beweis: Klar aus der Definition 2.3.1. □

Satz 2.3.7 *Sei $f: V \longrightarrow W$ linear, $E \subset V$. Dann gilt: $f([E]) = [f(E)]$.*

Beweis: $x \in [E] \iff x = \sum_e \alpha_e e$. Also ist $y \in f([E]) \iff y = \sum_e \alpha_e f(e) \iff y \in [f(E)]$. □

Satz 2.3.8 *Falls E Erzeugendensystem, so ist eine lineare Abbildung $f: V \longrightarrow W$ eindeutig festgelegt durch $f|E$, d. h., durch die Einschränkung von f auf den Teil E von V.*

Beweis: Seien $f, g: V \longrightarrow W$ lineare Abbildungen derart, daß $f(e) = g(e)$ für alle $e \in E$. Da sich ein beliebiges $x \in V$ schreiben läßt als $x = \sum_e \alpha_e e$, folgt $f(x) = \sum_e \alpha_e f(e) = \sum_e \alpha_e g(e) = g(x)$. □

Bemerkung: Offenbar ist $E = V$ ein Erzeugendensystem. In 2.3.5 sahen wir, daß es aber auch echte Teilmengen E von V gibt, welche V erzeugen. Wir beginnen jetzt mit der Untersuchung der Frage, ob es nicht ein minimales Erzeugendensystem gibt, d. h., ein System, das keine überflüssigen Elemente enthält. Zu diesem Zweck führen wir einen neuen Begriff ein. Von jetzt an wollen wir Vektorräume betrachten, R ist also ein Körper K.

Definition 2.3.9 *Sei V ein K-Vektorraum. Ein Teil $F \subset V$ heißt* frei *oder auch* linear unabhängig, *falls aus $\sum_{f \in F} \alpha_f f = 0$ folgt: $\alpha_f = 0$ für alle $f \in F$. Die Elemente einer nicht-freien Menge nennen wir auch* linear abhängig.

2.3 Erzeugendensysteme und freie Systeme

Bemerkung: Die Definition impliziert, daß $\emptyset \subset V$ frei ist.

Beispiele 2.3.10 1. Eine Menge $F = \{x\}$ aus einem Element x ist frei dann und nur dann, wenn $x \neq 0$. Denn $\alpha x = 0$ für $\alpha \neq 0 \iff \alpha^{-1}\alpha x = x = 0$.

2. Die Menge $\{e_1, \ldots, e_n\}$ in K^n ist frei. Denn $\sum_i \alpha_i e_i = 0$ ist gleichbedeutend mit $(\alpha_1, \ldots, \alpha_n) = (0, \ldots, 0)$.

3. Die Menge $\{1, t, t^2, \ldots\}$ in $K[t]$ aus 2.3.2, 1. ist frei. $\sum_i \alpha_i t^i = 0, 0 =$ Nullelement von $K[t]$, bedeutet $\alpha_0 = \cdots = \alpha_i = \cdots = 0$.

Das folgende Theorem beantwortet die oben angeschnittene Frage nach minimalen Erzeugendensystemen.

Theorem 2.3.11 *Sei $C \subset V, C \neq \emptyset$. C ist frei dann und nur dann, wenn sich jedes x in der linearen Hülle $[C]$ von C auf genau eine Weise als Summe $x = \sum_{c \in C} \alpha_c c$ darstellen läßt.*

Beweis: Sei C frei. Seien $x = \sum_c \alpha_c c$ und $x = \sum_c \beta_c c$ zwei Darstellungen von $x \in [C]$. Dann gilt $0 = \sum_c (\alpha_c - \beta_c)c$, also $\alpha_c - \beta_c = 0$.
Sei C nicht frei. D.h., es gibt eine Darstellung $0 = \sum_c \alpha_c c$ der 0 mit wenigstens einem $\alpha_c \neq 0$. Andererseits ist aber auch $0 = \sum_c 0c$. □

Beispiele 2.3.12 1. Falls C nicht frei, so auch jedes D mit $C \subset D$. Falls C frei, so auch jedes $B \subset C$.

2. In K^2 sind drei und mehr Elemente linear abhängig. Nach 1. genügt es, Mengen mit drei Elementen $\{u, v, w\}$ zu betrachten. Wir suchen $(\alpha, \beta, \gamma) \neq (0, 0, 0)$ in K^2 mit
$$(2.1) \qquad \alpha u + \beta v + \gamma w = 0.$$
Falls eines der u, v, w gleich Null ist, etwa $u = 0$, so können wir $(\alpha, \beta, \gamma) = (1, 0, 0)$ wählen.
Sei $u = (u_1, u_2), v = (v_1, v_2), w = (w_1, w_2)$. Wie man leicht sieht, ist
$$(\alpha, \beta, \gamma) = (v_1 w_2 - w_1 v_2, w_1 u_2 - u_1 w_2, u_1 v_2 - v_1 u_2)$$
eine Lösung von (2.1). Falls diese $= (0, 0, 0)$ ist, können wir im Falle $u = (u_1, u_2) \neq (0, 0) \quad v_1 = au_1, v_2 = au_2$ schreiben. Dann ist $(\alpha, \beta, \gamma) = (1, -a, 0)$ eine Lösung von (2.1). Analog für $v \neq 0$ oder $w \neq 0$.

Wir geben noch eine andere Kennzeichnung für freie Systeme.

Lemma 2.3.13 *Sei $F \subset V$. F ist frei dann und nur dann, wenn folgendes gilt: Aus $E \subset F, E \neq F$, folgt $[E] \neq [F]$.*

Beweis: Sei F frei. Wenn $x \in F \setminus E$, so $x \notin [E]$, denn die Relation $x - \sum_{e \in E} \alpha_e e = 0$ gibt es nicht.
Umgekehrt, sei F nicht frei. Dann gibt es eine Relation $\sum_{f \in F} \alpha_f f = 0$, wobei $\alpha_f \neq 0$ für wenigstens ein $f \in F$, etwa $f = f_0$. Also $f_0 = \sum_{f \neq f_0} -\alpha_{f_0}^{-1} \alpha_f f$, d. h., $[(F - \{f_0\})] = [F]$. □

Satz 2.3.14 *Sei $f: V \longrightarrow W$ eine lineare injektive Abbildung. Wenn $F \subset V$ frei ist, so auch $f(F) \subset W$.*

Beweis: $0 = \sum_{x \in F} \alpha_x f(x) = \sum_{x \in F} f(\alpha_x x) = f(\sum_{x \in F} \alpha_x x)$ impliziert, da f injektiv, $\sum_{x \in F} \alpha_x x = 0$, also $\alpha_x = 0$ für alle $x \in F$. □

2.4 Basissysteme

Wir kommen nun zu dem Begriff eines optimalökonomischen Erzeugendensystems, vgl. die Bemerkung nach 2.3.8.

Definition 2.4.1 *Ein Teil B eines Vektorraumes V heißt* Basissystem *oder einfach* Basis, *wenn B frei ist und V erzeugt.*

Beispiele 2.4.2 1. Die Menge $E = \{e_1, \ldots, e_n\}$ aus 2.3.5, 2. ist eine Basis für $V = K^n$. E heißt *kanonische Basis* von K^n.
2. Die Menge $E = \{1, t, t^2, \ldots\}$ aus 2.3.5, 1. ist eine Basis für $K[t]$, siehe auch 2.3.10, 3.. E heißt *kanonische Basis* für $K[t]$.
3. $\emptyset$ ist die Basis für einen Vektorraum V, der nur aus dem Nullelement besteht, vgl. 2.3.2, 3. und die Bemerkung nach 2.3.9.

Lemma 2.4.3 *Sei $f : V \longrightarrow W$ linear und injektiv, B eine Basis von V. Dann ist $f(B)$ eine Basis von $\operatorname{im} f$.*

Beweis: Nach 2.3.7 ist $f(B)$ ein Erzeugendensystem für $\operatorname{im} f = f(V)$, und nach 2.3.13 ist $f(B)$ frei. □

Sei B eine Basis von V. Nach 2.3.8 ist eine lineare Abbildung $f : V \longrightarrow W$ eindeutig festgelegt durch $f|B$, da B Erzeugendensystem ist. Diese Aussage läßt sich ergänzen zu dem

Theorem 2.4.4 *Seien V, W Vektorräume und B eine Basis von V. Zu jeder Abbildung $\bar{f} : B \longrightarrow W$ gibt es genau eine lineare Abbildung $f : V \longrightarrow W$ mit $f|B = \bar{f}$.*

Bemerkung: f heißt *Erweiterung der Abbildung $\bar{f}$ auf V*.

Beweis: Nach 2.3.11 gibt es für $x \in V$ genau eine Darstellung $x = \sum_{b \in B} \alpha_b b$. Erkläre $f(x)$ durch $\sum_{b \in B} \alpha_b \bar{f}(b)$.
Die so erklärte Abbildung $f : V \longrightarrow W$ ist linear: Wenn $x = \sum_{b \in B} \alpha_b b$, $y = \sum_{b \in B} \beta_b b$, so

$$f(x+y) = \sum_{b \in B}(\alpha_b + \beta_b)\bar{f}(b) = \sum_{b \in B} \alpha_b \bar{f}(b) + \sum_{b \in B} \beta_b \bar{f}(b) = f(x) + f(y).$$

Für $\alpha \in K$, $\alpha x = \sum_{b \in B} \alpha \alpha_b b$ ist

$$f(\alpha x) = \sum_{b \in B} \alpha \alpha_b \bar{f}(b) = \alpha f(x).$$

□

Das folgende Theorem liefert verschiedene Charakterisierungen einer Basis, vgl. auch die Eingangsbemerkung zu diesem Abschnitt.

Theorem 2.4.5 *Sei B Teil eines Vektorraums V. Dann sind folgende Aussagen äquivalent:*

1. *B ist Basis.*
2. *B ist* minimales Erzeugendensystem, *d. h., jeder Teil* $A \subset B, A \neq B$, *ist nicht mehr Erzeugendensystem.*
3. *B ist* maximale freie Teilmenge *von V, d. h., falls* $B \subset C$, $B \neq C$, *so ist C nicht frei.*

Beweis: 1. $\Longrightarrow$ 2. ist gleichbedeutend mit 2.3.13.
1. $\Longrightarrow$ 3.: Wenn $B \subset C$ und $B \neq C$, so betrachte $x \in C \setminus B$. Da $x \in V = [B]$, ist C nicht frei.
3. $\Longrightarrow$ 1. ergibt sich aus dem folgenden Lemma, das etwas allgemeiner ist. □

Lemma 2.4.6 *Sei* $F \subset V$ *frei und* $[F] \neq V$. *Dann gilt für jedes* $x \in V \setminus [F]$, *daß* $G = F \cup \{x\}$ *frei ist.*

Beweis: Betrachte die Gleichung
$$\sum_{f \in F} \alpha_f f + \alpha x = 0.$$
Da $x \notin [F]$, ist $\alpha = 0$, und da F frei ist, sind alle $\alpha_f = 0$. □

Als Vorbereitung auf den Existenzsatz einer Basis zeigen wir:

Lemma 2.4.7 *Sei F frei, E erzeugend für V und* $F \subset E$. *Dann existiert eine Basis B mit* $F \subset B \subset E$.

Beweis: Nach 2.4.5 genügt es zu zeigen, daß die Familie $\mathcal{F} = \mathcal{F}(F, E)$ von freien $G \subset V$ mit $F \subset G \subset E$ ein maximales Element besitzt.
$\mathcal{F}$ enthält das Element F. Wenn $[F] \neq V$, so gibt es wegen 2.4.6 in $\mathcal{F}$ ein $F' = F \cup \{x\} \neq F$. Falls $[F'] \neq V$, konstruieren wir $F'' = F' \cup \{x'\} \neq F'$ in $\mathcal{F}$. Falls E endlich ist, erreichen wir nach endlich vielen Schritten ein maximales freies System. Falls E nicht endlich ist, kann es passieren, daß so eine Kette $F \subset F' \subset F'' \subset \cdots$ niemals abbricht. In diesem Falle liefert das sogenannte *Zornsche Lemma* die Existenz eines maximalen freien Elementes in $\mathcal{F}$. □

Folgerung 2.4.8 *Jede freie Teilmenge F kann zu einer Basis B ergänzt werden.*

Beweis: Wähle in 2.4.7 $E = V$. □

Folgerung 2.4.9 *Jedes Erzeugendensystem E kann zu einer Basis B ausgedünnt werden.*

Beweis: Wähle in 2.4.7 $F = \emptyset$. □

Theorem 2.4.10 *Jeder Vektorraum besitzt eine Basis.*

Beweis: Wähle in 2.4.7 $F = \emptyset, E = V$. □

Wir schließen mit dem sogenannten *kleinen Austauschsatz.* In einer gegebenen Basis kann man gewisse Elemente gegen die Elemente einer gegebenen freien Menge austauschen.

Theorem 2.4.11 *Sei B eine Basis von V, F ein freier Teil von V. Dann kann F durch einen Teil* $B' \subset B$ *zu einer Basis* $B^* = F \cup B'$ *ergänzt werden.*

Beweis: Wähle in 2.4.7 $F = F, E = F \cup B$. □

2.5 Endlichdimensionale Vektorräume

Wie betrachten jetzt endlich erzeugbare Vektorräume V, d. h., Vektorräume, die ein endliches Erzeugendensystem besitzen. Dann besitzt nach 2.4.7 V auch eine endliche Basis.

Wir beginnen mit dem sogenannten *Austauschlemma*. Hier wird über V noch nichts vorausgesetzt.

Lemma 2.5.1 *Sei $F \subset V$ frei, $x \in [F]$, also $x = \sum_f \alpha_f f$. Wenn $x \neq 0$, so gibt es ein $f \in F$, etwa f_0, mit $\alpha_{f_0} \neq 0$. Setze $F \setminus \{f_0\} = F_0, F_0 \cup \{x\} = F'$. Dann ist F' frei und $[F'] = [F]$.*

Beweis: Aus $x = \alpha_{f_0} f_0 + \sum_{f \in F_0} \alpha_f f$ folgt $f_0 = \alpha_{f_0}^{-1} x - \sum_{f \in F_0} \alpha_{f_0}^{-1} \alpha_f f$. Also $f_0 \in [F']$. Da auch $[F_0] \subset [F']$, folgt $[F'] = [F]$. Wegen 2.3.11 ist $x \in V \setminus [F_0]$. Aus 2.4.6 folgt, daß $F' = F_0 \cup \{x\}$ frei ist. □

Beispiel 2.5.2 In $V = K^3$ betrachte $F = \{e_1, e_2\}, e_i$ wie in 2.3.5, 2.. Sei $x = x_1 e_1 + x_2 e_2 \neq 0$. Wenn etwa $x_1 \neq 0$, so ist $F' = \{x, e_2\}$ frei und $[F'] = [F]$.

Der folgende *Austauschsatz von Steinitz* ist fundamental für endlich erzeugte Vektorräume. Er ist eine Verschärfung von 2.4.11. Bezeichne mit $\#A$ die Anzahl der Elemente in A. Falls A nicht endlich ist, setze $\#A = \infty$.

Theorem 2.5.3 *Sei $F \subset V$ frei und B eine endliche Basis von V. Dann kann F durch einen Teil $B' \subset B$ zu einer Basis $B^* = F \cup B'$ ergänzt werden mit $\#B^* = \#B$.*

Bemerkung: Insbesondere ist ein freier Teil $F \subset V$ stets endlich.

Beweis: Wir wenden Induktion nach $k = \#F$ an. Für $k = 0$, d. h., $F = \emptyset$ ist die Behauptung richtig, weil dann $B' = B, B^* = \emptyset \cup B' = B$ ist.
Sei die Behauptung schon für freie Mengen mit $k - 1 \geq 0$ Elementen bewiesen und betrachte jetzt den Fall $\#F = k$. Sei $x \in F$. Setze $F \setminus \{x\} = F_0$. Da $\#F_0 = k - 1$ ist, gibt es $B_0' \subset B$, so daß $F_0 \cup B_0' = B_0^*$ Basis von V ist mit $\#B_0^* = \#B$. Schreibe $x = \sum_{f \in F_0} \alpha_f f + \sum_{b \in B_0'} \alpha_b b$. Da $x \notin [F_0]$ und B_0' frei ist, gibt es ein $b_0 \in B_0'$ mit $\alpha_{b_0} \neq 0$. Nach 2.5.1 liefert der Ersatz von b_0 durch x eine freie Menge $F_0 \cup (B_0' \setminus \{b_0\}) \cup \{x\}$, die V erzeugt, also eine Basis B^* ist. Beachte nun, daß $F_0 \cup \{x\} = F$ ist und setze $B_0' \setminus \{b_0\} = B'$. Offenbar ist $\#F \cup B' = \#F_0 \cup B_0' = \#B$. □

Als unmittelbare Folgerung haben wir das

Theorem 2.5.4 *Falls V endlich erzeugbar ist, so ist jede Basis von V endlich, und die Anzahl der Elemente in einer Basis ist stets die gleiche.*

Definition 2.5.5 *Die Anzahl der Elemente einer Basis in einem endlich erzeugbaren Vektorraum V heißt die* Dimension *von V, Bezeichnung:* $\dim V$.

Beweis von 2.5.4: Ein endliches Erzeugendensystem E enthält nach 2.4.9 eine endliche Basis B. Sei B^* eine beliebige Basis. Aus 2.5.3 mit $F = B^*$ folgt $\#B^* = \#B$. □

2.5 Endlichdimensionale Vektorräume

Beispiele 2.5.6 1. Falls $V = \{0\}$, ist $\dim V = 0$, da $\#\emptyset = 0$.
2. Falls $V = K$, ist $\dim V = 1$, da $B = \{1\}$ eine Basis ist.
3. Falls $V = K^n$, ist $\dim V = n$, da $\{e_1, \ldots, e_n\}$ eine Basis ist, vgl. 2.3.5, 2..

Satz 2.5.7 *Sei* $\dim V = n$.

1. *Sei* $E \subset V$ *erzeugend. Dann ist* $\#E \geq n$.
2. *Sei* $F \subset V$ *frei. Dann ist* $\#F \leq n$.

Beweis: Zu 1.: Nach 2.4.9 gibt es eine Basis $B \subset E$.
Zu 2.: Nach 2.4.8 gibt es eine Basis $F \subset B$. □

Wir können jetzt die endlichdimensionalen Vektorräume klassifizieren.

Theorem 2.5.8 *Sei V ein K-Vektorraum. Wenn $\dim V = n$, so ist V isomorph zu K^n. Genauer gilt: Jede numerierte Basis $B = \{b_1, \ldots, b_n\}$ von V bestimmt einen Isomorphismus $\Phi_B : V \longrightarrow K^n$. Φ_B ist bestimmt durch $\Phi_B(b_i) = e_i = $ i-tes Element in der kanonischen Basis E von K^n.*
Umgekehrt bestimmt ein Isomorphismus $\Phi: V \longrightarrow K^n$ die Basis $B = \Phi^{-1}(E) = \{\Phi^{-1}(e_1), \ldots, \Phi^{-1}(e_n)\}$ von V.
Es ist $\Phi_{\Phi^{-1}(E)} = \Phi, \Phi_B^{-1}(E) = B$, d. h., die Isomorphismen und Basen entsprechen sich umkehrbar eindeutig unter der obigen Zuordnung.

Definition 2.5.9 *Ein Isomorphismus $\Phi: V \longrightarrow K^n$ heißt auch* Karte *von V, das Bild $\Phi(v) \in K^n$ eines $v \in V$ heißt auch* Koordinate *von v bezüglich der Karte Φ. Wenn $\Phi = \Phi_B$ ist, so heißt Φ die durch B bestimmte Karte.*

Beweis von 2.5.8: Sei $B = \{b_1, \ldots, b_n\}$ Basis von V. Nach 2.4.4 besitzt die Abbildung $\bar{\Phi} = \bar{\Phi}_B : B \longrightarrow E$; $b_i \longmapsto e_i$ genau eine Erweiterung $\Phi = \Phi_B$ zu einer surjektiven linearen Abbildung: $\Phi(V) = \Phi([B]) = [\Phi(B)] = [E] = K^n$, vgl. 2.3.7.
Die inverse Abbildung $\bar{\Psi} = \bar{\Phi}^{-1}: E \longrightarrow B$ besitzt ebenfalls genau eine Erweiterung zu einem Isomorphismus $\Psi: K^n \longrightarrow V$. Die Erweiterung von $\bar{\Psi} \circ \bar{\Phi} = \text{id}_B$ ist $\text{id}_V = \Psi \circ \Phi$. Also ist nach 1.1.10 Φ injektiv, d. h., $\Phi = \Phi_B$ ist ein Isomorphismus.
Die letzte Behauptung folgt aus $\Phi_{\Phi^{-1}(E)}|\Phi^{-1}(E) = \Phi|\Phi^{-1}(E)$ und $\Phi_B(b_i) = e_i$.
□

Beispiel 2.5.10 Sei $\{b_1 = (b_{11}, b_{21}), b_2 = (b_{12}, b_{22})\}$ Basis von $V = K^2$. Der Isomorphismus $\Phi_B: K^2 \longrightarrow K^2$ lautet

$$x = x_1 b_1 + x_2 b_2 \longmapsto x_1 e_1 + x_2 e_2,$$

also

$$(x_1 b_{11} + x_2 b_{12}, x_1 b_{21} + x_2 b_{22}) \longmapsto (x_1, x_2).$$

2.6 Lineare Komplemente

Wenn U ein (linearer) Unterraum des Vektorraums V ist, so fragen wir nach einem sogenannten zu U komplementären Unterraum von V. Ein solcher Raum U' ist i. a. nicht eindeutig festgelegt.

Definition 2.6.1 *Sei U Unterraum von V. Ein Unterraum U' von V heißt Komplement von U, wenn $U \cap U' = \{0\}$ und $U + U' = V$.*

Bemerkung: Wie schon in 2.1.9 bezeichnet $U + U'$ die Menge der $x + x'$; $x \in U, x' \in U'$. Wir hätten in 2.6.1 auch $V = U \oplus U'$ schreiben können, vgl. 2.1.9.

Beispiele 2.6.2 1. Zu K^3 betrachte den Unterraum $U = \{(\alpha_1, \alpha_2, 0); \alpha_i \in K\}$. Für jedes $x \notin U$ ist $U' = Kx = \{\alpha x\}$ ein Komplement. Denn $U \cap U' = 0$ und nach 2.5.1 kann man die kanonische Basis $\{e_1, e_2, e_3\}$ von K^3 ersetzen durch die Basis $\{e_1, e_2, x\}$. Beachte, daß in $x = x_1 e_1 + x_2 e_2 + x_3 e_3$ $x_3 \neq 0$ ist.
2. Falls $U = V$, so $U' = \{0\}$.
3. Falls $U = \{0\}$, so $U' = V$.

Theorem 2.6.3 *Zu jedem Unterraum U von V existiert ein Komplement.*

Beweis: Sei B_U Basis von U. Nach 2.4.8 kann B_U zu einer Basis B von V ergänzt werden. Setze $B \setminus B_U = B'$. Dann ist $U' = [B']$ ein Komplement. Denn $B_U \cap B' = \emptyset$ impliziert $[B_U] \cap [B'] = \{0\}$ und $[B_U] + [B'] = [B] = V$. □

Bemerkung: Wie man aus dem Beweis erkennt, ist für $U \neq \{0\}$ und $U \neq V$ ein Komplement U' zu U nicht eindeutig bestimmt. Daher ist das folgende Lemma wichtig, das einen eindeutig bestimmten Raum beschreibt, zu dem jedes Komplement isomorph ist.

Lemma 2.6.4 *Sei U Unterraum von V. Dann ist jedes Komplement U' von U isomorph zum Restklassenraum (oder Quotientenraum) V/U. $\dim V/U$ heißt Codimension von U, Bezeichnung: $\operatorname{codim} U$. Also $\operatorname{codim} U = \dim U'$, für ein beliebiges Komplement U' von U.*

Beweis: V/U ist definiert in 2.2.10. Betrachte die lineare Abbildung $\Pi_U: V \longrightarrow V/U$; $x \longmapsto \bar{x}$. Nach 2.2.11 ist $V/\ker \Pi_U \cong \operatorname{im} \Pi_U$. Offenbar ist $\operatorname{im} \Pi_U = V/U$. $x \in \ker \Pi_U$ ist gleichbedeutend mit $x \in U$. Die Einschränkung $\Pi_U | U'$ hat den Kern $U' \cap U = \{0\}$ und das Bild V/U, da jedes $x \in V$ als $x = (x_U, x_{U'}) \in U + U'$ beschrieben werden kann. □

Korollar 2.6.5 *Sei $f: V \longrightarrow W$ linear, U' ein Komplement von $U = \ker f$. Dann ist $f|U': U' \longrightarrow \operatorname{im} f$ ein Isomorphismus.*

Beweis: In dem Beweis von 2.2.11 konstruierten wir einen Isomorphismus $\Phi: \operatorname{im} f \longrightarrow V/\ker f$. Offenbar ist $f = \Phi^{-1} \circ (\Pi_{\ker f} | U')$. □

Wir kommen jetzt zu der *Dimensionsformel*.

2.6 Lineare Komplemente

Lemma 2.6.6 *Sei* $\dim V$ *endlich. Sei* $U \subset V$ *Unterraum und* U' *ein Komplement. Dann gilt*
$$\dim U + \dim U' = \dim V.$$

Beweis: Sei B_U Basis von U, $B_{U'}$ Basis von U'. Dann ist $B = B_U \cup B_{U'}$ Basis von V. Also ist $\#B_U + \#B_{U'} = \#B$. □

Theorem 2.6.7 *Sei* $f: V \longrightarrow W$ *linear,* $\dim V < \infty$. *Dann gilt*
$$\dim \ker f + \dim \operatorname{im} f = \dim V.$$

Beweis: Dies folgt aus 2.6.5 und 2.6.6. □

Korollar 2.6.8 *Sei* $\dim V < \infty$ *und* $f: V \longrightarrow W$ *linear.*
1. *Falls f injektiv, so* $\dim V \leq \dim W$.
2. *Falls f surjektiv, so* $\dim V \geq \dim W$.
3. *Wenn* $\dim V = \dim W$, *so folgt aus f injektiv oder surjektiv, daß f bijektiv ist, also ein Isomorphismus.*

Beweis: Zu 1.: Nach 1.3.8 gilt $\ker f = \{0\}$, also nach 2.6.7 $\dim V = \dim \operatorname{im} f \leq \dim W$.
Zu 2.: Wegen $\operatorname{im} f = W$ folgt die Behauptung aus 2.6.7.
Zu 3.: Wenn $\ker f = 0$, so $\dim \operatorname{im} f = \dim W$. Wenn $\dim \operatorname{im} f = \dim W = \dim V$, so $\ker f = 0$. □

Wir schließen mit der *Dimensionsformel für Unterräume*.

Theorem 2.6.9 *Seien* U, U' *endlichdimensionale Unterräume von* V. *Dann gilt*
$$\dim(U \cap U') + \dim(U + U') = \dim U + \dim U'.$$

Beweis: Betrachte eine Basis $B_{U \cap U'}$ von $U \cap U'$. Es gibt Ergänzungen $B_U^O, B_{U'}^O$ von $B_{U \cap U'}$ zu Basen B_U und $B_{U'}$ von U bzw. U', vgl. 2.4.8. Dann ist $B_{U \cap U'} \cup B_U^O \cup B_{U'}^O$ eine Basis B von $U + U'$. Also

$$\begin{aligned}\dim(U + U') &= \#B = \#B_{U \cap U'} + \#B_U^O + \#B_{U'}^O \\ &= \dim(U \cap U') + (\dim U - \dim(U \cap U')) \\ &\quad + (\dim U' - \dim(U \cap U')).\end{aligned}$$

□

Beispiel 2.6.10 Sei $V = K^3$, U, U' Unterräume und $\dim U = 1$, $\dim U' = 2$.
Falls $U \cap U' = \{0\}$, so $\dim(U + U') = 3$, also $U + U' = V$. Die Formel in 2.6.9 lautet $0 + 3 = 1 + 2$.
Falls $U \cap U' \neq \{0\}$, so $U \cap U' = U$, $U + U' = U'$. Die Formel in 2.6.9 lautet $1 + 2 = 1 + 2$.

Übungen

1. Sei $I \subset \mathbb{R}$ ein Intervall. Bezeichne mit $\mathbb{R}^I$ oder $\mathcal{F}(I;\mathbb{R})$ die Menge der Abbildungen (Funktionen) $f: I \longrightarrow \mathbb{R}$. Erkläre auf $\mathbb{R}^I$ Verknüpfungen durch:

$$\begin{aligned}(f+g)(x) &= f(x)+g(x),\\(\alpha f)(x) &= \alpha f(x),\ \alpha \in \mathbb{R},\\(fg)(x) &= f(x)g(x),\ f,g \in \mathbb{R}^I.\end{aligned}$$

  (a) Zeige, daß damit auch $\mathbb{R}^I$ ein Vektorraum und ein Ring ist.
  (b) Ist $\mathbb{R}^I$ auch ein Körper?
  (c) Sei $x_0 \in I$ fest gewählt. Zeige, daß die Menge der $f \in \mathbb{R}^I$ mit $f(x_0) = 0$ mit den induzierten Verknüpfungen einen Untervektorraum von $\mathbb{R}^I$ bildet.
  (d) Aus Sätzen der Analysis folgt: Die Menge $C(I;\mathbb{R}) \subset \mathcal{F}(I;\mathbb{R})$ der stetigen Abbildungen bildet einen Untervektorraum.

2. Auf dem Vektorraum $\mathbb{R}^3$ der Tripel $x = (x_1, x_2, x_3)$ reeller Zahlen erkläre die Verknüpfung

$$(x,y) \in \mathbb{R}^3 \times \mathbb{R}^3 \longmapsto x \times y \in \mathbb{R}^3$$

durch

$$x \times y = (x_2 y_3 - x_3 y_2, x_3 y_1 - x_1 y_3, x_1 y_2 - x_2 y_1).$$

  (a) Zeige:
$$\begin{aligned}x \times y &= -y \times x \\ x \times (y+y') &= x \times y + x \times y' \\ (\alpha x) \times y &= \alpha(x \times y),\ \alpha \in \mathbb{R}\end{aligned}$$

  (b) Besitzt die Verknüpfung ein neutrales Element? Ist die Verknüpfung assoziativ?

3. Betrachte den $\mathbb{R}$-Modul $\mathbb{R}^n$ der n-Tupel $(x_1, \ldots, x_n)$ von Elementen aus $\mathbb{R}$. Welche der folgenden Abbildungen sind linear?

  (a) $f: \mathbb{R}^n \longrightarrow \mathbb{R};\ (x_1, \ldots, x_n) \longmapsto \sum_{i=1}^n x_i$
  (b) $g: \mathbb{R}^n \longrightarrow \mathbb{R};\ (x_1, \ldots, x_n) \longmapsto x_1 - x_n$
  (c) $h: \mathbb{R}^n \longrightarrow \mathbb{R};\ (x_1, \ldots, x_n) \longmapsto x_1^2$.

4. Betrachte den $\mathbb{R}$-Modul $\mathbb{R}[[t]]$ der formalen Potenzreihen $\sum_{i\geq 0} a_i t^i$ (d. h., die Summe geht über alle $i \geq 0$ und $a_i \in \mathbb{R}$). Erkläre Abbildungen

$$\frac{d}{dt}: \mathbb{R}[[t]] \longrightarrow \mathbb{R}[[t]];\ \sum_{i\geq 0} a_i t^i \longmapsto \sum_{i\geq 1} i a_i t^{i-1}$$

$$\int_0^t: \mathbb{R}[[t]] \longrightarrow \mathbb{R}[[t]];\ \sum_{i\geq 0} a_i t^i \longmapsto \sum_{i\geq 0} \frac{a_i}{i+1} t^{i+1}.$$

(a) Zeige, daß diese Abbildungen linear sind.

(b) Bestimme Kern und Bild von $\frac{d}{dt}$.

(c) Zeige: $\ker \int_0^t = 0$, aber $\operatorname{im} \int_0^t \neq \mathbb{R}[[t]]$.

(d) Zeige: $\frac{d}{dt} \circ \int_0^t = \operatorname{id}$; $\int_0^t \circ \frac{d}{dt} \neq \operatorname{id}$.

5. (a) Zeige, daß der Ring $\mathbb{R}[t]$ der Polynome ein Untermodul von $\mathbb{R}[[t]]$ ist.

   (b) Zeige, daß $\mathbb{R}[t] = \bigoplus_{i=0}^{\infty} \mathbb{R}\, t^i$ (direkte Summe).

6. Zeige, daß es zu Elementen $x = (x_1, x_2), y = (y_1, y_2), z = (z_1, z_2)$ aus $\mathbb{R}^2$ stets drei reelle Zahlen $(a, b, c) \neq (0, 0, 0)$ gibt mit $ax + by + cz = 0$.

7. Wir geben im folgenden einen Körper K und eine Teilmenge $A \subset K^n$ an. Untersuche, ob A frei, erzeugend oder Basis ist.

   (a) $K = \mathbb{R}$, $A = \{(3, 5, 2), (0, 1, 1), (3, 6, 2)\} \subset \mathbb{R}^3$

   (b) $K = \mathbb{R}$, $A = \{(3, 5), (0, 1), (3, 0)\} \subset \mathbb{R}^2$

   (c) $K = \mathbb{Z}_5$, $A = \{(\bar{1}, \bar{2}, \bar{3}), (\bar{0}, \bar{1}, \bar{2}), (\bar{3}, \bar{1}, \bar{4})\} \subset \mathbb{Z}_5^3$

   (d) $K = \mathbb{C}$, $A = \{(i, i-1), (1, 1+i)\} \subset \mathbb{C}^2$.

8. (a) Bestimme drei linear abhängige (d. h., nicht freie) Vektoren in $\mathbb{R}^3$, von denen jeweils zwei linear unabhängig (frei) sind.

   (b) Bestimme in $\mathbb{R}^3$ vier Vektoren, von denen je drei eine Basis bilden.

9. Seien $v_1, \ldots, v_n \in V$ linear abhängige Vektoren eines Vektorraums V über einem Körper K, von denen jeweils $n - 1$ linear unabhängig sind.

   (a) Zeige: Es gibt $\alpha_1, \alpha_2, \ldots, \alpha_n \in K^*$ so, daß $\sum_{i=1}^n \alpha_i v_i = 0$.

   (b) Zeige: Falls $\beta_1, \beta_2, \ldots, \beta_n \in K$ mit $\sum_{i=1}^n \beta_i v_i = 0$ und $\beta_i \in K^*$ für mindestens ein i, so gibt es ein $\gamma \in K^*$ mit $\beta_i = \gamma \alpha_i$ und α_i wie in (a).

10. Sei $B = \{b_1, \ldots, b_n\}$ eine Basis des Vektorraums V.

    (a) Wähle ein $b_i \in B$. Bestimme alle $v \in V$, für die $(B \setminus \{b_i\}) \cup \{v\}$ eine Basis ist.

    (b) Bestimme alle $v \in V$, die *jeden* Basisvektor b_i im Sinne von (a) ersetzen können.

Kapitel 3
Matrizen

3.1 Vektorräume linearer Abbildungen

Von jetzt an betrachten wir nur noch Vektorräume über kommutativen Körpern K. Wir sahen bereits in 2.1.2, 3., daß die Menge K^M der Abbildungen $f: M \longrightarrow K$ einen K-Vektorraum bildet. Dieses Beispiel läßt sich unmittelbar verallgemeinern auf die Mengen W^M der Abbildungen $f: M \longrightarrow W$, wo W ein K-Vektorraum ist. Von besonderem Interesse ist der Fall $M = V$ und $f: V \longrightarrow W$ linear.

Definition 3.1.1 *Seien V und W Vektorräume über K. Wir bezeichnen mit $L(V;W)$ die Menge der linearen Abbildungen $f: V \longrightarrow W$.*

Lemma 3.1.2 *$L(V;W)$ ist Unterraum des Vektorraumes aller Abbildungen $f: V \longrightarrow W$.*

Beweis: Wir verifizieren die Gültigkeit von 2.1.5:
Falls f, g linear, so auch $f+g$. Denn $(f+g)(x+x')$ ist definiert als $f(x+x')+g(x+x')$, und dieses ist $= f(x)+f(x')+g(x)+g(x') = (f+g)(x)+(f+g)(x')$. Ferner $(f+g)(\alpha x) = f(\alpha x)+g(\alpha x) = \alpha f(x)+\alpha g(x) = \alpha(f(x)+g(x)) = (\alpha(f+g))(x)$.
□

Im Falle $V = W$ besitzt $L(V;W)$ eine zusätzliche Struktur:

Theorem 3.1.3 *Auf $L(V;V)$ ist, neben der Addition, eine Multiplikation erklärt durch $fg = g \circ f$. (Komposition der Abbildungen). Damit wird $L(V;V)$ ein Ring mit id_V als Einselement.*

Bemerkung: Auf $L(V;V) \cap \mathrm{Perm}\, V$ entspricht also fg der in 1.2.11, 2. mit $f \cdot g$ bezeichneten Multiplikation. Beachte jedoch, daß $L(V;V) \not\subset \mathrm{Perm}\, V$.

Beweis: Wir bemerken zunächst, daß $fg \in L(V;V)$, siehe 2.2.6. Wir müssen die Gültigkeit der Axiome 1. bis 4. aus 1.5.1 nachweisen. 1. folgt aus 3.1.2. 2. folgt aus 1.1.7. 3. ist klar mit $1 = \mathrm{id}_V$. Es verbleiben die Distributivgesetze 4.. D.h., für f, g, h aus $L(V;V)$ muß gelten

$$f(g+h) = fg + fh; \quad (f+g)h = fh + gh.$$

Wir beschränken uns darauf, die Gültigkeit der ersten dieser beiden Gleichungen zu verifizieren:

$$f(g+h)(x) = (g+h) \circ f(x) = g(f(x)) + h(f(x))$$
$$= (g \circ f)(x) + (h \circ f)(x) = (fg)(x) + (fh)(x).$$

□

Bemerkungen 3.1.4 1. $L(V;V)$ ist sogar eine sogenannte K-*Algebra* A. Darunter versteht man, daß die Elemente von A einen K-Vektorraum bilden und daß überdies A ein Ring ist, mit der Addition gegeben durch die Vektorraum-Addition, und daß schließlich für die Multiplikation mit einem Skalar $(\alpha, x) \in K \times A \longmapsto \alpha x \in A$ das folgende "gemischte Assoziativgesetz" gilt:

$$\alpha(xy) = (\alpha x)y$$

Daß diese Regeln in der Tat für $L(V;V)$ erfüllt sind, ist leicht zu sehen.

2. Falls $\dim V = 1$, so liefert ein Vektorraum-Isomorphismus $V \longrightarrow K$ (vgl. 2.5.8) einen Ring-Isomorphismus $L(V;V) \longrightarrow K$. In der Tat, sei $e \in V$ ein Basiselement. Ein $f \in L(V;V)$ bestimmt ein $\alpha \in K$ durch $f(e) = \alpha e$. Wenn $g \in L(V;V)$ und $g(e) = \beta e$ ist, so entsprechen auf diese Weise $f + g$ dem Element $\alpha + \beta$ und fg dem Element $\beta\alpha = \alpha\beta$. Im Falle $\dim V = 1$ ist der Ring $L(V;V)$ also sogar ein Körper.

3. Falls $\dim V > 1$ (einschließlich $\dim V = \infty$), so ist der Ring $L(V;V)$ nicht kommutativ, und ebensowenig ist $L(V;V)$ ein Körper. Um das letztere zu sehen, betrachte eine Basis B von V. Wähle $b \in B$. $B' = B \setminus \{b\} \neq \emptyset$. Wir erklären $\bar{f}: B \longrightarrow V$ durch $\bar{f}(b) = 0, \bar{f}|B' = \mathrm{id}_{B'}$. $\bar{f}$ bestimmt ein $f: V \longrightarrow V$, vgl. 2.4.4. Da $b \in \ker f$, ist f nicht bijektiv, d. h., f ist nicht das Nullelement und besitzt kein multiplikatives Inverses.

Ein Beispiel von zwei Elementen f, g in $L(V;V)$, die nicht kommutieren, erhalten wir folgendermaßen: Sei B eine Basis, b_1, b_2 zwei Elemente in B. Setze $B \setminus \{b_1, b_2\} = B'$. Definiere f durch $f(b_1) = b_1, f(b_2) = b_1 + b_2, f|B' = \mathrm{id}_{B'}$, und definiere g durch $g(b_1) = b_1 + b_2, g(b_2) = b_2, g|B' = \mathrm{id}_{B'}$. Dann ist $fg(b_1) = g \circ f(b_1) = b_1 + b_2, gf(b_1) = f \circ g(b_1) = 2b_1 + b_2$.

4. In jedem Ring R bildet die Menge R^* der multiplikativ-invertierbaren Elemente eine Gruppe mit $1 \in R^*$ als neutralem Element. Speziell im Fall $R = L(V;V)$ sind dies die linearen Automorphismen von V, d. h., $L(V;V)^* = L(V;V) \cap \mathrm{Perm}\,V$. Mit der Bezeichnung aus 2.2.9 haben wir also $L(V;V)^* = GL(V)$.

3.2 Dualräume

Wir kommen nun zu einem besonders wichtigen Raum von linearen Abbildungen. Beachte, daß K ein Vektorraum über K ist.

Definition 3.2.1 *Sei V ein Vektorraum über K. Der Vektorraum $L(V;K)$ heißt* Dualraum *von V. Er wird auch mit V^* bezeichnet. Die Elemente $x^* \in V^*$ heißen* Linearformen *(auf V).*

3.2 Dualräume

Beispiele 3.2.2 1. Die Abbildung $pr_k : K^n \longrightarrow K$ aus 2.2.2, 2. ist eine Linearform auf K^n. Allgemeiner sei $B = \{b_1, \ldots, b_n\}$ eine (numerierte) Basis von V, $\dim V = n > 0$. Erkläre $pr_k : V \longrightarrow K$ durch $pr_k(x) = x_k = k$-te Komponente in der Darstellung $x = \sum_i x_i b_i$. Dann $pr_k \in V^*$.

2. Sei $I \subset \mathbb{R}$ ein endliches Intervall. $\mathbb{R}^I$ ist ein $\mathbb{R}$-Vektorraum, vgl. 2.1.2, 2.. Die *Menge $\mathcal{C} = \mathcal{C}(I;\mathbb{R})$ der stetigen Abbildungen* $f : I \longrightarrow \mathbb{R}$ (stetigen Funktionen) ist ein Unterraum von $\mathbb{R}^I$; die Gültigkeit des Unterraumkriteriums 2.1.5 ist ein bekanntes Resultat aus der Analysis. Die Theorie des Riemannintegrals liefert, daß das *Integral*

$$\int_I : f \in \mathcal{C} \longmapsto \int_I f \in \mathbb{R}$$

eine Linearform auf $\mathcal{C}$ ist:

$$\int_I f + g = \int_I f + \int_I g; \qquad \int_I \alpha f = \alpha \int_I f$$

Lemma 3.2.3 *Sei $x^* \in L(V; K)$, $x^* \neq 0$. Dann hat ein Komplement von $\ker x^*$ die Dimension 1. Also hat $\ker x^*$ die Codimension 1.*

Beweis: Sei U' Komplement von $\ker x^*$. Nach 2.6.5 ist $x^*|U' : U' \longrightarrow \operatorname{im} x^* = K$ ein Isomorphismus. □

Beispiele 3.2.4 1. In 3.2.2, 1. ist $\ker pr_k = Kb_1 + \cdots + 0b_k + \cdots + Kb_n$, ($0b_k = 0$ an der k-ten Stelle). Ein Komplement von $\ker pr_k$ ist durch Kb_k gegeben.

2. In 3.2.2, 2. besteht der Kern aus den stetigen Funktionen f mit $\int_I f = 0$. Für eine konstante Funktion $\{f_c(t) = c$ für alle $t \in I\}$ ist $\int_I f_c = c|I|, |I| = $ Länge von I. Also $\int_I \neq 0$. Die Menge der konstanten Funktionen bildet ein Komplement zu $\ker \int_I$.

Definition 3.2.5 *Sei V ein Vektorraum, V^* sein Dualraum. Die Abbildung*

$$\langle , \rangle : V^* \times V \longrightarrow K; \quad (x^*, x) \longmapsto \langle x^*, x \rangle = x^*(x)$$

heißt natürliche Paarung von V^* und V.

Satz 3.2.6 $\langle , \rangle : (x^*, x) \in V^* \times V \longmapsto \langle x^*, x \rangle \in K$ *ist bilinear, d. h., linear in jedem der Argumente.*

Beweis: Zur Linearität im ersten Argument:

$$\begin{aligned}
\langle \alpha x^* + \beta y^*, x \rangle &= (\alpha x^* + \beta y^*)(x) = (\alpha x^*)(x) + (\beta y^*)(x) \\
&= \alpha x^*(x) + \beta y^*(x) = \alpha \langle x^*, x \rangle + \beta \langle y^*, x \rangle.
\end{aligned}$$

Die Linearität im zweiten Argument, d. h.,

$$\langle x^*, \alpha x + \beta y \rangle = \alpha \langle x^*, x \rangle + \beta \langle x^*, y \rangle,$$

folgt aus $x^* \in L(V; K)$. □

Definition 3.2.7 *Sei B eine Basis von V. Erkläre eine lineare Abbildung*

$$f_B : V \longrightarrow V^*$$

als Erweiterung der auf B folgendermaßen definierten Abbildung

$$\bar{f}_B : B \longrightarrow V^* : \langle \bar{f}_B(b), b' \rangle = \begin{cases} 1, & \text{für } b' = b, \\ 0, & \text{für } b' \in B \setminus \{b\}. \end{cases}$$

Bemerkung: Beachte, daß es genügt, $\bar{f}_B$ auf B zu erklären.

Lemma 3.2.8 *Die Abbildung f_B aus 3.2.7 ist injektiv, $B^* = f_B(B)$ ist frei. B^* ist erzeugend, also eine Basis von V^*, dann und nur dann, wenn $\dim V < \infty$. In diesem Falle heißt B^* die zu B duale Basis von V^*. Anstelle $f_B(b)$, für $b \in B$, schreiben wir auch b^*.*

Beweis: Es genügt, den Fall $V \neq \{0\}$, also $B \neq \emptyset$ zu betrachten. Wenn b, b' in B und $b \neq b'$ ist, so ist $b^* = f_B(b) \neq b'^* = f_B(b')$, denn $\langle b^*, b \rangle = 1$, während $\langle b'^*, b \rangle = 0$.
Sei $\dim V = n < \infty$. Wähle eine Numerierung $\{b_1, \ldots, b_n\}$ von B und schreibe $B^* = \{b_1^*, \ldots, b_n^*\}$. Also

$$\langle b_i^*, b_k \rangle = \delta_{ik} = \begin{cases} 1 & \text{für } k = i, \\ 0 & \text{für } k \neq i. \end{cases}$$

Die so für i und k aus $\{1, \ldots, n\}$ definierte Abbildung δ heißt *Kroneckersymbol*. Wir behaupten, daß für jedes $x^* \in V^*$ gilt:

$$x^* = \sum_i \langle x^*, b_i \rangle b_i^*.$$

In der Tat, die rechte Seite hat für b_k den Wert

$$\sum_i \langle x^*, b_i \rangle \langle b_i^*, b_k \rangle = \langle x^*, b_k \rangle = x^*(b_k).$$

Also ist $B^* = \{b_1^*, \ldots, b_n^*\}$ eine Basis von V^*.
Falls $\dim V = \infty$, so ist $B = f_B(B)$ nicht Erzeugendensystem für V^*. Denn betrachte z. B. das Element $x^* \in V^*$ mit $\langle x^*, b \rangle = 1$ für alle $b \in B$. Dann ist $x^* \notin [B^*]$. Denn $x^* \in [B^*]$ bedeutet:

$$x^* = \sum_{b^* \in B^*} \alpha_{b^*} \cdot b^*, \quad \alpha_{b^*} = 0 \text{ für fast alle } b^* \in B^*.$$

Da B^* unendlich viele Elemente enthält, gibt es ein $b_0^* \in B^*$ mit $\alpha_{b_0^*} = 0$. Dann aber

$$\langle x^*, b_0 \rangle = \langle \sum_{b^* \in B^*} \alpha_{b^*} \cdot b^*, b_0 \rangle = 0,$$

d. h., wir haben einen Widerspruch zur Annahme $x^* \in [B^*]$. □

Korollar 3.2.9 *Falls $\dim V < \infty$, ist $\dim V^* = \dim V$.*

3.2 Dualräume

Beweis: $\dim V = \#B = \#B^* = \dim V^*$ □

Lemma 3.2.10 *Wir erklären eine Abbildung*

$$(**): V \longrightarrow V^{**}$$

von V in den Dualraum $(V^*)^* = V^{**}$ von V^*, indem wir $(**)x = x^{**}$ definieren durch

$$\langle x^{**}, y^* \rangle = \langle y^*, x \rangle, \quad \text{für alle } y^* \in V^*.$$

Die Abbildung $(**)$ ist linear und injektiv. Sei B eine Basis von V und $B^* = f_B(B)$ das freie System in V^* gemäß 3.2.7. Setze $[B^*] = U^*$, also B^* Basis von $U^* \subset V^*$. $(**)$ ist gleich der Komposition $f_{B^*} \circ f_B$. $(**)$ ist ein Isomorphismus dann und nur dann, wenn $\dim V < \infty$. In diesem Falle können also V^{**} und V identifiziert werden.

Beweis: Wir beschränken uns auf den Fall $V \neq \{0\}$. Daß $x^{**} \in V^{**}$ folgt aus der Linearität im ersten Argument der Paarung

$$\langle \, , \, \rangle : V^* \times V \longrightarrow K,$$

vgl. 3.2.6. Die Linearität von $(**)$ folgt aus der Linearität von $\langle \, , \, \rangle$ im zweiten Argument. Die Injektivität von $(**)$, d. h., $\ker(**) = 0$, folgt aus der Bemerkung, daß es zu $x \neq 0$ aus V ein $x^* \in V^*$ gibt mit $\langle x^*, x \rangle \neq 0$: Erweitere x zu einer Basis B von V und wähle für x^* das Element $f_B(x)$.
Sei B Basis von V. $B^* = f_B(B)$ ist Basis von $U^* = [B^*] \subset V^*$. Sei b aus B. Dann ist $f_{B^*} \circ f_B(b)$ auf B definiert durch

$$\langle f_{B^*} \circ f_B(b), f_B(b') \rangle = \begin{cases} 1 & \text{für } b = b', \\ 0 & \text{für } b \neq b'. \end{cases}$$

Das heißt, $f_{B^*} \circ f_B(b)$ ist auf $B^* = f_B(B)$ ebenso definiert wie b^{**}, nämlich

$$\langle b^{**}, f_B(b') \rangle = \langle f_B(b'), b \rangle = \begin{cases} 1 & \text{für } b = b', \\ 0 & \text{für } b \neq b'. \end{cases}$$

Also ist $(**) = f_{B^*} \circ f_B$.
Falls $\dim V < \infty$, so gilt gemäß 3.2.9 $\dim V^{**} = \dim V^* = \dim V$. Nach 2.6.8 ist also $(**)$ ein Isomorphismus.
Falls $\dim V = \infty$, so sahen wir in 3.2.8, daß $f_B : V \longrightarrow V^*$ nicht surjektiv ist, und damit ist auch $(**) = f_{B^*} \circ f_B$ nicht surjektiv. □

Satz 3.2.11 *Sei $B = \{b_1, \ldots, b_n\}$ eine numerierte Basis von V, $B^* = \{b_1^*, \ldots, b_n^*\}$ die zu B duale Basis. Dann gilt für jedes $x \in V$ und für jedes $x^* \in V^*$:*

$$x = \sum_i \langle b_i^*, x \rangle b_i; \qquad x^* = \sum_j \langle x^*, b_j \rangle b_j^*.$$

Beweis: Die zweite Formel ist im Beweis von 3.2.8 enthalten. Die erste Formel ergibt sich aus der zweiten, indem wir auf $x^{**} = \sum_i \langle x^{**}, b_i^* \rangle b_i^{**}$ das Inverse des Isomorphismus $(**): V \longrightarrow V^{**}$ anwenden und $\langle x^{**}, b_i \rangle = \langle b_i^*, x \rangle$ benutzen. □

Beispiele 3.2.12 1. Betrachte $V = K^n$. $E = \{e_1, \ldots, e_n\}$ sei die kanonische Basis, $E^* = \{e_1^*, \ldots, e_n^*\}$ deren Dualbasis. Dann ist $\langle e_i^*, x \rangle = x_i$ der Koeffizient von e_i in $x = \sum_j x_j e_j$.

2. Betrachte für $V = K[t]$ die kanonische Basis $B = \{1, t, t^2, \ldots\}$ aus 2.4.2, 2.. $f_B(t^k): K[t] \longrightarrow K$ ist die Abbildung $\sum_i a_i t^i \longmapsto a_k$. Die Elemente von V^* sind die Abbildungen

$$\sum_i a_i t^i \longmapsto \sum_i a_i b_i$$

mit einer fest gewählten Folge $\{b_i \in K, i \in \mathbb{N}\}$. Der von $B^* = f_B(B)$ erzeugte Unterraum $[B^*]$ besteht aus den Folgen $\{b_i \in K, i \in \mathbb{N}\}$ mit $b_i = 0$ für fast alle $i \in \mathbb{N}$.

3.3 Die transponierte Abbildung

In 3.2 konstruierten wir zu jedem Vektorraum V seinen Dualraum V^*. Wir erweitern nun diese Konstruktion, indem wir jedem Morphismus $f: V \longrightarrow W$ einen Morphismus ${}^t f: W^* \longrightarrow V^*$ zuordnen, so daß ${}^t(g \circ f) = {}^t f \circ {}^t g$.

Satz 3.3.1 *Seien V und W Vektorräume und $f: V \longrightarrow W$ linear. Dann ist eine lineare Abbildung ${}^t f: W^* \longrightarrow V^*$ erklärt, indem man ${}^t f(y^*): V \longrightarrow K$ definiert durch*

$$x \longmapsto \langle y^*, f(x) \rangle,$$

also

$$\langle {}^t f(y^*), x \rangle = \langle y^*, f(x) \rangle \quad \text{für alle} \quad (y^*, x) \in W^* \times V.$$

Beweis: Es gilt ${}^t f(y^*) \in V^*$, da

$$\langle {}^t f(y^*), \alpha x + \alpha' x' \rangle = \langle y^*, f(\alpha x + \alpha' x') \rangle = \langle y^*, \alpha f(x) + \alpha' f(x') \rangle$$
$$= \alpha \langle y^*, f(x) \rangle + \alpha' \langle y^*, f(x') \rangle = \alpha \langle {}^t f(y^*), x \rangle + \alpha' \langle {}^t f(y^*), x' \rangle.$$

${}^t f \in L(W^*; V^*)$ folgt aus der Linearität von $\langle , \rangle$ im ersten Argument:

$$\langle {}^t f(y^* + y'^*), x \rangle = \langle y^* + y'^*, f(x) \rangle = \langle y^*, f(x) \rangle + \langle y'^*, f(x) \rangle$$
$$= \langle {}^t f(y^*), x \rangle + \langle {}^t f(y'^*), x \rangle;$$
$$\langle {}^t f(\alpha y^*), x \rangle = \langle \alpha y^*, f(x) \rangle = \alpha \langle y^*, f(x) \rangle$$
$$= \alpha \langle {}^t f(y^*), x \rangle = \langle \alpha {}^t f(y^*), x \rangle.$$

□

Definition 3.3.2 ${}^t f: W^* \longrightarrow V^*$ *heißt die zu $f: V \longrightarrow W$ transponierte Abbildung.*

Beispiele 3.3.3 1. Betrachte die lineare Abbildung $\frac{d}{dt}: \mathbb{R}[t] \longrightarrow \mathbb{R}[t]$ aus 2.2.2, 2. auf dem Ring der Polynome mit reellen Koeffizienten. Die Abbildung $ev_a: \mathbb{R}[t] \longrightarrow \mathbb{R}$ aus 2.2.2, 4. ist eine Linearform. Die transponierte Abbildung ${}^t(\frac{d}{dt})$, angewandt auf $ev_a \in L(\mathbb{R}[t]; \mathbb{R})$, ist die Linearform

$$f \longmapsto \langle {}^t(\frac{d}{dt}) ev_a, f \rangle = \langle ev_a, \frac{df}{dt} \rangle = \frac{df}{dt}|a.$$

3.3 Die transponierte Abbildung

Das Bild unter ${}^t(\frac{d}{dt})$ der Linearform $\int_I$ aus 3.2.2,2. ist die Linearform

$$f \longmapsto \langle {}^t(\frac{d}{dt})\int_I, f\rangle = \langle \int_I, \frac{df}{dt}\rangle = \int_I \frac{df}{dt}.$$

2. Bezeichne mit $\mathcal{D} = \mathcal{D}(I; \mathbb{R})$ *die Menge der einmal (stetig) differenzierbaren Funktionen* $f: I \longrightarrow \mathbb{R}$, I ein endliches Intervall. $\mathcal{D}$ enthält die Menge $K[t]$ der Polynome. Aus der Analysis ist bekannt, daß $\mathcal{D}$ ein linearer Unterraum des Vektorraums $\mathcal{C} = \mathcal{C}(I; \mathbb{R})$ der stetigen Funktionen auf I ist, den wir in 3.2.2, 2. eingeführt hatten. $\mathcal{D} \neq \mathcal{C}$. Ferner ist bekannt, daß

$$\frac{d}{dt}: \mathcal{D} \longrightarrow \mathcal{C}; \quad f \longmapsto \frac{df}{dt}$$

linear ist. Ebenso ist

$$ev_a: \mathcal{C} \longrightarrow \mathbb{R}; \quad f \longmapsto f(a), \quad a \text{ aus } I,$$

eine Linearform. Die Bilder unter ${}^t(\frac{d}{dt})$ der Linearformen ev_a und $\int_I$ auf $\mathcal{C}$ (vgl. 3.2.2) sind ebenso erklärt wie in 1..

Theorem 3.3.4 *Die Abbildung*

$$({}^t): L(V; W) \longrightarrow L(W^*; V^*); \quad f \longmapsto {}^tf$$

ist linear und injektiv. Falls V und W endlichdimensional sind, so ist $({}^t)$ ein Isomorphismus.

Beweis: ${}^t(f+g) = {}^tf + {}^tg$ folgt aus

$$\langle {}^t(f+g)(y^*), x\rangle = \langle y^*, (f+g)(x)\rangle = \langle y^*, f(x) + g(x)\rangle = \langle y^*, f(x)\rangle + \langle y^*, g(x)\rangle$$
$$= \langle {}^tf(y^*), x\rangle + \langle {}^tg(y^*), x\rangle = \langle {}^tf(y^*) + {}^tg(y^*), x\rangle.$$

${}^t(\alpha f) = \alpha\, {}^tf$ folgt aus

$$\langle {}^t(\alpha f)(y^*), x\rangle = \langle y^*, \alpha f(x)\rangle = \alpha\langle y^*, f(x)\rangle = \alpha\langle {}^tf(y^*), x\rangle = \langle \alpha\, {}^tf(y^*), x\rangle.$$

Hier sind $(y^*, x) \in W^* \times V$ beliebige Elemente.
$({}^t)$ ist injektiv, d. h., $\ker({}^t) = 0$. Denn wenn $f \neq 0$, so heißt dies, daß es $x \in V$ mit $y = f(x) \neq 0$ gibt. Wie im Beweis von 3.2.10 gezeigt wurde, gibt es dann ein $y^* \in W^*$ mit $\langle y^*, y\rangle \neq 0$, also $\langle {}^tf(y^*), x\rangle = \langle y^*, f(x)\rangle \neq 0$, d. h., ${}^tf \neq 0$.
Seien jetzt V und W endlichdimensional. $D = \{d_1, \ldots, d_n\}$ und $E = \{e_1, \ldots, e_m\}$ seien Basen von V bzw. W. Wir zeigen, daß es zu $f^* \in L(W^*; V^*)$ ein $f \in L(V; W)$ mit $f^* = {}^tf$ gibt.
Unter Verwendung der dualen Basen $D^* = \{d_1^*, \ldots, d_n^*\}$ und $E^* = \{e_1^*, \ldots, e_m^*\}$ von V^* bzw. W^* erkläre f durch

$$f(d_j) = \sum_i \langle f^*(e_i^*), d_j\rangle e_i.$$

Damit ist
$$\langle {}^tf(e_k^*), d_j\rangle = \langle e_k^*, f(d_j)\rangle = \sum_i \langle f^*(e_i^*), d_j\rangle \langle e_k^*, e_i\rangle = \langle f^*(e_k^*), d_j\rangle,$$
also ${}^tf|E^* = f^*|E^*$. □

Lemma 3.3.5 *Seien* $f: U \longrightarrow V$, $g: V \longrightarrow W$ *linear. Dann ist* ${}^t(g \circ f) = {}^tf \circ {}^tg$.

Beweis: Für $z^* \in W^*$ und $x \in V$ gilt
$$\begin{aligned}\langle {}^t(g \circ f)(z^*), x\rangle &= \langle z^*, (g \circ f)(x)\rangle = \langle z^*, g(f(x))\rangle \\ &= \langle {}^tg(z^*), f(x)\rangle = \langle {}^tf \circ {}^tg(z^*), x\rangle.\end{aligned}$$
□

In 3.1.3 hatten wir gesehen, daß $L(V;V)$ und daher auch $L(V^*;V^*)$ ein Ring ist. Wir zeigen jetzt:

Lemma 3.3.6 *Die Abbildung*
$$({}^t): L(V;V) \longrightarrow L(V^*;V^*)$$
ist ein Ring-Antimorphismus, d. h., $({}^t)$ *ist linear bezüglich der Addition, und bezüglich der Multiplikation gilt*
$$ {}^t(f \circ g) = {}^tg \circ {}^tf; \quad {}^t1_V = 1_{V^*}.$$

Bemerkung: $1_V = \mathrm{id}_V$; $1_{V^*} = \mathrm{id}_{V^*}$.

Beweis: Dies folgt aus 3.3.4 und 3.3.5. □

Korollar 3.3.7 *Falls* $f \in L(V;V)$ *invertierbar, so gilt* $({}^tf)^{-1} = {}^t(f^{-1})$. *Wir schreiben daher auch einfach* ${}^tf^{-1}$.

Beweis: Nach 3.3.5 ist ${}^t(\mathrm{id}_V) = \mathrm{id}_{V^*}$. Unter Verwendung von 3.3.5 verifizieren wir 1.1.11:
$$\begin{aligned}{}^t(\mathrm{id}_V) &= {}^t(f \circ f^{-1}) = {}^t(f^{-1}) \circ {}^tf = \mathrm{id}_{V^*}; \\ {}^t(\mathrm{id}_V) &= {}^t(f^{-1} \circ f) = {}^tf \circ {}^t(f^{-1}) = \mathrm{id}_{V^*}.\end{aligned}$$
□

Wir schließen mit dem

Lemma 3.3.8 *Sei* $D = \{d_1, \ldots, d_n\}$ *Basis von* V, $\Phi_D: V \longrightarrow K^n$ *die dadurch bestimmte Karte, vgl. 2.5.9. Sei* D^* *die zu* D *duale Basis. Dann ist*
$$\Phi_{D^*} \equiv {}^t\Phi_D^{-1}: V^* \longrightarrow (K^n)^*.$$

Beweis: Sei $E = \{e_1, \ldots, e_n\}$ die kanonische Basis von K^n, E^* ihre Dualbasis. Dann ist Φ_{D^*} gekennzeichnet durch
$$\Phi_{D^*}(d_j^*) = e_j^*, \quad \text{d. h.,} \quad \langle \Phi_{D^*}(d_j^*), e_k\rangle = \delta_{jk}.$$
Andererseits ist auch
$$\langle {}^t\Phi_D^{-1}(d_j^*), e_k\rangle = \langle d_j^*, \Phi_D^{-1}(e_k)\rangle = \langle d_j^*, d_k\rangle = \delta_{jk}.$$
□

3.4 Matrizen

Wir kommen jetzt zu einem Begriff, der historisch den Beginn der Linearen Algebra bezeichnet und ursprünglich im Zusammenhang mit linearen Gleichungssystemen eingeführt wurde. Wir werden darauf im Abschnitt 4.1 eingehen. Alle betrachteten Vektorräume sind endlichdimensional.

Definition 3.4.1 1. *Unter einer (m,n)-Matrix A über einem Körper K (oder allgemeiner, über einem kommutativen Ring) verstehen wir eine Familie von Elementen in K mit der Indexmenge I gebildet von den Paaren*

$$I = \{(i,j);\ 1 \leq i \leq m, 1 \leq j \leq n\}.$$

Das Bild von (i,j) wird mit a_{ij} bezeichnet. Wir schreiben statt A auch $((a_{ij}))$ oder

$$\begin{pmatrix} a_{11} & \cdots & a_{1n} \\ \vdots & & \vdots \\ a_{m1} & \cdots & a_{mn} \end{pmatrix}$$

2. *Unter der i-ten Zeile A^i der (m,n)-Matrix A verstehen wir die $(1,n)$-Matrix*

$$(a_{i1}, \ldots, a_{in}).$$

Unter der j-ten Spalte A_j der (m,n)-Matrix A verstehen wir die $(m,1)$-Matrix

$$\begin{pmatrix} a_{1j} \\ \vdots \\ a_{mj} \end{pmatrix}.$$

3. $M_K(m,n)$ *bezeichnet die Menge der (m,n)-Matrizen über K.*

Lemma 3.4.2 *Die (m,n)-Matrizen entsprechen auf folgende Art eineindeutig den linearen Abbildungen von K^n in K^m:*
Sei $A = ((a_{ij})) \in M_K(m,n)$, so erkläre $f_A: K^n \longrightarrow K^m$ durch

$$x = (x_1, \ldots, x_n) \longmapsto f_A(x) = (\sum_j a_{1j} x_j, \ldots, \sum_j a_{mj} x_j)$$

wo $\sum_j$ von $j=1$ bis n läuft.

Beweis: Aus der Definition von $f_A(x)$ folgt sofort, daß $f_A(x+x') = f_A(x) + f_A(x')$ und $f_A(\alpha x) = \alpha f_A(x)$ ist, also $f_A \in L(K^n; K^m)$.
Umgekehrt, sei $f \in L(K^n; K^m)$. Seien $D = \{d_1, \ldots, d_n\}$ und $E = \{e_1, \ldots, e_m\}$ die kanonischen Basen von K^n bzw. K^m. Erkläre die j-te Spalte A_j einer (m,n)-Matrix A_f durch die Koeffizienten $\{a_{ij};\ 1 \leq i \leq m\}$ von $f(d_j) = \sum_i a_{ij} e_i$, wo $\sum_i$ von $i=1$ bis m läuft. Dann ist offenbar $A_{f_A} = A, f_{A_f} = f$. □

Definition 3.4.3 1. *Wir bezeichnen die einer (m,n)-Matrix zugeordnete lineare Abbildung $f_A: K^n \longrightarrow K^m$ ebenfalls mit A.*

2. Für $k \in \{1, \ldots, m\}, l \in \{1, \ldots, n\}$ bezeichnen wir mit E_{kl} die Matrix $((a_{ij} \equiv \delta_{ik}\delta_{lj}))$. D.h., E_{kl} hat in der k-ten Zeile und l-ten Spalte eine 1 und sonst lauter Nullen. Als lineare Abbildung ist E_{kl} gekennzeichnet durch $E_{kl}(d_j) = \delta_{jl}e_k$.

Bemerkung 3.4.4 Sei $A = ((a_{ij}))$ eine (m,n)-Matrix. Die nach 3.4.2 dadurch bestimmte Abbildung $A\colon K^n \longrightarrow K^m$ läßt sich auch durch das folgende Schema beschreiben:

$$\begin{pmatrix} a_{11} & \cdots & a_{1n} \\ \vdots & & \vdots \\ a_{m1} & \cdots & a_{mn} \end{pmatrix} \begin{pmatrix} x_1 \\ \vdots \\ x_n \end{pmatrix} = \begin{pmatrix} \sum_j a_{1j}x_j \\ \vdots \\ \sum_j a_{mj}x_j \end{pmatrix}$$

Die i-te Komponente $\sum_j a_{ij}x_j$ von $A(x) \in K^m$ erhält man durch Multiplikation der i-ten Zeile A^i von A mit der $(n,1)$-Matrix, deren Elemente die Komponenten $(x_1, \ldots, x_n)$ von x sind.

Beispiel 3.4.5

$$\begin{pmatrix} 1 & 2 & 4 \\ 0 & 1 & 8 \end{pmatrix} \begin{pmatrix} x_1 \\ x_2 \\ x_3 \end{pmatrix} = \begin{pmatrix} x_1 + 2x_2 + 4x_3 \\ x_2 + 8x_3 \end{pmatrix}$$

Die Interpretation der (m,n)-Matrix als Element von $L(K^n; K^m)$ gestattet es jetzt, die Vektorraumstruktur von $L(K^n; K^m)$ (vgl. 3.1.2) auf $M_K(m,n)$ zu übertragen:

Satz 3.4.6 $M_K(m,n)$ *ist ein K-Vektorraum, indem man die Summe und die Multiplikation mit einem Skalar erklärt durch*

$$((a_{ij})) + ((b_{ij})) = ((a_{ij} + b_{ij})); \quad \alpha((a_{ij})) = ((\alpha a_{ij})).$$

Dieses ist gerade die Vektorraumstruktur auf $L(K^n; K^m)$.

Beweis: Dies folgt aus

$$\sum_j a_{ij}x_j + \sum_j b_{ij}x_j = \sum_j (a_{ij} + b_{ij})x_j; \quad \alpha \sum_j a_{ij}x_j = \sum_j (\alpha a_{ij})x_j.$$

□

Folgerung 3.4.7 *Die $m \cdot n$ Elemente $\{E_{kl}; 1 \leq k \leq m, 1 \leq l \leq n\}$ aus 3.4.3, 2. bilden eine Basis für $M_K(m,n)$. Diese heißt* kanonische Basis. *Insbesondere ist* $\dim M_K(m,n) = m \cdot n$.

Beweis: Aus der Definition der E_{kl} folgt $A = \sum_{k,l} a_{kl} E_{kl}$, und diese Darstellung von A als Linearkombination der E_{kl} ist eindeutig. Die Menge $\{E_{kl}; 1 \leq k \leq m, 1 \leq l \leq n\}$ ist also Erzeugendensystem und frei, vgl. 2.3.11. □

Beispiel 3.4.8

$$\begin{pmatrix} 1 & 2 & 4 \\ 0 & 1 & 8 \end{pmatrix} = 1E_{11} + 2E_{12} + 4E_{13} + 0E_{21} + 1E_{22} + 8E_{23}$$

3.4 Matrizen

Definition 3.4.9 *Seien V und W Vektorräume mit Basen $D = \{d_1, \ldots, d_n\}$ bzw. $E = \{e_1, \ldots, e_m\}$. Seien $\Phi_D: V \longrightarrow K^n, \Phi_E: W \longrightarrow K^m$ die dadurch bestimmten Karten, siehe 2.5.9. Sei $f: V \longrightarrow W$ eine lineare Abbildung. Unter der Koordinatendarstellung von f bezüglich der Karten Φ_D und Φ_E verstehen wir die lineare Abbildung*

$$\Phi_E \circ f \circ \Phi_D^{-1}: K^n \longrightarrow K^m.$$

Da $\Phi_E \circ f \circ \Phi_D^{-1} \in L(K^n; K^m)$ auch als Element von $M_K(m,n)$ interpretiert werden kann, und Φ_D, Φ_E durch D und E bestimmt sind, nennen wir $\Phi_E \circ f \circ \Phi_D^{-1}$ auch die Matrixdarstellung *von f bezüglich der Basen D und E von V bzw. W.*

Wir können die Matrixdarstellung auch folgendermaßen unter Verwendung der dualen Basen beschreiben:

Satz 3.4.10 *Sei $f: V \longrightarrow W$ linear, D und E Basen von V bzw. W, E^* die duale Basis von E. Unter Verwendung der Paarung $\langle\,,\,\rangle: W^* \times W \longrightarrow K$ aus 3.2.5 lautet damit die Matrixdarstellung von f bezüglich der Karten Φ_D und Φ_E:*

$$\Phi_E \circ f \circ \Phi_D^{-1} = ((\langle e_i^*, f(d_j) \rangle)).$$

Beweis: Nach 3.2.11 ist $f(d_j) = \sum_i \langle e_i^*, f(d_j) \rangle e_i$.
Bezeichne mit $D_0 = \Phi_D(D)$ die kanonische Basis von K^n und mit $E_0 = \Phi_E(E)$ die kanonische Basis von K^m. Nach 3.3.7 gilt für die Dualbasen E_0^*, E^* von E_0, E dann die Beziehung ${}^t\Phi_E(E_0^*) = E^*$. Die Koeffizienten a_{ij} der Matrix $\Phi_E \circ f \circ \Phi_D^{-1}$ sind durch

$$\langle e_{0i}^*, \Phi_E \circ f \circ \Phi_D^{-1}(d_{0j}) \rangle = \langle {}^t\Phi_E e_{0i}^*, f(d_j) \rangle = \langle e_i^*, f(d_j) \rangle$$

gegeben. □

Definition 3.4.11 *Seien $D = \{d_1, \ldots, d_n\}, D' = \{d_1', \ldots, d_n'\}$ Basen von V. Dann heißt der durch die Karten $\Phi_D, \Phi_{D'}$ bestimmte Isomorphismus*

$$T_{D'}^D \equiv \Phi_{D'} \circ \Phi_D^{-1}: K^n \longrightarrow K^n$$

Koordinatentransformation.

Satz 3.4.12 *Seien D, D' Basen von V; E, E' Basen von W. Zwischen den Matrixdarstellungen $\Phi_E \circ f \circ \Phi_D^{-1}$ und $\Phi_{E'} \circ f \circ \Phi_{D'}^{-1}$ einer linearen Abbildung $f: V \longrightarrow W$ besteht die Beziehung*

$$\Phi_{E'} \circ f \circ \Phi_{D'}^{-1} = S_{E'}^E \circ (\Phi_E \circ f \circ \Phi_D^{-1}) \circ (T_{D'}^D)^{-1},$$

wobei

$$S_{E'}^E = \Phi_{E'} \circ \Phi_E^{-1}, \quad T_{D'}^D = \Phi_{D'} \circ \Phi_D^{-1}$$

die in 3.4.11 erklärten Koordinatentransformationen sind.

Beweis: Verwende die Regeln für die Komposition von Abbildungen. □

Beispiel 3.4.13 $V = K^3, W = K^2$. Sei $D = \{d_1, d_2, d_3\}$ die kanonische Basis von $V, D' = \{d'_1 = d_1, d'_2 = d_1 + d_2, d'_3 = d_1 + d_2 + d_3\}$. Also

$$\Phi_{D'} \circ \Phi_D^{-1} = \Phi_{D'} \circ \mathrm{id}_{K^3} = \begin{pmatrix} 1 & -1 & 0 \\ 0 & 1 & -1 \\ 0 & 0 & 1 \end{pmatrix}; \quad (\Phi_{D'} \circ \Phi_D^{-1})^{-1} = \begin{pmatrix} 1 & 1 & 1 \\ 0 & 1 & 1 \\ 0 & 0 & 1 \end{pmatrix}.$$

Sei $E = \{e_1, e_2\}$ die kanonische Basis von $W, E' = \{e'_1 = -e_2, e'_2 = e_1\}$. Also

$$\Phi_{E'} \circ \Phi_E^{-1} = \begin{pmatrix} 0 & -1 \\ 1 & 0 \end{pmatrix}.$$

Betrachte die lineare Abbildung

$$A = \begin{pmatrix} 1 & 3 & 2 \\ 0 & 1 & 2 \end{pmatrix} : V = K^3 \longrightarrow W = K^2.$$

Die Koordinatendarstellung A' dieser Abbildung bezüglich der Basen D', E' lautet dann

$$A' = \begin{pmatrix} 0 & -1 \\ 1 & 0 \end{pmatrix} \begin{pmatrix} 1 & 3 & 2 \\ 0 & 1 & 2 \end{pmatrix} \begin{pmatrix} 1 & 1 & 1 \\ 0 & 1 & 1 \\ 0 & 0 & 1 \end{pmatrix} = \begin{pmatrix} 0 & -1 & -3 \\ 1 & 4 & 6 \end{pmatrix}.$$

3.5 Das Matrizenprodukt

In 3.4 sahen wir, wie die Addition in $L(K^n; K^m)$ die Matrizenaddition liefert. Wir werden nun sehen, daß die Komposition linearer Abbildungen ein Matrizenprodukt liefert.

Definition 3.5.1 *Zu* $B = ((b_{ij})) \in M_K(l, m)$ *und* $A = ((a_{jk})) \in M_K(m, n)$ *erkläre das* Produkt *BA durch die Matrix* $C = ((c_{ik})) \in M_K(l, n)$ *mit*

$$c_{ik} = \sum_{j=1}^m b_{ij} a_{jk}$$

Bemerkung: Unter Verwendung der Blockschreibweise für Matrizen lautet das Produkt

$$\begin{pmatrix} b_{11} & \cdots & b_{1m} \\ \cdot & & \cdot \\ b_{l1} & \cdots & b_{lm} \end{pmatrix} \begin{pmatrix} a_{11} & \cdots & a_{1n} \\ \vdots & & \vdots \\ a_{m1} & \cdots & a_{mn} \end{pmatrix} = \begin{pmatrix} \sum_j b_{1j} a_{j1} & \cdots & \sum_j b_{1j} a_{jn} \\ \cdot & & \cdot \\ \sum_j b_{lj} a_{j1} & \cdots & \sum_j b_{lj} a_{jn} \end{pmatrix}.$$

Beispiel 3.5.2

$$\begin{pmatrix} 1 & 0 & 2 \\ 4 & 0 & 7 \end{pmatrix} \begin{pmatrix} 1 & 0 & 7 & 0 \\ 0 & 0 & 3 & 0 \\ 0 & 0 & 8 & 1 \end{pmatrix} = \begin{pmatrix} 1 & 0 & 23 & 2 \\ 4 & 0 & 84 & 7 \end{pmatrix}$$

3.5 Das Matrizenprodukt

Das Gegenstück zu 3.4.6 lautet nun:

Satz 3.5.3 *Interpretiere eine (m,n)-Matrix $A = ((a_{jk}))$ als lineare Abbildung $A\colon K^n \longrightarrow K^m$ und eine (l,m)-Matrix $B = ((b_{ij}))$ als lineare Abbildung $B\colon K^m \longrightarrow K^l$. Dann liefert das Produkt BA die Komposition $B \circ A\colon K^n \longrightarrow K^l$ von A und B.*

Beweis: Bezeichne mit $\{x_k\}$ ein Element aus K^n, $\{y_j\}$ ein Element aus K^m, $\{z_i\}$ ein Element aus K^l. Dann sind die Abbildungen A, B gegeben durch

$$\{x_k\} \longmapsto \{y_j = \sum_k a_{jk} x_k\}, \quad \{y_j\} \longmapsto \{z_i = \sum_j b_{ij} y_j\}.$$

Also ist $B \circ A$ gegeben durch

$$\{x_k\} \longmapsto \left\{ \sum_j b_{ij} \left(\sum_k a_{jk} x_k \right) = \sum_k \left(\sum_j b_{ij} a_{jk} \right) x_k \right\},$$

wo $\sum_j b_{ij} a_{jk}$ gerade das Element c_{ik} aus BA ist. □

Beispiele 3.5.4 1. Wir können jetzt die lineare Abbildung $A\colon x \in K^n \longmapsto A(x) \in K^m$ aus 3.4.2 als Matrizenprodukt $A {}^t x$ interpretieren, wo ${}^t x$ die $(n,1)$-Matrix mit den Elementen $x_j, 1 \leq j \leq n$, ist.

2. Einer Linearform $x^* \in (K^n)^* = L(K^n; K)$ entspricht gemäß 3.4.10 die $(1,n)$-Matrix mit den Elementen $\langle e_1^*, x^*(d_j) \rangle$. Hier ist $\{d_1, \ldots, d_n\}$ die kanonische Basis von K^n, e_1^* die kanonische Dualbasis von K^*, die $y_1 \in K$ in $y_1 \in K$ transformiert.

Also $\langle e_1^*, x^*(d_j) \rangle = x^*(d_j) =$ (kurz) x_j^*. $x^*(x)$ schreibt sich daher als $\sum_j x_j^* x_j$ oder

$$(x_1^*, \ldots, x_n^*) \begin{pmatrix} x_1 \\ \vdots \\ x_n \end{pmatrix} = (\sum_j x_j^* x_j).$$

Wir wissen aus 3.1.3, daß $L(V;V)$ ein Ring ist. Damit gilt das

Theorem 3.5.5 *Die Identifikation von $M_K(n,n)$ und $L(K^n; K^n)$ liefert auf der Menge der (n,n)-Matrizen die Struktur eines Ringes, indem man als Addition die Matrizenaddition und als Multiplikation das Matrizenprodukt wählt. Insbesondere ist das Einselement in dem Ring $M_K(n,n)$ durch die Einheitsmatrix E oder $E_n = ((\delta_{ij}))$ gegeben und das Nullelement durch die 0-Matrix $0 = ((0))$.*

Beweis: Dies folgt wegen 3.1.3 und 3.4.6 aus 3.5.3. Es ist klar, daß E_n die lineare Abbildung id_{K^n} repräsentiert und 0 die Nullabbildung. □

Wir definieren jetzt zwei Analoga zu 3.1.4, 4..

Definition 3.5.6 *In dem Ring $M_K(n,n) = L(K^n; K^n)$ der (n,n)-Matrizen über K bildet die Menge der multiplikativ invertierbaren Matrizen eine Gruppe unter dem Matrizenprodukt. Sie heißt allgemeine lineare Gruppe in n Variablen über K. Anstelle $GL(K^n)$ verwenden wir für sie auch die Bezeichnung $GL(n,K)$.*

Beispiele 3.5.7 1. Unter einer *skalaren* (n,n)-*Matrix* verstehen wir eine Matrix der Form
$$aE = ((a\delta_{ij})) = \begin{pmatrix} a & 0 & \cdots & 0 \\ 0 & a & \cdots & 0 \\ \vdots & \vdots & \ddots & \vdots \\ 0 & 0 & \cdots & a \end{pmatrix}.$$

aE ist invertierbar dann und nur dann, wenn $a \neq 0$ ist.

2. Unter einer *diagonalen* (n,n)-*Matrix* verstehen wir eine Matrix der Form
$$((a_i\delta_{ij})) = \begin{pmatrix} a_1 & 0 & \cdots & 0 \\ 0 & a_2 & \cdots & 0 \\ \vdots & \vdots & \ddots & \vdots \\ 0 & 0 & \cdots & a_n \end{pmatrix}.$$

$((a_i\delta_{ij}))$ ist invertierbar dann und nur dann, wenn $a_1 \cdot \ldots \cdot a_n \neq 0$ ist. Die inverse Matrix ist in diesem Falle $((a_i^{-1}\delta_{ij}))$.

3. Unter einer *(oberen) Dreiecksmatrix* verstehen wir eine Matrix $A = ((a_{ij}))$ mit $a_{ij} = 0$ für $i > j$. Also

$$\begin{pmatrix} a_{11} & a_{12} & \cdots & a_{1n} \\ 0 & a_{22} & \cdots & a_{2n} \\ \vdots & \vdots & \ddots & \vdots \\ 0 & 0 & \cdots & a_{nn} \end{pmatrix}.$$

Eine solche Matrix ist invertierbar dann und nur dann, wenn $a_{11} \cdot a_{22} \cdot \ldots \cdot a_{nn} \neq 0$ ist. Dies ergibt sich aus dem folgenden Satz, der eine Kennzeichnung der oberen Dreiecksmatrizen liefert.

Satz 3.5.8 *Sei* $E = \{e_1, \ldots, e_n\}$ *die kanonische Basis von* K^n. *Setze* $\{e_1, \ldots, e_j\} = E_j$. $A \in M_K(n,n)$ *ist obere Dreiecksmatrix dann und nur dann, wenn*
$$[A(E_j)] = A([E_j]) \subset [E_j], \qquad \textit{für } j = 1, \ldots, n.$$

Eine obere Dreiecksmatrix ist invertierbar dann und nur dann, wenn
$$[A(E_n)] = [E_n] = K^n$$

ist, und in diesem Falle gilt
$$[A(E_j)] = [E_j], \qquad \textit{für alle } j.$$

Beweis: Aus der Tatsache, daß der j-te Spaltenvektor von A aus den Komponenten von $A(e_j)$ gebildet ist (vgl. 3.4.2), ersieht man:
$A([E_j]) \subset [E_j]$ ist gleichbedeutend mit $a_{ij} = 0$ für $i > j$. Sei nun $A([E_j]) \subset [E_j]$ für $j = 1, \ldots, n$. Dann ist A invertierbar (d. h., A ist ein Automorphismus von K^n) äquivalent zu $A([E_j]) = [E_j]$ für $j = 1, \ldots, n$. Für $j = 1$ bedeutet dies $a_{11} \neq 0$. Angenommen, wir wissen bereits, daß für $j \geq 1$ $A([E_j]) = [E_j]$

gleichbedeutend ist mit $a_{11} \cdot \ldots \cdot a_{jj} \neq 0$. Für $j+1$ ist $A([E_{j+1}]) = [E_{j+1}]$ dann gleichbedeutend damit, daß

$$[\{e_1, \ldots, e_j, A(e_{j+1})\}] = [\{e_1, \ldots, e_j, e_{j+1}\}] = [E_j].$$

Wegen $A(e_{j+1}) = \sum_{i \leq j+1} a_{ij+1} e_i$ ist dies äquivalent mit $a_{j+1j+1} \neq 0$. □

Definition 3.5.9 1. *Die Gruppe* Perm $\{1, \ldots, n\}$ *der Permutationen, d. h., der bijektiven Abbildungen der Menge* $\{1, \ldots, n\}$ *heißt auch* symmetrische Gruppe *von n Elementen. Bezeichnung: S_n.*
2. *Für $\sigma \in S_n$ erkläre die* Permutationsmatrix $A_\sigma \in M_K(n,n)$ *durch*

$$A_\sigma(e_i) = e_{\sigma(i)}, \quad i = 1, \ldots, n,$$

wobei $E = \{e_1, \ldots, e_n\}$ die kanonische Basis von K^n ist.

Satz 3.5.10 *Die Abbildung*

$$\sigma \in S_n \longmapsto A_\sigma \in M_K(n,n)$$

ist ein injektiver Morphismus der Gruppe S_n in die Gruppe $GL(n,K)$ der invertierbaren Matrizen.
Speziell ist $A_{\sigma^{-1}} = A_\sigma^{-1}, A_{id} = E_n$.

Beweis: Seien σ, σ' in S_n. $A_{\sigma' \circ \sigma}$ ist durch $A_{\sigma' \circ \sigma}|E = \{e_i \longmapsto e_{\sigma' \circ \sigma(i)}\}$ definiert. Das ist aber gerade die Komposition der Abbildungen $A_\sigma|E = \{e_i \longmapsto e_{\sigma(i)}\}$ und $A_{\sigma'}|E = \{e_i \longmapsto e_{\sigma'(i)}\}$, d. h., $A_{\sigma' \circ \sigma} = A_{\sigma'} \circ A_\sigma$. □

Beispiel 3.5.11 Betrachte das Element $\sigma \in S_3$ mit $\sigma(1) = 2, \sigma(2) = 3, \sigma(3) = 1$. Dann ist

$$A_\sigma = \begin{pmatrix} 0 & 0 & 1 \\ 1 & 0 & 0 \\ 0 & 1 & 0 \end{pmatrix}.$$

3.6 Der Rang

Wir kommen nun zu einer wichtigen Invarianten, dem Rang einer linearen Abbildung f. Dies ist eine ganze Zahl, die auch von einer beliebigen Matrixdarstellung von f abgelesen werden kann – daher der Name Invariante. Alle Vektorräume haben weiterhin endliche Dimension.

Definition 3.6.1 *Sei $f \in L(V;W)$. Der* Rang *von f, $\operatorname{rg} f$, ist definiert als $\dim \operatorname{im} f$.*

Wenn wir $A \in M_K(m,n)$ als Element von $L(K^n; K^m)$ auffassen, so ist damit auch der *Rang von A*, $\operatorname{rg} A$, definiert.

Bemerkung 3.6.2 Offenbar ist für $f \in L(V;W)$ $\quad \operatorname{rg} f \leq \dim W$, und für $A \in M_K(m,n)$ ist $\operatorname{rg} A \leq m$.

Satz 3.6.3 *Seien D und E Basen von V bzw. W, sei $f \in L(V; W)$. Dann gilt*

$$\operatorname{rg} f = \operatorname{rg} \Phi_E \circ f \circ \Phi_D^{-1}.$$

Beweis: Beachte, daß Φ_E und Φ_D^{-1} Isomorphismen sind. □

Das folgende Resultat zeigt, daß es unter allen möglichen Koordinatendarstellungen von f besonders einfache gibt.

Theorem 3.6.4 *Sei der Rang von $f \in L(V; W)$ gleich r. Dann gibt es Basen $D = \{d_1, \ldots, d_n\}$ von V und $E = \{e_1, \ldots, e_m\}$ von W, so daß*

$$\Phi_E \circ f \circ \Phi_D^{-1} = \left(\begin{array}{c|c} E_r & 0 \\ \hline 0 & 0 \end{array} \right) \begin{array}{c} r \\ m - r \end{array},$$
$$ r \quad n-r$$

mit $E_r = (r,r)$-Einheitsmatrix.

Beweis: Wähle ein Komplement U' zu $U = \ker f$ in V. Nach 2.6.5 ist $f|U' : U' \longrightarrow \operatorname{im} f$ ein Isomorphismus. Sei $\{e_1, \ldots, e_r\}$ Basis von $\operatorname{im} f$. Setze $(f|U')^{-1}(e_i) = d_i$. $\{d_1, \ldots, d_r\}$ ist eine Basis von U'. Ergänze diese Basis durch Elemente aus $\ker f$ zu einer Basis D von V. Ergänze $\{e_1, \ldots, e_r\}$ zu einer Basis E von W. Also

$$f(d_j) = e_j \quad \text{für} \quad 1 \leq j \leq r, \quad f(d_j) = 0 \quad \text{für} \quad j > r.$$

□

Folgerung 3.6.5 *Sei $A \in M_K(m,n)$, $\operatorname{rg} A = r$. Dann existiert $S \in GL(m, K)$ und $T \in GL(n, K)$, so daß*

$$SAT^{-1} = \begin{pmatrix} E_r & 0 \\ 0 & 0 \end{pmatrix}.$$

Beweis: Interpretiere A als $f \in L(K^n; K^m)$. Die Φ_E, Φ_D aus 3.6.4 sind invertierbare lineare Transformationen von K^m bzw. K^n, können also als $S \in GL(m, K)$ und $T \in GL(n, K)$ aufgefaßt werden. □

Satz 3.6.6 *Erkläre auf der Menge $M_K(m,n)$ die Ähnlichkeitsrelation $A \sim B$ durch die Eigenschaft, daß es $S \in GL(m, K)$ und $T \in GL(n, K)$ gibt mit $B = SAT^{-1}$. Wir behaupten, daß dies eine Äquivalenzrelation ist.*

Beweis: Wir verifizieren die Axiome 1., 2., 3. aus 1.4.1:
1. $A \sim A$ gilt mit $S = E_m, T = E_n$.
2. $B = SAT^{-1}$ impliziert $A = S^{-1}BT$.
3. $B = SAT^{-1}$ und $C = UBV^{-1}$ impliziert $C = (US)A(VT)^{-1}$. □

Theorem 3.6.7 *Zwei Matrizen A und B aus $M_K(m,n)$ sind ähnlich dann und nur dann, wenn $\operatorname{rg} A = \operatorname{rg} B \in \{0, \ldots, m\}$. Es gibt also $\min(m,n) + 1$ Ähnlichkeitsklassen über $M_K(m,n)$.*

3.6 Der Rang

Bemerkung: 3.6.7 ist ein sogenanntes *Klassifikationstheorem*: Wir charakterisieren die Restklassen einer Äquivalenzrelation dadurch, daß wir für jede Restklasse ein Element auszeichnen. In unserem Falle sind es die Matrizen aus 3.6.5 mit E_r in der "oberen linken Ecke". Diese Matrizen sind durch die Zahl r gekennzeichnet.

Wir werden später noch weitere Klassifikationstheoreme für verschiedene andere Äquivalenzrelationen beweisen.

Beweis von 3.6.7: Aus $B = SAT^{-1}$ folgt $\operatorname{rg} B = \operatorname{rg} A$, siehe 3.6.3.
Umgekehrt, aus $\operatorname{rg} B = \operatorname{rg} A = r$ folgt, daß B sowie A ähnlich sind zu der Matrix aus 3.6.5. □

In 3.3.1, 3.3.2 führten wir die transponierte Abbildung ${}^t f \in L(W^*; V^*)$ zu $f \in L(V; W)$ ein. Damit ist speziell zu $A \in M_K(m,n)$, aufgefaßt als Element von $L(K^n; K^m)$, die transponierte Matrix ${}^t A$ definiert. Wir zeigen:

Satz 3.6.8 *Sei $A = ((a_{ij})) \in M_K(m,n)$. Dann sind die Elemente ${}^t a_{ij}$ der transponierten Matrix ${}^t A$ gegeben durch $a_{ji}, 1 \leq i \leq m, 1 \leq j \leq n$.*

Beweis: Seien D und E die kanonischen Basen von K^n bzw. K^m, D^* und E^* die dualen Basen von $(K^n)^*$ bzw. $(K^m)^*$. Nach 3.2.10 ist $(K^n)^{**}$ kanonisch isomorph zu K^n, und $(K^m)^{**}$ ist kanonisch isomorph zu K^m mit $D^{**} = D, E^{**} = E$. Damit finden wir für das Element ${}^t a_{ij}$ der Matrix ${}^t A: (K^m)^* \longrightarrow (K^n)^*$ gemäß 3.4.10:

$$\langle d_i^{**}, {}^t A(e_j^*) \rangle = \langle {}^t A(e_j^*), d_i \rangle = \langle e_j^*, A(d_i) \rangle = a_{ji}$$

□

Bemerkung: Man erhält also aus dem (m,n)-Schema von A das (n,m)-Schema von ${}^t A$ durch "Spiegelung an der Hauptdiagonalen":

$${}^t\!\begin{pmatrix} a_{11} & \cdots & a_{1n} \\ \vdots & \ddots & \vdots \\ a_{m1} & \cdots & a_{mn} \end{pmatrix} = \begin{pmatrix} a_{11} & \cdots & a_{m1} \\ \cdots\cdots\cdots\cdots \\ \vdots & \ddots & \vdots \\ a_{1n} & \cdots & a_{mn} \end{pmatrix}$$

Beispiel 3.6.9

$${}^t\!\begin{pmatrix} 1 & 2 & -1 \\ 3 & 0 & 1 \end{pmatrix} = \begin{pmatrix} 1 & 3 \\ 2 & 0 \\ -1 & 1 \end{pmatrix}$$

Korollar 3.6.10 *Sei $A \in M_K(m,n), B \in M_K(l,m)$. Dann gilt ${}^t(BA) = {}^t A \, {}^t B$.*

Beweis: Dies folgt aus 3.3.5, indem wir $A: K^n \longrightarrow K^m$ und $B: K^m \longrightarrow K^l$ als lineare Abbildungen interpretieren und ${}^t A: (K^m)^* = K^m \longrightarrow (K^n)^* = K^n$ und ${}^t B: (K^l)^* = K^l \longrightarrow (K^m)^* = K^m$ als transponierte Abbildungen. □

In 3.4.9 erklärten wir die Matrixdarstellung $\Phi_E \circ f \circ \Phi_D^{-1}$ einer linearen Abbildung $f : V \longrightarrow W$ bezüglich Basen D und E von V bzw. W. Wir vergleichen dies jetzt mit der Matrixdarstellung von ${}^t f : W^* \longrightarrow V^*$ bezüglich der Karten $\Phi_E^* : W^* \longrightarrow K^m;\ \Phi_D : V^* \longrightarrow K^n$:

Lemma 3.6.11 *Mit der vorstehenden Bezeichnung gilt*

$$ {}^t(\Phi_E \circ f \circ \Phi_D^{-1}) = \Phi_{D^*} \circ {}^t f \circ \Phi_{E^*}^{-1}. $$

Beweis: Nach 3.3.7 ist $\Phi_{D^*} = {}^t \Phi_D^{-1},\ \Phi_{E^*} = {}^t \Phi_E^{-1}$, wobei wir die kanonische Identifizierung von $(K^n)^*$ zu K^n und $(K^m)^*$ zu K^m vollzogen haben, die durch die kanonischen Basen gegeben ist. Also

$$ {}^t(\Phi_E \circ f \circ \Phi_D^{-1}) = {}^t \Phi_D^{-1} \circ {}^t f \circ {}^t \Phi_E = \Phi_{D^*} \circ {}^t f \circ \Phi_{E^*}^{-1}. $$

□

Theorem 3.6.12 $\operatorname{rg} A = \operatorname{rg} {}^t A$.

Bemerkung: Laut Definition ist $\operatorname{rg} A$ die Dimension des von den Spaltenvektoren (aufgefaßt als Elemente in K^m) erzeugten Unterraums von K^m.
Die Spaltenvektoren von ${}^t A$ sind gerade die Zeilenvektoren von A, aufgefaßt als Elemente von K^n. 3.6.12 kann daher durch die Worte "Spaltenrang = Zeilenrang" ausgedrückt werden.

Beweis: Sei $\operatorname{rg} A = r$. Nach 3.6.5 gibt es S und T mit

$$ SAT^{-1} = \begin{pmatrix} E_r & 0 \\ 0 & 0 \end{pmatrix}. $$

Also nach 3.6.10

$$ {}^t(SAT^{-1}) = {}^t T^{-1}\, {}^t A\, {}^t S = \begin{pmatrix} E_r & 0 \\ 0 & 0 \end{pmatrix}, $$

also nach 3.6.7 $\operatorname{rg} {}^t A = r$.

□

Übungen

1. Sei K ein Körper, betrachte K^2 mit der kanonischen Basis $E = \{e_1, e_2\}$.

   (a) Zeige, daß $B = \{b_1 = e_1 + \rho e_2, b_2 = e_2\}$ für jedes $\rho \in K$ eine Basis ist.

   (b) Bestimme die Elemente der dualen Basis $B^* = \{b_1^*, b_2^*\}$.
   (Hinweis: Mache den Ansatz $b_1^* = \alpha e_1^* + \beta e_2^*, b_2^* = \gamma e_1^* + \delta e_2^*$ und benutze $\langle b_i^*, b_j \rangle = \langle e_i^*, e_j \rangle = \delta_{ij}$.)

2. Sei p eine Primzahl und $\mathbb{Z}_p$ der Körper mit p Elementen und $V = \mathbb{Z}_p^2$.

   (a) Wieviele Elemente hat $L(V; V)$?

   (b) Wieviele Elemente hat $GL(V)$?

3.6 Der Rang

(Hinweis: $f \in L(V;V)$ ist durch die Matrix $((a_{ij}))_{i,j=1,2}$ mit $f(e_i) = \sum_j a_{ij} e_j$ bestimmt.)

3. Bestimme den Dualraum zum Vektorraum V der Folgen $(x_i)_{i \in \mathbb{N}}$ mit $x_i \in K$ und $x_i = 0$ für fast alle $i \in \mathbb{N}$.
   (Hinweis: Beachte, daß es genügt, eine Linearform auf der natürlichen Basis $\{e_i, i \in \mathbb{N}\}$ von V zu bestimmen $(e_i(n) = \delta_{in})$.)

4. Bestimme für die folgenden Matrizen $A_i, 1 \leq i \leq 4$, über $\mathbb{Z}_{11}$ jeweils das Produkt $A_i A_j$ für alle i,j mit $1 \leq i,j \leq 4$, für die das Produkt definiert ist.

$$A_1 = \begin{pmatrix} \bar{1} & \bar{4} & \bar{5} & \bar{9} & \bar{3} \\ -\bar{2} & \bar{8} & \bar{9} & \bar{0} & \bar{2} \\ \bar{1} & \bar{4} & \bar{5} & -\bar{3} & -\bar{1} \end{pmatrix} \quad A_2 = \begin{pmatrix} \bar{3} & -\bar{3} & \bar{9} & \bar{4} \\ \bar{2} & \bar{4} & -\bar{9} & \bar{3} \\ \bar{1} & \bar{8} & -\bar{8} & \bar{9} \\ \bar{0} & \bar{7} & -\bar{1} & \bar{5} \\ \bar{9} & \bar{6} & \bar{2} & \bar{7} \end{pmatrix}$$

$$A_3 = \begin{pmatrix} \bar{9} & \overline{10} & -\bar{1} \\ \bar{2} & \bar{7} & \bar{6} \\ \bar{2} & -\bar{3} & -\bar{1} \\ \bar{5} & \bar{0} & \bar{3} \end{pmatrix} \quad A_4 = \begin{pmatrix} \bar{4} & \bar{3} & \bar{2} & \bar{1} \\ \bar{0} & -\bar{1} & -\bar{2} & -\bar{3} \\ -\bar{4} & -\bar{5} & -\bar{6} & -\bar{7} \\ -\bar{8} & -\bar{9} & -\overline{10} & \bar{0} \end{pmatrix}$$

5. Sei $E_{kl} \in M(n,n)$ die (n,n)-Matrix mit lauter Nullen mit Ausnahme des Elements a_{kl}, das $= 1$ ist (d. h., $E_{kl} = ((a_{ij})), a_{ij} = \delta_{ik}\delta_{jl}, 1 \leq k,l \leq n$). Bestimme das Produkt $E_{kl} E_{k'l'}$.

6. Für die $(2,2)$-Matrix $A = \begin{pmatrix} a_{11} & a_{12} \\ a_{21} & a_{22} \end{pmatrix}$ gelte $a_{11}a_{22} - a_{12}a_{21} \neq 0$. Bestimme die $(2,2)$-Matrix $B = ((b_{ij}))$ mit $AB = BA = E = ((\delta_{ij})) = \begin{pmatrix} 1 & 0 \\ 0 & 1 \end{pmatrix}$.

7. Sei $A = ((a_{ij}))$ eine (n,n)-Matrix mit $a_{ij} = 0$ für $i \leq j$. Zeige, daß $A^n = 0$, dabei ist $A^n = AA\ldots A$ (n Faktoren).

8. Zeige, daß die Abbildung

$$\text{Spur}: M_K(n,n) \longrightarrow K; \quad ((a_{ij})) \longmapsto \sum_{i=1}^n a_{ii}$$

linear ist und daß $\text{Spur}(AB) = \text{Spur}(BA)$ ($\text{Spur}(A)$ heißt *Spur* von A).

9.
$$\text{Sei} \quad A = \begin{pmatrix} 1 & a & 0 & 0 \\ a & 1 & 0 & 0 \\ 0 & a & 1 & 0 \\ 0 & 0 & a & 1 \end{pmatrix} \in M_{\mathbb{R}}(4,4).$$

   Bestimme die $a \in \mathbb{R}$, für die A nicht invertierbar ist.

10. $f: V = \mathbb{R}^2 \longrightarrow W = \mathbb{R}^2$, $f(x,y) = (x+3y, 3x+y)$ ist eine lineare Abbildung. $D = \{d_1 = (1,0), d_2 = (0,1)\}$ ist die Standardbasis von $\mathbb{R}^2$ und $D' = \{d'_1 = (1,1), d'_2 = (1,-1)\}$ ist eine andere Basis von $\mathbb{R}^2$. Bestimme die Matrixdarstellung von f bezüglich

(a) der Basen D von V und D von W,

(b) der Basen D' von V und D' von W,

(c) der Basen D' von V und D von W.

Kapitel 4

Lineare Gleichungen und Determinanten

4.1 Lineare Gleichungssysteme

Wir kommen nun zu einem besonders wichtigen Gegenstand der Linearen Algebra. Historisch gesehen hat die gesamte Theorie hier ihren Ursprung.

Definition 4.1.1 1. *Unter einem linearen Gleichungssystem mit m Gleichungen und n Unbekannten (kurz: (m,n)-LGS) verstehen wir ein Schema der Form*

$$\sum_{j=1}^{n} a_{ij} x_j = b_i, \quad 1 \leq i \leq m.$$

Hier sind die a_{ij} und b_i Elemente aus einem Körper K. Wenn wir die (m,n)-Matrix A durch $((a_{ij}))$, den Vektor $x \in K^n$ durch (x_j) und den Vektor $b \in K^m$ durch (b_i) definieren, können wir nach 3.4.4 hierfür auch schreiben

$$A(x) = b$$

oder

$$\begin{pmatrix} a_{11} & \cdots & a_{1n} \\ \vdots & \ddots & \vdots \\ a_{m1} & \cdots & a_{mn} \end{pmatrix} \begin{pmatrix} x_1 \\ \vdots \\ \vdots \\ x_n \end{pmatrix} = \begin{pmatrix} b_1 \\ \vdots \\ b_m \end{pmatrix}.$$

2. *Unter einer Lösung von $A(x) = b$ verstehen wir ein Element $a \in K^n$, so daß $A(a) = b$.*

Beispiel 4.1.2

$$\begin{aligned} 3x_1 + 4x_2 + 0x_3 &= 1 \\ 0x_1 + 7x_2 - 1x_3 &= 0. \end{aligned}$$

$a = (-1, 1, 7)$ ist Lösung.

Bemerkung 4.1.3 Beachte, daß in 4.1.1 $x = (x_1, \ldots, x_n)$ als Symbol auftritt. Wie wir sehen werden, braucht es nicht eine Lösung zu geben. Wir werden allerdings häufig eine Lösung auch mit x bezeichnen.

Da eine (m,n)-Matrix A als lineare Abbildung $A: K^n \longrightarrow K^m$ interpretiert werden kann, ist ein lineares Gleichungssystem dasselbe wie die Vorgabe einer linearen Abbildung $A: K^n \longrightarrow K^m$ und eines Vektors $b \in K^m$. Eine Lösung x ist nichts anderes als ein Element $x \in K^n$, das durch A auf das Element b abgebildet wird.

Der *Fundamentalsatz für lineare Gleichungssysteme* lautet:

Theorem 4.1.4 *Sei $A(x) = b$ ein (m,n)-LGS.*

1. Existenzaussage. *Das System besitzt dann und nur dann eine Lösung, wenn $b \in \text{im } A$. Dieses ist gleichwertig damit, daß $\text{rg } A = \text{rg}(A, {}^t b)$. Hier bezeichnet $(A, {}^t b)$ die $(m, n+1)$-Matrix, welche aus der (m,n)-Matrix A durch Erweiterung um eine Spalte mit der $(m,1)$-Matrix ${}^t b$ entsteht.*
2. Eindeutigkeitsaussage. *Sei $x \in K^n$ eine Lösung. Dieses ist die einzige Lösung dann und nur dann, wenn $\ker A = 0$ oder $\text{rg } A = n$.*

Beweis: Zu 1.: $x \in K^n$ Lösung $\iff A(x) = b \iff b \in \text{im } A$ (A als Element von $L(K^n; K^m)$ aufgefaßt).
$(A, {}^t b)$ kann als Element von $L(K^{n+1}; K^m)$ aufgefaßt werden. Also $\text{rg}(A, {}^t b) = \dim \text{im}(A, {}^t b) = \dim \text{im } A = \text{rg } A \iff b \in \text{im } A$.
Zu 2.: Sei $y \in \ker A$. Wenn x Lösung, so auch $x + y$, denn $A(x+y) = A(x) + A(y) = A(x) + 0 = b$. Umgekehrt, wenn x und x' Lösungen sind, so ist $x - x' \in \ker A$, denn $A(x - x') = A(x) - A(x') = b - b = 0$. Die Einzigkeit der Lösung ist also gleichwertig mit $\ker A = 0$.
Aus 2.6.7 folgt $\dim \ker A = 0 \iff \dim \text{im } A = \text{rg } A = n$. □

Ergänzung 4.1.5 *Dann und nur dann, wenn $\text{rg } A = m$ ist, gibt es für jedes $b \in K^m$ eine Lösung von $A(x) = b$.*

Beweis: $\text{rg } A = m \iff \text{im } A = K^m$. Die Behauptung folgt aus 4.1.4, 1.. □

Beispiele 4.1.6 1. $A = (0, 1), b = (1)$. $\text{rg}(0,1) = \text{rg}(0,1,1) = 1$. Also gibt es eine Lösung, etwa $x_1 = 0, x_2 = 1$. Die Lösung ist jedoch nicht eindeutig, da auch $(x_1, 1)$ für jedes $x_1 \in K$ Lösung ist.
2. $x_1 + 2x_2 = 1, 2x_1 + 4x_2 = 0$.

$$\text{rg}\begin{pmatrix} 1 & 2 \\ 2 & 4 \end{pmatrix} = 1, \qquad \text{rg}\begin{pmatrix} 1 & 2 & 1 \\ 2 & 4 & 0 \end{pmatrix} = 2.$$

Also gibt es keine Lösung.

Für den Fall, daß es ebensoviele Gleichungen wie Unbekannte gibt, läßt sich 4.1.4, 4.1.5 folgendermaßen formulieren:

Theorem 4.1.7 *Sei A eine (n,n)-Matrix. Dann und nur dann, wenn $\text{rg } A = n$ ist, gibt es für jedes $b \in K^n$ eine eindeutig bestimmte Lösung des (n,n)-LGS $A(x) = b$.*

Beweis: Nach 4.1.4, 2. ist die Eindeutigkeit gleichwertig mit $\text{rg } A = n$, und nach 4.1.5 ist dies gleichwertig mit der Existenz einer Lösung für jedes $b \in K^n$. □

Bemerkung 4.1.8 Für ein (n,n)-LGS $A(x) = b$ ist $\operatorname{rg} A = n$ gleichwertig damit, daß $A: K^n \longrightarrow K^n$ ein Isomorphismus ist. Denn $\operatorname{rg} A = n$ oder $\operatorname{im} A = K^n$ bedeutet nach 2.6.7 $\dim \ker A = 0$. Dann ist aber klar, daß zu $b \in K^n$ das Element $A^{-1}(b)$ die eindeutig bestimmte Lösung von $A(x) = b$ ist.

Definition 4.1.9 1. *Ein LGS der Form $A(x) = 0$ heißt homogen.*
2. *Sei $A(x) = b$ ein beliebiges LGS. Dann heißt $A(x) = 0$ das zugehörige homogene LGS.*

Lemma 4.1.10 *Ein homogenes LGS $A(x) = 0$ besitzt stets eine Lösung, nämlich $x = 0$. Dann und nur dann, wenn $\ker A = 0$ ist, ist dies die einzige Lösung.*

Beweis: $A(x) = 0 \iff x \in \ker A$. □

Theorem 4.1.11 *Sei $A(x) = b$ ein (m,n)-LGS. Falls x_0 Lösung ist, so auch jedes $x = x_0 + y$, mit y Lösung des homogenen LGS $A(x) = 0$. Jede Lösung x von $A(x) = b$ ist von dieser Gestalt.*

Bemerkung 4.1.12 Wenn man die Lösungen von $A(x) = b$ in der Form $x = x_0 + y$ beschreibt mit fest gewähltem x_0, so heißt x_0 auch *partikuläre Lösung* und $x = x_0 + y$ *allgemeine Lösung*.

Beweis: Aus $A(x_0) = b$ und $y \in \ker A$ folgt $A(x_0 + y) = A(x_0) + 0 = b$.
Aus $A(x_0) = A(x) = b$ folgt $A(x - x_0) = A(x) - A(x_0) = 0$, also $x = x_0 + (x - x_0)$ mit $A(x - x_0) = 0$. □

Beispiel 4.1.13

$$\begin{aligned} x_1 \phantom{{}+x_2} + 6x_3 + x_4 &= 3 \\ 2x_1 + x_2 + 4x_3 + 2x_4 &= 1 \\ 3x_1 + 4x_2 + 2x_3 \phantom{{}+2x_4} &= 2 \end{aligned}$$

$K = \mathbb{Q}$.
$x_0 = (-4, 3, 1, 1)$ ist partikuläre Lösung. Die Lösungen y des homogenen Systems sind von der Form $y = (-34a, 24a, 3a, 16a), a \in \mathbb{Q}$ beliebig. $x = (-4 - 34a, 3 + 24a, 1 + 3a, 1 + 16a), a \in \mathbb{Q}$ beliebig, ist die allgemeine Lösung.

4.2 Das Gaußsche Eliminationsverfahren

In diesen Abschnitt beschreiben wir einen Kalkül, mit dessen Hilfe man die Lösungen eines LGS finden kann.

Definition 4.2.1 *Zwei (m,n)-LGS $A(x) = b$ und $A'(x) = b'$ heißen äquivalent, wenn es ein $S \in GL(m, K)$ gibt mit $A' = SA, b' = S(b)$.*

Satz 4.2.2 1. *Die in 4.2.1 definierte Relation ist eine Äquivalenzrelation im Sinne von 1.4.1.*
2. *Die Lösungsmengen von zwei äquivalenten Systemen stimmen überein.*

Beweis: Zu 1.: Ein LGS ist zu sich selber äquivalent. Aus $A' = SA, b' = S(b)$ folgt $A = S^{-1}A', b = S^{-1}(b')$. Aus $A' = SA, A'' = S'A', b' = S(b), b'' = S'(b')$ folgt $A'' = S'SA, b'' = S'S(b)$.
Zu 2.: $A(x) = b \Longleftrightarrow SA(x) = S(b)$. □

Satz 4.2.3 *Erkläre für $i \neq j$ mit $a \in K$ die (m,m)-Matrix $B_{ij}(a)$ als $E + aE_{ij}, E_{ij}$ wie in 3.4.3. Dann ist $B_{ij}(a) \in GL(m,K)$.*
Sei $A(x) = b$ ein (m,n)-LGS. Das äquivalente System $A'(x) = b'$ mit $A' = B_{ij}(a)A, b' = B_{ij}(a)(b)$ erhält man, indem man das a-fache der j-ten Zeile von A zu der i-ten Zeile von A und das a-fache der j-ten Zeile von b zu der i-ten Zeile von b addiert. Das Entsprechende ist in dem Schema 4.1.1 zu tun.

Beweis: Die Matrizenmultiplikation 3.5.1 liefert sofort $B_{ij}(a)B_{ij}(-a) = E = $ Einheitsmatrix. Die Beschreibung von $A' = B_{ij}(a)A$ ergibt sich ebenso einfach.
□

Lemma 4.2.4 *Ein (m,n)-LGS $A(x) = b$ ist äquivalent zu einem LGS $A^*(x) = b^*$ in der Zeilenstufenform. D.h., für die Elemente a_{ij}^* von A^* gilt: Es gibt r Zahlen $1 \leq j_1 < j_2 < \cdots < j_r \leq n, r = \operatorname{rg} A$, so daß $a_{ij}^* = 0$ ist für $j < j_1$ oder $i > r$ und $a_{1j_1}^* \cdot \ldots \cdot a_{rj_r}^* \neq 0$.*
A^* kann erhalten werden aus A durch wiederholte Multiplikation von links mit Matrizen der Form $B_{ij}(a)$ aus 4.2.3.

Bemerkung: Das Schema einer Matrix in der Zeilenstufenform sieht folgendermaßen aus:

$$\begin{pmatrix} 0 & \cdots & a_{1j_1}^* & \cdots\cdots\cdots\cdots\cdots\cdots\cdots\cdots \\ 0 & \cdots & 0 & \cdots & 0 & a_{2j_2}^* & \cdots\cdots\cdots\cdots \\ 0 & \cdots & 0 & \cdots & 0 & 0 & \cdots & a_{rj_r}^* & \cdots \\ 0 & \cdots & 0 & \cdots & 0 & 0 & \cdots & 0 & 0 \end{pmatrix}$$

Hier stehen links von der "Treppe" nur Nullen.

Beweis: Für die 0-Matrix ist die Behauptung offenbar richtig. Wir können also annehmen, daß es eine erste Spalte $(a_{ij_1}, 1 \leq i \leq m)$ gibt, die nicht nur Nullen enthält. Die Multiplikation mit einer geeigneten Matrix vom Typ $B_{1j}(1)$ liefert eine äquivalente Matrix A' mit $a'_{1j_1} \neq 0$. Durch Multiplikation mit den Matrizen $B_{i1}(\frac{-a'_{ij_1}}{a'_{1j_1}}), 2 \leq i \leq m$, erhalten wir eine Matrix A'' mit $a''_{ij_1} = 0$ für $i > 1$. Schreibe wieder A anstelle A''. Es gebe $j > j_1$, so daß in der Spalte A_j ein Element $\neq 0$ mit $i > 1$ auftritt. j_2 sei die kleinste Zahl mit dieser Eigenschaft. Wie oben können wir durch Multiplikation mit geeignetem $B_{2j}(1)$ erreichen, daß in der so erhaltenen Matrix A' $a'_{2j_2} \neq 0$. Durch Multiplikation mit den Matrizen $B_{i2}(\frac{-a'_{ij_2}}{a'_{2j_2}}), 3 \leq i \leq m$, erhalten wir eine Matrix A'' mit $a''_{ij_2} = 0$ für $i > 2$.
Wir fahren so fort und erreichen die gewünschte Zeilenstufenform A^*. Da der Zeilenrang von $A^* = r$ ist und $\operatorname{rg} A^* = \operatorname{rg} A$, folgt $r = \operatorname{rg} A$. □

Wir können jetzt den eingangs angekündigten Kalkül beschreiben. Er heißt *Gaußsches Eliminationsverfahren.*

Theorem 4.2.5 *Sei $A(x) = b$ ein (m,n)-LGS, $\operatorname{rg} A = r$. Sei $A^*(x) = b^*$ das hierzu äquivalente (m,n)-LGS in der Zeilenstufenform.*
$A(x) = b$ besitzt dann und nur dann eine Lösung, wenn die Komponenten b_i^* des Vektors b^* Null sind für $i > r$. Wenn diese Bedingung erfüllt ist, so findet man die Gesamtheit der Lösungen wie folgt: Wähle die x_j mit $j \notin \{j_1,\ldots,j_r\}$ beliebig und bestimme aus der r-ten Zeile von $A^*(x) = b^*$

$$a^*_{rj_r} x_{j_r} + \text{Gegebenes} = b_r^*$$

das Element x_{j_r}. Dann aus der $(r-1)$-ten Zeile

$$a^*_{r-1 j_{r-1}} x_{j_{r-1}} + \text{Gegebenes} = b^*_{r-1}$$

das Element $x_{j_{r-1}}$, usw. .

Beweis: $b^* \in \operatorname{im} A^*$ ist gleichbedeutend mit $b_i^* = 0$ für $i > r$. Wenn dies erfüllt ist, so liefert das beschriebene Verfahren Lösungen. Es sind dies auch alle Lösungen von $A^*(x) = b^*$ und damit von $A(x) = b$, da die Elemente $x_{j_r}, \ldots, x_{j_1}$ einer Lösung sich auf die angegebene Weise mit Hilfe der $x_j, j \notin \{j_1,\ldots,j_r\}$ und $b_i^*, 1 \leq i \leq r$, schreiben lassen. □

Beispiel 4.2.6 Wir wenden das Gaußsche Eliminationsverfahren auf das Beispiel 4.1.13 an.
Wegen $a_{11} = 1$ können wir damit beginnen, die übrigen Elemente in der ersten Spalte zu Null zu transformieren. Multiplikation mit $B_{21}(-2)$ und $B_{31}(-3)$ liefert das System

$$\begin{aligned} x_1 \quad + 6x_3 + x_4 &= 3 \\ x_2 - 8x_3 \quad &= -5 \\ 4x_2 - 16x_3 - 3x_4 &= -7 \end{aligned}$$

Da hier das Element $a'_{22} = 1 \neq 0$ ist, liefert Multiplikation mit $B_{32}(-4)$ die Zeilenstufenform

$$\begin{aligned} x_1 \quad + 6x_3 + x_4 &= 3 \\ x_2 - 8x_3 \quad &= -5 \\ 16x_3 - 3x_4 &= 13 \end{aligned}$$

Also ist

$$\begin{aligned} x_3 &= \frac{13}{16} + \frac{3x_4}{16}, \\ x_2 &= -5 + \frac{13}{2} + \frac{3x_4}{2} = \frac{3}{2} + \frac{3x_4}{2}, \\ x_1 &= 3 - \frac{39}{8} - \frac{9x_4}{8} - x_4 = -\frac{15}{8} - \frac{17x_4}{8}. \end{aligned}$$

die allgemeine Lösung.

4.3 Die symmetrische Gruppe

Wir untersuchen jetzt näher die Struktur der in 3.5.9 eingeführten symmetrischen Gruppe S_n. Wir bezeichnen die Verknüpfungen in S_n mit einem Punkt: $(\sigma, \sigma') \in S_n \mapsto \sigma \cdot \sigma' \in S_n$.

Wir beginnen mit einem Satz über allgemeine, auch nicht kommutative Ringe R.

Lemma 4.3.1 *Sei R ein Ring, R^* die multiplikative Gruppe der invertierbaren Elemente in R. Erkläre auf R die Relation "x konjugiert zu x'", in Zeichen: $x \sim x'$, durch die Eigenschaft: Es gibt $a \in R^*$ mit $x' = axa^{-1}$.*
Dann ist dadurch eine Äquivalenzrelation gegeben.
Das gleiche gilt, wenn man für eine Gruppe G $x \sim x'$ erklärt durch: Es gibt $a \in G$ mit $x' = axa^{-1}$.

Beweis: $x \sim x$ mit $a = 1$. Aus $x' = axa^{-1}$ folgt $x = a^{-1}x'(a^{-1})^{-1}$. Und $x' = axa^{-1}, x'' = a'x'a'^{-1}$ impliziert $x'' = (a'a)x(a'a)^{-1}$. □

Beispiel 4.3.2 R sei der Ring $M_K(n,n), R^* = GL(n,R)$.

Definition 4.3.3 *Ein Element $\sigma \in S_n$ heißt Transposition (der Elemente i und j aus $\{1,\ldots,n\}$), falls $i \neq j$ und $\sigma(i) = j$ und $\sigma(k) = k$ für alle anderen $k \in \{1,\ldots,n\}$. Wir bezeichnen dieses Element aus S_n mit (i,j).*

Bemerkung: Zu $S_1 =$ id gibt es keine Transposition. $S_2 = \{\text{id},(1,2)\}$.

Satz 4.3.4 1. *Die Ordnung von S_n, d. h., die Anzahl der Elemente in S_n ist $n!$.*
2. *Für $n \geq 3$ ist S_n nicht abelsch.*
3. $(i,j) \cdot (j,i) = \text{id} = $ *neutrales Element in S_n.*
4. *Jede Transposition (i,j) ist konjugiert zu der Transposition $(1,2)$.*

Beweis: Zu 1.: $\#S_1 = 1$. Angenommen, wir wissen bereits, daß $\#S_{n-1} = (n-1)!$. Für jedes der n Elemente i aus $\{1,\ldots,n\}$ bildet die Menge $A_i = \{\sigma \in S_n | \sigma(i) = i\}$ eine Untergruppe isomorph zu S_{n-1}. Jedem $\sigma \in S_n$ entspricht umkehrbar eindeutig genau ein i und ein $\sigma_i \in A_i$ wie folgt:
Falls $\sigma(n) \neq n$, so $i = \sigma(n), \sigma_i = (\sigma(n),n) \cdot \sigma \in A_{\sigma(n)}$. Falls $\sigma(n) = n$ so $i = n, \sigma_i = \sigma \in A_n$. Also ist $\#S_n = n \cdot (n-1)! = n!$.
Zu 2.: Vgl. das Beispiel 1.2.4, 2. und beachte, daß S_n für $n \geq 3$ eine zu S_3 isomorphe Untergruppe enthält.
Zu 3.: Ist sofort klar.
Zu 4.: Sei $\tau = (i,j)$. Es gibt $\sigma \in S_n$ mit $\sigma(1) = i, \sigma(2) = j$. Beachte, daß $\sigma \cdot \sigma'$ als $\sigma' \circ \sigma$ definiert ist. Dann ist $\sigma \cdot \tau \cdot \sigma^{-1} = (1,2)$. Denn $\sigma \cdot \tau \cdot \sigma^{-1}(2) = \tau \cdot \sigma^{-1}(j) = \sigma^{-1}(i) = 1$. Ebenso folgt $\sigma \cdot \tau \cdot \sigma^{-1}(1) = 2$. Für $k \notin \{1,2\}$ ist $\sigma(k) \notin \{i,j\}$, also $\sigma \cdot \tau \cdot \sigma^{-1}(k) = k$. □

Lemma 4.3.5 *Jede Permutation $\sigma \in S_n$ ($n \geq 2$) ist darstellbar als Produkt von $\leq n$ Transpositionen.*

4.3 Die symmetrische Gruppe

Beweis: Für $\sigma = $ id gilt $\sigma = (1,2) \cdot (1,2)$. Sei $\sigma \neq $ id. Dann gibt es ein kleinstes i_1 mit $\sigma(i_1) = j_1 \neq i_1$. Setze $\sigma \cdot (i_1, j_1) = \sigma_1$. $\sigma_1(i) = i$ für $i \leq i_1$. Falls $\sigma_1 = $ id, sind wir fertig. Anderenfalls gibt es ein kleinstes i_2 mit $\sigma_1(i_2) = j_2 \neq i_2$. Setze $\sigma_1 \cdot (i_2, j_2) = \sigma_2$. $\sigma_2(i) = i$ für $i \leq i_2$. So fortfahrend erreichen wir ein $\sigma_k, k \leq n$, mit $\sigma_k = $ id. Dann ist $\sigma = (i_k, j_k) \cdots (i_1, j_1)$. □

Definition 4.3.6 *Sei* $\sigma \in S_n, n \geq 2$. *Ein Paar* $(i,j), 1 \leq i < j \leq n$, *heißt* Verstellung *von* σ, *wenn* $\sigma(i) > \sigma(j)$. *Das* Vorzeichen *von* σ *ist erklärt als*

$$\varepsilon(\sigma) = \prod_{i>j} \frac{\sigma(j) - \sigma(i)}{j - i} \in \{+1, -1\}.$$

σ *heißt* gerade *oder* ungerade, *je nachdem* $\varepsilon(\sigma) = +1$ *oder* $= -1$. *Für* $n = 1$ *setze* $\varepsilon(\sigma) = 1$.

Bemerkung: Daß $\varepsilon(\sigma) = +1$ oder $= -1$, ergibt sich daraus, daß mit $(j - i)$ im Nenner auch $-(j - i)$ oder $+(j - i)$ im Zähler auftreten. Und zwar für (l, k) mit $\sigma(l) = j, \sigma(k) = i$, je nachdem ob (l, k) Verstellung ist oder nicht. Insbesondere ist $\varepsilon(\sigma) = (-1)^l, l = $ Anzahl der Verstellungen von σ.

Satz 4.3.7 *Sei* $n \geq 2$.

1. *Die Abbildung*

$$\varepsilon : \sigma \in S_n \longmapsto \varepsilon(\sigma) \in \{+1, -1\}$$

   ist ein Gruppenmorphismus auf die multiplikative Gruppe $\{+1, -1\} \subset \mathbb{Z}$.
2. *Wenn* σ *sich als Produkt von* k *Transpositionen schreiben läßt, so* $\varepsilon(\sigma) = (-1)^k$.

Bemerkung: In 4.3.5 zeigten wir, daß jedes $\sigma \in S_n$ sich darstellen läßt als Produkt von Transpositionen. Die Anzahl k der Elemente in einer solchen Darstellung ist nicht eindeutig bestimmt. Z. B. kann man stets das Produkt um die beiden Transformationen $(1,2) \cdot (2,1)$ erweitern. Aber die Anzahl ist eindeutig modulo 2.

Beweis von 4.3.7: Zu 1.:

$$\begin{aligned}\varepsilon(\sigma' \cdot \sigma) &= \prod_{i<j} \frac{\sigma(\sigma'(j)) - \sigma(\sigma'(i))}{j - i} \\ &= \prod_{i<j} \frac{\sigma(\sigma'(j)) - \sigma(\sigma'(i))}{\sigma'(j) - \sigma'(i)} \cdot \prod_{i<j} \frac{\sigma'(j) - \sigma'(i)}{j - i}.\end{aligned}$$

Das zweite Produkt ist $= \varepsilon(\sigma')$. Um zu sehen, daß das erste Produkt $= \varepsilon(\sigma)$ ist, bemerken wir, daß

$$\frac{\sigma(\sigma'(j)) - \sigma(\sigma'(i))}{\sigma'(j) - \sigma'(i)} = \frac{\sigma(\sigma'(i)) - \sigma(\sigma'(j))}{\sigma'(i) - \sigma'(j)}.$$

Wir können also im ersten Produkt anstelle $\prod_{i<j}$ auch $\prod_{\sigma'(i)<\sigma'(j)}$ schreiben. Zu 2.: Wegen 1. genügt es zu zeigen, daß für eine Transposition $\tau = (k, l)$,

$k < l, \varepsilon(\tau) = -1$ ist. (k,l) ist Verstellung von τ. Das gleiche gilt für (k,i) und (i,l) mit $k < i < l$ sowie (k,j) und (j,l) mit $k < j < l$. Die Anzahl der Verstellungen von τ ist also ungerade. □

Beispiel 4.3.8 Wir schreiben $\sigma \in S_4$ in der Form

$$\begin{bmatrix} 1 & 2 & 3 & 4 \\ 2 & 4 & 3 & 1 \end{bmatrix}.$$

Hier steht unter i in der oberen Zeile das Bild $\sigma(i)$. Mit den Bezeichnungen aus dem Beweis von 4.3.5 haben wir

$$\sigma_1 = \sigma \cdot (1,2) = \begin{bmatrix} 1 & 2 & 3 & 4 \\ 1 & 4 & 3 & 2 \end{bmatrix},$$

$$\sigma_2 = \sigma_1 \cdot (2,4) = \begin{bmatrix} 1 & 2 & 3 & 4 \\ 1 & 2 & 3 & 4 \end{bmatrix} = \mathrm{id}.$$

Also $\varepsilon(\sigma) = \varepsilon((2,4)) \cdot \varepsilon((1,2)) = (-1)(-1) = 1$. Oder auch direkt aus der Definition von $\varepsilon(\sigma)$:

$$\varepsilon(\sigma) = \frac{1-2}{4-1} \cdot \frac{1-4}{4-2} \cdot \frac{1-3}{4-3} \cdot \frac{3-4}{3-2} \cdot \frac{3-2}{3-1} \cdot \frac{4-2}{2-1} = 1.$$

Definition 4.3.9 *Sei $n \geq 2$. Unter der* alternierenden Gruppe A_n *verstehen wir die Untergruppe $\{\sigma \in S_n; \varepsilon(\sigma) = 1\}$ der geraden Permutationen.*

Satz 4.3.10 *A_n ist invariante Untergruppe von S_n und $S_n/A_n \cong \{1, -1\}$. Jedes $\sigma \in S_n \setminus A_n$ läßt sich also als $\sigma = \tau \cdot \sigma'$, mit τ Transposition und $\sigma' \in A_n$ schreiben. A_n hat die Ordnung $\frac{n!}{2}$.*

Beweis: Nach Definition ist $A_n = \ker \varepsilon$. Wir können also 1.4.12 anwenden. Beachte, daß die Transpositionen zu $S_n \setminus A_n$ gehören. □

4.4 Determinanten

Wir kommen jetzt zu einem der wichtigsten Begriffe in der klassischen Linearen Algebra. K bezeichnet einen (kommutativen) Körper. Für den Fall eines Ringes siehe 5.1.5.

Definition 4.4.1 *Unter einer* Determinantenabbildung *verstehen wir eine Abbildung*

$$\det \colon M_K(n,n) \longrightarrow K$$

mit folgenden Eigenschaften:

1. det *ist linear in jeder Zeile.*
2. $\det A = 0$, *falls zwei Zeilen übereinstimmen.*
3. $\det E_n = 1$.

Der Wert $\det A \in K$ *heißt* Determinante von A.

4.4 Determinanten

Bemerkungen:
1. Vorläufig ist überhaupt nicht klar, ob es Determinantenabbildungen gibt. Später werden wir zeigen, daß genau eine solche Abbildung existiert.
2. Wenn wir die i-te Zeile von $A \in M_K(n,n)$ mit A^i bezeichnen, läßt sich A in der Form
$$\begin{pmatrix} A^1 \\ \vdots \\ A^i \\ \vdots \\ A^n \end{pmatrix}$$
schreiben. Damit lauten die Bedingungen 1. bis 3. aus 4.4.1:

$$\det \begin{pmatrix} A^1 \\ \vdots \\ aA^i + a'A'^i \\ \vdots \\ A^n \end{pmatrix} = a \det \begin{pmatrix} A^1 \\ \vdots \\ A^i \\ \vdots \\ A^n \end{pmatrix} + a' \det \begin{pmatrix} A^1 \\ \vdots \\ A'^i \\ \vdots \\ A^n \end{pmatrix}.$$

$$\det \begin{pmatrix} A^1 \\ \vdots \\ A^i \\ A^j = A^i \\ \vdots \\ A^n \end{pmatrix} = 0, \qquad \det \begin{pmatrix} e_1 \\ \vdots \\ e_i \\ \vdots \\ e_n \end{pmatrix} = 1.$$

Satz 4.4.2 *Eine Abbildung* det *wie in 4.4.1 besitzt folgende weitere Eigenschaften:*

(4.1) $$\det \begin{pmatrix} A^1 \\ \vdots \\ A^i + aA^j \\ \vdots \\ A^j \\ \vdots \\ A^n \end{pmatrix} = \det \begin{pmatrix} A^1 \\ \vdots \\ A^i \\ \vdots \\ A^j \\ \vdots \\ A^n \end{pmatrix}, \quad \text{für } i \neq j.$$

(4.2) $$\det \begin{pmatrix} A^1 \\ \vdots \\ A^i \\ \vdots \\ A^j \\ \vdots \\ A^n \end{pmatrix} = -\det \begin{pmatrix} A^1 \\ \vdots \\ A^j \\ \vdots \\ A^i \\ \vdots \\ A^n \end{pmatrix}, \quad \text{für } i \neq j.$$

Beweis: Zu (4.1):

$$\det\begin{pmatrix} A^1 \\ \vdots \\ A^i + aA^j \\ \vdots \\ A^j \\ \vdots \\ A^n \end{pmatrix} \stackrel{1.}{=} \det\begin{pmatrix} A^1 \\ \vdots \\ A^i \\ \vdots \\ A^j \\ \vdots \\ A^n \end{pmatrix} + a\det\begin{pmatrix} A^1 \\ \vdots \\ A^j \\ \vdots \\ A^j \\ \vdots \\ A^n \end{pmatrix}$$

$$\stackrel{2.}{=} \det\begin{pmatrix} A^1 \\ \vdots \\ A^i \\ \vdots \\ A^j \\ \vdots \\ A^n \end{pmatrix} + 0.$$

Zu (4.2):

$$0 \stackrel{2.}{=} \det\begin{pmatrix} A^1 \\ \vdots \\ A^i + A^j \\ \vdots \\ A^j + A^i \\ \vdots \\ A^n \end{pmatrix}$$

$$\stackrel{1.}{=} \det\begin{pmatrix} A^1 \\ \vdots \\ A^i \\ \vdots \\ A^j + A^i \\ \vdots \\ A^n \end{pmatrix} + \det\begin{pmatrix} A^1 \\ \vdots \\ A^j \\ \vdots \\ A^j + A^i \\ \vdots \\ A^n \end{pmatrix}$$

$$\stackrel{(4.1)}{=} \det\begin{pmatrix} A^1 \\ \vdots \\ A^i \\ \vdots \\ A^j \\ \vdots \\ A^n \end{pmatrix} + \det\begin{pmatrix} A^1 \\ \vdots \\ A^j \\ \vdots \\ A^i \\ \vdots \\ A^n \end{pmatrix} \qquad \square$$

4.4 Determinanten

Theorem 4.4.3 *Es existiert genau eine Determinantenabbildung.*

Beweis: Eindeutigkeit: Seien det, det' Determinantenabbildungen. Betrachte zu $A \in M_K(n,n)$ eine zugehörige Matrix A^* in der Zeilenstufenform, vgl. 4.2.4. A^* wird aus A erhalten durch Multiplikation von links mit gewissen Matrizen der Form $B_{ij}(a)$ aus 4.2.3. Beachte nun, daß $A' = B_{ij}(a)A$ gerade aus der Operation 4.4.2, (4.1) besteht. Also det A = det A^*, det' A = det' A^*.
Wir behaupten: Falls $r = \mathrm{rg}\, A = \mathrm{rg}\, A^* < n$, so ist det $A^* = 0$, und falls $r = n$, so ist det A = det $A^* = a_{11}^* \cdot \ldots \cdot a_{nn}^* \neq 0$. Damit ist dann det = det' gezeigt.
Zum Beweis der Behauptung bemerken wir: Falls $r < n$, so addiere zur letzten Zeile $A^{*n} = 0$ von A^* die Zeile A^{*1}. Die so erhaltene Matrix hat zwei gleiche Zeilen (nämlich die erste und die n-te), also ist nach 4.4.1, 2. det $A^* = 0$.
Falls rg $A^* = n$, so dividieren wir die i-te Zeile A^{*i} durch $a_{ii}^* \neq 0$ und multiplizieren det A^* mit a_{ii}^*. Nach 4.4.1, 1. wird dadurch der Wert det A^* nicht geändert. Wenn wir dies für $i = 1, \ldots, n$ tun, wird

$$\det A^* = a_{11}^* \cdot \ldots \cdot a_{nn}^* \cdot \det A^{**}.$$

Hier ist A^{**} eine Zeilenstufen-Matrix mit lauter 1-en in der Diagonalen. Subtrahiere die mit $(-a_{12}^{**})$ multiplizierte zweite Zeile von der ersten, die mit $(-a_{13}^{**})$ multiplizierte dritte Zeile von der ersten, usw.. Dann erhalten wir eine Zeilenstufen-Matrix A^{***} mit $a_{11}^{***} = 1, a_{1j}^{***} = 0$ für $j > 1$. Entsprechende Operationen, die alle nicht den Wert der Determinante ändern, liefern schließlich die Einheitsmatrix E_n. Nach 4.4.1, 3. ist det $E_n = 1$.
Existenz: Wir behaupten, daß die Determinante gegeben ist durch

$$\det A = \sum_{\sigma \in S_n} \varepsilon(\sigma) a_{1\sigma(1)} \cdot \ldots \cdot a_{n\sigma(n)}.$$ (∗)

Dazu verifizieren wir die Gültigkeit von 1. bis 3. aus 4.4.1.
1. bedeutet

$$\sum_{\sigma \in S_n} \varepsilon(\sigma) a_{1\sigma(1)} \cdot \ldots \cdot (a a_{i\sigma(i)} + a' a'_{i\sigma(i)}) \cdot \ldots \cdot a_{n\sigma(n)} =$$
$$a \sum_{\sigma \in S_n} \varepsilon(\sigma) a_{1\sigma(1)} \cdot \ldots \cdot a_{i\sigma(i)} \cdot \ldots \cdot a_{n\sigma(n)} + a' \sum_{\sigma \in S_n} \varepsilon(\sigma) a_{1\sigma(1)} \cdot \ldots \cdot a'_{i\sigma(i)} \cdot \ldots \cdot a_{n\sigma(n)}.$$

Dies ist offenbar richtig.
Zum Beweis von 2. bemerken wir, daß mit Hilfe der Transposition $\tau = (i,j)$ die Summe $\sum_{\sigma \in S_n}$ in der Form

$$\sum_{\sigma \in A_n} \varepsilon(\sigma) a_{1\sigma(1)} \cdot \ldots \cdot a_{i\sigma(i)} \cdot \ldots \cdot a_{j\sigma(j)} \cdot \ldots \cdot a_{n\sigma(n)} +$$
$$\sum_{\sigma \in A_n} \varepsilon(\sigma \circ \tau) a_{1\sigma(\tau(1))} \cdot \ldots \cdot a_{i\sigma(\tau(i))} \cdot \ldots \cdot a_{j\sigma(\tau(j))} \cdot \ldots \cdot a_{n\sigma(\tau(n))}$$

geschrieben werden kann. Hier ist $\varepsilon(\sigma \circ \tau) = -\varepsilon(\sigma)$. Aus $a_{i\sigma(\tau(i))} = a_{i\sigma(j)} = a_{j\sigma(j)}, a_{j\sigma(\tau(j))} = a_{j\sigma(i)} = a_{i\sigma(i)}$ folgt, daß die zweite Summe das Negative der ersten ist. Da im Falle $a_{ij} = \delta_{ij}$ von der ganzen Summe nur der Summand mit σ = id ungleich 0 ist und den Wert 1 hat, gilt auch 3.. □

Beispiele 4.4.4 1. $n = 2$. S_2 besteht aus id und $(1,2)$, $\varepsilon(1,2) = -1$. Also

$$\det \begin{pmatrix} a_{11} & a_{12} \\ a_{21} & a_{22} \end{pmatrix} = a_{11}a_{22} - a_{12}a_{21}.$$

2. $n = 3$. Wir schreiben $S_3 = A_3 \cup \tau A_3$, mit $\tau = (1,2)$. Hier besteht A_3 aus den drei Elementen

$$\begin{bmatrix} 1 & 2 & 3 \\ 1 & 2 & 3 \end{bmatrix}, \quad \begin{bmatrix} 1 & 2 & 3 \\ 2 & 3 & 1 \end{bmatrix}, \quad \begin{bmatrix} 1 & 2 & 3 \\ 3 & 1 & 2 \end{bmatrix}.$$

Also

$$\det A = \sum_{\sigma \in A_3} a_{1\sigma(1)}a_{2\sigma(2)}a_{3\sigma(3)} \sum_{\sigma \in A_3} a_{1\tau\cdot\sigma(1)}a_{2\tau\cdot\sigma(2)}a_{3\tau\cdot\sigma(3)}.$$

Diese Bestimmung von $\det A$ läßt sich auch durch die *Regel von Sarrus* beschreiben:

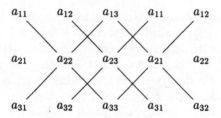

Man bildet das Produkt aus den Elementen in den drei $\searrow$-Diagonalen, und man subtrahiert das Produkt aus den Elementen in den drei $\nearrow$-Diagonalen.

Theorem 4.4.5 *Seien A und B Elemente aus $M_K(n,n)$. Dann gilt $\det AB = \det A \cdot \det B$. Falls wir $\det$ einschränken auf die multiplikative Gruppe $GL(n,K)$ der invertierbaren Matrizen, so ist $\det$ ein Morphismus in die multiplikative Gruppe $K^* = K \setminus \{0\}$ des Körpers K.*

Beweis: Im Falle $\operatorname{rg} B < n$ ist auch $\operatorname{rg} AB < n$. Also $\det AB = 0$ und

$$\det A \cdot \det B = 0.$$

Sei nun $B \in GL(n,K)$. Betrachte die Abbildung

$$\det_B \colon M_K(n,n) \longrightarrow K; \quad A \longmapsto \frac{\det(AB)}{\det B}.$$

$\det_B$ erfüllt offenbar die Axiome 1. bis 3. aus 4.4.1. Also gilt nach 4.4.3 $\det_B = \det$. □

Folgerung 4.4.6 *Falls A invertierbar ist, so gilt $\det A^{-1} = (\det A)^{-1}$.* □

Ebenso ergibt sich sofort das

Theorem 4.4.7 *Sei $A \in M_K(n,n)$. $\det A \neq 0$ ist gleichwertig mit A invertierbar, und dies ist gleichwertig mit $\operatorname{rg} A = n$.*

Beweis: Im Beweis von 4.4.3 wurde gezeigt, daß $\det A \neq 0$ gleichwertig ist mit $\operatorname{rg} A = n$. Nach 4.1.8 ist dies gleichwertig mit A invertierbar. □

Definition 4.4.8 *Unter der speziellen linearen Gruppe $SL(n,k)$ verstehen wir den Kern des Morphismus $\det: GL(n,K) \longrightarrow K^*$.*

Beispiele 4.4.9 1. In 3.5.9 erklärten wir für $\sigma \in S_n$ die Permutationsmatrix A. Wir behaupten, daß $\det A_\sigma = \varepsilon(\sigma)$, speziell also $A_\sigma \in SL(n,k)$ wenn $\sigma \in A_n$.

Da $\sigma \in S_n \longmapsto A_\sigma \in GL(n,k)$ und $\det: GL(n,K) \longrightarrow K^*$ Morphismen sind, genügt es wegen 4.3.4 und 4.3.5 zu zeigen, daß für die Transposition $\tau = (1,2)$ $\det A_\tau = -1$ ist. Beachte nun, daß A_τ aus der Einheitsmatrix durch Vertauschung der ersten beiden Zeilen entsteht.

2. Diagonalmatrizen oder allgemeiner Dreiecksmatrizen (vgl. 3.5.7), bei denen das Produkt $a_{11} \cdot \ldots \cdot a_{nn}$ der Diagonalelemente $= 1$ ist, gehören zu $SL(n,K)$.

Lemma 4.4.10 $\det {}^t A = \det A$.

Beweis: Wegen ${}^t a_{ij} = a_{ji}$ gilt

$$\det {}^t A = \sum_{\sigma \in S_n} \varepsilon(\sigma) a_{\sigma(1)1} \cdot \ldots \cdot a_{\sigma(n)n}$$
$$= \sum_{\sigma^{-1} \in S_n} \varepsilon(\sigma^{-1}) a_{1\sigma^{-1}(1)} \cdot \ldots \cdot a_{n\sigma^{-1}(n)}.$$

Da $\varepsilon(\sigma^{-1}) = \varepsilon(\sigma)$, und da die Summe über $\sigma^{-1} \in S_n$ zu derselben Summe führt wie die Summe über $\sigma \in S_n$, ist die rechte Seite $= \det A$. □

4.5 Der Determinantenentwicklungssatz

Wir ergänzen den Abschnitt über Determinanten durch eine wenigstens theoretisch nützliche Formel, die es gestattet, die Determinante einer (n,n)-Matrix aus der Determinante von Unterdeterminanten zu berechnen.

Definition 4.5.1 *Sei $A = ((a_{ij})) \in M_K(n,n), n > 1$. Für jedes Paar $(k,l), 1 \leq k, l \leq n$, erkläre die (n,n)-Matrix A_{kl} durch das Schema*

$$\begin{pmatrix} a_{11} & \cdots & 0 & \cdots & a_{1n} \\ \vdots & & \vdots & & \vdots \\ 0 & \cdots & 1 & \cdots & 0 \\ \vdots & & \vdots & & \vdots \\ a_{n1} & \cdots & 0 & \cdots & a_{nn} \end{pmatrix} \leftarrow k$$

D. h., A_{kl} entsteht aus A, indem die k-te Zeile A^k durch das kanonische Basiselement $e_l = (0, \ldots, 1, \ldots, 0)$ (eine 1 an der l-ten Stelle und sonst Nullen) ersetzt wird und die l-te Spalte durch die Transponierte ${}^t e_k$ von e_k.

Satz 4.5.2 $\sum_{l=1}^{n} a_{il} \det A_{kl} = \delta_{ik} \det A$.

Beweis: Sei $A' = A'_{kl}$ die Matrix, in der die Zeile A^k von A durch e_l ersetzt ist. A_{kl} kann aus A' durch Zeilenoperationen vom Typ 4.4.2, (4.1) gewonnen werden: Addiere etwa zu der i-ten Zeile $A'^i, i \neq k$, die mit $-a_{il}$ multiplizierte Zeile A'^k von A'.
Also ist $\det A'_{kl} = \det A_{kl}$. Schreibe die i-te Zeile A^i von A als $\sum_l a_{il} e_l$. Damit ist $\sum_l a_{il} \det A_{kl} = \sum_l a_{il} \det A'_{kl} = \det$(Matrix, die aus A durch die Ersetzung von A^k mit A^i entsteht). □

Definition 4.5.3 *Sei* $A = ((a_{ij})) \in M_K(n,n), n > 1$.

1. *Wir bezeichnen mit $S_{ij}(A)$ die $(n-1, n-1)$-Matrix, welche aus A durch Streichen der i-ten Zeile und j-ten Spalte entsteht, mit beliebigen $i,j, 1 \leq i,j \leq n$. $S_{ij}(A)$ heißt Streichungsmatrix bezüglich (i,j).*
2. *Der Kofaktor α_{li} von $a_{il} \in A$ ist definiert als $(-1)^{i+l} \det S_{il}(A)$.*

Satz 4.5.4 $\det A_{il} = \alpha_{li} = (-1)^{i+l} \det S_{il}(A)$.

Beweis: Durch $(l-1)$ Vertauschungen benachbarter Spalten können wir aus A_{il} eine Matrix B_{il} erhalten, in der die $(j+1)$-te Spalte die j-te Spalte von A_{il} ist, für $j < l$, und die erste Spalte die l-te Spalte von A_{il} ist.

$$\det A_{il} = (-1)^{l-1} \det B_{il}$$

Durch einen analogen Prozeß von $(i-1)$ Vertauschungen benachbarter Zeilen erhalten wir aus B_{il} eine Matrix C_{il} mit $\det B_{il} = (-1)^{i-1} \det C_{il}$, wobei C_{il} von der Form

$$\begin{pmatrix} 1 & 0 & 0 \\ \hline 0 & & \\ 0 & & S_{il}(A) \end{pmatrix}$$

ist. Offenbar ist $\det C_{il} = \det S_{il}(A)$. □

Hiermit können wir jetzt den *Laplaceschen Entwicklungssatz* beweisen:

Theorem 4.5.5 *Sei $A = ((a_{ij})) \in M_K(n,n), n > 1$. Dann gilt mit den in 4.5.3 definierten Kofaktoren:*

$$\det A = \begin{cases} \sum_{l=1}^{n} a_{il} \alpha_{li} \\ \sum_{k=1}^{n} a_{kj} \alpha_{jk} \end{cases}.$$

Bemerkung: Die beiden Zeilen auf der rechten Seite heißen "Entwicklung nach der i-ten Zeile" bzw. "Entwicklung nach der j-ten Spalte".

Beweis: Die obere Gleichung folgt direkt aus 4.5.2 und 4.5.4. Die untere ergibt sich aus der oberen wegen $\det {}^t\!A = \det A$. □

Als Anwendung erhalten wir das

Theorem 4.5.6 *Sei $A \in GL(n,K)$. Das Element an der Stelle (j,k) der inversen Matrix A^{-1} ist gegeben durch $\frac{\alpha_{jk}}{\det A}$.*

4.5 Der Determinantenentwicklungssatz

Beweis: Mit 4.5.2, 4.5.4 haben wir

$$\sum_{j} a_{ij} \frac{\alpha_{jk}}{\det A} = \sum_{j} a_{ij} \frac{\det A_{kj}}{\det A} = \delta_{ik}.$$

□

Wir beschließen diesen Abschnitt mit der *Cramerschen Regel*. Sie liefert eine explizite Formel für die eindeutig bestimmte Lösung eines (n,n)-LGS mit nichtverschwindender Determinante.

Theorem 4.5.7 *Sei in dem (n,n)-LGS $A(x) = b$ $\det A \neq 0$. Dann sind die Komponenten $x_j, 1 \leq j \leq n$, der Lösung gegeben durch*

$$x_j = \frac{\det B_j}{\det A}.$$

Hier ist B_j die (n,n)-Matrix, die aus A entsteht, wenn man die j-te Spalte von A durch ${}^t b$ ersetzt.

Beweis: Die Entwicklung von B_j nach der j-ten Spalte liefert

$$\det B_j = \sum_{l=1}^{n} b_l \alpha_{jl}.$$

Also ist wegen 4.5.6 das oben beschriebene x von der Form $A^{-1}(b)$. □

Beispiel 4.5.8

$$\begin{pmatrix} \bar{3} & \bar{4} & \bar{0} \\ \bar{1} & \bar{1} & \bar{2} \\ \bar{3} & \bar{4} & \bar{1} \end{pmatrix} \begin{pmatrix} x_1 \\ x_2 \\ x_3 \end{pmatrix} = \begin{pmatrix} \bar{1} \\ \bar{1} \\ \bar{0} \end{pmatrix}$$

mit Koeffizienten in $K = \mathbb{Z}_5$.

$$\det \begin{pmatrix} \bar{3} & \bar{4} & \bar{0} \\ \bar{1} & \bar{1} & \bar{2} \\ \bar{3} & \bar{4} & \bar{1} \end{pmatrix} = \bar{3} + \bar{4} - \bar{4} - \bar{4} = -\bar{1} = \bar{4}, \quad \frac{1}{\det A} = \bar{4}.$$

$$x_1 = \bar{4} \det \begin{pmatrix} \bar{1} & \bar{4} & \bar{0} \\ \bar{1} & \bar{1} & \bar{2} \\ \bar{0} & \bar{4} & \bar{1} \end{pmatrix} = \bar{4}(\bar{1} - \bar{3} - \bar{4}) = \bar{1},$$

$$x_2 = \bar{4} \det \begin{pmatrix} \bar{3} & \bar{1} & \bar{0} \\ \bar{1} & \bar{1} & \bar{2} \\ \bar{3} & \bar{0} & \bar{1} \end{pmatrix} = \bar{4}(\bar{3} + \bar{1} - \bar{1}) = \bar{2},$$

$$x_3 = \bar{4} \det \begin{pmatrix} \bar{3} & \bar{4} & \bar{1} \\ \bar{1} & \bar{1} & \bar{1} \\ \bar{3} & \bar{4} & \bar{0} \end{pmatrix} = \bar{4}(\bar{2} + \bar{4} - \bar{3} - \bar{2}) = \bar{4}.$$

Übungen

1. Bestimme sämtliche Lösungen des linearen Gleichungssystems

$$\begin{pmatrix} 3 & -1 & 2 \\ 2 & 1 & 1 \\ 1 & -3 & 0 \end{pmatrix} \begin{pmatrix} x \\ y \\ z \end{pmatrix} = \begin{pmatrix} 0 \\ 0 \\ 0 \end{pmatrix}$$

2. Bestimme den Rang der Matrix

$$\begin{pmatrix} 3 & 3 & 3 & 7 \\ -3 & 0 & -1 & -4 \\ 4 & 1 & 2 & 7 \\ 6 & -3 & 0 & 3 \\ -4 & 5 & 2 & 3 \end{pmatrix}$$

durch elementare Umformungen.

3. A sei eine (m,n)-Matrix und B eine (n,m)-Matrix mit $n < m$. Ist die (m,m)-Matrix AB invertierbar?

4. Stelle die Permutation $\begin{bmatrix} 1 & 2 & 3 & 4 & 5 & 6 \\ 5 & 4 & 6 & 3 & 2 & 1 \end{bmatrix}$ als Produkt von Transpositionen dar.

5. A_n sei die Gruppe der geraden Permutationen von $\{1,\ldots,n\}$. Zeige:

   (a) A_n enthält genau $\frac{n!}{2}$ Elemente.

   (b) A_n ist kommutativ dann und nur dann, wenn $n \leq 3$.

6.
$$\text{Sei} \quad A = \begin{pmatrix} 0 & 1 & 1 & 1 \\ 2 & 5 & 5 & 1 \\ -1 & 1 & 2 & 1 \\ 1 & 6 & 5 & 2 \end{pmatrix} \quad \text{und} \quad b = (0,1,0,2).$$

Löse das lineare Gleichungssystem $A(x) = b$ mit der Cramerschen Regel.

7. Sei A eine (n,n)-Matrix über dem Körper K. Eine (k,k)-Teilmatrix von A ist definiert als eine Matrix, die man durch Streichen von $(n-k)$ Zeilen und Spalten von A erhält. Zeige: $\operatorname{rg} A = \max\{k;$ es gibt eine (k,k)-Teilmatrix von A vom Rang $k\}$

8. Sei K ein Körper, $x_1, x_2, \ldots, x_n \in K$. Definiere

$$V(x_1,\ldots,x_n) = \det \begin{pmatrix} 1 & 1 & \cdots & 1 \\ x_1 & x_2 & \cdots & x_n \\ x_1^2 & x_2^2 & \cdots & x_n^2 \\ \vdots & \vdots & \ddots & \vdots \\ x_1^{n-1} & x_2^{n-1} & \cdots & x_n^{n-1} \end{pmatrix}$$

4.5 Der Determinantenentwicklungssatz

Zeige: $V(x_1, \ldots, x_n) = \prod_{i<j}(x_i - x_j)$.
(Bemerkung: $V(x_1, \ldots, x_n)$ heißt *Vandermondsche Determinante* des Tupels $(x_1, \ldots, x_n)$.)

9. (a)

$$\text{Sei}\quad A = \begin{pmatrix} 1 & 0 & 4 & 1 \\ -1 & 2 & 0 & 4 \\ 1 & 0 & 1 & 0 \\ 1 & 0 & -1 & 0 \end{pmatrix},\quad B = \begin{pmatrix} 2 & 0 & -2 & 4 \\ 1 & 1 & -1 & -2 \\ 3 & 1 & 0 & 0 \\ 3 & -1 & -4 & 0 \end{pmatrix},$$

bestimme AB, $\det A$, $\det B$, $\det AB$.

(b) Berechne

$$\det \begin{pmatrix} 5 & 8 & 9 & 8 & 5 \\ -5 & 4 & -3 & 2 & -1 \\ 10 & 12 & 9 & 4 & 1 \\ 10 & 8 & -3 & -2 & 3 \\ 35 & 8 & 18 & 10 & 3 \end{pmatrix}$$

10. Eine Matrix $A = ((a_{ij})) \in M_K(n,n)$ heißt *schiefsymmetrisch*, wenn $a_{ij} = -a_{ji}$ für alle i, j.

(a) Zeige: Falls $n = 2m - 1$, $m \in \mathbb{N}$ (d. h., n ist ungerade), so $\det A = 0$.

(b) Falls $n = 2m$, $m \in \mathbb{N}$, (d. h., n gerade), so gilt

$$\det A = \left(\frac{1}{2^m m!} \sum_{\sigma \in S_{2m}} \varepsilon(\sigma) a_{\sigma(1)\sigma(2)} a_{\sigma(3)\sigma(4)} \cdots a_{\sigma(2m-1)\sigma(2m)} \right)^2$$

Zeige dies für $m = 1$ und $m = 2$.

(c) Beweise die Formel aus (b) für beliebiges $m \in \mathbb{N}$.
Anleitung: Der Ausdruck in der Klammer heißt *Pfaffsche von A*, $\text{Pf}(A)$.
Zeige, daß $\text{Pf}({}^t T A T) = \det T\ \text{Pf}(A)$, wo T eine $(2m, 2m)$-Matrix ist. Wenn $\det A \neq 0$, so gibt es ein $T \in M_K(2m, 2m)$ mit

$${}^t T A T = \begin{pmatrix} 0 & 1 & & & & & \\ -1 & 0 & & & \text{\huge 0} & & \\ & & 0 & 1 & & & \\ & & -1 & 0 & & & \\ & & & & \ddots & & \\ & \text{\huge 0} & & & & 0 & 1 \\ & & & & & -1 & 0 \end{pmatrix}.$$

11. Sei $A = ((a_{ij})) \in M_K(2,3)$, und $(c_1, c_2, c_3) \in K^3$ sei definiert durch

$$c_1 = \det \begin{pmatrix} a_{12} & a_{13} \\ a_{22} & a_{23} \end{pmatrix},\ c_2 = \det \begin{pmatrix} a_{13} & a_{11} \\ a_{23} & a_{21} \end{pmatrix},\ c_3 = \det \begin{pmatrix} a_{11} & a_{12} \\ a_{21} & a_{22} \end{pmatrix}.$$

Zeige:

(a) $\operatorname{rg} A = 2 \Longleftrightarrow (c_1, c_2, c_3) \neq 0$.

(b) Wenn $\operatorname{rg} A = 2$, dann ist (c_1, c_2, c_3) eine Basis des Lösungsraums des homogenen linearen Gleichungssystems $A(x) = 0$.

Kapitel 5

Eigenwerte und Normalformen

5.1 Eigenwerte

Wir kommen nun zu einer weiteren Invarianten einer linearen Abbildung. Allerdings muß uns hierbei der Körper gewisse Eigenschaften erfüllen. Wir werden uns daher im Laufe unseres Buches mehr und mehr auf den Körper $\mathbb{R}$ der reellen und den Körper $\mathbb{C}$ der komplexen Zahlen beschränken. Für letzteren existieren die in Rede stehenden Invarianten stets.

Wir betrachten nun nicht mehr ausschließlich endlichdimensionale Vektorräume.

Definition 5.1.1 *Sei V ein Vektorraum über dem Körper K.*

1. *Sei $f: V \longrightarrow V$ linear. $\lambda \in K$ heißt* Eigenwert *von f, falls die Abbildung*

$$(f - \lambda \,\mathrm{id}): V \longrightarrow V$$

   einen Kern $\neq 0$ besitzt.
2. *Sei λ Eigenwert von f. Dann heißt $\ker(f - \lambda \,\mathrm{id})$ der Eigenraum zu λ; die Elemente $x \in \ker(f - \lambda \,\mathrm{id})$ heißen* Eigenvektoren *zum Eigenwert λ.*
3. *Sei A eine (n,n)-Matrix über K. Indem wir A als lineare Abbildung $A: K^n \longrightarrow K^n$ interpretieren, sind auch die Begriffe des* Eigenwertes *von A, des* Eigenraumes *und des* Eigenvektors *von A erklärt.*

Bemerkung 5.1.2 Daß λ Eigenwert von $f: V \longrightarrow V$ ist, bedeutet also, daß es ein $x \neq 0$ in V gibt mit $f(x) = \lambda x$. Im Falle $f = A \in M_K(n,n)$ muß es also eine Lösung $x \neq 0$ des (n,n)-LGS $\quad (A - \lambda E_n)(x) = 0$ geben.

Beispiel 5.1.3 $0 \in K$ ist Eigenwert von f genau dann, wenn $\ker f \neq \{0\}$ ist. Und 0 ist Eigenwert von $A \in M_K(n,n)$ genau dann, wenn $\mathrm{rg}\, A < n$, also A nicht invertierbar ist.

Wir betrachten die $(2,2)$-Matrix

$$A = \begin{pmatrix} \cos \alpha & -\sin \alpha \\ \sin \alpha & \cos \alpha \end{pmatrix} \qquad \text{über } \mathbb{R} \text{ und über } \mathbb{C}.$$

Angenommen, λ ist Eigenwert von A. Das heißt, es gibt $x = (x_1, x_2) \neq (0,0)$ mit

$$\cos\alpha\, x_1 - \sin\alpha\, x_2 - \lambda x_1 = 0$$
$$\sin\alpha\, x_1 + \cos\alpha\, x_2 - \lambda x_2 = 0.$$

Die Determinante der Matrix $(A - \lambda\,\text{id})$ muß also verschwinden,

$$\det\begin{pmatrix} \cos\alpha - \lambda & -\sin\alpha \\ \sin\alpha & \cos\alpha - \lambda \end{pmatrix} = \lambda^2 - 2\lambda\cos\alpha + 1 = 0.$$

D. h., $\lambda = \cos\alpha \pm \sqrt{-\sin^2\alpha}$. $\lambda \in \mathbb{R}$ dann und nur dann, wenn $\sin\alpha = 0$, also $\alpha = 0$ oder π. Dann ist $\lambda = +1$ oder -1.

In allen anderen Fällen hat die Matrix also keine Eigenwerte in $\mathbb{R}$, sondern nur in $\mathbb{C}$, nämlich $\cos\alpha \pm i\sin\alpha$.

Definition 5.1.4 *Sei $A = ((a_{ij})) \in M_K(n,n)$. Unter dem charakteristischen Polynom von A verstehen wir das durch*

$$\chi_A(t) = \det(tE_n - A)$$

gegebene Polynom.

Bemerkungen 5.1.5 1. Bisher hatten wir die Determinante $\det B$ nur für Matrizen B mit Elementen b_{ik} aus einem (kommutativen) Körper K definiert. Die Formel aus dem Beweis von 4.4.3 erlaubt es jedoch, $\det B$ auch zu definieren, wenn die Elemente b_{ik} einem kommutativen Ring R angehören, also

(5.1) $$\det B = \sum_{\sigma \in S_n} \varepsilon(\sigma) b_{1\sigma(1)} \cdots b_{n\sigma(n)} \in R.$$

In 5.1.4 gehören die Elemente der Matrix $B = tE_n - A$ dem Ring $K[t]$ der Polynome mit Koeffizienten in K an. $\det(tE_n - A)$ soll also durch (5.1) mit $b_{ik} = t\delta_{ik} - a_{ik}$ erklärt sein.

Wir behaupten nicht, daß für Matrizen B mit Koeffizienten b_{ik} in einem allgemeinen Ring R $\det B$ durch die Eigenschaften 1. bis 3. aus 4.4.1 gekennzeichnet ist. Aber jedenfalls gelten auch in diesem Falle für det die Eigenschaften 1. bis 3. aus 4.4.1 und (4.1) und (4.2) aus 4.4.2, und es gilt auch die wichtige Produktregel $\det AB = \det A \cdot \det B$, wie man direkt nachrechnet.

2. Sei $p(t) = \sum_{i \in \mathbb{N}} a_i t^i$ ein Polynom. Wenn $a_n \neq 0$ und $a_i = 0$ für $i > n$, so heißt n der *Grad* von $p(t)$, Bezeichnung: $\text{Grad}\, p(t)$. Falls alle $a_i = 0$, so definieren wir den Grad von $p(t)$ als $-\infty$.

Satz 5.1.6 *Sei $A = ((a_{ij})) \in M_K(n,n)$. Dann ist $\text{Grad}\,\chi_A(t) = n$. Genauer, wenn wir $\chi_A(t)$ in der Form $\sum_{i=0}^{\infty} \alpha_i t^i$ schreiben, so ist $\alpha_i = 0$ für $i > n, \alpha_n = 1, \alpha_{n-1} = -\sum_i a_{ii}, \ldots$ und $\alpha_0 = (-1)^n \det A$. $-\alpha_{n-1}$ heißt auch Spur von A.*

5.1 Eigenwerte

Beweis: Betrachte in der Determinantenformel 5.1.5 den Summanden mit $\sigma = $ id: $(t - a_{11})\ldots(t - a_{nn}) = t^n - \sum_i a_{ii} t^{n-1}\ldots$
In allen noch verbleibenden Summanden treten Faktoren der Art $(t - a_{ii})$ nur noch $\leq n - 2$ Mal auf. Daher liefert das obige Produkt die Koeffizienten von t^n und t^{n-1}.
Der konstante Koeffizient in $\chi_A(t)$ ergibt sich, wenn man $t = 0$ setzt. □

Beispiel 5.1.7

$$A = \begin{pmatrix} 1 & 0 & 2 \\ 0 & 0 & 1 \\ 0 & -1 & 0 \end{pmatrix},$$

$$\chi_A(t) = \det \begin{pmatrix} t-1 & 0 & -2 \\ 0 & t & -1 \\ 0 & 1 & t \end{pmatrix} = t^3 - t^2 + t - 1.$$

Lemma 5.1.8 *Seien A und A' konjugierte Elemente in dem Ring $M_K(n,n)$, vgl. 4.3.1. Dann gilt*

$$\chi_A(t) = \chi_{A'}(t).$$

Beweis: Daß A konjugiert ist zu A' bedeutet $A' = TAT^{-1}$ mit $T \in GL(n, K)$, vgl. 4.3.1. Dann gilt $(tE_n - A') = T(tE_n - A)T^{-1}$. Also mit 4.4.5:

$$\chi_{A'}(t) = \det(tE_n - A') = \det T \cdot \det(tE_n - A) \cdot \det T^{-1} = \chi_A(t).$$

□

Satz 5.1.9 *Sei $f: V \longrightarrow V$ linear. Das charakteristische Polynom $\chi_f(t)$ von f ist erklärt als $\chi_A(t)$. Hier ist $A = \Phi_B \circ f \circ \Phi_B^{-1}$ eine Matrixdarstellung von f. Die Determinante von f, $\det f$, und die Spur von f sind erklärt als $\det A$ bzw. Spur A. Diese Definitionen sind unabhängig von der Wahl der Matrixdarstellung.*

Beweis: Beachte, daß $\det A$ und Spur A als Koeffizienten von $\chi_A(t)$ auftreten, vgl. 5.1.6. Damit folgt die Behauptung mit 3.4.12 aus 5.1.8. □

Wir kommen jetzt zu einer fundamentalen Beziehung zwischen den oben eingeführten Begriffen.

Theorem 5.1.10 *Die Nullstellen des charakteristischen Polynoms von A oder f entsprechen umkehrbar eindeutig den Eigenwerten von A oder f.*

Beweis: Wir beschränken uns auf eine (n,n)-Matrix A. Dann gilt:

$$\lambda \text{ Eigenwert} \iff \operatorname{rg}(A - \lambda E_n) < n \iff \chi_A(\lambda) = 0$$

□

Beispiele 5.1.11 1. Die Eigenwerte der Matrix A aus 5.1.7 sind die Nullstellen von $(t-1)(t^2+1)$. Also ist $\lambda = 1$ ein Eigenwert, und für $K = \mathbb{R}$ ist dies der einzige Eigenwert. Für $K = \mathbb{C}$ sind auch $\pm i$ Eigenwerte.
2. In dem Beispiel 5.1.3 gibt es für $K = \mathbb{C}$ stets die Eigenwerte $\cos\alpha \pm i\sin\alpha$. Im Falle $\alpha = 0$ oder $\alpha = \pi$ müssen diese zweifach gezählt werden, vgl. 5.2.7 für die Definition der Multiplizität.

5.2 Normalformen. Elementare Theorie

Wir beginnen jetzt mit der Untersuchung der Frage, ob es in einer Klasse konjugierter (n,n)-Matrizen (vgl. 4.3.1) besonders einfache Repräsentanten gibt. Vgl. dies mit dem Klassifikationsproblem für ähnliche Matrizen in 3.6.7. Wir werden dafür die Voraussetzung benötigen, daß das charakteristische Polynom in Linearfaktoren zerfällt. Im allgemeinen bedeutet dies eine Bedingung an den zugrundeliegenden Körper K. Falls $K = \mathbb{C}$, ist diese Bedingung stets erfüllt. Alle betrachteten Vektorräume seien endlichdimensional.

Theorem 5.2.1 1. *Eine Matrix $A \in M_K(n,n)$ ist konjugiert zu einer Diagonalmatrix dann und nur dann, wenn es in K^n eine Basis $B = \{b_1, \ldots, b_n\}$ gibt, die aus Eigenvektoren von A besteht. Hier fassen wir A als lineare Abbildung auf.*

2. *Eine lineare Abbildung $f : V \longrightarrow V$ besitzt eine Koordinatendarstellung $\Phi_B \circ f \circ \Phi_B^{-1}$ bestehend aus einer Diagonalmatrix dann und nur dann, wenn die zugehörige Basis B aus Eigenvektoren besteht.*

Beweis: Offenbar genügt es, 2. zu beweisen. Falls die Elemente $b_j, 1 \leq j \leq n$, von B Eigenvektoren sind, also $f(b_j) = \lambda_j b_j$, so ist gemäß 3.4.10 die Matrix $\Phi_B \circ f \circ \Phi_B^{-1}$ durch $((\langle b_i^*, f(b_j)\rangle)) = ((\delta_{ij}\lambda_j))$ gegeben. Umgekehrt, wenn $\Phi_B \circ f \circ \Phi_B^{-1}$ diese Gestalt hat, so heißt das $f(b_j) = \lambda_j b_j$. □

Beispiel 5.2.2 Die Matrix $A = \begin{pmatrix} 1 & 1 \\ 0 & 1 \end{pmatrix}$ ist nicht konjugiert zu einer Diagonalmatrix. Das charakteristische Polynom ist $(t-1)^2$, also ist $\lambda = 1$ der einzige Eigenwert. Die Eigenvektoren bestimmen sich aus der Gleichung $A(x) = x$, also $x_1 + x_2 = x_1, x_2 = x_2$. Die Vielfachen von $x = (1,0)$ sind daher die einzigen Eigenvektoren.
Wie wir sehen werden, hängt dies damit zusammen, daß das charakteristische Polynom von A zwar vom zweiten Grad ist, aber nicht zwei verschiedene Nullstellen besitzt, siehe 5.2.9.

Lemma 5.2.3 *Sei $f : V \longrightarrow V$ linear. Seien $b_1, \ldots, b_r$ von Null verschiedene Eigenvektoren von f mit r paarweise verschiedenen Eigenwerten $\lambda_1, \ldots, \lambda_r$. Dann sind $b_1, \ldots, b_r$ linear unabhängig.*

Beweis: Wir machen Induktion über r. Für $r = 1$ ist die Behauptung klar. Sie sei für $(r-1)$ bereits bewiesen. Unter der Voraussetzung des Lemmas sind daher $\{b_1, \ldots, b_{r-1}\}$ linear unabhängig.
Betrachte eine Relation der Form $\sum_{i=1}^r \alpha_i b_i = 0$. Unter $(f - \lambda_r \,\mathrm{id})$ wird daraus $\sum_{i=1}^{r-1} \alpha_i(\lambda_i - \lambda_r) b_i = 0$. Da hier die $\lambda_i - \lambda_r \neq 0$, folgt $\alpha_i = 0$ für $i < r$, aber dann auch $\alpha_r = 0$. □

Wir wissen aus 5.1.10, daß die Nullstellen des charakteristischen Polynoms den Eigenwerten entsprechen. Wir fügen daher einige allgemeine Betrachtungen über Polynome ein.

5.2 Normalformen. Elementare Theorie

Von grundlegender Bedeutung für die Struktur des Polynomringes $K[t]$ über einem Körper K ist die Gültigkeit des sogenannten *Euklidischen Algorithmus*. Darunter versteht man das folgende Gegenstück zur "Division mit Rest" im Ring $\mathbb{Z}$ der ganzen Zahlen, vgl. den Beweis von 1.4.11.

Theorem 5.2.4 *Seien $p(t)$ und $q(t)$ Polynome mit Koeffizienten in K, $\operatorname{Grad} p(t) = n \geq 0$, $\operatorname{Grad} q(t) = m \geq 0$. Dann gibt es eindeutig bestimmte Polynome $m(t)$ und $r(t)$ so, daß*

(5.2) $\qquad p(t) = m(t)q(t) + r(t),\quad \text{und}\quad \operatorname{Grad} r(t) < m.$

Falls $n < m$, so $m(t) = 0, r(t) = p(t)$. Falls $n \geq m$, so $\operatorname{Grad} m(t) = n - m$, $\operatorname{Grad} r(t) < m$, einschließlich $r(t) = 0$, d. h., $\operatorname{Grad} r(t) = -\infty$.

Beweis: Sei

$$p(t) = \sum_{i=0}^{n} a_i t^i, \ a_n \neq 0; \quad q(t) = \sum_{j=0}^{m} b_j t^j, \ b_m \neq 0.$$

Wir können $n - m \geq 0$ annehmen. Setze

$$m(t) = \sum_{k=0}^{n-m} c_k t^k, c_{n-m} \neq 0; \quad r(t) = \sum_{l=0}^{m-1} d_l t^l.$$

Wir zeigen, daß die Bedingung (5.2) die Koeffizienten c_k und d_l eindeutig bestimmt.

Zu diesem Zweck führen wir für die hingeschriebenen Polynome $m(t), q(t), r(t)$ die Multiplikation und Addition der rechten Seite von (5.2) aus und vergleichen die so erhaltenen Koeffizienten bei den verschiedenen Potenzen von t mit den Koeffizienten der entsprechenden Potenzen der linken Seite, also von $p(t)$. Wir finden für jedes j mit $m \leq n - j \leq n$:

$$a_{n-j} = \sum_{i=m-j}^{m} c_{n-i-j} b_i.$$

Für $j = 0$ ist dies $a_n = c_{n-m} b_m$. Daraus bestimmt sich c_{n-m}. Wenn die c_{n-i-j} mit $n - i - j > n - m - j$ auf diese Weise bereits bestimmt sind, so liefert die obige Gleichung für den Wert j den Koeffizienten c_{n-m-j}.

Nachdem alle $c_k, 0 \leq k \leq n - m$ auf diese Weise festgelegt sind, bestimmen sich die $d_{n-j}, 0 \leq n - j \leq m$, aus der Gleichung

$$a_{n-j} = \sum_{i=0}^{n-j} c_{n-i-j} b_i + d_{n-j}.$$

$\square$

Korollar 5.2.5 *Sei $p(t) \in K[t]$ ein Polynom vom Grade $n \geq 1$. $\lambda \in K$ ist Nullstelle von $p(t)$ (d. h., $p(\lambda) = 0$) dann und nur dann, wenn es ein Polynom $m(t)$ vom Grade $n - 1$ gibt, so daß*

$$p(t) = m(t)(t - \lambda).$$

Beweis: Falls eine solche Darstellung von $p(t)$ existiert, so ist $p(\lambda) = 0$. Umgekehrt haben wir aus 5.2.4 mit $q(t) = t - \lambda$ für $p(t)$ eine Darstellung der Form $p(t) = m(t)(t - \lambda) + r(t)$ mit $\operatorname{Grad} r(t) < \operatorname{Grad}(t - \lambda) = 1$. Also $r(t) = d_0 = const.$. Falls $p(\lambda) = 0$, so gilt $0 = p(\lambda) = m(\lambda)(\lambda - \lambda) + d_0 = d_0$. □

Definition 5.2.6 *Wir sagen, daß das Polynom $p(t) = \sum_{i=0}^{n} a_i t^i \in K[t]$ vom Grad $n \geq 1$ vollständig in Linearfaktoren zerfällt, wenn es (nicht notwendig paarweise verschiedene) Elemente $\lambda_1, \ldots, \lambda_n$ in K gibt, so daß*

$$p(t) = a_n(t - \lambda_1) \cdots (t - \lambda_n).$$

Die $\lambda_i, 1 \leq i \leq n$, heißen die Nullstellen *von $p(t)$.*

Bemerkung:

1. Der Name "Nullstelle" für die λ_i ist gerechtfertigt. Denn offenbar ist $p(\lambda_i) = 0$, während für ein $\lambda \notin \{\lambda_1, \ldots, \lambda_n\}$ $\quad p(\lambda) = a_n \prod_i (\lambda - \lambda_i) \neq 0$ ist.

2. Die n Elemente der Menge $\{\lambda_1, \ldots, \lambda_n\}$ brauchen nicht paarweise verschieden zu sein. Wir können auf dieser Menge die Gleichheitsrelation als Äquivalenzrelation erklären und Repräsentanten in den Restklassen wählen. Wenn wir diese Repräsentanten mit $\{\mu_1, \ldots, \mu_r\}$ bezeichnen, so haben wir die

Ergänzung 5.2.7 *Sei $p(t)$ aus 5.2.6 in der Form*

$$p(t) = a_n(t - \mu_1)^{m_1} \cdot \ldots \cdot (t - \mu_r)^{m_r}$$

mit paarweise verschiedenen $\{\mu_1, \ldots, \mu_r\}$ geschrieben. Dann heißt m_j die Multiplizität *der Nullstelle μ_j.*

Bemerkungen 5.2.8 1. Offenbar ist $\sum_{j=1}^{r} m_j = n$. r ist eine Zahl zwischen 1 und $n, m_j \geq 1$.

2. Es entsteht die Frage, ob jedes Polynom $p(t) \in K[t]$ in Linearfaktoren zerfällt. Dies ist eine Bedingung an K. Für $K = \mathbb{R}$ z. B. ist sie nicht erfüllt, betrachte etwa $p(t) = t^2 + 1$. Dagegen gilt für $p(t)$ als Element von $\mathbb{C}[t]$ die Darstellung $p(t) = (t-i)(t+i)$. In der Körpertheorie wird die Frage untersucht, welche Polynome $p(t) \in K[t]$ in Linearfaktoren zerfallen. Man kann stets einen gegebenen Körper erweitern zu einem Körper derart, daß alle Polynome in Linearfaktoren zerfallen. Wir beschränken uns darauf, den sogenannten *Fundamentalsatz der Algebra* zu zitieren, für den es auch einen einfachen Beweis mit den Methoden der Funktionentheorie gibt:
"*Jedes Polynom $p(t) \in \mathbb{C}[t]$ zerfällt in Linearfaktoren*".

3. Wir formulieren bereits hier eine einfache Folgerung dieses Satzes, die wir später benötigen werden, den *Fundamentalsatz für reelle Polynome*.
"*Jedes Polynom $p(t) \in \mathbb{R}[t]$ zerfällt in ein Produkt von Polynomen 1-ten und 2-ten Grades*".
Der Beweis ergibt sich unmittelbar aus der Bemerkung, daß $p(t)$ als Polynom in $\mathbb{C}[t]$ betrachtet werden kann, also in Linearfaktoren zerfällt:

$$p(t) = a_n(t - \lambda_1) \cdot \ldots \cdot (t - \lambda_n) \quad \text{mit} \quad \lambda_j \in \mathbb{C}.$$

Da die Koeffizienten von $p(t)$ reell sind, ist $\bar{p}(t) = p(t)$, also

$$(t - \bar{\lambda}_1) \cdot \ldots \cdot (t - \bar{\lambda}_n) = (t - \lambda_1) \cdot \ldots \cdot (t - \lambda_n).$$

D.h., mit λ_j ist auch $\bar{\lambda}_j$ Nullstelle von $p(t)$. Falls $\lambda_j \neq \bar{\lambda}_j$, so gibt es also k mit $\bar{\lambda}_j = \lambda_k$. Das Produkt der beiden Faktoren $(t-\lambda_j)$ und $(t-\lambda_k) = (t-\bar{\lambda}_j)$ ist das reelle quadratische Polynom

$$(t - \lambda_j)(t - \bar{\lambda}_j) = t^2 - (\lambda_j + \bar{\lambda}_j)t + \lambda_j \bar{\lambda}_j.$$

Die elementare Theorie der Normalformen gipfelt in dem

Theorem 5.2.9 *Sei* $f : V \longrightarrow V$ *linear. Falls* $\chi_f(t)$ *vollständig in Linearfaktoren zerfällt,* $\chi_f(t) = (t - \lambda_1) \cdot \ldots \cdot (t - \lambda_n)$, *mit paarweise verschiedenen Nullstellen, so besitzt f eine Koordinatendarstellung der Form* $((\delta_{ij}\lambda_j))$.
Der Raum V ist direkte Summe der n 1-dimensionalen Unterräume $V_f(\lambda_i)$, die von den Eigenvektoren zu λ_i gebildet werden.

Speziell: $A \in M_K(n,n)$ *ist konjugiert zu einer Diagonalmatrix, falls* $\chi_A(t)$ *vollständig in Linearfaktoren zerfällt mit paarweise verschiedenen Nullstellen.*

Beweis: Für jedes i sei b_i ein Eigenvektor $\neq 0$ zu λ_i. Nach 5.2.3 ist $B = \{b_1, \ldots, b_n\}$ frei und enthält $n = \dim V$ Elemente. Also ist B eine Basis. Die Behauptung folgt jetzt aus 5.2.1. □

5.3 Der Satz von Hamilton-Cayley

Sei V ein n-dimensionaler Vektorraum über K. Wir fixieren ein $f \in L(V;V)$. Dann ist dadurch ein Morphismus des Ringes $K[t]$ in den Ring $L(V;V)$ bestimmt, welcher für die weitere Theorie von fundamentaler Bedeutung ist.

Definition 5.3.1 *Sei* $f: V \longrightarrow V$ *linear. Erkläre die* Abbildung

$$\psi_f : K[t] \longrightarrow L(V;V)$$

dadurch, daß einem Polynom $p(t) = \sum_i a_i t^i$ *die lineare Abbildung*

$$\psi_f(p(t)) = p(f) = \sum_i a_i f^i : V \longrightarrow V$$

zugeordnet wird.

Bemerkung: Beachte, daß $L(V;V)$ ein Ring (sogar eine K-Algebra) ist. Daher ist $\sum_i a_i f^i \in L(V;V)$. Hier steht f^0 für die Identität id_V.

Lemma 5.3.2 *Die Abbildung ψ_f aus 5.3.1 ist ein Ringmorphismus, (sogar K-Algebra-Morphismus), d. h.,*

$$\begin{aligned}\psi_f(ap(t) + a'p'(t)) &= a\psi_f(p(t)) + a'\psi_f(p'(t)), \\ \psi_f(p(t)q(t)) &= \psi_f(p(t))\psi_f(q(t)).\end{aligned}$$

Wir bezeichnen $\mathrm{im}\,\psi_f$ *auch mit* $K[f]$.

Beweis: ψ_f ist offenbar linear. Es genügt daher, $\psi_f(t^k)\psi_f(t^l) = \psi_f(t^{k+l})$ zu zeigen. Dies ist jedoch klar: $f^k f^l = f^{k+l}$. □

Der *Satz von Hamilton-Cayley* lautet:

Theorem 5.3.3 *Sei $f \in L(V;V), \chi_f(t) \in K[t]$ das charakteristische Polynom von f. Dann ist $\psi_f(\chi_f(t)) = \chi_f(f) = 0 \in L(V;V)$.*

Beweis: Wie wir bereits in 5.1.5, 1. bemerkt haben, ist die in 4.4 und 4.5 entwickelte Determinantentheorie auch weitgehend gültig für Matrizen mit Elementen in einem kommutativen Ring R. Wir wählen nun für R den Unterring $K[f] = \operatorname{im} \psi_f$ von $L(V;V)$.

Sei $B = \{b_1, \ldots, b_n\}$ eine Basis von $V, B^* = \{b_1^*, \ldots, b_n^*\}$ die Dualbasis. Die Matrixdarstellung $\Phi_B \circ f \circ \Phi_B^{-1}$ von f ist durch $A = ((a_{ij}))$ mit $a_{ij} = \langle b_i^*, f(b_j) \rangle$ gegeben. Also insbesondere

$$(5.3) \qquad \sum_i (f\delta_{il} - a_{il})(b_i) = 0, \quad \text{für alle } l.$$

Betrachte die Matrix $fE - A = ((f\delta_{ij} - a_{ij}))$ mit Elementen in $K[f]$. Erkläre hiermit $(fE - A)_{kl} =$ (kurz) $A_{kl}(f)$ wie in 4.5.1. 4.5.2 lautet damit

$$\sum_l (f\delta_{il} - a_{il}) \det A_{kl}(f) = \delta_{ik} \det(fE - A) = \delta_{ik} \chi_f(f).$$

Wende diese Gleichung auf ein Basiselement b_i an und bilde die Summe über i. Mit (5.3) folgt (beachte, daß $K[f]$ kommutativ ist)

$$0 = \sum_l \det A_{kl}(f) \sum_i (f\delta_{il} - a_{il})(b_i) = \chi_f(f)(b_k).$$

□

Als erste Anwendung von 5.3.3 zeigen wir:

Theorem 5.3.4 *Sei $f: V \longrightarrow V$ linear. Dann gibt es genau ein Polynom $\mu_f(t)$ mit höchstem Koeffizienten 1, so daß jedes Polynom $p(t)$ mit $p(f) = 0$ Vielfaches von $\mu_f(t)$ ist. Insbesondere ist $\mu_f(t)$ Teiler des charakteristischen Polynoms $\chi_f(t)$.*

Definition 5.3.5 *Das vorstehend definierte Polynom $\mu_f(t)$ heißt Minimalpolynom von f. Es ist das Polynom $\neq 0$ kleinsten Grades und mit höchstem Koeffizient 1, welches V annulliert, wenn man t durch f ersetzt.*

Beweis von 5.3.4: Bezeichne mit $N_f[t]$ die Menge der Polynome $p(t) \in K[t]$ mit $p(f) = 0$, d. h., $p(f)(x) = 0$ für alle $x \in V$. Wenn $p \neq 0$, so soll der höchste Koeffizient überdies $= 1$ sein.

Nach 5.3.3 gehört $\chi(t) \equiv \chi_f(t)$ zu $N_f[t]$. Es gibt also ein Polynom $\mu(t) \equiv \mu_f(t) \neq 0$ von kleinstem Grade in $N_f[t]$, Grad $\mu(t) \leq$ Grad $\chi(t) = n = \dim V$. Sei $p(t) \in N_f[t], p(t) \neq 0$. Der Euklidische Algorithmus 5.2.4 liefert die Formel

$$p(t) = m(t)\mu(t) + r(t)$$

mit $\operatorname{Grad} r(t) < \operatorname{Grad} \mu(t)$. Aus $p(f) = 0$ und $\mu(f) = 0$ folgt $r(f) = 0$, also nach Definition von $\mu(t)$ ist $r(t) = 0$.
Sei nun $\mu'(t)$ ein Minimalpolynom wie oben definiert. Dann ist also $\mu'(t)$ Vielfaches von $\mu(t)$. Da die höchsten Koeffizienten in beiden Polynomen = 1 sind, folgt $\mu'(t) = \mu(t)$. □

Wir nehmen die in 5.2 aufgeworfene Frage nach einfachen Matrixdarstellungen einer linearen Abbildung wieder auf. Als vorläufiges Resultat zeigen wir:

Theorem 5.3.6 $f \in L(V;V)$ besitzt dann und nur dann eine Koordinatendarstellung als Dreiecksmatrix, wenn $\chi_f(t)$ vollständig in Linearfaktoren zerfällt.

Beweis: Sei $\Phi \circ f \circ \Phi^{-1} = A = ((a_{ij}))$ (obere) Dreiecksmatrix, d. h., $a_{ij} = 0$ für $i > j$, vgl. 3.5.7, 3.. Dann ist auch $(tE - A)$ obere Dreiecksmatrix, und aus der Formel 5.1.5 für $\chi_A(t) = \chi_f(t)$ folgt:

$$\chi_f(t) = (t - a_{11}) \cdot \ldots \cdot (t - a_{nn}).$$

Sei nun umgekehrt $\chi_f(t) = (t - \lambda_1) \cdot \ldots \cdot (t - \lambda_n)$. Wir beweisen die Existenz einer Koordinatendarstellung $\Phi \circ f \circ \Phi^{-1}$ von f durch eine Dreiecksmatrix durch Induktion nach n. Für $n = 1$ ist die Behauptung offenbar richtig. Sie sei für $f': V' \longrightarrow V'$, $\dim V' = n - 1$, bereits bewiesen.
Betrachte nun für $f: V \longrightarrow V$ einen Eigenvektor $b_1 \neq 0$ zu dem Eigenwert λ_1. Sei U der von b_1 erzeugte Unterraum und V' ein Komplement von U in V. Erkläre $f': V' \longrightarrow V'$ als Komposition von $f|V': V' \longrightarrow V$ mit der Projektion $V = U + V' \longrightarrow V'$. Wir behaupten:

$$\chi_{f'}(t) = (t - \lambda_2) \cdot \ldots \cdot (t - \lambda_n).$$

In der Tat, ergänze b_1 durch eine Basis B' von V' zu einer Basis B von V. In der Matrix $\Phi_B \circ f \circ \Phi_B^{-1} = A = ((a_{ij}))$ lautet die erste Spalte $a_{i1} = \delta_{i1}\lambda_1$. Die erste Spalte von $(tE - A)$ lautet daher $\delta_{i1}(t - \lambda_1)$. Die zu dem (1,1)-Element $(t - \lambda_1)$ von $(tE - A)$ komplementäre $(n-1, n-1)$-Matrix $S_{11}(tE - A)$ ist die Matrix $(tE' - A')$, mit $A' = \Phi_{B'} \circ f \circ \Phi_{B'}^{-1}$ und $E' = (n-1, n-1)$-Einheitsmatrix. Daher gilt

$$\chi_f(t) = \det(tE - A) = (t - \lambda_1)\det(tE' - A') = (t - \lambda_1)\chi_{f'}(t),$$

und hieraus folgt unsere Behauptung.
Wir können also nach Induktionsvoraussetzung für V' die Basis B' so wählen, daß $A' = \Phi_{B'} \circ f' \circ \Phi_{B'}^{-1}$ $(n-1, n-1)$-Dreiecksmatrix ist. Daher ist dann $A = \Phi_B \circ f \circ \Phi_B^{-1}$ ebenfalls eine Dreiecksmatrix. □

5.4 Die Jordan-Normalform

Wir zeigen, daß für jede lineare Abbildung $f: V \longrightarrow V$, für die das charakteristische Polynom $\chi_f(t)$ vollständig in Linearfaktoren zerfällt, eine ausgezeichnete Matrixdarstellung existiert. Diese sogenannte Jordan-Normalform ist innerhalb jeder Klasse konjugierter Matrizen eindeutig festgelegt und kann daher zur Charakterisierung dieser Klassen dienen. Da wir den Fall, daß die Nullstellen von $\chi_f(t)$ eine Multiplizität > 1 haben, nicht ausschließen, ist der folgende Begriff wichtig:

Definition 5.4.1 *Sei λ Eigenwert von $f: V \longrightarrow V$. Setze $V_f(\lambda) = \{x \in V;$ es gibt $m \geq 0$ mit $(f - \lambda)^m(x) = 0\}$. Hier steht $f - \lambda$ für $f - \lambda\,\mathrm{id}$.*
$V_f(\lambda)$ heißt verallgemeinerter Eigenraum von λ, die Elemente von $V_f(\lambda)$ heißen verallgemeinerte Eigenvektoren.

Bemerkung 5.4.2 $V_f(\lambda)$ *enthält die Eigenvektoren von f zum Eigenwert λ, also $V_f(\lambda) \neq \{0\}$.*

Satz 5.4.3 *Sei $V_f(\lambda)$ erklärt wie in 5.4.1.*

1. $V_f(\lambda)$ *ist Unterraum von V.*
2. $V_f(\lambda)$ *ist invariant unter f, d. h., $f(V_f(\lambda)) \subset V_f(\lambda)$.*
3. *Seien $x_i = (f - \lambda)^i(x), 0 \leq i \leq m-1$, Vektoren $\neq 0$ mit $x_m = (f - \lambda)^m(x) = 0$. Dann sind die $x_0, \ldots, x_{m-1}$ linear unabhängig. Es folgt, daß in $V_f(\lambda)$ jeder Vektor von $(f - \lambda)^n$, $n = \dim V$, annulliert wird.*

Beweis: Zu 1.: Aus $(f-\lambda)^k(x) = 0, (f-\lambda)^{k'}(x') = 0$ folgt $(f-\lambda)^{k+k'}(ax+a'x') = 0$.
Zu 2.: Wenn $(f - \lambda)^m(x) = 0$, so $(f - \lambda)^m f(x) = f(f - \lambda)^m(x) = 0$.
Zu 3.: Betrachte eine Relation

$$\sum_{i=0}^{m-1} \alpha_i (f - \lambda)^i(x) = 0.$$

Wende hierauf $(f - \lambda)^{m-1}$ an. Dann folgt

$$\alpha_0 (f - \lambda)^{m-1}(x) = \alpha_0 x_{m-1} = 0, \quad \text{also } \alpha_0 = 0.$$

Anwendung von $(f - \lambda)^{m-2}$ liefert $\alpha_1 = 0$ usw.. □

Definition 5.4.4 *Unter einer* Jordanmatrix $J_m(\lambda) \in M_K(m, m)$ *(zum Element $\lambda \in K$) verstehen wir eine Matrix der Form*

$$\begin{pmatrix} \lambda & 1 & \cdots \\ 0 & \lambda & \cdots \\ \cdots\cdots & & 1 \\ 0 & \cdots & 0 & \lambda \end{pmatrix}.$$

$J_m(\lambda)$ *ist also eine obere Dreiecksmatrix mit $\alpha_{ii} = \lambda, \alpha_{ii+1} = 1, \alpha_{ij} = 0$ für $j > i+1$.*

Die Bedeutung der Jordanmatrix beruht auf dem folgenden

Lemma 5.4.5 *Sei $f: V \longrightarrow V$ linear mit nur einem einzigen Eigenwert λ der Vielfachheit $\dim V$. Dann besitzt f eine Koordinatendarstellung $\Phi_B \circ f \circ \Phi_B^{-1}$, deren Matrix aus r Jordanmatrizen $J_{q_j}(\lambda), 1 \leq j \leq r$, längs der Diagonalen aufgebaut ist. Hier ist $\sum_j q_j = n = \dim V$, r ist ein Wert zwischen 1 und n, und wir können $q_1 \geq \cdots \geq q_r$ annehmen.*

5.4 Die Jordan-Normalform

Bemerkungen 5.4.6 1. Wenn f nur einen einzigen Eigenwert der Vielfachheit $\dim V$ besitzt, so ist $\chi_f(t) = (t-\lambda)^n$. Nach 5.3.3 ist dann also $(f-\lambda)^n = 0$, d. h., $V = V_f(\lambda)$.

2. Eine Jordanmatrix $J_1(\lambda)$ ist die $(1,1)$-Matrix mit dem Eigenwert λ. Falls also $r = n$, so ist f durch die skalare Matrix λE_n dargestellt. Im anderen Extremfall, wo $r = 1$, ist $\Phi_B \circ f \circ \Phi_B^{-1} = J_n(\lambda)$.

Beweis: Es gibt ein kleinstes $m_1, 1 \leq m_1 \leq n$, mit $(f-\lambda)^{m_1} = 0$. Betrachte den Unterraum $(f-\lambda)^{m_1-1}(V) = U \neq \{0\}$. U besteht aus Eigenvektoren von f. Wähle für U eine Basis der Form $\{(f-\lambda)^{m_1-1}(d_1), \ldots, (f-\lambda)^{m_1-1}(d_{k_1})\}$. Jedem dieser d_j ordnen wir die m_1 Elemente

$$d_{j,i} = (f-\lambda)^{m_1-i}(d_j), \quad 1 \leq i \leq m_1,$$

zu. Nach 5.4.3, 3. sind die Mengen $D_j = \{d_{j,1}, \ldots, d_{j,m_1} = d_j\}, 1 \leq j \leq k_1$, frei. Ferner gilt

$$\begin{aligned} f(d_{j,i}) &= f(f-\lambda)^{m_1-i}(d_j) \\ &= (f-\lambda)^{m_1-i+1}(d_j) + \lambda(f-\lambda)^{m_1-i}(d_j) = d_{j,i-1} + \lambda d_{j,i}, \end{aligned}$$

wobei wir $d_{j,0}$ als 0 definieren. Das heißt: Der von D_j erzeugte Unterraum U_j wird unter f in sich abgebildet. $f|U_j$ besitzt bezüglich der Basis D_j als Koordinatendarstellung die Jordanmatrix $J_{m_1}(\lambda)$. Die Vereinigung E_1 der freien Mengen $D_j, 1 \leq j \leq k_1$ ist frei. Um das zu sehen, betrachten wir eine Relation der Form

$$\sum_{j,i} \alpha_{ji} d_{j,i} = 0.$$

Wende auf diese Relation $(f-\lambda)^{m_1-1}$ an. Dann wird daraus

$$\sum_j \alpha_{jm_1} d_{j,m_1} = \sum_j \alpha_{jm_1}(f-\lambda)^{m_1-1}(d_j) = 0, \quad \text{also } \alpha_{jm_1} = 0.$$

Anwendung von $(f-\lambda)^{m_1-2}$ liefert $\alpha_{jm_1-1} = 0$, und so fort. Es folgt, daß die Unterräume $U_1, \ldots, U_{k_1}$ einen $(k_1 m_1)$-dimensionalen Unterraum V_1 erzeugen, der unter f in sich übergeführt wird. Die Koordinatendarstellung von $f|V_1$ bezüglich der Basis E_1 von V_1 besteht aus k_1 Jordanmatrizen $J_{m_1}(\lambda)$.

Sei jetzt $V_1 \neq V$. Das bedeutet: Es gibt ein $m_2, 1 \leq m_2 < m_1$, so daß $(f-\lambda)^{m_2-1}(V_1) \neq (f-\lambda)^{m_2-1}(V)$. m_2 sei maximal mit dieser Eigenschaft. Ergänze die von den

$$\{(f-\lambda)^{m_2-1}(d_{j,i}) = (f-\lambda)^{m_1-i+m_2-1}(d_j), m_2 \leq i \leq m_1, 1 \leq j \leq k_1\}$$

gebildete Basis von $(f-\lambda)^{m_2-1}(V_1)$ durch $\{(f-\lambda)^{m_2-1}(d_{k_1+1}), \ldots, (f-\lambda)^{m_2-1}(d_{k_1+k_2})\}$ zu einer Basis von $(f-\lambda)^{m_2-1}(V)$. Wie oben ordnen wir jedem der d_{k_1+j} die m_2 Elemente

$$d_{k_1+j,i} = (f-\lambda)^{m_2-i}(d_{k_1+j}), \quad 1 \leq i \leq m_2,$$

zu. Die Mengen

$$D_{k_1+j} = \{d_{k_1+j,1}, \ldots, d_{k_1+j,m_2} = d_{k+j}\}, \quad 1 \leq j \leq k_2,$$

sind frei. Bezeichne mit U_{k_1+j} den von D_{k_1+j} erzeugten Raum. Wie oben zeigt man, daß die Vereinigung E_2 der $D_{k_1+j}, 1 \leq j \leq k_2$ frei ist. Daher ist E_2 eine Basis für das Erzeugnis V_2 der $U_{k_1+j}, 1 \leq j \leq k_2$. $f|V_2$ besitzt bezüglich E_2 die Koordinatendarstellung mit k_2 Jordanmatrizen $J_{m_2}(\lambda)$ längs der Diagonalen.
Daß die Vereinigung $E_1 \cup E_2$ frei ist, folgt ebenso wie oben die Freiheit von E_1 unter Verwendung von Abbildungen der Art $(f - \lambda)^{m_2-1-i}, 0 \leq i \leq m_2 - 1$. Damit ist dann $E_1 \cup E_2$ eine Basis für $V_1 + V_2$ und $f|V_1 + V_2$ hat bezüglich $E_1 \cup E_2$ die im Theorem geforderte Koordinatendarstellung durch Jordanmatrizen.
Wenn $V_1 + V_2 \neq V$, so fahren wir fort, ein V_3 zu konstruieren, ausgehend von einem $m_3 < m_2$ mit $(f - \lambda)^{m_3-1}(V_1 + V_2) \neq (f - \lambda)^{m_3-1}(V), m_3$ maximal mit dieser Eigenschaft. Nach endlich vielen Schritten kommen wir zu einer Zerlegung $V = V_1 + \cdots + V_p$. □

Bemerkung 5.4.7 Im Laufe des Beweises haben wir der Abbildung $f: V \longrightarrow V$ einige ganze Zahlen zugeordnet: Die Zahlen $m_1 > \cdots > m_p$, welche die Größe der Jordanmatrix in der Matrixdarstellung von f angeben. Und die Zahlen $k_1, \ldots, k_p$, welche die Anzahl dieser Matrizen beschreiben. Beachte: $m_1 k_1 + \cdots + m_p k_p = n$. Falls also $m_1 = 1$, so $k_1 = n, p = 1$. Falls $m_1 = n$, so $k_1 = 1, p = 1$.

Das Gegenstück zu 5.2.9 für den Fall, daß das charakteristische Polynom Nullstellen mit einer Multiplizität > 1 besitzt, lautet:

Theorem 5.4.8 *Sei $f: V \longrightarrow V$ linear und*

$$\chi_f(t) = (t - \mu_1)^{m_1} \cdot \ldots \cdot (t - \mu_r)^{m_r},$$

mit paarweise verschiedenen $\{\mu_1, \ldots, \mu_r\}$. Seien $V_f(\mu_j) = $ (kurz) $V(\mu_j)$ die verallgemeinerten Eigenräume, $1 \leq j \leq r$. Dann ist

$$V = V(\mu_1) \oplus \cdots \oplus V(\mu_r).$$

Bemerkung 5.4.9 In der letzten Formel bezeichnet $\oplus$ die direkte Summe, vgl. 2.1.9. Dies ist gleichwertig mit $V(\mu_j) \cap \sum_{k \neq j} V(\mu_k) = \{0\}$, für $j = 1, \ldots, r$.

Beweis: Für $s = 0, 1, \ldots$ setze $\{x \in V; (f - \mu_i)^s(x) = 0\} = V_s(\mu_i)$. Also $V_0(\mu_i) = \{0\}, V_1(\mu_i)$ der Raum der Eigenvektoren zum Eigenwert μ_i und $V_s(\mu_i) = V(\mu_i)$ für s genügend groß, etwa $s = \dim V$. Angenommen wir wissen schon, daß die Summe $\sum_{i=1}^r V_{s-1}(\mu_i)$ direkt ist. Für $s = 1$ ist dies klar. Sei bereits gezeigt, daß

$$V_s(\mu_1) \oplus \cdots \oplus V_s(\mu_{t-1}) \oplus V_{s-k}(\mu_t), \quad \text{mit einem } k, 0 \leq s - k < s.$$

Für $t = 1$ ist dies sicherlich richtig. Wenn $b_i \in V_s(\mu_i), 1 \leq i \leq t - 1, b_t \in V_{s-k+1}(\mu_t)$, so folgt aus $\sum_{i \leq t} b_i = 0$ durch Anwendung von $(f - \mu_t)$

$$0 = \sum_{i \leq t-1} (f - \mu_t)(b_i) + (f - \mu_t)(b_t) \in \bigoplus_{i \leq t-1} V_s(\mu_i) \oplus V_{s-k}(\mu_t).$$

5.4 Die Jordan-Normalform

Also $b_i = 0$ für $i \leq t-1$ und damit auch $b_t = 0$. Durch Induktion über k und t finden wir damit, daß auch $\sum_{i=1}^{r} V_s(\mu_i)$ direkt ist.

Es bleibt zu zeigen, daß die direkte Summe U der $V(\mu_j), 1 \leq j \leq r$, ganz V ist. Wir leiten einen Widerspruch her aus der Annahme, daß ein Komplement V' von U in V ungleich $\{0\}$ ist.

Ähnlich wie im Beweis von 5.3.6 betrachten wir die Abbildung $f': V' \longrightarrow V'$, welche sich aus der Komposition von $f|V': V' \longrightarrow V = U + V'$ mit der Projektion $U + V' \longrightarrow V'$ ergibt. Unser erstes Ziel ist es, zu zeigen, daß $\chi_{f'}(t)$ ein Teiler von $\chi_f(t)$ ist.

Zu diesem Zweck bemerken wir, daß gemäß 5.4.5 jedes der $V(\mu_j)$ eine Basis besitzt, bezüglich derer $f|V(\mu_j)$ durch eine Kette von Jordanmatrizen $J_*(\mu_j)$ längs der Diagonalen dargestellt wird.

Setze $\dim V(\mu_j) = m'_j$. Ergänze die dadurch für U bestimmte Basis B_U durch eine Basis B' von V' zu einer Basis B von V. Die Matrixdarstellung von f bezüglich B ist auf dem B_U entsprechenden Teil eine Dreiecksmatrix. Damit liest man für $\chi_f(t)$ den Ausdruck

$$\chi_f(t) = (t-\mu_1)^{m'_1} \cdot \ldots \cdot (t-\mu_r)^{m'_r} \chi_{f'}(t)$$

ab. Also besteht $\chi_{f'}(t)$ aus einem Produkt von Potenzen der Form $(t-\mu_j)^{m_j - m'_j}$ mit $m_j - m'_j \neq 0$ für wenigstens ein j. Betrachte ein solches j. f' besitzt also in V' einen Eigenraum $U' \neq 0$ zum Eigenwert μ_j. Das heißt

$$(f - \mu_j)(U') = \sum_{k=1}^{r} U_k \subset U \text{ mit } U_k \subset V(\mu_k).$$

Da für $k \neq j$ $(f - \mu_j)|V(\mu_k): V(\mu_k) \longrightarrow V(\mu_k)$ nur den Eigenwert $\mu_k - \mu_j \neq 0$ besitzt, ist diese Abbildung invertierbar. Wir können also für $k \neq j$ $U_k = (f - \mu_j)(W_k), W_k \subset V(\mu_k)$, schreiben. Setze

$$U' - \sum_{k \neq j} W_k = U''.$$

Dann ist $(f - \mu_j)(U'') = U_j \subset V(\mu_j)$, also $U'' \subset V(\mu_j)$ und damit $U' \subset U$, ein Widerspruch. □

Wir können jetzt das Hauptresultat über Normalformen linearer Abbildungen formulieren. Es liefert zugleich eine Klassifizierung der Konjugationsklassen in $M_K(n,n)$, vorausgesetzt, daß die charakteristischen Polynome stets in Linearfaktoren zerfallen. Wie wir in 5.2.8, 2. bemerkten, gilt dieses insbesondere für $K = \mathbb{C}$.

Theorem 5.4.10 1. *Sei $f: V \longrightarrow V$ linear und $\chi_f(t)$ besitze die Darstellung*

$$\chi_f(t) = (t-\mu_1)^{m_1} \cdot \ldots \cdot (t-\mu_r)^{m_r}$$

mit paarweise verschiedenen Eigenwerten $\{\mu_1, \ldots, \mu_r\}$.
Dann ist V direkte Summe der f-invarianten Unterräume $V_f(\mu_j)$:

$$V = V_f(\mu_1) \oplus \cdots \oplus V_f(\mu_r).$$

Jedes der $V_f(\mu_j)$ besitzt eine Basis B_j, so daß $\Phi_{B_j} \circ f|V_f(\mu_j) \circ \Phi_{B_j}^{-1}$ aus Jordanmatrizen $J_*(\mu_j)$ längs der Diagonalen gebildet wird.

2. Sei $A \in M_K(n,n)$ und

$$\chi_A(t) = (t-\mu_1)^{m_1} \cdot \ldots \cdot (t-\mu_r)^{m_r}$$

mit paarweise verschiedenen $\{\mu_1, \ldots, \mu_r\}$. Dann ist A konjugiert zu einer Matrix der Form

$$\begin{pmatrix} A(\mu_1) & 0 & \cdots & 0 \\ 0 & A(\mu_2) & \cdots & 0 \\ \vdots & \vdots & \ddots & \vdots \\ 0 & 0 & \cdots & A(\mu_r) \end{pmatrix}.$$

Hier ist $A(\mu_j)$ eine (m_j, m_j)-Matrix, welche aus Jordanmatrizen des Typs $J_*(\mu_j)$ längs der Diagonalen aufgebaut ist. Dies ist die sogenannte Jordan-Normalform von A. In jeder der obigen Teilmatrizen $A(\mu_j)$ seien die Jordanmatrizen $J_m(\mu_j)$ mit abnehmendem m angeordnet.

Ergänzung 5.4.11 *Jede der Matrizen $A(\mu_j)$ ist festgelegt durch die Zahlenpaare $(m_{j,1}, k_{j,1}), \ldots, (m_{j,p_j}, k_{j,p_j})$. Hier ist $k_{j,i}$ die Anzahl der Jordanmatrizen $J_{m_{j,i}}(\mu_j)$. Dabei muß $\sum_i m_{j,i} k_{j,i} = m_j$ gelten und $m_{j,1} > \cdots > m_{j,p_j}$.*
Zwei Matrizen A und A' in $M_K(n,n)$ mit in Linearfaktoren zerfallenden charakteristischen Polynomen sind dann und nur dann konjugiert, wenn sie dieselbe Jordan-Normalform gestatten.

Beweis: Die Zerlegung von V in $V(\mu_j)$ wurde in 5.4.8 bewiesen. Für die Existenz einer Darstellung von $f|V(\mu_j)$ durch eine Matrix in Jordan-Normalform siehe 5.4.5. 5.4.7 zeigt, wie die $A(\mu_j)$ bei gegebenen μ_j durch die Zahlenpaare $\{(m_{j,i}, k_{j,i}), 1 \leq i \leq p_j\}$ bestimmt sind. □

Beispiel 5.4.12

$$A = \begin{pmatrix} 6 & 5 & -4 & -\frac{11}{3} \\ 2 & 3 & -2 & -\frac{4}{3} \\ 1 & 1 & 0 & -\frac{2}{3} \\ 6 & 6 & -6 & -3 \end{pmatrix}.$$

$\chi_A(t) = (t-1)^2(t-2)^2$. Also besteht die Jordan-Normalform aus zwei $(2,2)$-Matrizen $A(1), A(2)$, wo die $A(i)$ durch $J_m(i)$ gebildet sind, $m=1$ oder 2.
Für den Eigenwert $\lambda = 1$ findet man $\mathrm{rg}\,(E-A) = 2$, also gibt es zwei linear unabhängige Eigenvektoren zu $\lambda = 1$, d. h.

$$A(1) = \begin{pmatrix} 1 & 0 \\ 0 & 1 \end{pmatrix}.$$

Für den Eigenwert $\mu = 2$ findet man $\mathrm{rg}\,(2E-A) = 3$. Der Eigenraum zu $\mu = 2$ ist also 1-dimensional, d. h.,

$$A(2) = \begin{pmatrix} 2 & 1 \\ 0 & 2 \end{pmatrix}.$$

5.5 Lineare Differentialgleichungssysteme mit konstanten Koeffizienten (komplexer Fall)

Wir beschreiben mit der Jordan-Normalform die Lösung eines Systems linearer Differentialgleichungen 1. Ordnung mit konstanten Koeffizienten. Dabei verwenden wir für die Körper $\mathbb{R}$ und $\mathbb{C}$ die gemeinsame Bezeichnung K.

Definition 5.5.1 *Unter einem System von n linearen Differentialgleichungen 1. Ordnung mit konstanten Koeffizienten verstehen wir einen Ausdruck der Form*

(5.4) $$\dot{y}_j(t) = \sum_{i=1}^{n} a_{ji} y_i(t), \quad 1 \leq j \leq n,$$

mit $A = ((a_{ij})) \in M_K(n,n)$. Wir schreiben hierfür auch

(5.5) $$\dot{y}(t) = A(y(t)) \quad \text{oder kurz} \quad \dot{y} = A(y).$$

Unter einer Lösung *eines solchen Systems verstehen wir eine differenzierbare Funktion $y: t \in \mathbb{R} \longmapsto y(t) = (y_1(t), \ldots, y_n(t)) \in K^n$, so daß (5.4) erfüllt ist.*

Satz 5.5.2 *Die Menge $\mathcal{L} = \mathcal{L}(\dot{y} = A(y))$ der Lösungen von $\dot{y} = A(y)$ bildet einen Unterraum des Vektorraums $\mathcal{C}(\mathbb{R}; K^n)$ der stetigen Abbildungen $c: \mathbb{R} \longrightarrow K^n$.*

Beweis: Daß die Menge $\mathcal{C}(\mathbb{R}; K^n)$ einen Vektorraum bildet unter der Addition $(c+c')(t) = c(t)+c'(t)$ und der Multiplikation mit einem Skalar: $(\alpha c)(t) = \alpha c(t)$, folgt ebenso wie in 3.2.2, 2.. Wir brauchen also für $\mathcal{L}$ nur das Unterraumkriterium zu verifizieren: Aus $\dot{y} = A(y), \dot{y}' = A(y')$ folgt $(y - y')\dot{} = \dot{y} - \dot{y}' = A(y) - A(y') = A(y - y')$ und $(\alpha y)\dot{} = \alpha \dot{y} = \alpha A(y) = A(\alpha y)$. □

Lemma 5.5.3 *Seien A und B konjugierte (n,n)-Matrizen: $B = TAT^{-1}$. Dann stehen die Lösungen von $\dot{y} = A(y)$ und $\dot{z} = B(z)$ in der Beziehung $y(t) = T^{-1}(z(t))$. Genauer:*

(5.6) $$T^{-1}: z(t) \in \mathcal{L}(\dot{z} = B(z)) \longmapsto y(t) = T^{-1}(z(t)) \in \mathcal{L}(\dot{y} = A(y))$$

ist ein Isomorphismus.

Beweis: $T^{-1}: K^n \longrightarrow K^n$ ist ein linearer Isomorphismus. Daher ist auch $T^{-1}: \mathcal{L}(\dot{z} = B(z)) \longrightarrow \mathcal{C}(\mathbb{R}; K^n)$ linear. Daß die Bilder gerade $\mathcal{L}(\dot{y} = A(y))$ ausmachen, folgt aus

$$\dot{z} = B(z(t)) \iff T^{-1}(\dot{z}(t)) = (T^{-1}(B(z(t))) = (T^{-1}BT)(T^{-1}(z(t))).$$

□

Theorem 5.5.4 *Sei $B = ((b_{ij})) = ((\delta_{ij}\lambda_j))$ Diagonalmatrix. Dann sind die Lösungen $z(t) \in \mathcal{L} = \mathcal{L}(\dot{z} = B(z))$ von der Form*

$$z(t) = (b_1 e^{\lambda_1 t}, \ldots, b_n e^{\lambda_n t})$$

mit beliebigem $b = (b_1, \ldots, b_n) \in K^n$. *Für jedes* $t_0 \in \mathbb{R}$ *ist die Abbildung*

$$ev_{t_0} : z(t) \in \mathcal{L}(\dot{z} = B(z)) \longmapsto z(t_0) \in K^n$$

(vgl. 3.3.3, 2.) eine lineare Bijektion. Insbesondere ist $\dim \mathcal{L} = n$.

Beweis: $\dot{z}_j(t) = \lambda_j z_j(t)$ ist gleichwertig mit $(e^{-\lambda_j t} z_j(t))^{\cdot} = 0$, d. h., $e^{-\lambda_j t} z_j(t) = b_j = const.$. Für jedes $t_0 \in \mathbb{R}$ stellt $z_j(t_0) = e^{\lambda_j t_0} b_j$ ein LGS für $b_1, \ldots, b_n$ mit nicht-verschwindender Determinante dar. D.h., $b \in K^n \longmapsto z(t) \in \mathcal{L} \longmapsto z(t_0) \in K^n$ sind lineare Isomorphismen. □

Beispiel 5.5.5

$$\begin{pmatrix} \dot{y}_1(t) \\ \dot{y}_2(t) \\ \dot{y}_3(t) \end{pmatrix} = \begin{pmatrix} 1 & 0 & 0 \\ 1 & 2 & 0 \\ 1 & 0 & -1 \end{pmatrix} \begin{pmatrix} y_1(t) \\ y_2(t) \\ y_3(t) \end{pmatrix}$$

Die hier auftretende Matrix A ist konjugiert zu einer Diagonalmatrix B:

$$\begin{pmatrix} 1 & 0 & 0 \\ 1 & 2 & 0 \\ 1 & 0 & -1 \end{pmatrix} = \begin{pmatrix} 2 & 0 & 0 \\ -2 & 1 & 0 \\ 1 & 0 & 1 \end{pmatrix} \begin{pmatrix} 1 & 0 & 0 \\ 0 & 2 & 0 \\ 0 & 0 & -1 \end{pmatrix} \begin{pmatrix} 2 & 0 & 0 \\ -2 & 1 & 0 \\ 1 & 0 & 1 \end{pmatrix}^{-1}.$$

Aus der allgemeinen Lösung von $\dot{z}(t) = B(z(t)), (z_1(t), z_2(t), z_3(t)) = (b_1 e^t, b_2 e^{2t}, b_3 e^{-t})$, ergibt sich die allgemeine Lösung von $\dot{y}(t) = A(y(t))$ zu

$$\begin{pmatrix} y_1(t) \\ y_2(t) \\ y_3(t) \end{pmatrix} = \begin{pmatrix} 2 & 0 & 0 \\ -2 & 1 & 0 \\ 1 & 0 & 1 \end{pmatrix} \begin{pmatrix} z_1(t) \\ z_2(t) \\ z_3(t) \end{pmatrix} = \begin{pmatrix} 2b_1 e^t \\ -2b_1 e^t + b_2 e^{2t} \\ b_1 e^t + b_3 e^{-t} \end{pmatrix}.$$

Als Vorbereitung für den allgemeinen Fall zeigen wir:

Lemma 5.5.6 *Betrachte das System* $\dot{w}(t) = J_n(\mu)(w(t))$. *Die allgemeine Lösung dieses Systems ist dann von der Form*

$$w_j(t) = p^{(j-1)}(t) e^{\mu t}, \quad 1 \le j \le n.$$

Hier ist $p(t) = \sum_{i=0}^{n-1} a_i \frac{t^i}{i!}$ *ein beliebiges Polynom vom Grade* $\le n-1$, *und* $p^{(j-1)}(t)$ *bezeichnet die* $(j-1)$*-te Ableitung. Für jedes* $t_0 \in \mathbb{R}$ *ist*

$$w(t) \in \mathcal{L} = \mathcal{L}(\dot{w} = J_n(\mu)(w)) \longmapsto w(t_0) \in K^n$$

eine lineare Bijektion. Insbesondere ist $\dim \mathcal{L} = n$.

Beweis: Die Differentialgleichung ist äquivalent zu den n Gleichungen

$$\begin{aligned} (e^{-\mu t} w_j(t))^{\cdot} &= e^{-\mu t} w_{j+1}(t), \quad 1 \le j \le n-1, \\ (e^{-\mu t} w_n(t))^{\cdot} &= 0. \end{aligned}$$

Also ist die n-te Ableitung von $e^{-\mu t} w_1(t)$ gleich Null, d. h., $w_1(t) = p(t) e^{\mu t}$ mit $p(t)$ ein Polynom vom Grade $\le n-1$. Für jedes $t_0 \in \mathbb{R}$ stellt $w_j(t_0) = p^{j-1}(t_0) e^{\mu t_0}, 1 \le j \le n$, ein LGS für die Koeffizienten $a_0, \ldots, a_{n-1}$ von $p(t)$ mit nicht-verschwindender Determinante dar. □

Beispiel 5.5.7 Im Falle $J_m(\mu) = J_2(1)$ ist $w_1(t) = (a_1 + a_2 t)e^t, w_2(t) = a_2 e^t$ die allgemeine Lösung.

Die Zusammenfassung des Vorstehenden liefert das

Theorem 5.5.8 *Betrachte $\dot{y}(t) = A(y(t)), A \in M_{\mathbb{C}}(n,n)$. A ist konjugiert zu einer Matrix B in der Jordan-Normalform 5.4.10: $B = TAT^{-1}$. Die allgemeine Lösung $y(t)$ ist dann von der Form $y(t) = T^{-1}(z(t))$, wo $z(t)$ die allgemeine Lösung von $\dot{z}(t) = B(z(t))$ ist.*

Ein solches $z(t)$ läßt sich schreiben als Summe von Lösungen der Differentialgleichungen $\dot{w}(t) = J_m(\mu_j)(w(t))$ vom Typ 5.5.6, wobei $J_m(\mu_j)$ die Jordanmatrizen längs der Diagonalen von B durchläuft. Für jedes $t_0 \in \mathbb{R}$ ist

$$y \in \mathcal{L} = \mathcal{L}(\dot{y} = A(y)) \longmapsto y(t_0) \in \mathbb{C}^n$$

eine lineare Bijektion. Insbesondere $\dim \mathcal{L} = n$. □

5.6 Die Jordan-Normalform über $\mathbb{R}$

Das charakteristische Polynom $\chi_A(t)$ einer Matrix $A \in M_{\mathbb{R}}(n,n)$ braucht nicht vollständig in Linearfaktoren zu zerfallen, vgl. 5.1.3. Wir wissen jedoch aus 5.2.8, 3., daß $\chi_A(t)$ jedenfalls in lineare und quadratische Faktoren zerfällt. Diesen Umstand benutzen wir, um auch für reelle Matrizen eine Normalform herzuleiten, analog der Jordan-Normalform 5.4.10.

Wir beginnen mit einem Satz über die *komplexe Erweiterung $V_{\mathbb{C}}$* eines $\mathbb{R}$-*Vektorraums V*:

Satz 5.6.1 1. *Sei V ein Vektorraum über $\mathbb{R}$. Dann bestimmt V einen Vektorraum $V_{\mathbb{C}}$ über $\mathbb{C}$ wie folgt: Die Elemente von $V_{\mathbb{C}}$ sind von der Form $z = x+\mathrm{i}y$, x und y aus V. Die Addition zweier Elemente $z = x+\mathrm{i}y$, $z' = x'+\mathrm{i}y'$ aus $V_{\mathbb{C}}$ und die Multiplikation mit einem Skalar $\gamma = \alpha+\mathrm{i}\beta \in \mathbb{C}$ sind erklärt durch*

$$z + z' = (x + x') + \mathrm{i}(y + y'); \quad \gamma z = (\alpha x - \beta y) + \mathrm{i}(\alpha y + \beta x).$$

2. *$V_{\mathbb{C}}$ kann auch als Vektorraum über $\mathbb{R}$ betrachtet werden, indem man die Multiplikation mit Skalaren auf den Körper $\mathbb{R} \subset \mathbb{C}$ einschränkt. Die Abbildung $x \in V \longmapsto x+\mathrm{i}0 \in V_{\mathbb{C}}$ ist eine injektive $\mathbb{R}$-lineare Abbildung von V in den $\mathbb{R}$-Vektorraum $V_{\mathbb{C}}$. Wir identifizieren das Bild mit V. D.h., wir schreiben für ein $z = x+\mathrm{i}y \in V_{\mathbb{C}}$ mit $y = 0$ auch einfach x.*
3. *Auf $V_{\mathbb{C}}$ ist die Abbildung* komplexe Konjugation *erklärt durch*

$$(^-): V_{\mathbb{C}} \longrightarrow V_{\mathbb{C}}; \quad z = x + \mathrm{i}y \longmapsto \bar{z} = x - \mathrm{i}y.$$

$(^-) \circ (^-) = \mathrm{id}$. $(^-)$ *ist ein Isomorphismus von $V_{\mathbb{C}}$ als $\mathbb{R}$-Vektorraum. Der Unterraum $V \subset V_{\mathbb{C}}$ besteht gerade aus den Festelementen von $(^-)$, d. h., $z \in V \Longleftrightarrow \bar{z} = z$.*

4. *Eine Basis B von V ist auch eine Basis des $\mathbb{C}$-Vektorraums $V_\mathbb{C}$. Eine Basis des $\mathbb{R}$-Vektorraums $V_\mathbb{C}$ ist durch $B \cup iB$ gegeben.*
5. *Zu einer linearen Abbildung $f : V \longrightarrow V$ erkläre die Erweiterung $f_\mathbb{C}$: $V_\mathbb{C} \longrightarrow V_\mathbb{C}$ durch $f_\mathbb{C}(x+iy) = f(x)+if(y)$. Also $f_\mathbb{C}|V = f$. $f_\mathbb{C}$ ist linear und $\overline{f_\mathbb{C}(z)} = f_\mathbb{C}(\bar{z})$.*

Beweis: Daß für $V_\mathbb{C}$ die Vektorraumaxiome 2.1.1 gelten, ist sofort zu verifizieren. Ebenso sind die Bedingungen aus 2. und 3. klar. Zum Beweis von 4. bemerken wir: Aus

$$x = \sum_b x_b b, \quad y = \sum_b y_b b \quad \text{folgt} \quad z = x + iy = \sum_b (x_b + iy_b)b, \quad b \in B.$$

Und eine Relation der Form $\sum_b \gamma_b b = 0$ mit $\gamma_b = \alpha_b + i\beta_b$ impliziert $\sum_b \alpha_b b = 0$ und $\sum_b \beta_b b = 0$, also $\alpha_b = \beta_b = \gamma_b = 0$.
Schließlich ergibt sich 5. aus

$$\begin{aligned} f_\mathbb{C}(\alpha z) &= \alpha f_\mathbb{C}(z), \quad f_\mathbb{C}(iz) = if_\mathbb{C}(z) \quad \text{sowie} \\ \overline{f_\mathbb{C}(z)} &= \overline{f_\mathbb{C}(x+iy)} = \overline{f(x)+if(y)} = f_\mathbb{C}(x-iy) = f_\mathbb{C}(\bar{z}). \end{aligned}$$

$\square$

Wir benötigen auch das folgende Resultat:

Satz 5.6.2 *Sei V ein 2m-dimensionaler reeller Vektorraum, $V_\mathbb{C}$ seine komplexe Erweiterung.*
Wenn $E = \{e_j, e_{m+j}, 1 \leq j \leq m\}$ eine Basis von V ist, so ist mit

$$d_j = \frac{(ie_j + e_{j+m})}{\sqrt{2}}; \quad \bar{d}_j = \frac{(-ie_j + e_{j+m})}{\sqrt{2}}, \quad 1 \leq j \leq m,$$

eine Basis $D = D(E)$ von $V_\mathbb{C}$ gegeben.
Umgekehrt bestimmt eine Basis D von $V_\mathbb{C}$ der Form

$$\{d_j, \bar{d}_j, 1 \leq j \leq m\}$$

eine reelle Basis $E = E(D)$ von $V_\mathbb{C}$ und damit eine Basis von V durch

$$e_j = \frac{(d_j - \bar{d}_j)}{i\sqrt{2}}; \quad e_{j+m} = \frac{(d_j + \bar{d}_j)}{\sqrt{2}}, \quad 1 \leq j \leq m.$$

Die Zuordnungen $E \longmapsto D(E), D \longmapsto E(D)$ entsprechen sich umkehrbar eindeutig. Die zugehörige Koordinatentransformation

$$T_E^D = \Phi_E \circ \Phi_D^{-1} : \mathbb{C}^{2m} \longrightarrow \mathbb{C}^{2m}$$

(vgl. 3.4.11) lautet

$$T_E^D = \frac{1}{\sqrt{2}} \begin{pmatrix} iE_m & -iE_m \\ E_m & E_m \end{pmatrix}, \quad T_E^{D^{-1}} = \frac{1}{\sqrt{2}} \begin{pmatrix} -iE_m & E_m \\ iE_m & E_m \end{pmatrix}.$$

5.6 Die Jordan-Normalform über $\mathbb{R}$

Damit wird die Matrix

$$\begin{pmatrix} J_m(\mu) & 0 \\ 0 & J_m(\bar{\mu}) \end{pmatrix}, \quad \mu = \alpha + i\beta,$$

in die Matrix

$$T_E^D \begin{pmatrix} J_m(\mu) & 0 \\ 0 & J_m(\bar{\mu}) \end{pmatrix} T_E^{D-1} = \begin{pmatrix} J_m(\alpha) & -\beta E_m \\ \beta E_m & J_m(\alpha) \end{pmatrix} = \quad (kurz) \quad J_{2m}(\alpha, \beta)$$

transformiert. Wir nennen $J_{2m}(\alpha, \beta)$ eine reelle Jordanmatrix.

Beweis: Die Behauptung ergibt sich durch einfaches Nachrechnen. □

Hiermit können wir nun die *reelle Jordan-Normalform* herleiten.

Theorem 5.6.3 *1. Sei V ein n-dimensionaler reeller Vektorraum, $f\colon V \longrightarrow V$ eine lineare Abbildung. Schreibe das charakteristische Polynom von f in der Form*

$$\chi_f(t) =$$
(5.7)
$$(t-\lambda_1)^{l_1} \cdot \ldots \cdot (t-\lambda_r)^{l_r}(t-\mu_1)^{m_1}(t-\bar{\mu}_1)^{m_1}$$
$$\cdot \ldots \cdot (t-\mu_s)^{m_s}(t-\bar{\mu}_s)^{m_s}.$$

Hier sind $\{\lambda_1, \ldots, \lambda_r\}$ die paarweise verschiedenen reellen Nullstellen und $\{\mu_1, \bar{\mu}_1, \ldots, \mu_s, \bar{\mu}_s\}$ die paarweise verschiedenen nicht-reellen Nullstellen, $\mu_j = \alpha_j + i\beta_j, \beta_j > 0$.
Dann besitzt V eine Zerlegung in f-invariante Unterräume der Gestalt

$$V = V(\lambda_1) \oplus \cdots \oplus V(\lambda_r) \oplus V(\mu_1, \bar{\mu}_1) \oplus V(\mu_s, \bar{\mu}_s).$$

Dieses ist eine direkte Summe, in der $V(\lambda_i) = V_f(\lambda_i)$ der verallgemeinerte Eigenraum zum Eigenwert λ_i ist, $\dim V_f(\lambda_i) = l_i$.
$V(\mu_j, \bar{\mu}_j)$ ist der reelle Unterraum in dem Raum $V_{\mathbb{C}}(\mu_j) \oplus V_{\mathbb{C}}(\bar{\mu}_j)$. Hier sind $V_{\mathbb{C}}(\mu_j)$ und $V_{\mathbb{C}}(\bar{\mu}_j)$ die verallgemeinerten Eigenräume zum Eigenwert μ_j bzw. $\bar{\mu}_j$ für die komplexe Erweiterung $f_{\mathbb{C}} : V_{\mathbb{C}} \longrightarrow V_{\mathbb{C}}$ von f. $\dim V(\mu_j, \bar{\mu}_j) = 2m_j$.
$f|V(\lambda_i)$ besitzt bezüglich einer geeigneten Basis eine Koordinatendarstellung durch eine Matrix $A(\lambda_i)$, welche aus Jordanmatrizen vom Typ $J_*(\lambda_i)$ längs der Diagonalen aufgebaut ist.
$f|V(\mu_j, \bar{\mu}_j)$ besitzt bezüglich einer geeigneten Basis eine Koordinatendarstellung durch eine Matrix $B(\mu_j, \bar{\mu}_j)$, welche aus reellen Jordanmatrizen vom Typ $J_*(\alpha_j, \beta_j)$ längs der Diagonalen aufgebaut ist.
2. Sei A eine reelle (n,n)-Matrix. Schreibe $\chi_A(t)$ in der obigen Form (5.7). A ist konjugiert zu einer Matrix B, welche aus Matrizen $A(\lambda_1), \ldots, A(\lambda_r), B(\mu_1, \bar{\mu}_1), \ldots, B(\mu_s, \bar{\mu}_s)$ längs der Diagonalen aufgebaut ist.

Ergänzung 5.6.4 1. *Zwei reelle (n,n)-Matrizen A und A' sind dann und nur dann konjugiert, wenn jede von ihnen konjugiert ist zu derselben in 5.6.3, 2. beschriebenen Normalform.*
2. *Eine Normalform ist durch folgende Daten festgelegt:*
   (a) *Die Nullstellen $\lambda_1, \ldots, \lambda_r, \mu_1, \bar{\mu}_1, \ldots, \mu_s, \bar{\mu}_s$ mit $\mu_j = \alpha_j + i\beta_j, \beta_j > 0$.*
   (b) *Für jedes $i, 1 \leq i \leq r$, durch Zahlenpaare $\{(m_{i,1}, k_{i,1}), \ldots, (m_{i,p_i}, k_{i,p_i})\}$ mit $m_{i,1} > \cdots > m_{i,p_i} \geq 1$, $\sum_{j=1}^{p_i} m_{i,j} k_{i,j} = l_i = $ Multiplizität von λ_i. Hier steht $m_{i,j}$ für die Jordanmatrix $J_{m_{i,j}}(\lambda_i)$, und $k_{i,j}$ gibt an, wie oft diese Matrix längs der Diagonalen auftritt.*
   (c) *Für jedes $j, 1 \leq j \leq s$, durch Zahlenpaare $\{(m'_{j,1}, k'_{j,1}), \ldots, (m'_{j,q_j}, k'_{j,q_j})\}$ mit $m'_{j,1} > \cdots > m'_{j,q_j} \geq 1$, $\sum_{i=1}^{q_j} m'_{j,i} k'_{j,i} = 2m_j = $ zwei Mal die Multiplizität von μ_j oder $\bar{\mu}_j$. Hier steht $m'_{j,i}$ für die reelle Jordanmatrix $J_{m'_{j,i}}(\alpha_i, \beta_i)$, und $k'_{j,i}$ gibt an, wie oft diese Matrix längs der Diagonalen auftritt.*

Beweis: 5.6.3 folgt aus 5.4.10 und 5.6.2: Wir betrachten die komplexe Erweiterung $f_\mathbb{C} : V_\mathbb{C} \longrightarrow V_\mathbb{C}$ von $f : V \longrightarrow V$ und leiten für $f_\mathbb{C}$ die Normalform 5.4.10 her. Mit jeder nicht-reellen Nullstelle $\mu_j = \alpha_j + i\beta_j$ von $\chi_f(t) = \chi_{f_\mathbb{C}}(t)$ tritt auch $\bar{\mu}_j$ als Nullstelle auf mit derselben Multiplizität m_j wie μ_j. Wir nehmen an: $\beta_j > 0$. In der Zerlegung von $V_\mathbb{C}$ in $f_\mathbb{C}$-invariante Unterräume haben wir also $V_\mathbb{C}(\mu_j)$ und $V_\mathbb{C}(\bar{\mu}_j)$, und bezüglich einer geeigneten Basis von $V_\mathbb{C}(\mu_j)$ besitzt $f_\mathbb{C} | V_\mathbb{C}(\mu_j)$ eine Darstellung durch eine Matrix, die aus Jordanmatrizen vom Typ $J_*(\mu_j)$ längs der Diagonalen aufgebaut ist.
Sei $J_m(\mu_j)$ eine solche Jordanmatrix. D.h., wir haben in $V_\mathbb{C}(\mu_j)$ einen $f_\mathbb{C}$-invarianten Unterraum und eine Basis $\{d_1, \ldots, d_m\}$, so daß

$$f_\mathbb{C}(d_j) = \mu_j d_j + d_{j-1} \quad \text{mit } d_0 = 0.$$

Da $f_\mathbb{C}$ reell ist, d. h., $\overline{f_\mathbb{C}(z)} = f_\mathbb{C}(\bar{z})$, gilt

$$f_\mathbb{C}(\bar{d}_j) = \bar{\mu}_j \bar{d}_j + \bar{d}_{j-1}.$$

Das heißt, $\{\bar{d}_1, \ldots, \bar{d}_m\}$ ist Basis für einen m-dimensionalen $f_\mathbb{C}$-invarianten Unterraum von $V_\mathbb{C}(\bar{\mu}_j)$, so daß $f_\mathbb{C}$ durch $J_m(\bar{\mu}_j)$ dargestellt wird. Der Raum $V_\mathbb{C}(\mu_j) + V_\mathbb{C}(\bar{\mu}_j)$ zerfällt also in $f_\mathbb{C}$-invariante Unterräume mit Basen vom Typ $D = \{d_1, \ldots, d_m, \bar{d}_1, \ldots, \bar{d}_m\}$, so daß $f_\mathbb{C}$, eingeschränkt auf diesen Unterraum, durch

$$\begin{pmatrix} J_m(\mu_j) & 0 \\ 0 & J_m(\bar{\mu}_j) \end{pmatrix}$$

dargestellt wird. Aus 5.6.2 wissen wir jedoch, daß auf dem reellen Unterraum dieses Unterraumes f bezüglich der durch D bestimmten reellen Basis $E = E(D)$, durch $J_{2m}(\alpha_j, \beta_j)$ dargestellt wird, mit $\mu_j = \alpha_j + i\beta_j$. Damit ist 1. bewiesen.
2. folgt aus 1., indem wir A als lineare Abbildung von $\mathbb{R}^n$ in $\mathbb{R}^n$ interpretieren.

□

Zum Beweis der Ergänzungen bemerken wir, daß jedenfalls die unter 5.6.4, 2. aufgeführten Daten (auch *Invarianten* genannt, da sie nur von den Konjugationsklassen abhängen), die Normalform festlegen.

Es bleibt zu zeigen, daß für zwei zueinander konjugierte Normalformen alle diese Daten übereinstimmen müssen. Dies folgt aber aus 5.4.11, da diese Daten den dort angegebenen Daten umkehrbar eindeutig entsprechen. □

Beispiel 5.6.5

$$A = \begin{pmatrix} 3 & -1 & 1 & -7 \\ 9 & -3 & -7 & -1 \\ 0 & 0 & 4 & -9 \\ 0 & 0 & 2 & -4 \end{pmatrix}.$$

$\chi_A(t) = t^2(t^2 + 2)$. Also ist $\lambda = 0$ die reelle Nullstelle mit Multiplizität 2, $\mu = i\sqrt{2}, \bar{\mu} = -i\sqrt{2}$ sind die nicht-reellen Nullstellen. Man zeigt, daß es zu $\lambda = 0$ nicht zwei linear unabhängige Eigenvektoren gibt. Daher ist A konjugiert zu einer Matrix mit $J_2(0)$ und $J_2(0, \sqrt{2})$ längs der Diagonalen.

5.7 Lineare Differentialgleichungssysteme mit konstanten Koeffizienten (reeller Fall)

Wir wenden die vorstehenden Resultate nun auf lineare Differentialgleichungssysteme mit reellen Koeffizienten an. Der einzige Unterschied zwischen der komplexen Normalform 5.4.10 und der reellen Normalform 5.6.3 ist, daß in der letzteren reelle Jordanmatrizen auftreten können. Wir beweisen daher zunächst für solche Matrizen das Gegenstück zu 5.5.6.

Satz 5.7.1 *Die allgemeine Lösung des Systems*

$$\dot{z}(t) = J_{2m}(\alpha, \beta)(z(t))$$

ist von der Form

$$\begin{aligned} z_j(t) &= -(r^{(j-1)}(t)\cos\beta t + q^{(j-1)}(t)\sin\beta t)e^{\alpha t} \\ z_{j+m}(t) &= (-r^{(j-1)}(t)\sin\beta t + q^{(j-1)}(t)\cos\beta t)e^{\alpha t}. \end{aligned}$$

Hier sind $q(t) = \sum_{k=0}^{m-1} a_k \frac{t^k}{k!}$, $r(t) = \sum_{k=0}^{m-1} b_k \frac{t^k}{k!}$ *(reelle) Polynome vom Grade* $\leq m-1$. *Für jedes* $t_0 \in \mathbb{R}$ *sind die* $2m$ *Koeffizienten dieser Polynome umkehrbar eindeutig linear durch die Werte* $z_j(t_0), z_{j+m}(t_0), 1 \leq j \leq m$, *bestimmt,* $\dim \mathcal{L} = 2m$.

Beweis: Aus 5.6.2 wissen wir, daß die reelle Jordanmatrix $J_{2m}(\alpha, \beta)$ konjugiert ist zu der komplexen $(2m, 2m)$-Matrix mit $J_m(\mu), J_m(\bar{\mu})$ längs der Diagonalen, $\mu = \alpha + i\beta, \beta \geq 0$. Für das Differentialgleichungssystem mit dieser Matrix kennen wir die Lösungen aus 5.5.8:

$$w_j(t) = p^{(j-1)}(t)e^{\mu t}; \quad \bar{w}_j(t) = \bar{p}^{(j-1)}(t)e^{\bar{\mu}t}.$$

Hier schreiben wir das Polynom $p(t)$ vom Grade $\leq m-1$ in der Form

$$p(t) = \sum_{k=0}^{m-1} \frac{1}{\sqrt{2}}(a_k + \mathrm{i}b_k)\frac{t^k}{k!}, \qquad \text{mit } a_k, b_k \text{ reell}.$$

Mit $e^{\mu t} = (\cos\beta t + \mathrm{i}\sin\beta t)e^{\alpha t}$ finden wir aus den komplexen Koordinaten $\{w_j(t), \bar{w}_j(t), 1 \leq j \leq m\}$ bezüglich einer Basis $D = \{d_j, \bar{d}_j, 1 \leq j \leq m\}$ wie in 5.6.2 die reellen Koordinaten $\{z_j(t), z_{j+m}(t), 1 \leq j \leq m\}$ bezüglich der zugehörigen reellen Basis $E = E(D)$, indem wir die komplexen Koordinaten mit der Matrix T_E^D transformieren. Also

$$z_j = \frac{(\mathrm{i}w_j - \mathrm{i}\bar{w}_j)}{\sqrt{2}}; \qquad z_{j+m} = \frac{(w_j + \bar{w}_j)}{\sqrt{2}}.$$

Dies liefert gerade die obigen Ausdrücke.
Die letzte Behauptung ergibt sich aus 5.5.8. □

Für allgemeine Differentialgleichungen haben wir jetzt das

Theorem 5.7.2 *Sei $\dot{y}(t) = A(y(t))$ ein Differentialgleichungssystem mit reeller (n,n)-Matrix A. Sei $B = TAT^{-1}$ die zu A konjugierte Matrix in der Normalform 5.6.3. Gemäß 5.5.3 genügt es, eine Lösung des Systems $\dot{z}(t) = B(z(t))$ zu beschreiben.*

Eine Lösung $z(t)$ ist nun Linearkombination von Lösungen von Systemen folgender Art: Für die reellen Eigenwerte $\{\lambda_1, \ldots, \lambda_r\}$ von $\chi_A(t) = \chi_B(t)$ sind es Systeme des Typs $\dot{z}(t) = J_m(\lambda_i)(z(t))$. Und für nicht-reelle Nullstellen $\{\mu_1, \bar{\mu}_1, \ldots, \mu_s, \bar{\mu}_s\}$ von $\chi_A(t) = \chi_B(t)$ sind es Systeme des Typs $\dot{z}(t) = J_{2m}(\alpha_j, \beta_j)(z(t))$ mit $\mu_j = \alpha_j + \mathrm{i}\beta_j, \beta_j > 0$. Die Lösungen beider dieser Systeme sind oben beschrieben. □

Definition 5.7.3 *Sei $\dot{y}(t) = A(y(t))$ ein reelles System. Die 0-Lösung $y_0(t) = 0$ heißt stabil, wenn für jede Lösung $y(t)$ gilt:*

$$\lim_{t \to \infty} |y(t)| = 0.$$

Theorem 5.7.4 *Die Nullösung $y_0(t) = 0$ des Systems $\dot{y}(t) = A(y(t))$ ist dann und nur dann stabil, wenn alle Eigenwerte von $\chi_A(t)$ negativen Realteil haben. D.h., die reellen Eigenwerte λ_j sind < 0 und in $\mu_j = \alpha_j + \mathrm{i}\beta_j$ ist $\alpha_j < 0$.*

Beweis: Stabilität hängt offenbar nur von der Konjugationsklasse der Matrix A ab. Wir können also A in reeller Normalform 5.6.3 annehmen. Die Beschreibung der Lösungen in 5.7.2 zeigt:
Wenn $\lambda_i < 0, \alpha_j < 0$, so ist jede Lösung stabil. Denn eine Lösung ist Linearkombination von Funktionen der Form: Polynom mal $e^{\lambda_i t}$ oder Polynom mal $e^{\alpha_j t}$.
Wenn aber etwa $\lambda_1 \geq 0$ ist, so gibt es eine Lösung, deren Komponenten $e^{\lambda_1 t}$ enthalten; und dies geht nicht gegen 0 für $t \to \infty$. Entsprechendes gilt, wenn etwa $\alpha_1 \geq 0$. □

5.7 Lineare Differentialgleichungssysteme (reeller Fall)

Definition 5.7.5 *Unter einer linearen homogenen Differentialgleichung n-ter Ordnung mit konstanten Koeffizienten verstehen wir einen Ausdruck der Form*

(5.8) $$x^{(n)}(t) + a_{n-1}x^{(n-1)}(t) + \cdots + a_0 x(t) = 0.$$

Die a_i sind in $\mathbb{R}$ oder $\mathbb{C}$. Eine Lösung ist eine differenzierbare Abbildung $x:$ $\mathbb{R} \longrightarrow \mathbb{R}$ bzw. $x: \mathbb{R} \longrightarrow \mathbb{C}$, welche obiger Gleichung genügt.

Theorem 5.7.6 *Die Lösungen $x(t)$ einer Differentialgleichung (5.8) mit $n > 1$ aus 5.7.5 entsprechen umkehrbar eindeutig den Lösungen des Systems $\dot{y}(t) = A(y(t))$, wobei A gegeben ist durch*

$$\begin{pmatrix} 0 & 1 & \cdots & \cdots & 0 \\ 0 & 0 & 1 & \cdots & 0 \\ \cdots & \cdots & \cdots & \cdots & \cdots \\ 0 & 0 & 0 & \cdots & 1 \\ -a_0 & -a_1 & -a_2 & \cdots & -a_{n-1} \end{pmatrix}, \quad \begin{array}{l} \dot{y}_i(t) = y_{i+1}(t), \quad i < n, \\ \dot{y}_n(t) = -a_0 y_1(t) - \cdots - a_{n-1}y_n(t). \end{array}$$

Und zwar gilt $x(t) = y_1(t)$.

Beweis: Substituieren. $\square$

Beispiel 5.7.7 $\ddot{x}(t) + \omega^2 x(t) = 0, \omega > 0$.

$$A = \begin{pmatrix} 0 & 1 \\ -\omega^2 & 0 \end{pmatrix}, \quad \chi_A(t) = t^2 + \omega^2, \mu = i\omega, \bar{\mu} = -i\omega.$$

Die zugehörige reelle Jordanmatrix lautet

$$TAT^{-1} = J_2(0,\omega)$$

mit

$$T = \begin{pmatrix} -\omega & 1 \\ \omega & 1 \end{pmatrix}, \quad T^{-1} = \begin{pmatrix} -\frac{1}{2\omega} & \frac{1}{2\omega} \\ \frac{1}{2} & \frac{1}{2} \end{pmatrix}.$$

Gemäß 5.7.1 lauten die Lösungen des Systems $\dot{z} = J_2(0,\omega)(z)$:

$$\begin{aligned} z_1(t) &= -b_0 \cos \omega t - a_0 \sin \omega t, \\ z_2(t) &= -b_0 \sin \omega t + a_0 \cos \omega t. \end{aligned}$$

Die allgemeine Lösung $x(t)$ ist also das erste Element in $T^{-1}\binom{z_1}{z_2}$, d. h.,

$$x(t) = a \sin \omega t + b \cos \omega t, \qquad a, b \text{ reell beliebig}.$$

Übungen

1.
$$\text{Sei} \quad A = \begin{pmatrix} 5 & -3 & 2 \\ 6 & -4 & 4 \\ 4 & -4 & 5 \end{pmatrix} \in M_{\mathbb{R}}(3,3).$$

Bestimme die Eigenwerte und Eigenräume von A. Ist A diagonalisierbar (d. h., ist A konjugiert zu einer Diagonalmatrix)?

2.

$$\text{Sei } A = \begin{pmatrix} 1 & 0 & 0 & 1 & 0 & 0 \\ 1 & 1 & 1 & 1 & 0 & 0 \\ -1 & -1 & 1 & -1 & 0 & 0 \\ -1 & 0 & 0 & 1 & 0 & 0 \\ 0 & 0 & 0 & -2 & 0 & 1 \\ 0 & 0 & 0 & 2 & -4 & -4 \end{pmatrix} \in M_{\mathbb{C}}(6,6).$$

Bestimme die Eigenwerte von A. Ist A diagonalisierbar?
(Hinweis: Das charakteristische Polynom von A wird von $(x+2)^2$ geteilt.)

3. Sei $V = C^\infty(\mathbb{R})$ der Vektorraum der beliebig oft differenzierbaren reellen Funktionen $f: \mathbb{R} \longrightarrow \mathbb{R}$. Betrachte den Endomorphismus

$$\frac{d}{dx}: V \longrightarrow V; \quad f \longmapsto \frac{d}{dx}f.$$

Zeige, daß jedes $\lambda \in \mathbb{R}$ Eigenwert von $\frac{d}{dx}$ ist und bestimme den Eigenraum zum Eigenwert 0.

Gibt es auch Endomorphismen endlichdimensionaler reeller Vektorräume, für die jedes $\lambda \in \mathbb{R}$ Eigenwert ist?

4. Zerlege die reellen Polynome

$$p(t) = t^4 + 1, \quad q(t) = t^5 - t^4 + 3t^3 - 3t^2 + 2t - 2$$

in reelle Polynome vom Grad ≤ 2.

5. Klassifiziere die Matrizen $A \in M_{\mathbb{C}}(4,4)$, die in Jordan-Normalform sind.

6. Es seien $f, g: V \longrightarrow V$ Endomorphismen mit $f \circ g = g \circ f$. Zeige: Ist U ein Eigenraum von f, so gilt $g(U) \subset U$. Ist U ein verallgemeinerter Eigenraum von f, so gilt ebenfalls $g(U) \subset U$.

7. Sei $V = \{f \in \mathbb{R}[x]; \text{Grad } f \leq 5\}$ und $\frac{d}{dx}: V \longrightarrow V$ die Ableitung. Bestimme eine Basis von V, bezüglich derer sich $\frac{d}{dx}$ in Jordan-Normalform befindet.

8. $f: V \longrightarrow V$ sei ein Endomorphismus des Vektorraums V über dem Körper K. $p(x) = a_0 + a_1 x + \cdots + a_k x^k$ sei ein Polynom mit $a_i \in K$. Dann ist $p(f) = a_0 + a_1 f + \cdots + a_k f^k$ ein Endomorphismus von V. Zeige: Wenn λ Eigenwert von f ist, dann ist $p(\lambda)$ Eigenwert von $p(f)$.

9. Sei $\sigma: \{1, \ldots, n\} \longrightarrow \{1, \ldots, n\}$ eine Permutation, dann wird durch $f_\sigma: \mathbb{C}^n \longrightarrow \mathbb{C}^n; \quad f_\sigma(x_1, \ldots, x_n) = (x_{\sigma(1)}, \ldots, x_{\sigma(n)})$ eine lineare Abbildung definiert. Bestimme sämtliche Eigenwerte von f_σ.

10. Sei A eine reelle $(3,3)$-Matrix mit $A\,{}^tA = {}^tAA = E_3$.

    (a) Zeige: $\det A = \pm 1$.
    (b) Die Eigenwerte $\lambda \in \mathbb{C}$ von A haben den Betrag 1.
    (Anleitung: Aus $A(x) = \lambda x$ folgt ${}^tA(x) = \lambda^{-1}x$.)

(c) Wenigstens einer der Eigenwerte ist ± 1. Genau dann, wenn $\det A = 1$, so ist 1 ein Eigenwert.

(d) Schreibe die reelle Jordan-Normalform von A auf.

11. Sei $N \in M_K(n,n)$ eine *nilpotente Matrix*, d. h., $N^n = 0$. Zeige:

    (a) N hat nicht den Eigenwert 1. Daher ist $E_n - N$ invertierbar.

    (b) Es gilt: $(E_n - N)^{-1} = \sum_{i=0}^{n} N^i$.

    (c) Bestimme damit das Inverse der Matrix

$$\begin{pmatrix} 1 & 2 & 3 & 4 & 5 \\ 0 & 1 & 2 & 3 & 4 \\ 0 & 0 & 1 & 2 & 3 \\ 0 & 0 & 0 & 1 & 2 \\ 0 & 0 & 0 & 0 & 1 \end{pmatrix}$$

12. Bestimme die reelle Jordan-Normalform folgender reeller Matrizen:

$$A = \begin{pmatrix} 5 & -3 & 2 \\ 6 & -4 & 4 \\ 4 & -4 & 5 \end{pmatrix}, B = \begin{pmatrix} 9 & -6 & -2 \\ 18 & -12 & -3 \\ 18 & -9 & -6 \end{pmatrix}, C = \begin{pmatrix} 3 & -1 & 1 & -7 \\ 9 & -3 & -7 & -1 \\ 0 & 0 & 4 & -8 \\ 0 & 0 & 2 & -4 \end{pmatrix}$$

Anleitungen: Zu A: Zeige, daß alle Eigenwerte verschieden sind.
Zu B: Alle drei Eigenwerte sind gleich.
Zu C: Die Eigenwerte sind alle 0, also ist die Matrix nilpotent, es gilt sogar $C^2 = 0$.

13. Bestimme die reelle Jordan-Normalform von

$$D = \begin{pmatrix} 0 & a & 0 & 0 \\ 0 & 0 & a & 0 \\ 0 & 0 & 0 & a \\ a & 0 & 0 & 0 \end{pmatrix}, a \in \mathbb{R}.$$

Anleitung: Die Eigenwerte in $\mathbb{C}$ sind von der Form $a(\cos \frac{2\pi j}{4} + i \sin \frac{2\pi j}{4}), j = 1, 2, 3, 4$.

Kapitel 6

Metrische Vektorräume

6.1 Unitäre Vektorräume

Wir betrachten jetzt auf Vektorräumen V über $\mathbb{R}$ oder $\mathbb{C}$ eine zusätzliche Struktur, ein Skalarprodukt. In diesem Abschnitt werden wir vornehmlich den Fall $\dim V < \infty$ betrachten. Gerade für die Anwendungen sind jedoch gewisse unendlichdimensionale Vektorräume von Bedeutung; hierauf werden wir in den nächsten Abschnitten eingehen.

K bezeichne den Körper $\mathbb{R}$ oder den Körper $\mathbb{C}$. $(^-): \mathbb{C} \longrightarrow \mathbb{C}$ sei die komplexe Konjugation $z = x+iy \longmapsto \bar{z} = x-iy$, vgl. 5.6.1, 3.. Auf $\mathbb{R}$ sei $(^-): \mathbb{R} \longrightarrow \mathbb{R}$ gleich $\mathrm{id}_{\mathbb{R}}$.

Definition 6.1.1 *Sei V ein Vektorraum über K, $K = \mathbb{R}$ oder $\mathbb{C}$. Unter einem Skalarprodukt auf V (kurz: SKP) verstehen wir eine Abbildung*

$$\langle\,,\,\rangle : (x,y) \in V \times V \longmapsto \langle x,y \rangle \in K$$

mit den Eigenschaften

1. $\langle \alpha x + \alpha' x', y \rangle = \alpha \langle x,y \rangle + \alpha' \langle x',y \rangle$. *(Linearität im ersten Argument)*
2. $\langle y,x \rangle = \overline{\langle x,y \rangle}$. *(Symmetrie)*
3. $x \neq 0 \implies \langle x,x \rangle > 0$.

Einen Vektorraum V mit SKP $\langle\,,\,\rangle$ nennen wir unitären Vektorraum. *Im Falle $K = \mathbb{R}$ sprechen wir auch von einem* euklidischen Vektorraum.

Bemerkung 6.1.2 Die Abbildung $\langle\,,\,\rangle$ ist *konjugiert-linear* im zweiten Argument:

$$\langle x, \beta y + \beta' y' \rangle = \bar{\beta} \langle x,y \rangle + \bar{\beta}' \langle x,y' \rangle.$$

Dies folgt sofort aus 1. und 2.. Im Falle $K = \mathbb{R}$ ist dies natürlich die gewöhnliche Linearität.

Satz 6.1.3 *Betrachte $\{V, \langle\,,\,\rangle\}$. Sei U Unterraum von V. Dann liefert die Einschränkung von $\langle\,,\,\rangle$ auf $U \times U$ ein SKP auf U.*

Beweis: Klar. □

Beispiel 6.1.4 1. Auf $V = K^n$ erklären wir das *kanonische* SKP durch

$$\langle x, y \rangle = \sum_i \xi_i \bar{\eta}_i,$$

wobei $x = (\xi_i), y = (\eta_j)$.

2. Sei $I = [a,b]$ ein kompaktes Intervall in $\mathbb{R}$. In 3.2.2, 2. hatten wir den Vektorraum $\mathcal{C}(I;\mathbb{R})$ der stetigen Funktionen $f: I \longrightarrow \mathbb{R}$ eingeführt. Wir betrachten jetzt auch den Vektorraum $\mathcal{C}(I;\mathbb{C})$ der stetigen Funktionen $f: I \longrightarrow \mathbb{C}$ und verwenden für beide gemeinsam die Bezeichnung $\mathcal{C}(I;K)$. Das *kanonische* SKP auf $\mathcal{C}(I;K)$ ist erklärt als

$$\langle f, g \rangle = \int_I f(t)\bar{g}(t)dt.$$

Die Eigenschaften 1., 2., 3. aus 6.1.1 sind sofort klar.

Definition 6.1.5 *Betrachte* $\{V, \langle , \rangle\}$.

1. *Elemente x und y aus V heißen* orthogonal *zueinander, wenn* $\langle x, y \rangle = 0$. *Wegen 6.1.1, 2. ist dies gleichwertig mit* $\langle y, x \rangle = 0$. *Wir schreiben hierfür auch $x \perp y$ oder $y \perp x$.*

2. *Unterräume U und U' von V heißen* orthogonal *zueinander, $U \perp U'$ oder $U' \perp U$, wenn $x \perp x'$ für alle $x \in U, x' \in U'$.*

3. *Unter dem* Absolutbetrag *oder der* Norm *eines $x \in V$ verstehen wir die Zahl $|x| = \sqrt{\langle x, x \rangle} \geq 0$.*

4. *Sei $S = \{d_\iota, \iota \in I\}$ eine Familie in V. S heißt* Orthonormalsystem *(ON-System), falls $\langle d_\iota, d_\kappa \rangle = \delta_{\iota\kappa} = 1$, für $\iota = \kappa$, und $= 0$, für $\iota \neq \kappa$. Falls S überdies eine Basis ist, so sprechen wir von einer* ON-Basis.

Satz 6.1.6 *Ein ON-System $S = \{d_\iota, \iota \in I\}$ ist frei.*

Beweis: Aus einer Relation $\sum_{\iota \in I} \alpha_\iota d_\iota = 0$ folgt

$$0 = \langle \sum_{\iota \in I} \alpha_\iota d_\iota, \sum_{\kappa \in I} \alpha_\kappa d_\kappa \rangle = \sum_{\iota,\kappa} \alpha_\iota \bar{\alpha}_\kappa \delta_{\iota\kappa} = \sum_\iota \alpha_\iota \bar{\alpha}_\iota,$$

also $\alpha_\iota = 0$, für alle $\iota \in I$. □

Beispiel 6.1.7 Wir betrachten die Beispiele aus 6.1.4.

1. $|x| = \sqrt{\sum_i \xi_i \bar{\xi}_i}$. Die kanonische Basis $E = \{e_1, \ldots, e_n\}$ von K^n ist eine ON-Basis.
2. $|f| = \sqrt{\int_I f(t)\bar{f}(t)dt}$.
Sei $K = \mathbb{C}, I = [a,b]$. Setze $b - a = L$. Dann ist

$$\{f_m(t) = \frac{1}{\sqrt{L}} e^{\frac{2\pi i m t}{L}}, m \in \mathbb{Z}\}$$

6.1 Unitäre Vektorräume

ein ON-System für $\mathcal{C}(I;\mathbb{C})$. Denn

$$\int\limits_a^b f_m(t)\bar{f}_n(t)dt = \frac{1}{L}\int\limits_a^b e^{\frac{2\pi i(m-n)t}{L}}dt = \begin{cases} 1, & m-n=0 \\ 0, & m-n\neq 0 \end{cases}.$$

Wir betrachten insbesondere den Fall $I = [-\pi, \pi]$. Aus $f_m(t) = \frac{e^{imt}}{\sqrt{2\pi}}$ erhalten wir für $\mathcal{C}([-\pi,\pi];\mathbb{R})$ dann das ON-System

$$\left\{ f_0(t), \frac{(f_m(t)+f_{-m}(t))}{\sqrt{2}}, \frac{f_m(t)-f_{-m}(t)}{i\sqrt{2}}, m=1,2,\ldots \right\}$$
$$= \left\{ \frac{1}{\sqrt{2\pi}}, \frac{1}{\sqrt{\pi}}\cos mt, \frac{1}{\sqrt{\pi}}\sin mt, m=1,2,\ldots \right\}.$$

Wir kommen nun zu dem *Orthonormalisierungsverfahren von Gram-Schmidt*. Es zeigt, wie eine abgezählte freie Menge in $\{V, \langle\,,\,\rangle\}$ eindeutig ein ON-System bestimmt.

Lemma 6.1.8 *Sei $B = \{b_1, b_2, \ldots\}$ eine abgezählte (endliche oder unendliche) freie Teilmenge in dem unitären Vektorraum V. Dann gibt es genau ein ON-System $D = \{d_1, d_2, \ldots\}$ mit*

$$d_k = \sum_{j\leq k} \alpha_{jk} b_j, \quad \alpha_{kk} > 0.$$

Insbesondere ist also für jedes k $\quad [\{b_1, \ldots, b_k\}] = [\{d_1, \ldots, d_k\}]$.

Beweis: Durch unsere Forderungen ist d_1 bestimmt als $\frac{b_1}{|b_1|}$. Angenommen, wir haben bereits das ON-System $\{d_1, \ldots, d_{k-1}\}$ mit den geforderten Eigenschaften bestimmt. Dann können wir d_k als Linearkombination von $\{d_1, \ldots, d_{k-1}, b_k\}$ ansetzen:

$$d_k = \alpha_k b_k + \sum_{j<k} \beta_j d_j.$$

Aus $\langle d_k, d_j \rangle = 0$ für $j < k$ und $\langle d_i, d_j \rangle = \delta_{ij}$ für $i, j < k$ folgt $0 = \alpha_k \langle b_k, d_j \rangle + \beta_j$. Also

$$d_k = \alpha_k(b_k - \sum_{j<k} \langle b_k, d_j\rangle d_j).$$

Durch $\langle d_k, d_k \rangle = 1$ und $\alpha_k > 0$ ist dann auch α_k bestimmt. Wegen $\alpha_k \neq 0$ ist

$$[\{d_1, \ldots, d_k\}] = [\{b_1, \ldots, b_k\}].$$

□

Theorem 6.1.9 *Sei V unitär, $\dim V < \infty$. Dann besitzt V eine ON-Basis $D = \{d_1, \ldots, d_n\}$.*
Betrachte K^n mit dem kanonischen $\langle\,,\,\rangle$. Der Isomorphismus $\Phi_D : V \longrightarrow K^n$ (vgl. 2.5.8) ist dann Isometrie, d. h.,

$$\langle \Phi_D(x), \Phi_D(y) \rangle = \langle x, y \rangle.$$

Beweis: Der erste Teil folgt aus 6.1.8. Zum Beweis, daß Φ_D eine Isometrie ist, schreiben wir $x = \sum_j \xi_j d_j, y = \sum_k \eta_k d_k$. Also

$$\Phi_D(x) = \sum_j \xi_j e_j,$$

$$\Phi_D(y) = \sum_k \eta_k e_k,$$

$$\langle \Phi_D(x), \Phi_D(y) \rangle = \sum_j \xi_j \bar{\eta}_j.$$

Andererseits haben wir mit $\langle d_j, d_k \rangle = \delta_{jk}$

$$\langle x, y \rangle = \langle \sum_j \xi_j d_j, \sum_k \eta_k d_k \rangle = \sum_{j,k} \xi_j \bar{\eta}_k \langle d_j, d_k \rangle = \sum_j \xi_j \bar{\eta}_j.$$

□

Bemerkung: In 6.1.9 war die Voraussetzung $\dim V < \infty$ wesentlich. In 6.3 werden wir sehen, wie es sich unter gewissen Umständen auf den Fall $\dim V = \infty$ übertragen läßt. Das folgende Resultat gilt ohne Einschränkung der Dimension.

Lemma 6.1.10 *Sei E Erzeugendensystem des unitären Vektorraums V. Wenn $\langle x, e \rangle = 0$ für alle $e \in E$, so folgt $x = 0$.*

Beweis: Schreibe $x = \sum_{e \in E} \alpha_e e$. Aus

$$\langle x, x \rangle = \langle x, \sum_{e \in E} \alpha_e e \rangle = \sum_{e \in E} \bar{\alpha}_e \langle x, e \rangle = 0$$

folgt $x = 0$. □

Folgerung 6.1.11 *Sei $D = \{d_1, \ldots, d_n\}$ ON-Basis das unitären V. Dann gilt für x und y aus V*

$$x = \sum_j \langle x, d_j \rangle d_j; \quad \langle x, y \rangle = \sum_j \langle x, d_j \rangle \overline{\langle y, d_j \rangle}.$$

Bemerkung: Vergleiche dies mit 3.2.11.

Beweis:

$$\langle x - \sum_j \langle x, d_j \rangle d_j, d_k \rangle = \langle x, d_k \rangle - \sum_j \langle x, d_j \rangle \langle d_j, d_k \rangle$$

$$= \langle x, d_k \rangle - \langle x, d_k \rangle = 0,$$

für alle k. Wende 6.1.10 an. Daraus ergibt sich dann die zweite Gleichung. □

Theorem 6.1.12 *Sei V unitär, U ein Unterraum von V. Erkläre*

$$U^\perp = \{y \in V; \langle x, y \rangle = 0, \text{ für alle } x \in U\}.$$

Dann ist $U^\perp$ Unterraum von V, genannt der zu U orthogonale Unterraum. Falls $\dim V < \infty$, so ist $U^\perp$ ein Komplement von U im Sinne von 2.6.1,

$$V = U + U^\perp, \quad U \cap U^\perp = \{0\}.$$

Allgemeiner: Sei $A \subset V$ eine beliebige Teilmenge. Erkläre $A^\perp = \{y \in V; \langle x, y \rangle = 0, \text{ für alle } x \in A\}$. Dann ist $A^\perp$ ein Unterraum.

6.1 Unitäre Vektorräume

Beweis: $A^\perp$ erfüllt offensichtlich das Unterraumkriterium 2.1.5. Sei nun $\dim V = n$. Falls $U = \{0\}$, so $U^\perp = V$ und falls $U = V$, so gemäß 6.1.10 $U^\perp = \{0\}$. Wir können also annehmen, daß $0 < k = \dim U < n$. Betrachte U als unitären Vektorraum mit dem induzierten SKP, vgl. 6.1.3. Nach 6.1.9 besitzt U eine ON-Basis $\{d_1, \ldots, d_k\}$. Mit dem Verfahren aus 6.1.8 können wir diese Elemente durch $\{d_{k+1}, \ldots, d_n\}$ zu einer ON-Basis von V ergänzen. Wir behaupten:
$$U^\perp = U' = [\{d_{k+1}, \ldots, d_n\}].$$
In der Tat, jedenfalls $U' \subset U^\perp$. Wenn $y \in U^\perp$, so schreibe $y = \sum_j \eta_j d_j$. Es muß dann $\eta_j = 0$ für jedes $j \leq k$ gelten, also $U^\perp \subset U'$. □

Wir erinnern an die kanonische Paarung 3.2.5 $\langle,\rangle\colon V^* \times V \longrightarrow K$. Für einen unitären V kann diese durch das SKP beschrieben werden:

Theorem 6.1.13 *Sei V unitär, $\dim V < \infty$. Für $y \in V$ erkläre*
$$\sigma(y)\colon x \in V \longmapsto \langle x, y \rangle \in K.$$
Dann $\sigma(y) \in V^*$, und $\langle \sigma(y), x \rangle = \langle x, y \rangle$ für alle $x \in V$.
Umgekehrt, falls $y^* \in V^*$, so ist dazu ein $\tau(y^*) \in V$ bestimmt mit $\langle y^*, x \rangle = \langle x, \tau(y^*) \rangle$, für alle $x \in V$.
Die so definierten Abbildungen
$$\sigma\colon V \longrightarrow V^*; \quad \tau\colon V^* \longrightarrow V$$
sind invers zueinander: $\tau = \sigma^{-1}$. τ und σ sind konjugiert-linear, d. h.,
$$\sigma(\beta y + \beta' y') = \bar{\beta}\sigma(y) + \bar{\beta}'\sigma(y'),$$
$$\tau(\beta y^* + \beta' y'^*) = \bar{\beta}\tau(y^*) + \bar{\beta}'\tau(y'^*).$$

Beweis: Daß $\sigma(y) \in V^*$ folgt aus 6.1.1, 1.. Die konjugierte Linearität von σ ergibt sich aus 6.1.1, 2..
Für $y^* = 0$ setze $\tau(y^*) = 0$. Für $y^* \neq 0$ haben wir gemäß 6.1.12 für V die Zerlegung $V = U + U^\perp$, wo $U = \ker y^*$, $\operatorname{codim} U = 1$, vgl. 3.2.3, also $\dim U^\perp = 1$. Wähle in $U^\perp$ ein e, $|e| = 1$. Wenn wir $\tau(y^*) = \langle y^*, e \rangle e$ setzen, so haben wir das gewünschte Element: Für $x \in U$ ist $\langle x, \tau(y^*) \rangle = 0$ und für $x = \langle x, e \rangle e \in U^\perp$ ist $\langle x, \tau(y^*) \rangle = \langle x, e \rangle \langle e, \tau(y^*) \rangle = \langle x, e \rangle \langle y^*, e \rangle = \langle y^*, x \rangle$.
Aus $\langle x, y \rangle = \langle \sigma(y), x \rangle = \langle x, \tau \circ \sigma(y) \rangle$ und $\langle y^*, x \rangle = \langle x, \tau(y^*) \rangle = \langle \sigma \circ \tau(y^*), x \rangle$ folgt dann der Rest der Behauptung. □

Folgerung 6.1.14 *Sei $D = \{d_1, \ldots, d_n\}$ Basis des unitären V. Dann und nur dann, wenn D ON-Basis ist, ist das Bild $\sigma D = \{\sigma(d_1), \ldots, \sigma(d_n)\}$ die Dualbasis D^* von V^*.*

Beweis: $\langle \sigma(d_i), d_j \rangle = \delta_{ij}$ ist gleichwertig mit $\langle d_j, d_i \rangle = \delta_{ij}$. □

Bemerkung 6.1.15 Wir geben bereits hier ein Beispiel dafür an, daß 6.1.12 im Falle $\dim V = \infty$ nicht zu gelten braucht. Siehe 6.3.4, 2. für ein weiteres Beispiel.

Wir betrachten $V = C(I; \mathbb{R})$ mit dem kanonischen SKP $\langle , \rangle$ aus 6.1.4, 2..
Aus der Analysis ist der wichtige *Approximationssatz von Weierstraß* bekannt:
" Sei $f \in C(I; \mathbb{R})$. Dann gibt es zu jedem $\varepsilon > 0$ ein (von ε abhängiges) Polynom p mit $\sup_{t \in I} |f(t) - p(t)| < \varepsilon$".
Wir betrachten in V den Unterraum U der Polynome. Offenbar $U \neq V$. Wir zeigen: $U^\perp = \{0\}$.
Denn wenn $f \in U^\perp$, so setze $\max_{t \in I} |f(t)| = c$. Wähle $\varepsilon > 0$ mit $0 \leq c\varepsilon(b-a) \leq \frac{\langle f,f \rangle}{2}$, wo $I = [a,b]$. Nach dem Approximationssatz gibt es $p \in U$ mit $|f(t) - p(t)| < \varepsilon$, für alle $t \in I$. Also

$$\begin{aligned} 0 = \langle f, p \rangle &= \langle f, f \rangle - \langle f, f - p \rangle \\ &\geq \langle f, f \rangle - \int_I |f(t)||f(t) - p(t)| dt \\ &\geq \langle f, f \rangle - \int_I c\varepsilon \, dt \\ &\geq \frac{\langle f, f \rangle}{2}, \quad \text{d. h.,} \quad f = 0. \end{aligned}$$

6.2 Normierte Vektorräume

Für einen unitären Vektorraum V ist für jedes $x \in V$ die Norm $|x| = \sqrt{\langle x, x \rangle}$ definiert, Wir untersuchen jetzt Vektorräume V über $K, K = \mathbb{R}$ oder $\mathbb{C}$, auf denen eine Norm mit ein paar einfachen Eigenschaften definiert ist. Wir benutzen diese insbesondere, um damit für V eine Metrik und eine Toplogie zu erklären.

Die Klasse der normierten Vektorräume ist umfassender als die Klasse der unitären Vektorräume.

Definition 6.2.1 *Sei V ein K-Vektorraum, $K = \mathbb{R}$ oder $\mathbb{C}$. Unter einer Norm auf V verstehen wir eine Abbildung*

$$| \ | : V \longrightarrow \mathbb{R}; \quad x \longmapsto |x|$$

mit folgenden Eigenschaften:
1. $|x| \geq 0$ *und* $|x| = 0$ *nur für* $x = 0$.
2. $|\alpha x| = |\alpha||x|$.
3. $|x + y| \leq |x| + |y|$ *(Dreiecksungleichung)*.

Wenn auf V eine Norm gegeben ist, so nennen wir V normiert.

Beispiele 6.2.2 1. Auf $V = K^n$ erkläre die *Maximumsnorm* für $x = (\xi_1, \ldots, \xi_n)$ durch $|x|_\infty = \sup_i |\xi_i|$.
2. Auf $V = C(I; K)$ erkläre die *Maximumsnorm* durch

$$|f|_\infty = \max\{|f(t)|, t \in I\}.$$

6.2 Normierte Vektorräume

Um zu zeigen, daß die aus einem SKP $\langle\,,\,\rangle$ abgeleitete Norm $|x| = \sqrt{\langle x, x\rangle}$ eine Norm im Sinne von 6.2.1 ist, beweisen wir zunächst:

Lemma 6.2.3 *Sei V unitär. Dann gilt die sogenannte* Cauchy-Schwarzsche Ungleichung
$$\langle x, y\rangle\overline{\langle x, y\rangle} = |\langle x, y\rangle|^2 \leq \langle x, x\rangle\langle y, y\rangle.$$
Hier steht das =-Zeichen genau dann, wenn x und y linear abhängig sind.

Beweis: Wir können uns auf den Fall $x \neq 0$ und $y \neq 0$ beschränken. Aus
$$0 \leq \langle x - \alpha y, x - \alpha y\rangle = \langle x, x\rangle - \bar{\alpha}\langle x, y\rangle - \alpha\langle y, x\rangle + \alpha\bar{\alpha}\langle y, y\rangle$$
folgt mit $\alpha = \frac{\langle x, y\rangle}{\langle y, y\rangle}$ die Ungleichung. Das =-Zeichen gilt genau dann, wenn $x - \alpha y = 0$. □

Satz 6.2.4 *Für einen unitären V ist $|x| = \sqrt{\langle x, x\rangle}$ eine Norm.*

Beweis: 1. und 2. aus 6.2.1 sind klar. Zum Nachweis von 3. bemerke $(z - \bar{z})^2 \leq 0$ für $z \in \mathbb{C}$. Also $z + \bar{z} \leq 2|z|$. Setze $\langle x, y\rangle = z$, also $\langle x, y\rangle + \langle y, x\rangle \leq 2|\langle x, y\rangle|$. Dann haben wir mit 6.2.3
$$\begin{aligned}|x + y|^2 &= \langle x + y, x + y\rangle \\ &= \langle x, x\rangle + \langle x, y\rangle + \langle y, x\rangle + \langle y, y\rangle \\ &\leq |x|^2 + 2|x||y| + |y|^2 \\ &= (|x| + |y|)^2.\end{aligned}$$

□

Definition 6.2.5 *Sei V normiert.*

1. Unter dem Abstand $d(x, y)$ *von x und y aus V verstehen wir die Zahl* $|x - y| = |y - x|$.
2. *Sei $x \in V, r > 0$. Der* offene *bzw.* abgeschlossene *Ball vom Radius r um x ist erklärt als*
$$B_r(x) = \{y \in V; d(y, x) < r\}; \quad \bar{B}_r(x) = \{y \in V; d(y, x) \leq r\}.$$
Die Sphäre *vom Radius r um x ist erklärt als*
$$S_r(x) = \{y \in V; d(y, x) = r\}.$$
3. *Ein Teil $A \subset V$ heißt* offen, *wenn es zu jedem $x \in A$ ein $r = r(x) > 0$ gibt mit $B_r(x) \subset A$. $B \subset V$ heißt* abgeschlossen, *wenn $V \setminus B$ offen.*

Satz 6.2.6 *Mit dem in 6.2.5 definierten Abstand wird V ein* metrischer Raum. *D.h.,*

1. $d(x, y) \geq 0$ und $d(x, y) = 0$ *nur für $x = y$;*
2. $d(x, y) = d(y, x)$;
3. $d(x, y) + d(y, z) \geq d(x, z)$ (Dreiecksungleichung).

Beweis: Dies folgt mit der Definition aus 6.2.1. □

Bemerkung 6.2.7 Es folgt, daß durch 6.2.5, 3. eine Toplogie auf V erklärt ist. D.h., in der Menge der Teile A von V ist eine Teilmenge $\mathcal{O}$ (deren Elemente offene Teile von V heißen) ausgezeichnet, so daß jede Vereinigung von Elementen aus $\mathcal{O}$ wieder zu $\mathcal{O}$ gehört, und ebenso der Durchschnitt endlich vieler Elemente aus $\mathcal{O}$.

Damit ist dann auch erklärt, wann eine Abbildung $f\colon V \longrightarrow V'$ zwischen zwei normierten Vektorräumen *stetig* ist. Dies bedeutet:
Für jedes $A' \subset V'$ offen ist auch $f^{-1}(A') \subset V$ offen. Oder: Für $B' \subset V'$ abgeschlossen ist $f^{-1}(B') \subset V$ abgeschlossen. Oder schließlich: Zu gegebenen $x \in V, \varepsilon > 0$ gibt es $\delta = \delta(x,\varepsilon) > 0$ mit $f(B_\delta(x)) \subset B_\varepsilon(f(x))$.

Satz 6.2.8 *Sei V normiert.*

1. $x \in V \longmapsto |x| \in \mathbb{R}$ *ist stetig.*
2. *Für jedes $x \in V$ ist die Abbildung*

$$T_x\colon V \longrightarrow V; \quad y \longmapsto x+y$$

bijektiv stetig mit T_{-x} als stetigem Inversen.

Beweis: Zu 2.: $T_x B_r(y) = B_r(x+y)$.
Zu 1.: Wegen 2. genügt es, die Stetigkeit einer Abbildung im Punkt $x = 0$ zu untersuchen. Das Bild von $B_\varepsilon(0)$ unter $|\ |$ liegt in $]-\varepsilon,\varepsilon[\subset \mathbb{R}$. □

Definition 6.2.9 1. *Sei (M,d) ein metrischer Raum, d. h., $d\colon (p,q) \in M \times M \longmapsto d(p,q) \in \mathbb{R}$ ist eine Abbildung mit den Eigenschaften aus 6.2.6. (M,d) heißt* vollständig*, wenn jede Cauchy-Folge in M einen Grenzwert in M besitzt.*

2. *Unter einem* Banachraum *verstehen wir einen normierten Vektorraum, der bezüglich seiner abgeleiteten Metrik d, 6.2.5, 1., vollständig ist.*

Bemerkung 6.2.10 Wir erinnern an den Begriff der *Cauchy-Folge* in einem metrischen Raum (M,d): Das ist eine Folge $\{p_n\}$, so daß zu jedem $\varepsilon > 0$ ein $n(\varepsilon)$ existiert mit $d(p_n,p_m) < \varepsilon$, für $n,m > n(\varepsilon)$. $\{p_n\}$ heißt *konvergent mit Limes* p, wenn zu jedem $\varepsilon > 0$ ein $n(\varepsilon)$ existiert mit $d(p,p_n) < \varepsilon$, falls $n > n(\varepsilon)$.

Jeder metrische Raum besitzt eine Erweiterung zu einem vollständigen metrischen Raum. Für den Fall eines normierten Raumes V kann diese Erweiterung so vorgenommen werden, daß dies wiederum ein normierter Vektorraum ist, indem man die Norm des Limes als Limes der Normen definiert.

Definition 6.2.11 *Zwei Normen $|\ |, |\ |'$ auf V heißen* topologisch äquivalent, *$|\ | \sim |\ |'$, wenn es positive Zahlen a, A gibt mit*

$$a|x|' \leq |x| \leq A|x|' \quad \text{für alle } x \in V.$$

6.2 Normierte Vektorräume

Bemerkung: Dies ist offenbar eine Äquvalenzrelation auf der Menge der Normen von V. Denn $|\ | \sim |\ |$, und $a|x|' \leq |x| \leq A|x|'$ impliziert $A^{-1}|x| \leq |x|' \leq a^{-1}|x|$, d. h., es gilt die Symmetrie. Wenn schließlich auch noch $a'|x|'' \leq |x|' \leq A'|x|''$, so $aa'|x|'' \leq |x| \leq AA'|x|''$.

Satz 6.2.12 *Wenn V bezüglich $|\ |$ ein Banachraum ist, so auch bezüglich jeder zu $|\ |$ topologisch äquivalenten Norm $|\ |'$.*

Beweis: $|x - y| < \varepsilon$ impliziert $|x - y|' \leq a^{-1}|x - y| < a^{-1}\varepsilon$. □

Theorem 6.2.13 *Falls* $\dim V < \infty$, *so sind je zwei Normen auf V topologisch äquivalent. Es folgt, daß V damit stets ein Banachraum ist.*

Beweis: Sei $S_1'(0) = \{x \in V; |x|' = 1\}$ die Sphäre vom Radius 1 um 0 in $\{V, |\ |'\}$. $S_1'(0)$ ist abgeschlossen und beschränkt, also kompakt. $|\ |: V \longrightarrow \mathbb{R}$ ist stetig. Also gibt es Zahlen $a, A > 0$ mit

$$a \leq |x| \leq A \quad \text{für } x \in S_1'(0), \quad \text{daher} \quad a|x|' \leq |x| \leq A|x|'.$$

Bemerke nun, daß $K^n, K = \mathbb{R}$ oder $\mathbb{C}$, mit der Maximumsnorm vollständig ist: $|y - x| < \varepsilon$ ist gleichwertig mit $|y_j - x_j| < \varepsilon$, für alle $j = 1, \dots, n$.
Betrachte einen linearen Isomorphismus $\Phi: V \longrightarrow K^n$. Durch $|x| = |\Phi(x)|_\infty$ ist eine Norm auf V definiert. □

Beispiel 6.2.14 $\mathcal{C}(I; K)$ ist vollständig bezüglich der Maximumsnorm. Dies ist der aus der Analysis bekannte Satz, daß eine gleichmäßig konvergierende Folge $\{f_n\}$ stetiger Funktionen $f_n: I \longrightarrow K$ als Grenzwert eine stetige Funktion besitzt.
Dagegen ist $\mathcal{C}(I; K)$ bezüglich der Norm $|f| = \sqrt{\langle f, f \rangle}$ aus 6.1.7, 2. nicht vollständig: Betrachte etwa $I = [0, 2]$ und die Folge

$$f_n(t) = \begin{cases} t^n, & \text{für } 0 \leq t \leq 1; \\ 1, & \text{für } 1 \leq t \leq 2. \end{cases}$$

$$|f_n - f_m|^2 = \int_0^1 (t^n - t^m)^2 dt = \frac{2(n - m)^2}{(2n + 1)(2m + 1)(n + m + 1)}.$$

$\{f_n\}$ ist also eine Cauchy-Folge. Da $\lim_{n \to \infty} f_n(t) = 0$, für $0 \leq t \leq 1$ und $\lim_{n \to \infty} f_n(t) = 1$, für $1 \leq t \leq 2$, müßte ein Grenzwert $f \in \mathcal{C}(I; K)$ die Werte $f|[0, 1[= 0$ und $f|[1, 2] = 1$ haben, was offenbar nicht möglich ist.

Definition 6.2.15 *Eine Norm $|\ |$ auf V heißt* streng konvex, *wenn für x, y aus $S_1(0), x \neq y$, folgt $\left|\frac{x+y}{2}\right| < 1$. Mit anderen Worten, der Mittelpunkt der Verbindungsstrecke zweier verschiedener Punkte auf der Sphäre $S_1(0)$ gehört zu $B_1(0)$.*

Satz 6.2.16 *Für die Norm $|x| = \sqrt{\langle x, x \rangle}$ eines unitären V gilt:*

1. $|x - y|^2 = |x|^2 + |y|^2 - \langle x, y \rangle - \overline{\langle x, y \rangle}$ (Cosinussatz).
2. $|x + y|^2 + |x - y|^2 = 2|x|^2 + 2|y|^2$ (Parallelogrammgleichung).

Insbesondere ist diese Norm also streng konvex.

Beweis: 1. folgt aus der Definition $|x-y|^2 = \langle x-y, x-y\rangle$. Wenn man $|x+y|^2 = \langle x+y, x+y\rangle$ ausrechnet und dies zu $|x-y|^2$ addiert, ergibt sich 2..
Für $|x|^2 = |y|^2 = 1, |x-y|^2 > 0$ ist also $|\frac{x+y}{2}|^2 < 1$. □

Bemerkungen 6.2.17 1. Zur Erklärung der Benennungen in 6.2.16 betrachte $V = \mathbb{R}^2$ mit dem kanonischen SKP. Elemente x, y mit $x \neq 0, y \neq 0, x - y \neq 0$ bestimmen das Dreieck mit den Ecken $p = 0, q = x, r = y$. Die Seiten dieses Dreiecks sind durch x, y und $y - x$ gegeben. Wenn wir $\langle x, y\rangle = |x||y|\cos\alpha$ schreiben, wo α den Winkel in p bezeichnet, so lautet 1.

$$d(q,r)^2 = d(p,q)^2 + d(p,r)^2 - 2d(p,q)d(p,r)\cos\alpha.$$

Dies ist der Cosinussatz der Elementargeometrie, vgl. 8.5.3. Für $\alpha = \frac{\pi}{2}$ erhalten wir den *Satz des Pythagoras* für die Seiten eines rechtwinkligen Dreiecks:

$$d(q,r)^2 = d(p,q)^2 + d(p,r)^2.$$

2. Die Elemente $\{0, x, y, x+y\}$ bestimmen die Ecken $\{p, q, r, s\}$ eines Parallelogramms. $|x+y| = d(p,s)$ und $|x-y| = d(q,r)$ sind die Längen der Diagonalen dieses Parallelogramms, während $|x| = d(p,q) = d(r,s), |y| = d(p,r) = d(q,s)$ die Seitenlängen sind.

Beispiele 6.2.18 1. Die Maximumsnorm auf K^n ist nicht streng konvex. Bemerke dazu, daß für diese Norm $S_1(0)$ in $\mathbb{R}^2$ durch das Quadrat mit den Ecken $(\pm 1, \pm 1)$ gegeben ist.
2. Betrachte auf K^n die Norm $|x|_1 = \sum_{i=1}^n |\xi_i|$. Für $n = 2, K = \mathbb{R}$, ist $S_1(0)$ durch das Quadrat mit den Ecken $(\pm 1, 0), (0, \pm 1)$ gegeben. Diese Norm ist also ebenfalls nicht streng konvex.
3. Auf K^n ist für jedes reelle $p, 1 \leq p \leq \infty$, die sogenannte *p-Norm* erklärt durch

$$|x|_p = (\sum_{i=1}^n |\xi_i|^p)^{\frac{1}{p}}.$$

Für $p = 1$ ist dies die in 2. eingeführte Norm, für $p = 2$ ist es die Norm $\sqrt{\langle\,,\,\rangle}$. Für $p = \infty$ ist dies die Maximumsnorm aus 6.2.2.
Während die Gültigkeit der Eigenschaften 1. und 2. aus 6.2.1 sofort klar ist, ist der Nachweis der Dreiecksungleichung nicht so einfach. Sie lautet in diesem Falle

$$(\sum_{i=1}^n |\xi_i + \eta_i|^p)^{\frac{1}{p}} \leq (\sum_{i=1}^n |\xi_i|^p)^{\frac{1}{p}} + (\sum_{i=1}^n |\eta_i|^p)^{\frac{1}{p}}$$

und heißt *Minkowskische Ungleichung*. Für $p = 1$ ist sie offenbar trivial.
Diese Ungleichung, die wir für $p = 2$ in 6.2.4 mit Hilfe der Cauchy-Schwarzschen Ungleichung 6.2.3 bewiesen hatten, ergibt sich für allgemeines $p > 1$ aus der sogenannten *Hölderschen Ungleichung*:
Seien p und q positive Zahlen mit $\frac{1}{p} + \frac{1}{q} = 1$. Dann

$$\sum_{i=1}^n |\xi_i \eta_i| \leq (\sum_{i=1}^n |\xi_i|^p)^{\frac{1}{p}}(\sum_{j=1}^n |\eta_j|^q)^{\frac{1}{q}}.$$

6.2 Normierte Vektorräume

Zum Beweis der Hölderschen Ungleichung setze $\sum_{i=1}^{n} |\xi_i|^p = A^p$, $\sum_{j=1}^{n} |\eta_j|^q = B^q$. Wir können annehmen, daß $A > 0, B > 0$. Mit $\xi_i' = \frac{\xi_i}{A}, \eta_j' = \frac{\eta_j}{B}$ folgt die obige Ungleichung aus

(6.1) $$|\xi_i' \eta_i'| \leq \frac{|\xi_i'|^p}{p} + \frac{|\eta_i'|^q}{q}$$

durch Aufsummieren über $i = 1, \ldots, n$.
Wir haben jetzt also (6.1) zu beweisen:

Lemma 6.2.19 *Für* $0 \leq \alpha \leq 1, a \geq 0, b \geq 0$ *gilt*

(6.2) $$a^\alpha b^{1-\alpha} \leq \alpha a + (1-\alpha) b.$$

Wenn wir speziell $\alpha = \frac{1}{p}, 1 - \alpha = \frac{1}{q}, a = |c|^p, b = |d|^q$ *setzen, so erhalten wir*

(6.1) $$|cd| \leq \frac{|c|^p}{p} + \frac{|d|^q}{q}.$$

Beweis: Für $a = b$ gilt in (6.2) das $=$-Zeichen. Wir können also $b > a > 0$ annehmen. Nach dem Mittelwertsatz der Differentialrechnung ist

$$b^{1-\alpha} - a^{1-\alpha} = (1-\alpha)(b-a)\xi^{-\alpha}, \quad \text{mit } a < \xi < b.$$

Da $\xi^{-\alpha} < a^{-\alpha}$, gilt

$$b^{1-\alpha} - a^{1-\alpha} < (1-\alpha)(b-a)a^{-\alpha}.$$

Multiplikation mit a^α liefert (6.2).

Wir zeigen jetzt, wie aus der Hölderschen Ungleichung die Minkowskische Ungleichung folgt. Dabei sei $p > 1$.

$$\sum_{i=1}^{n} |\xi_i + \eta_i|^p \leq \sum_{i=1}^{n} |\xi_i| |\xi_i + \eta_i|^{p-1} + \sum_{i=1}^{n} |\eta_i| |\xi_i + \eta_i|^{p-1}.$$

Die Höldersche Ungleichung, angewandt auf jeden der Summanden rechts, liefert wegen $(p-1)q = p$:

$$\sum_{i=1}^{n} |\xi_i + \eta_i|^p \leq (\sum_{i=1}^{n} |\xi_i|^p)^{\frac{1}{p}} (\sum_{i=1}^{n} |\xi_i + \eta_i|^p)^{\frac{1}{q}} + (\sum_{i=1}^{n} |\eta_i|^p)^{\frac{1}{p}} (\sum_{i=1}^{n} |\xi_i + \eta_i|^p)^{\frac{1}{q}}$$

$$= [(\sum_{i=1}^{n} |\xi_i|^p)^{\frac{1}{p}} + (\sum_{i=1}^{n} |\eta_i|^p)^{\frac{1}{p}}] (\sum_{i=1}^{n} |\xi_i + \eta_i|^p)^{\frac{1}{q}}.$$

Multiplikation der Ungleichung mit dem Inversen des letzten Faktors liefert wegen $1 - \frac{1}{q} = \frac{1}{p}$ die Minkowskische Ungleichung.

4. Auf $C(I; K)$ erkläre für jedes $p, 1 \leq p < \infty$, die *p-Norm* durch

$$|f|_p = (\int_I |f(t)|^p dt)^{\frac{1}{p}}.$$

Mit dem Gegenstück für Integrale der Minkowskischen und Hölderschen Ungleichung zeigt man, daß dies in der Tat eine Norm ist.

5. Man kann zeigen, daß für $1 < p < \infty$ die Normen $|\ |_p$ auf K^n und $\mathcal{C}(I;K)$ streng konvex sind.

Wir beschließen diesen Abschnitt mit dem Beweis dafür, daß die Gültigkeit der Parallelogrammgleichung 6.2.16, 2. nicht nur notwendig, sondern auch hinreichend dafür ist, daß eine Norm aus einem SKP hergeleitet ist.
Der Einfachheit halber beschränken wir uns auf den reellen Fall.

Theorem 6.2.20 *Wenn für den normierten $\mathbb{R}$-Vektorraum V die Parallelogrammgleichung 6.2.16, 2. gilt, so ist durch*

$$\langle x,y\rangle = \frac{1}{4}(|x+y|^2 - |x-y|^2)$$

auf V ein SKP erklärt mit $|x| = \sqrt{\langle x,x\rangle}$.

Bemerkung: Für einen $\mathbb{C}$-Vektorraum muß man setzen

$$\langle x,y\rangle = \frac{1}{4}(|x+y|^2 - |x-y|^2 + \mathrm{i}|x+\mathrm{i}y|^2 - \mathrm{i}|x-\mathrm{i}y|^2).$$

Beweis: $\langle x,x\rangle \geq 0$ und $\langle x,x\rangle > 0$ für $x \neq 0$ sind klar. Ebenso $\langle x,y\rangle = \langle y,x\rangle$. Es bleibt zu zeigen, daß $\langle x,y\rangle$ im ersten Argument linear ist. Hier werden wir die Parallelogrammgleichung 6.2.16, 2. benutzen.

$$\langle z+z',y\rangle + \langle z-z',y\rangle$$
$$= \frac{1}{4}(|z+z'+y|^2 - |z+z'-y|^2 + |z-z'+y|^2 - |z-z'-y|^2)$$
$$= \frac{1}{2}(|z+y|^2 - |z-y|^2)$$
$$= 2\langle z,y\rangle.$$

Mit $z = z'$ folgt $\langle 2z,y\rangle = 2\langle z,y\rangle$, also

$$\langle z+z',y\rangle + \langle z-z',y\rangle = \langle 2z,y\rangle.$$

Setze $z + z' = 2x, z - z' = 2x'$. Dann

$$\langle x,y\rangle + \langle x',y\rangle = \langle x+x',y\rangle.$$

Also für alle $p \in \mathbb{Z}$: $\langle px,y\rangle = p\langle x,y\rangle$. Wenn $q \neq 0$ aus $\mathbb{Z}$, so folgt mit $qx' = x$, daß $\langle x,y\rangle = q\langle \frac{x}{q},y\rangle$. D.h., $\langle rx,y\rangle = r\langle x,y\rangle$ für alle $r \in \mathbb{Q}$. Aus der Stetigkeit der Abbildung $x \in V \longmapsto \langle x,y\rangle \in \mathbb{R}$ folgt $\langle \alpha x,y\rangle = \alpha\langle x,y\rangle$ für alle $\alpha \in \mathbb{R}$. □

6.3 Hilberträume

Wir betrachten jetzt erneut unitäre Vektorräume mit dem Ziel, die in 6.1 unter der Voraussetzung endlicher Dimension hergeleiteten Resultate womöglich auf den Fall unendlicher Dimension zu übertragen. Das Beispiel in 6.1.15 zeigt,

6.3 Hilberträume

daß dies nicht ohne weiteres möglich ist. Wenn wir jedoch die durch die Norm bestimmte Topologie mit in Betracht ziehen und für Abbildungen neben der Linearität auch deren Stetigkeit fordern sowie Vollständigkeit voraussetzen, dann lassen sich die Ergebnisse aus 6.1 vollständig übertragen.

Wir beschränken uns hier auf separable Räume. Unter den vollständigen unitären Räumen (diese heißen auch Hilberträume) gibt es dann – bis auf Isometrie – außer den endlichdimensionalen unitären Räumen genau einen Raum unendlicher Dimension.

Definition 6.3.1 1. *Ein normierter Raum V heißt* separabel, *wenn es in V eine bezüglich der abgeleiteten Metrik abzählbare dichte Teilmenge gibt.*
2. *Unter einem* Prähilbertraum *verstehen wir einen unitären Raum V, der bezüglich der abgeleiteten Norm separabel ist. Falls V vollständig ist, so heißt er auch* Hilbertraum.

Beispiele 6.3.2 1. Ein unitärer Raum V endlicher Dimension ist ein Hilbertraum. Denn gemäß 6.2.13 ist er vollständig. Und eine abzählbar dichte Teilmenge ist durch die Elemente mit rationalen Koordinaten $(\xi_1, \ldots, \xi_n)$ bezüglich einer Karte $\Phi: V \longrightarrow K^n$ gegeben. D.h., $\xi_j \in \mathbb{Q}$ bzw. $\in \mathbb{Q}+i\mathbb{Q}$.
2. Bezeichne mit l^2_K oder einfach l^2 den K-Vektorraum der Folgen $\{\xi_n\}$ in K mit $\sum_n \xi_n \bar{\xi}_n < \infty$. Hier steht $\sum_n$ für die unendliche Summe, aufgefaßt als Limes der monoton wachsenden Folge der Teilsummen $\sum_{n=1}^k \xi_n \bar{\xi}_n, k = 1, 2, \ldots$.
Wir müssen zeigen, daß die Menge l^2 ein Vektorraum ist. Dazu betrachten wir l^2 als Teil des Raumes aller Folgen mit Werten in K und verifizieren die Gültigkeit des Unterraumkriteriums 2.1.5. Wir zeigen zunächst:

(6.3)
$$\sum_n \xi_n \bar{\xi}_n < \infty \quad \text{und} \quad \sum_n \eta_n \bar{\eta}_n < \infty$$
$$\Longrightarrow |\sum_n \xi_n \bar{\eta}_n| \leq \sum_n |\xi_n||\eta_n| < \infty.$$

In der Tat, aus 6.2.3 haben wir für jedes k

$$|\sum_{n=1}^k \xi_n \bar{\eta}_n|^2 \leq (\sum_{n=1}^k |\xi_n||\bar{\eta}_n|)^2 \leq (\sum_{n=1}^k |\xi_n|^2)(\sum_{n=1}^k |\bar{\eta}_n|^2),$$

und die Behauptung folgt durch Grenzübergang $k \to \infty$.
Wenn also $x \in l^2, y \in l^2, \alpha \in K$, so

$$\sum_n (\xi_n + \eta_n)\overline{(\xi_n + \eta_n)} = \sum_n \xi_n\bar{\xi}_n + \sum_n \xi_n\bar{\eta}_n + \sum_n \bar{\xi}_n\eta_n + \sum_n \eta_n\bar{\eta}_n < \infty$$
$$\text{und} \quad \sum_n (\alpha\xi_n)\overline{(\alpha\xi_n)} = \alpha\bar{\alpha}\sum_n \xi_n\bar{\xi}_n < \infty,$$

also $x + y \in l^2$ und $\alpha x \in l^2$.
Unsere Überlegungen zeigen auch, daß auf l^2 durch

$$\langle x, y \rangle = \sum_n \xi_n \bar{\eta}_n$$

ein *kanonisches* SKP definiert ist.

l^2 ist vollständig bezüglich der abgeleiteten Norm. Denn wenn $\{x_n = (\xi_{n1}, \xi_{n2}, \ldots)\}$ eine Cauchy-Folge ist, so auch $\{\xi_{nk}\}$, für jedes k. Setze $\lim_{n \to \infty} \xi_{nk} = \xi_k, (\xi_1, \xi_2, \ldots) = x$. Wir behaupten: $x \in l^2$.
Denn zu gegebenem $\varepsilon > 0$ gilt $\sum_{n=1}^{k} |\xi_{ln} - \xi_{mn}|^2 < \varepsilon^2$, für l, m genügend groß. Also auch $\sum_{n=1}^{k} |\xi_n - \xi_{mn}|^2 \leq \varepsilon^2$, für m genügend groß, d. h., $|x - x_m| \leq \varepsilon$, m genügend groß.
Da in l^2 die Vereinigung $K^1 \cup K^2 \cup K^3 \cup \ldots$ der K^n dicht liegt und jedes K^n separabel ist, ist auch l^2 separabel.

Die folgende Erweiterung von 6.1.12 ist von fundamentaler Bedeutung.

Theorem 6.3.3 *Sei V ein unitärer Raum und U ein Unterraum von V, der mit dem induzierten SKP ein Hilbertraum ist.*
Dann gibt es zu jedem $x \in V$ ein eindeutig bestimmtes Element $x_U \in U$, das kleinsten Abstand von x besitzt, d. h.,

$$|x - x_U| \leq |x - y|, \quad \text{für alle} \quad y \in U.$$
$$x - x_U \in U^\perp;$$
$$x \in V \longmapsto x_U + (x - x_U) \in U \oplus U^\perp = V$$

ist die Zerlegung von V in die Summe $U + U^\perp, U \cap U^\perp = \{0\}$. $U^\perp$ ist ein abgeschlossener Unterraum.

Bemerkungen 6.3.4 1. Man nennt das Element $x_U \in U$ auch die *beste Approximation* von x in U.
2. Beachte, daß ein endlichdimensionaler Unterraum von V stets ein Hilbertraum ist, vgl. 6.3.2, 1..
3. Beim Beweis werden wir benutzen, daß die aus dem SKP abgeleitete Norm streng konvex ist, vgl. 6.2.16.
4. Die Voraussetzung, daß U ein Hilbertraum ist, ist wichtig. Denn wenn wir etwa in l^2 den Unterraum U der Folgen $\{\xi_n\}$ mit $\xi_n = 0$ für fast alle n betrachten, so ist $U^\perp = \{0\}$, aber $U \neq l^2$.

Beweis von 6.3.3: Wir zeigen zunächst, daß zu $x \in V$ eindeutig ein $x_U \in U$ mit $|x - x_U| \leq |x - y|$, für alle $y \in U$, bestimmt ist. Setze $\inf_{y \in U} |x - y| = d$. Es gibt eine Folge $\{y_n\}$ in U mit $\lim_{n \to \infty} |x - y_n| = d$. Wenn wir zeigen, daß $\{y_n\}$ eine Cauchy-Folge ist, so ist $\lim_{n \to \infty} y_n = x_U$ das gesuchte Element, und es ist offenbar eindeutig.
Für $\varepsilon > 0$ gilt, für alle genügend großen n und m,

$$2|y_n - x|^2 + 2|y_m - x|^2 < 4d^2 + \varepsilon^2.$$

Mit $y_n - y_m = (y_n - x) - (y_m - x)$ erhalten wir unter Verwendung von 6.2.16, 2.

$$\begin{aligned}|y_n - y_m|^2 &= 2|y_n - x|^2 + 2|y_m - x|^2 - |y_n + y_m - 2x|^2 \\ &< 4d^2 + \varepsilon^2 - 4d^2 = \varepsilon^2.\end{aligned}$$

6.3 Hilberträume

Wir zeigen jetzt: $z = x - x_U \in U^\perp$. Denn für alle $t \in \mathbb{R}$, alle $y \in U$ gilt

$$|z|^2 \leq |z + t\langle z, y\rangle y|^2 = |z|^2 + 2t|\langle z, y\rangle|^2 + t^2|\langle z, y\rangle|^2|y|^2.$$

Hieraus folgt $\langle z, y\rangle = 0$. Denn andernfalls wäre $y \neq 0$, und mit $t = -\frac{1}{|y|^2}$ würde die rechte Seite $< |z|^2$.
Da $x = x_U + (x - x_U) \in U + U^\perp$ haben wir $V = U + U^\perp$. $U^\perp$ ist abgeschlossen als Kern der stetigen Abbildung $x \in V \longmapsto x_U \in U$. □

Satz 6.3.5 *Sei V ein Prähilbertraum. Dann ist ein ON-System S in V stets abzählbar. Wir können ein solches System also stets in der Form $S = \{d_1, d_2, \ldots\}$ schreiben.*

Beweis: Bezeichne mit A eine abzählbare dichte Teilmenge von V. Sei $S = \{d_\iota, \iota \in I\}$ ein ON-System. Es genügt zu zeigen, daß es eine injektive Abbildung $f: S \longrightarrow A$ gibt.
Dazu bemerke zunächst, daß nach dem Satz von Pythagoras für $\iota \neq \kappa$ $|d_\iota - d_\kappa| = \sqrt{2}$. Wähle $f: S \longrightarrow A$ so, daß $|f(d_\iota) - d_\iota| < \frac{1}{2}$ für alle $\iota \in I$. Für $\iota \neq \kappa$ haben wir dann

$$\begin{aligned}|f(d_\iota) - f(d_\kappa)| &= |(d_\iota - d_\kappa) - (d_\iota - f(d_\iota)) - (f(d_\kappa) - d_\kappa)| \\ &\geq |d_\iota - d_\kappa| - |d_\iota - f(d_\iota)| - |f(d_\kappa) - d_\kappa| > 0.\end{aligned}$$

□

Lemma 6.3.6 *Sei $S = \{d_1, d_2, \ldots\}$ ON-System in dem unitären Raum V. Dann gilt für jedes $x \in V$ die Besselsche Ungleichung*

(6.4) $$\sum_n |\langle x, d_n\rangle|^2 \leq |x|^2.$$

Beweis: Für jedes $k = 1, 2, \ldots$ bezeichne mit $U(k)$ den von $\{d_1, \ldots, d_k\}$ erzeugten k-dimensionalen Unterraum. $\{d_1, \ldots, d_k\}$ ist eine ON-Basis von $U(k)$. $x - \sum_{n=1}^k \langle x, d_n\rangle d_n \in U(k)^\perp$, d. h., $\sum_{n=1}^k \langle x, d_n\rangle d_n$ ist das Element $x_{U(k)} \in U(k)$ aus 6.3.3. Also

$$|x_{U(k)}|^2 \leq |x_{U(k)}|^2 + |x - x_{U(k)}|^2 = |x|^2.$$

(6.4) ergibt sich, wenn k alle Elemente aus der Indexmenge von S durchläuft.
□

Definition 6.3.7 *Sei V ein Prähilbertraum. Unter einer Hilbertbasis von V verstehen wir ein ON-System $S = \{d_1, d_2, \ldots\}$, so daß jedes $x \in V$ eine Darstellung der Form $x = \sum_n \xi_n d_n$ besitzt im Sinne der Konvergenz der Teilsummen $\sum_{n=1}^k \xi_n d_n$.*

Beispiele 6.3.8 1. Falls V unitär und endlichdimensional, so sind Hilbertbasis und ON-Basis dasselbe.

2. Für den Hilbertraum l^2 definieren wir die *kanonische Hilbertbasis* $E = \{e_1, e_2, \ldots\}$ durch $e_n = (0, \ldots, 1, 0, \ldots)$ (1 an der Stelle n, sonst alles Nullen).

Es ist klar, daß E Hilbertbasis ist. Dagegen ist E nicht Basis von l^2, betrachtet als K-Vektorraum. Denn der von E erzeugte Raum $[E]$ ist gerade der in 6.3.4, 4. betrachtete Unterraum $U \neq l^2$.

Theorem 6.3.9 *Sei* $S = \{d_1, d_2, \ldots\}$ *ein ON-System des separablen unitären Raumes (d. h., Prähilbertraumes) V.*

1. *Folgende Aussagen sind äquivalent:*

   (a) $[S]$ *ist dicht in* V.

   (b) S *ist Hilbertbasis.*

   (c) *Es gilt die* Parsevalsche Identität
   $$\langle x, y \rangle = \sum_n \langle x, d_n \rangle \overline{\langle y, d_n \rangle}. \qquad (Vgl.\ 6.1.11).$$

   (d) *Es gilt die* Parsevalsche Gleichung
   $$|x|^2 = \sum_n |\langle x, d_n \rangle|^2. \qquad (Vgl.\ 6.1.11).$$

2. *Aus jeder der vorstehenden Eigenschaften 1.(a), 1.(b), 1.(c), 1.(d) folgt:*

   (6.5) $\qquad \langle x, d_n \rangle = 0 \quad$ *für alle* $n \Longrightarrow x = 0$. $\qquad (Vgl.\ 6.1.10).$

   Falls $\{V, \langle\,,\,\rangle\}$ *ein Hilbertraum ist, so impliziert (6.5) jede der Eigenschaften 1.(a), 1.(b), 1.(c), 1.(d).*

Beweis: 1.(a) $\Longrightarrow$ 1.(b): Sei $x = \lim x_n, x_n \in [S]$. Zu jeden $\varepsilon > 0$ gibt es also $n_0 = n(\varepsilon)$, so daß $|x - x_n| < \varepsilon$ für $n \geq n_0$. Zu jedem n gibt es $m(n)$, so daß $x_n \in U(m(n)) = m(n)$-dimensionaler Raum, erzeugt von $d_1, \ldots, d_{m(n)}$. Setze $\sum_{k=1}^{m(n)} \langle x, d_k \rangle d_k = x'_n$. Da $U(m(n))$ als endlichdimensionaler Raum vollständig ist, folgt aus 6.3.2 $|x - x'_n| \leq |x - x_n| < \varepsilon$. Da

$$\left|x - \sum_{n=1}^{m+1} \langle x, d_n \rangle d_n\right| \leq \left|x - \sum_{n=1}^{m} \langle x, d_n \rangle d_n\right|,$$

gilt
$$\lim_{n \to \infty} |x - x'_n| \leq \varepsilon, \quad \text{also} \quad x = \sum_n \langle x, d_n \rangle d_n.$$

1.(b) $\Longrightarrow$ 1.(c): Mit $x = \sum_n \langle x, d_n \rangle d_n$, $y = \sum_n \langle y, d_n \rangle d_n$, $x_k = \sum_{n=1}^{k} \langle x, d_n \rangle d_n$, $y_k = \sum_{n=1}^{k} \langle y, d_n \rangle d_n$ haben wir
$$\langle x_k, y_k \rangle = \sum_{n=1}^{k} \langle x, d_n \rangle \overline{\langle y, d_n \rangle},$$

und aus Stetigkeitsgründen gilt dies auch für $k \to \infty$.

1.(c) $\Longrightarrow$ 1.(d) ist klar.
1.(d) $\Longrightarrow$ 1.(a): Denn jedes x ist $= \sum_n \langle x, d_n \rangle d_n$ und daraus folgt, daß $[S]$ dicht ist in V.
1.(b) $\Longrightarrow$ (6.5) ist klar.
Sei nun V ein Hilbertraum und für S gelte (6.5). Dann ist die abgeschlossene Hülle der Menge $[S]$ ein vollständiger Unterraum U von V. (6.5) bedeutet, daß $U^\perp = \{0\}$, also $U = V$. □

Theorem 6.3.10 *Ein Hilbertraum V besitzt eine Hilbertbasis. Genauer: Jedes ON-System S_0 in V läßt sich zu einer Hilbertbasis erweitern.*

Beweis: Für $\dim V < \infty$ folgt dies aus 6.1.7. Für den Fall unendlicher Dimension benutzen wir das Zornsche Lemma, vgl. auch den Beweis von 2.4.7: Sei S_0 ein ON-System. Bezeichne mit $\mathcal{F} = \mathcal{F}(S_0)$ die Familie der ON-Systeme S' mit $S_0 \subset S'$. $\mathcal{F}$ ist bezüglich der Inklusion teilweise geordnet, und die Vereinigung einer vollständig geordneten Teilfamilie stellt eine obere Schranke für diese Teilfamilie in $\mathcal{F}$ dar. Nach dem Zornschen Lemma gibt es also in $\mathcal{F}$ ein maximales Element S.
S ist eine Hilbertbasis. Denn der Abschluß U von $[S]$ ist vollständig. Es ist also nach 6.3.3 $V = U + U^\perp$. Wäre $U^\perp \neq \{0\}$, so könnten wir S um ein Element $e, |e| = 1$, aus $U^\perp$ erweitern, was der Maximalität von S widerspricht. □

Theorem 6.3.11 *Ein Hilbertraum V ist, bis auf Isometrie, durch seine Dimension festgelegt.*
Genauer: Falls $\dim V = n < \infty$, so liefert eine ON-Basis $D = \{d_1, \ldots, d_n\}$ eine Isometrie
$$\Phi_D : V \longrightarrow K^n.$$
Falls $\dim V = \infty$, so liefert eine Hilbertbasis $D = \{d_1, d_2, \ldots\}$ eine Isometrie
$$\Phi_D : V \longrightarrow l^2; \quad d_j \longmapsto e_j.$$

Beweis: Nach 6.3.10 besitzt V stets eine ON-Basis $D = \{d_1, d_2, \ldots\}$. Nach 6.3.9 läßt jedes $x \in V$ sich damit als $\sum_n \langle x, d_n \rangle d_n$ schreiben. Erkläre
$$\Phi_D : V \longrightarrow l^2; \quad x \longmapsto \sum_n \langle x, d_n \rangle e_n.$$
Die Parsevalsche Identität besagt, daß dies eine Isometrie ist. □

Beispiele 6.3.12 Wir kommen auf das in 6.1.7, 2. definierte ON-System von $\mathcal{C} = \mathcal{C}([-\pi, \pi]; \mathbb{R})$ zurück:
$$\begin{aligned} d_0(t) &= \frac{1}{\sqrt{2\pi}}, \\ d_{2m-1}(t) &= \cos\frac{mt}{\sqrt{\pi}}, \\ d_{2m}(t) &= \sin\frac{mt}{\sqrt{\pi}} \quad (m > 0). \end{aligned}$$

Durch Four$(f) = \sum_{m=0}^{\infty}\langle f, d_m\rangle d_m$ ist die *formale Fourierreihe* von f erklärt. Setze

$$\frac{1}{2\pi}\int_{-\pi}^{\pi} f(t)\,dt = \langle f, \frac{d_0}{\sqrt{2\pi}}\rangle = \frac{a_0}{2}$$

$$\frac{1}{\pi}\int_{-\pi}^{\pi} f(t)\cos mt\,dt = \langle f, \frac{d_{2m-1}}{\sqrt{\pi}}\rangle = a_m$$

$$\frac{1}{\pi}\int_{-\pi}^{\pi} f(t)\sin mt\,dt = \langle f, \frac{d_{2m}}{\sqrt{\pi}}\rangle = b_m$$

Damit wird dann

$$\text{Four}(f) = \frac{1}{2}a_0 + \sum_m a_m \cos mt + \sum_m b_m \sin mt.$$

Nach 6.3.3 ist das *k-te Fourierpolynom*

$$\frac{1}{2}a_0 + \sum_{m=1}^{k} a_m \cos mt + \sum_{m=1}^{k} b_m \sin mt$$

die beste Approximation der Funktion f im Sinne der Norm $|\ | = \sqrt{\langle,\rangle}$ durch ein Element aus dem endlichdimensionalen Raum aufgespannt von $\{\frac{1}{\sqrt{2\pi}}, \frac{\cos mt}{\sqrt{\pi}}, \frac{\sin mt}{\sqrt{\pi}}, 1\leq m\leq k\}$.
Die Besselsche Ungleichung 6.3.6 impliziert

$$\sum_{n=0}^{\infty} |\langle f, d_n\rangle|^2 \leq \langle f, f\rangle.$$

Wie wir bereits in 6.2.14 gesehen haben, ist $\mathcal{C}$ nicht vollständig. Daher ist auch nicht zu erwarten, daß stets Four$(f)\in\mathcal{C}$. Es läßt sich jedoch verhältnismäßig einfach zeigen, daß $f\in\mathcal{C}$ und $\langle f, d_n\rangle = 0$ für alle $n = 0, 1, \ldots$ impliziert $f = 0$. Überdies ist $\mathcal{C}$ separabel. Denn $\langle f, f\rangle \leq |f|_\infty^2 2\pi$. Und da wir bereits in 6.1.15 bemerkten, daß die Polynome dicht liegen in $\mathcal{C}$ mit der Norm $|\ |_\infty$, und da dies auch für die Polynome mit rationalen Koeffizienten gilt, folgt, daß auch der Raum $\mathcal{C}$ mit der Norm $\sqrt{\langle,\rangle}$ separabel ist.
In der Theorie der Fourierreihen fragt man nach Bedingungen dafür, daß $f\in\mathcal{C}$ durch Four(f) dargestellt wird. Eine hinreichende Bedingung ist z. B., daß $f(-\pi) = f(\pi)$ und $\dot{f}(t)$ stückweise stetig ist.

6.4 Lineare Operatoren. Die unitäre Gruppe

In diesem Abschnitt betrachten wir die für normierte Vektorräume angemessenen Morphismen, die stetigen linearen Abbildungen, genannt lineare Operatoren. Für endliche Dimensionen ist jede lineare Abbildung ein linearer Operator.

6.4 Lineare Operatoren. Die unitäre Gruppe

Wir betrachten insbesondere lineare Operatoren von Hilberträumen und leiten einige Normalformen her für gewisse Operatoren. Wenn wir uns auf endlichdimensionale Räume beschränken, so erübrigen sich überall die Stetigkeitsbetrachtungen, und die Beweise vereinfachen sich dementsprechend.

Definition 6.4.1 *Seien V, W normierte (Vektor-)Räume. Unter einem linearen Operator von V nach W verstehen wir eine stetige lineare Abbildung $f: V \longrightarrow W$.*

Bemerkung: Falls $\dim V < \infty$, so ist jedes $f \in L(V; W)$ stetig.

Lemma 6.4.2 *Sei $f: V \longrightarrow W$ linear, V und W normiert. f ist dann und nur dann stetig, wenn f beschränkt ist, d. h., wenn es ein $k > 0$ gibt, so daß $|f(x)| \leq k|x|$ für alle $x \in V$.*

Beweis: Aus $|f(y) - f(x)| = |f(x-y)|$ folgt: Wenn f beschränkt, so ist f stetig. Sei nun f nicht beschränkt. D.h., es gibt eine Folge $\{x_n\}$ in V, so daß $|f(x_n)| > n|x_n|$. Setze $\frac{x_n}{|f(x_n)|} = z_n$. Dann ist $\{z_n\}$ eine Nullfolge, während $|f(z_n)| = 1$, also $\{f(z_n)\}$ ist keine Nullfolge. D.h., f ist nicht stetig. □

Beispiel 6.4.3 Wir geben ein Beispiel für eine nichtbeschränkte lineare Abbildung $f: l^2 \longrightarrow K$. Sei $E = \{e_1, e_2, \ldots\}$ die kanonische Hilbertbasis von l^2. Auf $U = [E]$ sei f durch $f(e_n) = n$ gegeben und auf einem Komplement U' von $U \neq l^2$ durch $f|U' = 0$.

Definition 6.4.4 *Sei $f: V \longrightarrow W$ ein linearer Operator. Erkläre*

$$|f| = \inf\{k \geq 0; |f(x)| \leq k|x|, \text{ für alle } x \in V\}.$$

Bemerkung: Aus 6.4.4 folgt

$$|f| = \sup_{x \neq 0} \frac{|f(x)|}{|x|} = \sup_{|x|=1} |f(x)|.$$

Theorem 6.4.5 *Seien V und W normiert. Bezeichne mit $L_b(V; W)$ die Menge der linearen Operatoren $f: V \longrightarrow W$. Dann ist $L_b(V; W)$ ein normierter Unterraum von $L(V; W)$ mit $|f|$ gegeben wie in 6.4.4.*

Beweis: Aus $|f(x)| \leq |f||x|, |g(x)| \leq |g||x|$ folgt $|(f+g)(x)| = |f(x) + g(x)| \leq (|f| + |g|)|x|$. $|\alpha f(x)| = |\alpha||f(x)| \leq |\alpha||f||x|$. $L_b(V; W)$ erfüllt also das Unterraumkriterium. Für die Norm gilt die Dreiecksungleichung sowie $|\alpha f| = |\alpha||f|$. $|f| \geq 0$ und $|f| = 0$ nur für $f = 0: V \longrightarrow W$. □

Satz 6.4.6 *Sei V Hilbertraum. Bezeichne mit V_b^* den Raum der stetigen linearen Abbildungen $f: V \longrightarrow K$. Erkläre die natürliche Paarung*

$$\langle \,,\, \rangle: V_b^* \times V \longrightarrow K; \quad (y^*, x) \longmapsto \langle y^*, x \rangle$$

wie in 3.2.5 durch $\langle y^*, x \rangle = y^*(x)$. Diese Abbildung ist stetig.

Beweis: Dies folgt aus $|\langle y^*, x\rangle| \le |y^*||x|$. □

In 6.1.13 hatten wir gezeigt, daß für einen endlichdimensionalen unitären Raum V ein kanonischer Isomorphismus $\sigma: V \longrightarrow V^*$ erklärt ist. Das entsprechende Resultat für Hilberträume ist der *Darstellungssatz von Riesz*:

Theorem 6.4.7 *Sei V Hilbertraum, V_b^* der Raum der stetigen Funktionale auf V (auch Hilbert-Dualraum genannt).*
Erkläre $\sigma: V \longrightarrow V_b^*$ unter Verwendung der natürlichen Paarung $\langle\,,\,\rangle: V_b^* \times V \longrightarrow K$ durch $\langle \sigma(y), x\rangle = \langle x, y\rangle$. Dann ist σ stetig und bijektiv mit stetiger Umkehrung $\tau = \sigma^{-1}: V_b^* \longrightarrow V$; $\langle x, \tau(y^*)\rangle = \langle y^*, x\rangle$. σ ist konjugiert-linear und $|\sigma(x)| = |x|$. Mit $\langle x^*, y^*\rangle = \langle \sigma^{-1}(y^*), \sigma^{-1}(x^*)\rangle$ wird V_b^* ein Hilbertraum isomorph zu V. Damit ist σ eine konjugierte Isometrie, $\langle \sigma(x), \sigma(y)\rangle = \overline{\langle x, y\rangle}$.

Beweis: Offenbar ist $\sigma(y) \in V_b^*$. Wir erklären $\tau: V_b^* \longrightarrow V$ wie in 6.1.13: Für $y^* = 0$ setze $\tau(y^*) = 0$. Wenn $y^* \ne 0$, so $U = \ker y^* \ne V$ abgeschlossen und daher vollständig. Nach 6.3.3 ist also $V = U + U^\perp$. Gemäß 3.2.3 ist $\dim U^\perp = 1$. Wähle $e \in U^\perp, |e| = 1$. Also haben wir für jedes $x \in V$ die Zerlegung

$$x = (x - \langle x, e\rangle e) + \langle x, e\rangle e \in U + U^\perp.$$

Erkläre $\tau(y^*)$ durch $\overline{\langle y^*, e\rangle} e$. Mit der vorstehenden Darstellung von $x \in V$ ist also $\langle x, \tau(y^*)\rangle = \langle y^*, e\rangle\langle x, e\rangle = \langle y^*, \langle x, e\rangle e\rangle = \langle y^*, x\rangle$. Damit ergibt sich wie im Beweis von 6.1.13 der Rest des Theorems. □

In 3.2.10 hatten wir die injektive lineare Abbildung $(**): V \longrightarrow V^{**}$; $x^{**}: y^* \in V^* \longmapsto \langle y^*, x\rangle \in K$ erklärt. Dies war ein Isomorphismus, falls $\dim V < \infty$. Das Gegenstück für Hilberträume lautet:

Satz 6.4.8 *Sei V Hilbertraum. Die Komposition der Abbildungen*

$$\sigma: V \longrightarrow V_b^*; \quad \sigma^*: V_b^* \longrightarrow (V_b^*)_b^* \;=\; (kurz)\; V_b^{**}$$

ist ein isometrischer Isomorphismus; $\sigma^* \circ \sigma$ entspricht der Abbildung $(**)$.

Beweis: Die Definition von σ und σ^* und die Definition des SKP auf V_b^* liefern für beliebige x und y aus V:

$$\langle \sigma^* \circ \sigma(x), \sigma(y)\rangle = \langle \sigma(y), \sigma(x)\rangle = \langle x, y\rangle = \langle \sigma(y), x\rangle = \langle x^{**}, \sigma(y)\rangle.$$

Als Komposition der konjugiert-isometrischen Abbildungen σ und σ^* ist $\sigma^* \circ \sigma$ isometrisch. □

Das Gegenstück zu 3.3.6 lautet:

Theorem 6.4.9 *Seien V und W Hilberträume. Wenn $f \in L_b(V; W)$, so ${}^t f \in L_b(W_b^*; V_b^*)$ mit $\langle {}^t f(y^*), x\rangle = \langle y^*, f(x)\rangle$ für $(y^*, x) \in W_b^* \times V$. $|{}^t f| = |f|$. Also ist auch die zu f adjungierte Abbildung*

$$f^* = \sigma_V^{-1} \circ {}^t f \circ \sigma_W: W \longrightarrow V$$

6.4 Lineare Operatoren. Die unitäre Gruppe

stetig mit $\sigma_W: W \longrightarrow W_b^*, \sigma_V: V \longrightarrow V_b^*$ *wie in 6.4.7.* f^* *ist charakterisiert durch*

$$\langle f(x), y \rangle = \langle x, f^*(y) \rangle, \quad \text{für} \quad (x, y) \in V \times W.$$

Insbesondere ist $f^{**} = f$. *Schließlich ist*

$$(*): f \in L_b(V; V) \longmapsto f^* \in L_b(V; V)$$

ein Ring-Antiisomorphismus: $(g \circ f)^* = f^* \circ g^*$.

Beweis: Aus der Definition von ${}^t f$: $\langle {}^t f(y^*), x \rangle = \langle y^*, f(x) \rangle$, für alle $(y^*, x) \in W_b^* \times V$, folgt:

$$|{}^t f(y^*)(x)| \le |y^*| |f(x)| \le |y^*| |f| |x|.$$

Also $|{}^t f(y^*)| \le |y^*| |f|$, d. h., $|{}^t f| \le |f|$. Wegen ${}^{tt} f = f$ folgt $|{}^t f| = |f|$. Da σ_W und σ_V^{-1} konjugiert-lineare Isomorphismen sind, ist f^* linear, stetig und $|f^*| = |f|$. Damit haben wir

$$\begin{aligned}\langle x, f^*(y) \rangle &= \langle x, \sigma_V^{-1} \circ {}^t f \circ \sigma_W(y) \rangle = \langle {}^t f \circ \sigma_W(y), x \rangle \\ &= \langle \sigma_W(y), f(x) \rangle = \langle f(x), y \rangle. \\ \langle y, f(x) \rangle &= \langle f^*(y), x \rangle = \langle y, f^{**}(x) \rangle, \quad \text{d. h.,} \quad f = f^{**}.\end{aligned}$$

Der Rest folgt aus 3.3.6. □

Definition 6.4.10 *Sei* V *Hilbertraum,* $f \in L_b(V; V)$.

1. f *heißt* normal, *wenn* $f \circ f^* = f^* \circ f$.
2. f *heißt* selbstadjungiert, *wenn* $f = f^*$.
3. f *heißt* unitär, *wenn* $f \circ f^* = f^* \circ f = \text{id}_V$.

Bemerkungen:

1. f selbstadjungiert oder unitär $\Longrightarrow f$ normal.
2. Eine unitäre Transformation f ist invertierbar: $f^{-1} = f^*$, vgl. 1.1.11.
3. Sei $f: V \longrightarrow V$ eine stetige lineare Abbildung mit $\langle f(x), f(y) \rangle = \langle x, y \rangle$ für alle $(x, y) \in V \times V$. Wir nennen ein solches f *isometrisch*. Denn für den zugehörigen Abstand $d(x, y) = |x - y|, |\ | = \sqrt{\langle\ ,\ \rangle}$, gilt $d(f(x), f(y)) = d(x, y)$.

Eine unitäre Transformation ist isometrisch, denn $\langle f(x), f(y) \rangle = \langle x, f^* \circ f(y) \rangle = \langle x, y \rangle$. Für eine isometrische Transformation f ist $\ker f = 0$, da $f(x) = 0 \Longrightarrow \langle f(x), f(x) \rangle = \langle x, x \rangle = 0$, also $x = 0$. Falls $\dim V < \infty$, ist eine Isometrie also invertierbar und daher unitär. Für $\dim V = \infty$ dagegen ist $f: l^2 \longrightarrow l^2$ mit $f(e_i) = e_{i+1}$ eine Isometrie, aber nicht unitär.

Theorem 6.4.11 *Sei* V *Hilbertraum. Die Menge* $\mathbf{U}(V)$ *der unitären Operatoren ist eine Untergruppe von* $GL(V)$. *Sie heißt* unitäre Gruppe *von* V. *Im Falle* $K = \mathbb{R}$ *sprechen wir auch von der* orthogonalen Gruppe $\mathbf{O}(V)$.

Beweis: Wir verifizieren die Gültigkeit des Untergruppenkriteriums 1.2.10: Aus $f \circ f^* = \text{id}, g \circ g^* = \text{id}$ folgt mit 6.4.9 $(g \circ f) \circ (g \circ f)^* = g \circ f \circ f^* \circ g^* = \text{id}$. □

Satz 6.4.12 *Sei V Hilbertraum, $f: V \longrightarrow V$ ein linearer Operator. Sei λ Eigenwert von f, d. h., $\ker(f - \lambda \operatorname{id}) \neq 0$.*

1. *Falls f normal, so ist auch $\bar\lambda$ Eigenwert von f. Insbesondere also $\ker f = \ker f^*$.*
2. *Falls f selbstadjungiert, so ist λ reell.*
3. *Falls f unitär, so ist $\lambda\bar\lambda = 1$, d. h., $\lambda = e^{i\phi}$.*

Beweis: Zu 1.:

$$\begin{aligned}\langle f(x), f(x)\rangle &= \langle x, f^* \circ f(x)\rangle = \langle x, f \circ f^*(x)\rangle \\ &= \langle f^*(x), f^*(x)\rangle \quad (\text{wegen} \quad f^{**} = f).\end{aligned}$$

Also $f(x) = 0 \iff f^*(x) = 0$. Da $(f - \lambda \operatorname{id})^* = f^* - \bar\lambda \operatorname{id}$, folgt die Behauptung.
Zu 2.: Dies folgt aus 1. für $f(x) = \lambda x, x \neq 0$.
Zu 3.: Nach dem Vorhergehenden ist für $f(x) = \lambda x, x \neq 0, x = f^* \circ f(x) = f^*(\lambda x) = \lambda\bar\lambda x$. □

Satz 6.4.13 *Sei $f: V \longrightarrow V$ normaler Operator, λ Eigenwert von f. Sei V_λ der zugehörige Eigenraum. Dann ist V gleich der direkten Summe $V_\lambda \oplus V_\lambda^\perp$ von abgeschlossenen Unterräumen, und $f|V_\lambda^\perp : V_\lambda^\perp \longrightarrow V_\lambda^\perp$ ist normal.*

Beweis: $V_\lambda = \ker(f - \lambda \operatorname{id})$ ist abgeschlossen und daher vollständig. Aus 6.3.3 haben wir die Zerlegung. Sei $y \in V_\lambda, x \in V_\lambda^\perp$. Dann $\langle f(x), y\rangle = \langle x, f^*(y)\rangle = \lambda\langle x, y\rangle = 0$, also $f(x) \in V_\lambda^\perp$. □

Theorem 6.4.14 *Sei $f: V \longrightarrow V$ normaler Operator. Wenn $\{\lambda_1, \ldots, \lambda_k\}$ endlich viele paarweise verschiedene Eigenwerte sind von f und $V_{\lambda_1}, \ldots, V_{\lambda_k}$ die zugehörigen Eigenräume, so besitzt V die Zerlegung*

$$V = V_{\lambda_1} \oplus \cdots \oplus V_{\lambda_k} \oplus V'$$

*in paarweise orthogonale Unterräume mit $f|V': V' \longrightarrow V'$ normal.
Falls insbesondere $\dim V < \infty$ und $K = \mathbb{C}$, so zerfällt V in eine orthogonale Summe von Eigenräumen $V_{\lambda_i}, 1 \leq i \leq k$, des normalen Operators $f: V \longrightarrow V$. Hierdurch sind die normalen Operatoren auf V gekennzeichnet.*

Beweis: Dies ergibt sich sofort aus 6.4.13 und der Definition 6.4.10. □

Beispiel 6.4.15 Falls $f: V \longrightarrow V$ unendlich viele Eigenwerte besitzt, so braucht es nicht eine Basis aus Eigenvektoren zu geben: Betrachte die kanonische Basis $E = \{e_1, e_2, \ldots\}$ von l^2 und setze $f(e_k) = \frac{e_k}{k}$. Damit ist f erklärt als lineare beschränkte Abbildung auf dem dichten, jedoch nicht abgeschlossenen Unterraum $[E]$ von l^2. f besitzt eine eindeutig bestimmte stetige Erweiterung auf ganz l^2 durch $f(x) = \lim_{n\to\infty} f(x_n)$, wenn $x = \lim_{n\to\infty} x_n, x_n \in [E]$.
Die einzigen Eigenwerte λ von f sind die Werte $\lambda = \frac{1}{k}$ mit e_k als Eigenvektoren. Denn sei $x = \sum_k \xi_k e_k, x_n = \sum_k \xi_{nk} e_k \in [E]$, mit $\lim_{n\to\infty} x_n = x$. Wenn $f(x) = \lambda x$, so $\lambda \xi_k = \lim_{n\to\infty} \frac{\xi_{nk}}{k} = \frac{\xi_k}{k}$. D.h., wenn $x \neq 0$, so muß es ein k geben mit $x = \xi_k e_k$.

6.4 Lineare Operatoren. Die unitäre Gruppe

Der Wert $\lambda = 0$ spielt in unserem Beispiel eine besondere Rolle: $\lambda \in K$ heißt *Spektralwert*, wenn $(f - \lambda\,\mathrm{id}): V \longrightarrow V$ kein stetiges Inverses besitzt. Jeder Eigenwert ist Spektralwert. In unserem Beispiel ist $\lambda = 0$ Spektralwert, aber nicht Eigenwert. Denn gäbe es einen Operator $g: V \longrightarrow V$ mit $g \circ (f - 0\,\mathrm{id}) = g \circ f = \mathrm{id}_V$, so $e_k = g \circ f(e_k) = g(\frac{e_k}{k}) = \frac{g(e_k)}{k}$, d. h., $g(e_k) = ke_k, g$ ist nicht beschränkt.

Falls $\dim V < \infty$, so können wir die vorstehenden Begriffe und Resultate auch durch Matrizen beschreiben.

Lemma 6.4.16 *Sei V unitär, $D = \{d_1, \ldots, d_n\}$ eine ON-Basis von V. Wenn $\Phi_D \circ f \circ \Phi_D^{-1} = A \in M_K(n,n)$, so $\Phi_D \circ f^* \circ \Phi_D^{-1} = {}^t\bar{A}$. Insbesondere*

$$f \text{ normal} \iff A\,{}^t\bar{A} = {}^t\bar{A}A.$$
$$f \text{ selbstadjungiert} \iff A = {}^t\bar{A}.$$
$$f \text{ unitär} \iff A\,{}^t\bar{A} = E.$$

Beweis: Gemäß 6.1.11 sind die Elemente a_{ij} von A und a^*_{ij} von $A^* = \Phi_D \circ f^* \circ \Phi_D^{-1}$ gegeben durch
$$a_{ji} = \langle f(d_i), d_j \rangle; \quad a^*_{ji} = \langle f^*(d_i), d_j \rangle.$$
Also $\overline{a^*_{ji}} = \overline{\langle f^*(d_i), d_j \rangle} = \langle d_j, f^*(d_i) \rangle = \langle f(d_j), d_i \rangle = a_{ij}.$ □

Definition 6.4.17 *Unter der* unitären Gruppe $\mathbb{U}(n)$ *in n Variablen verstehen wir die Gruppe der $A \in M_K(n,n)$ mit $A\,{}^t\bar{A} = E$. Im Falle $K = \mathbb{R}$ sprechen wir auch von der* orthogonalen Gruppe $\mathbb{O}(n)$ *in n Variablen. D.h., $\mathbb{O}(n) = \{A \in M_K(n,n);\ A\,{}^tA = E\}$.*

Bemerkung: $\mathbb{U}(n)$ ist also nach 6.4.16 die Koordinatendarstellung von $\mathbb{U}(V)$ bezüglich einer ON-Basis von V, $\dim V = n$.

Satz 6.4.18 *Betrachte den auf $\mathbb{U}(V)$ eingeschränkten Determinantenhomomorphismus* $\det: \mathbb{U}(V) \longrightarrow K^*$.

1. *Im Falle $K = \mathbb{C}$ ist das Bild die Gruppe $S^1 = \{e^{i\phi}\}$ der komplexen Zahlen vom Betrag 1.*
2. *Im Falle $K = \mathbb{R}$, also im Falle $\mathbb{O}(V)$, ist das Bild die Gruppe $S^0 = \{\pm 1\} \subset \mathbb{R}^*$.*

Beweis: Gemäß 6.4.14, 6.4.12 besitzt $f \in \mathbb{U}(V)$ eine Koordinatendarstellung durch eine Diagonalmatrix $\mathrm{diag}(\lambda_1, \lambda_2, \ldots, \lambda_n)$ mit Elementen $\lambda_i, \lambda_i \bar{\lambda}_i = 1$. Also $\det f \in S^1$. Da $\mathrm{diag}(\lambda, 1, \ldots, 1) \in \mathbb{U}(V)$, wenn $\lambda\bar{\lambda} = 1$, ist im det $|\mathbb{U}(V) = S^1$, bzw. $= S^0$, je nachdem ob $K = \mathbb{C}$ oder $K = \mathbb{R}$. □

Satz 6.4.19 *Bezeichne mit $S\mathbb{U}(V)$ bzw. $S\mathbb{O}(V)$ den Kern der Abbildung* $\det: \mathbb{U}(V) \longrightarrow \mathbb{C}^*$ *bzw.* $\det: \mathbb{O}(V) \longrightarrow \mathbb{R}^*$. $S\mathbb{U}(V)$ *bzw.* $S\mathbb{O}(V)$ *heißt* spezielle unitäre *bzw.* spezielle orthogonale Gruppe. *Dann gilt*

$$\mathbb{U}(V)/S\mathbb{U}(V) \cong S^1 \quad (K = \mathbb{C}),$$
$$\mathbb{O}(V)/S\mathbb{O}(V) \cong S^0 \quad (K = \mathbb{R}).$$

Beweis: Dies folgt aus 1.4.12. □

Wir beschließen diesen Abschnitt mit der Beschreibung der Jordan-Normalform für $f \in \mathbf{U}(V)$ und $f \in \mathbf{O}(V)$.

Theorem 6.4.20 *Sei $f \in \mathbf{U}(V), K = \mathbb{C}$, $\dim V = n$. Dann besitzt f bezüglich einer geeignet gewählten ON-Basis eine Koordinatendarstellung durch eine Diagonalmatrix $((\lambda_i \delta_{ij}))$ mit $\lambda_i \in S^1$ Eigenwert von f.* $\lambda = \wedge$
Insbesondere ist jede Matrix $A \in \mathbf{U}(n)$ konjugiert zu einer solchen Diagonalmatrix.

Beweis: Dies folgt aus 6.4.14 und 6.4.12, 3.. □

Theorem 6.4.21 *Sei $f \in \mathbf{O}(V)$, $\dim V = n$. Dann hat das charakteristische Polynom von f die Gestalt*

$$\chi_f(t) = (t-1)^{l_+} \cdot (t+1)^{l_-} \cdot (t^2 - 2t\cos\phi_1 + 1)^{m_1} \cdot \ldots \cdot (t^2 - 2t\cos\phi_s + 1)^{m_s}$$

mit paarweise verschiedenen $\{\cos\phi_1, \ldots, \cos\phi_s\}$, alle $\neq \pm 1$. $l_+ \geq 0, l_- \geq 0, m_j \geq 0$ und $l_+ + l_- + 2m_1 + \cdots + 2m_s = n = \dim V$.
Bezüglich einer geeigneten ON-Basis besitzt f dann eine Koordinatendarstellung durch eine Matrix mit l_+ 1-en, l_- (-1)-en und m_j $(2,2)$-Matrizen der Form

$$\begin{pmatrix} \cos\phi_j & -\sin\phi_j \\ \sin\phi_j & \cos\phi_j \end{pmatrix}$$

längs der Diagonalen. Alle anderen Elemente sind $= 0$.
Insbesondere ist jede Matrix $A \in \mathbf{O}(n)$ konjugiert zu einer solchen Matrix.

Beweis: Ebenso, wie wir in 5.6 die reelle Jordan-Normalform aus der komplexen Jordan-Normalform hergeleitet hatten, benutzen wir hier die Normalform von $f \in \mathbf{U}(V)$ aus 6.4.20.
Betrachte die komplexe Erweiterung $V_{\mathbb{C}}$ von V, vgl. 5.6.1. Das SKP $\langle\,,\,\rangle$ auf V erweitern wir zu einem SKP $\langle\,,\,\rangle_{\mathbb{C}}$ auf $V_{\mathbb{C}}$ durch

$$\langle x + iy, x' + iy' \rangle_{\mathbb{C}} = \langle x, x' \rangle + i\langle y, x' \rangle - i\langle x, y' \rangle + \langle y, y' \rangle.$$

Wenn $f \in \mathbf{O}(V)$, so gehört die komplexe Erweiterung $f_{\mathbb{C}}$ zu $\mathbf{U}(V_{\mathbb{C}})$. Da die Eigenwerte von $f_{\mathbb{C}}$ zu S^1 gehören, hat $\chi_f(t)$ die oben angegebene Gestalt. In der Jordan-Normalform von $f_{\mathbb{C}}$ treten nur $(1,1)$-Jordanmatrizen $J_1(e^{i\phi_j})$ auf. Nach 5.6.2 haben die entsprechenden reellen Jordanmatrizen $J_2(\cos\phi_j, \sin\phi_j)$ die oben angegebene Gestalt. □

Folgerung 6.4.22 *Sei $f \in \mathbf{O}(V)$, $\dim V$ ungerade. Dann hat f den Eigenwert $+1$ oder -1. Falls $f \in S\mathbf{O}(V)$, so hat f den Eigenwert $+1$. Ein solches f besitzt also einen 1-dimensionalen invarianten Unterraum U: $f|U = \mathrm{id}_U$.*

Beweis: Wenn $\mathrm{Grad}\,\chi_f(t) = 2m+1$, so haben wir in der Formel aus 6.4.21: $l_+ + l_-$ ungerade. Da $\det J_2(\cos\phi, \sin\phi) = 1$, ist im Falle $\det f = 1$ l_- gerade, also $l_+ > 0$. □

6.5 Hermitesche Formen

Wir betrachten jetzt endlichdimensionale Vektorräume V über $K = \mathbb{C}$ oder $\mathbb{R}$, auf denen eine hermitesche oder symmetrische Bilinearform ψ gegeben ist. Es ist ohne weiteres möglich, die Theorie auf Hilberträume zu übertragen, siehe insbesondere 6.5.3, wo wir solche Formen ψ mit selbstadjungierten Abbildungen identifizieren.

Definition 6.5.1 *Unter einer* Sesquilinearform *auf V verstehen wir eine Abbildung*

$$\psi: V \times V \longrightarrow K; \quad (x,y) \longmapsto \psi(x,y)$$

mit

$$\psi(\alpha x + \alpha' x', y) = \alpha\psi(x,y) + \alpha'\psi(x',y);$$
$$\psi(x, \beta y + \beta' y') = \bar{\beta}\psi(x,y) + \bar{\beta}'\psi(x,y').$$

D.h., ψ ist linear im ersten und konjugiert-linear im zweiten Argument. Falls außerdem

$$\psi(y,x) = \overline{\psi(x,y)} \qquad (Symmetrie)$$

so heißt ψ auch hermitesche Form. *Falls $K = \mathbb{R}$, so sprechen wir auch von einer* symmetrischen (Bilinear)Form.

Bemerkungen:

1. Jedes SKP $\langle , \rangle$ ist eine hermitesche Form.
2. Wenn $\psi(y,x) = \overline{\psi(x,y)}$, so folgt aus der Linearität im ersten Argument die konjugierte Linearität im zweiten.

Lemma 6.5.2 *Die Sesquilinearformen ψ auf V und die konjugiert-linearen Abbildungen $\sigma: V \longrightarrow V^*$ entsprechen sich umkehrbar eindeutig vermittels der Identität*
(6.6) $\qquad \psi(x,y) = \langle \sigma(y), x \rangle, \quad$ *für alle* $(x,y) \in V \times V.$

Hier bezeichnet $\langle , \rangle : V^* \times V \longrightarrow K$ die natürliche Paarung. Mit anderen Worten, $\sigma(y) = \psi(\ ,y)$.

Bemerkung: Falls speziell ψ ein SKP $\langle , \rangle$ auf V, so ist das dadurch definierte σ gerade die in 6.4.7 erklärte Abbildung. Falls ψ hermitesch, so gilt außerdem $\langle \sigma(y), x \rangle = \overline{\langle \sigma(x), y \rangle}$.

Beweis: Die Linearität von ψ im ersten Argument ist gleichwertig mit $\sigma(y) \in V^*$. Und die konjugierte Linearität von ψ im zweiten Argument ist gleichwertig mit der konjugierten Linearität von $\sigma: V \longrightarrow V^*$. □

Lemma 6.5.3 *Sei V unitär. Dann entsprechen sich die hermiteschen Formen ψ auf V und die selbstadjungierten Abbildungen $f: V \longrightarrow V$ umkehrbar eindeutig vermittels der Identität*

(6.7) $\qquad \psi(x,y) = \langle x, f(y) \rangle = \langle f(x), y \rangle \quad$ *für alle* $(x,y) \in V \times V.$

Beweis: Sei $\psi(x,y) = \langle f(x), y \rangle$. Dann ist $\psi(x,y) = \overline{\psi(y,x)}$ gleichwertig mit

$$\langle f(x), y \rangle = \overline{\langle f(y), x \rangle} = \langle x, f(y) \rangle.$$

Beschreibe ψ gemäß 6.5.2 durch σ_ψ und bezeichne mit σ die entsprechende Beschreibung des SKP $\langle\,,\,\rangle$. Dann ist $\psi \longleftrightarrow f = \sigma^{-1} \circ \sigma_\psi$ die durch (6.7) gegebene Korrespondenz. Denn

$$\psi(x,y) = \langle \sigma_\psi(y), x \rangle = \langle x, \sigma^{-1} \circ \sigma_\psi(y) \rangle.$$

□

Definition 6.5.4 *Sei ψ hermitesche Form auf V, $B = \{b_1, \ldots, b_n\}$ eine Basis von V. Unter der Fundamentalmatrix von ψ bezüglich B verstehen wir die Matrix*

$$G_B(\psi) = ((\psi(b_i, b_j))) = \quad (kurz) \quad ((g_{ij})).$$

Satz 6.5.5 1. *Sei $G_B(\psi) = ((g_{ij}))$ die Fundamentalmatrix einer hermiteschen Form ψ. Dann gilt*

$$^t G_B(\psi) = \overline{G_B(\psi)}, \quad \text{also} \quad g_{ji} = \overline{g_{ij}}.$$

Speziell für $K = \mathbb{R}$ ist $g_{ji} = g_{ij}$.

2. *Zwischen den Fundamentalmatrizen $G_B = G_B(\psi)$ und $G_{B'} = G_{B'}(\psi)$ von ψ bezüglich zweier Basen $B = \{b_1, \ldots, b_n\}$ und $B' = \{b'_1, \ldots, b'_n\}$ von V besteht die Beziehung*

$$^t T G_B \overline{T} = G_{B'}$$

mit $T = \Phi_B \circ \Phi_{B'}^{-1} : K^n \longrightarrow K^n$ die Koordinatentransformation aus 3.4.11.

Beweis: Zu 1.: $\psi(b_j, b_i) = \overline{\psi(b_i, b_j)}$.
Zu 2.: Wegen $\Phi_{B'}^{-1} \circ \Phi_B(b_k) = b'_k$ sind die Elemente t_{ik} von T gegeben durch $\sum_i t_{ik} b_i = b'_k$. Also

$$\psi(b'_k, b'_l) = \psi(\sum_i t_{ik} b_i, \sum_j t_{jl} b_j) = \sum_{i,j} t_{ik} \psi(b_i, b_j) \bar{t}_{jl}.$$

□

Wir können nun die Existenz einer *Hauptachsentransformation* beweisen:

Theorem 6.5.6 *Sei V unitär, ψ eine hermitesche Form auf V. Dann existiert eine ON-Basis $D = \{d_1, \ldots, d_n\}$, für die die Fundamentalmatrix $G_D(\psi)$ Diagonalgestalt besitzt mit reellen Elementen in der Diagonalen.*

Beweis: Betrachte die durch ψ bestimmte selbstadjungierte Abbildung f, siehe 6.5.3. Gemäß 6.4.14 besitzt V eine ON-Basis $D = \{d_1, \ldots, d_n\}$ aus Eigenvektoren. Die Eigenwerte sind gemäß 6.4.12, 2. reell. Also $\psi(d_i, d_j) = \langle \lambda_i d_i, d_j \rangle = \lambda_i \delta_{ij}$.
□

Die Existenz einer diagonalen Fundamentalmatrix ergibt sich auch durch das folgende Verfahren:

6.5 Hermitesche Formen

Theorem 6.5.7 *Sei V unitär, ψ eine hermitesche Form auf V. Erkläre*

$$\lambda_1 = \max\{\psi(x,x); \langle x,x\rangle = 1\}.$$

Dann ist λ_1 Eigenwert der zu ψ gehörenden selbstadjungierten Abbildung. Wähle d_1 mit $f(d_1) = \lambda_1 d_1, |d_1| = 1$. Falls $\dim V > 1$, so erkläre

$$\lambda_2 = \max\{\psi(x,x); \langle x,x\rangle = 1 \text{ und } x \perp d_1\}.$$

Dann ist λ_2 Eigenwert $\leq \lambda_1$ von f. Wähle d_2 mit $f(d_2) = \lambda_2 d_2, |d_2| = 1, d_2 \perp d_1$. Falls $\dim V > 2$, so fahre fort mit

$$\lambda_3 = \max\{\psi(x,x); \langle x,x\rangle = 1, x \perp d_1, d_2\}.$$

Nach $n = \dim V$ Schritten erhalten wir auf diese Weise eine ON-Basis $D = \{d_1, \ldots, d_n\}$ mit $G_D(\psi) = ((\delta_{ij}\lambda_i))$.

Beweis: Wähle $D = \{d_1, \ldots, d_n\}$ wie in 6.5.6. Dabei können wir annehmen, daß die Basiselemente so numeriert sind, daß $\lambda_1 \geq \lambda_2 \geq \cdots \geq \lambda_n$. Für $x = \sum_i \xi_i d_i$ ist $\psi(x,x) = \sum_i \lambda_i \xi_i \bar{\xi}_i$, also mit $\langle x,x\rangle = 1$:

$$\psi(x,x) = \lambda_1 + \sum_{i>1}(\lambda_i - \lambda_1)\xi_i\bar{\xi}_i \leq \lambda_1, \quad \text{und} \quad \psi(d_1,d_1) = \lambda_1.$$

Damit ist λ_1 charakterisiert. Entsprechend dann auch λ_2, usw. . □

Definition 6.5.8 *Sei ψ hermitesche Form auf V. Sei $\sigma_\psi : V \longrightarrow V^*$ die dadurch bestimmte konjugiert-lineare Abbildung, vgl. 6.5.2. Unter dem* Nullraum *von ψ, V^0_ψ, verstehen wir den Kern von σ_ψ.*
Der Rang *von ψ, $\mathrm{rg}\,\psi$ ist definiert als $\dim V - \dim V^0_\psi$. ψ heißt* nicht-entartet, *wenn $V^0_\psi = \{0\}$, also $\mathrm{rg}\,\psi = \dim V$.*

Bemerkungen:

1. $y \in V^0_\psi$ bedeutet also $\psi(x,y) = 0$ für alle $x \in V$.

2. Falls $\psi = \langle\,,\,\rangle$ ein SKP auf V, so ist ψ nicht-entartet.

Satz 6.5.9 *Sei $\dim V > 0, \psi$ eine hermitesche Form auf $V, B = \{b_1, \ldots, b_n\}$ eine Basis von V. Dann ist $\mathrm{rg}\,\psi = \mathrm{rg}\,G_B(\psi)$. Insbesondere ist ψ nicht-entartet dann und nur dann, wenn $\det G_B(\psi) \neq 0$.*

Beweis: Gemäß 6.5.5 besteht zwischen $G_B = G_B(\psi)$ und der Fundamentalmatrix $G_D = G_D(\psi) = ((\lambda_i \delta_{ij}))$ die Beziehung $G_B = {}^t T G_D \overline{T}$. Also ist nach 3.6.7 $\mathrm{rg}\,G_D = \mathrm{rg}\,G_B$. Aus der Gestalt der Matrix G_D liest man ab, daß $\mathrm{rg}\,G_D = \#\{\lambda_i; \lambda_i \neq 0\} = \mathrm{rg}\,\psi$. □

Satz 6.5.10 *Sei ψ hermitesch, V' ein Komplement des Nullraums $V^0 = V^0_\psi$ von ψ. Dann ist $\psi|V'$ nicht-entartet.*

Beweis: Sei $y' \in V'$ und $\psi(x',y') = 0$ für alle $x' \in V'$. Dann auch $\psi(x,y') = 0$ für alle $x \in V$, d. h., $y' \in V^0 \cap V'$, also $y' = 0$. □

Wir können jetzt den *Trägheitssatz von Sylvester* für eine hermitesche Form ψ beweisen. Einer solchen Form ψ werden darin drei ganze Zahlen $n_0, n_+, n_- \geq 0$ eindeutig zugeordnet mit $n_0 + n_+ + n_- = n = \dim V$.

Theorem 6.5.11 *Sei ψ eine hermitesche Form auf V. Dann besitzt V eine Zerlegung in eine direkte Summe*

(6.8) $$V = V^0 \oplus V^+ \oplus V^-.$$

Hier ist V^0 eindeutig festgelegt als der Nullraum V_ψ^0 von ψ. $\psi|V^+$ ist positiv definit, und $\psi|V^-$ ist negativ definit. D.h.,

$$x \in V^+ \setminus \{0\} \implies \psi(x,x) > 0 \quad \text{und}$$
$$x \in V^- \setminus \{0\} \implies \psi(x,x) < 0.$$

Setze $\dim V^0 = n_0$, $\dim V^+ = n_+$, $\dim V^- = n_-$. *Die Zahlen n_0, n_+, n_- sind eindeutig festgelegt.*

Beweis: Um die Existenz einer Zerlegung (6.8) zu beweisen, führen wir auf V ein SKP $\langle , \rangle$ ein. Sei $D = \{d_1, \ldots, d_n\}$ eine ON-Basis wie in 6.5.6, also $\psi(d_i, d_j) = \lambda_i \delta_{ij}$. V^0 ist der von den d_i mit $\lambda_i = 0$ erzeugte Raum, V^+ sei der von den d_i mit $\lambda_i > 0$ und V^- der von den d_i mit $\lambda_i < 0$ erzeugte Unterraum. Natürlich hängt die so erklärte Zerlegung im allgemeinen von der Wahl des SKP ab.

Betrachte jetzt eine weitere Zerlegung wie in (6.8):

$$V = V'^0 \oplus V'^+ \oplus V'^-.$$

Dann $V'^0 = V^0 =$ Nullraum von ψ. Es bleibt zu zeigen, daß $\dim V'^+ = \dim V^+$ und $\dim V'^- = \dim V^-$. Es genügt offenbar, die erste Gleichung zu beweisen. Dazu betrachte die lineare Projektion

$$pr^+ : V = V^0 \oplus V^+ \oplus V^- \longrightarrow V^+;$$
$$x = x_0 + x_+ + x_- \longmapsto x_+.$$

Wir zeigen: $\ker(pr^+|V'^+) = 0$. Also $\dim V'^+ \leq \dim V^+$. Durch Vertauschung der Zerlegungen folgt ebenso $\dim V^+ \leq \dim V'^+$.

In der Tat, $x \in V'^+ \implies \psi(x,x) \geq 0$ und $x \in \ker pr^+ \implies x = x_0 + x_-$, also $\psi(x,x) \leq 0$, d. h., $x = 0$. □

Wir schließen mit einem Resultat über das Volumen.

Theorem 6.5.12 *Sei V ein unitärer Vektorraum, $\dim V = n$. Für eine ON-Basis $D = \{d_1, \ldots, d_n\}$ von V erklären wir die Abbildung*

$$\Lambda_D : (x_1, \ldots, x_n) \in V \times \cdots \times V \longmapsto \det((\langle x_i, d_k \rangle)) \in \mathbb{C}.$$

Wenn D' eine weitere ON-Basis ist, so gilt

$$\Lambda_{D'} = e^{-i\phi}\Lambda_D \quad \text{mit} \quad e^{i\phi} = \det(\Phi_{D'}^{-1} \circ \Phi_D).$$

Schließlich ist für beliebige $(x_1, \ldots, x_n) \in V \times \cdots \times V$ die Gramsche Determinante erklärt als

$$\det(((\langle x_i, x_k \rangle))) = \Lambda_D(x_1, \ldots, x_n)\overline{\Lambda_D(x_1, \ldots, x_n)}.$$

Die Zahl $(\det(((\langle x_i, x_k \rangle))))^{\frac{1}{2}} = |\Lambda_D(x_1, \ldots, x_n)|$ *heißt das* Volumen *des* Parallelepipeds $\{\sum_i t_i x_i, 0 \le t_i \le 1\}$.

Beweis: Sei $D' = \{d'_1, \ldots, d'_n\}$. Die Elemente a_{ik} der Matrixdarstellung A von $\Phi_{D'}^{-1} \circ \Phi_D$ bezüglich der Basis D sind wegen $d'_k = \sum_i \langle d'_k, d_i \rangle d_i$ durch $\langle d'_k, d_i \rangle$ gegeben. Also

$$\langle x_i, d'_k \rangle = \sum_j \langle x_i, d_j \rangle \overline{\langle d'_k, d_j \rangle} = \sum_j \langle x_i, d_j \rangle \bar{a}_{jk}.$$

Die letzte Behauptung ergibt sich aus

$$\langle x_i, x_k \rangle = \sum_j \langle x_i, d_j \rangle \overline{\langle x_k, d_j \rangle}.$$

□

Übungen

1. Diskutiere für $\mathbb{R}^2$ die Form des Einheitskreises (= die Menge der Vektoren mit Norm 1) für folgende Normen:

    (a) $|(x, y)| = \sqrt{x^2 + y^2}$
    (b) $|(x, y)| = \max\{|x|, |y|\}$
    (c) $|(x, y)| = |x| + |y|$

2. Betrachte im Raum $\mathcal{C}([0, 1]; \mathbb{R})$ der stetigen reellwertigen Funtionen auf $[0, 1]$ den Unterraum der Polynome vom Grad ≤ 4. Bestimme die zur Basis $B = \{b_0, \ldots, b_4\}$ mit $b_i = x^i$ zugehörige Orthonormalbasis bezüglich des Skalarprodukts

$$\langle f, g \rangle = \int_0^1 f(t)g(t)\, dt.$$

3. Zeige, daß ein normierter Vektorraum $(V, |\ |)$ stets zu einem Banachraum $(\bar{V}, |\ |)$ vervollständigt werden kann. Als Elemente $\bar{x}$ in $\bar{V}$ wähle die Klassen äquivalenter Cauchy-Folgen in V (Zwei Cauchy-Folgen sind äquivalent, wenn ihre Differenz eine Nullfolge ist).

4. Betrachte den K-Vektorraum $M_K(n, n), K = \mathbb{R}$ oder $\mathbb{C}$, der (n, n)-Matrizen. Dieser Raum kann mit K^{n^2} identifiziert werden.

(a) Zeige, daß det: $M_K(n,n) \longrightarrow K$ und Spur: $M_K(n,n) \longrightarrow K$ stetig sind.

(b) Allgemeiner betrachte die Abbildung $\chi_j : M_K(n,n) \longrightarrow K, 0 \leq j \leq n$, die einer Matrix A den Koeffizienten χ_j von t^j des charakteristischen Polynoms $\chi_A(t) = \sum_{j=0}^{n} \chi_j t^j$ zuordnet. Zeige, daß χ_j stetig ist.

5. $[a,b] \subset \mathbb{R}$ sei ein abgeschlossenes beschränktes Intervall, $a < b$.

   (a) Auf $\mathcal{C}([a,b]; \mathbb{R})$ definieren wir die Normen
   $$|f|_\infty = \sup_{a \leq t \leq b} |f(t)| \quad \text{und} \quad |f|_2 = (\int_a^b f^2(t) dt)^{\frac{1}{2}}.$$
   Zeige: $|f|_2 \leq \sqrt{(b-a)} |f|_\infty$.

   (b) Nach dem Approximationssatz von Weierstraß liegt der Unterraum der Polynome dicht in $\mathcal{C}([a,b]; \mathbb{R})$ bezüglich $|\ |_\infty$. Zeige, daß dies auch bezüglich $|\ |_2$ gilt.

6. Sei $A = ((a_{ij})) \in M_\mathbb{R}(n,n)$ symmetrisch, d. h., ${}^tA = A$ oder $a_{ij} = a_{ji}$ für alle i,j. Betrachte die Abbildung
   $$\langle\,,\,\rangle: \mathbb{R}^n \times \mathbb{R}^n \longrightarrow \mathbb{R}; \quad \langle x,y \rangle = xA\,{}^ty = \sum_{i,j=1}^n a_{ij} x_i y_j.$$

   (a) Zeige, daß $\langle\,,\,\rangle$ linear ist in jedem Argument und daß $\langle\,,\,\rangle$ symmetrisch ist, d. h., $\langle x,y \rangle = \langle y,x \rangle$ für alle $x,y \in \mathbb{R}^n$.

   (b) Zeige, daß $\langle x,x \rangle > 0$ für alle $x \in \mathbb{R}^n, x \neq 0$ dann und nur dann gilt, wenn für alle $m = 1, \ldots, n$ für die Determinante der linken oberen Teilmatrix $A_m = ((a_{ij}))_{1 \leq i,j \leq m}$ det$A_m > 0$ gilt.
   (Hinweis: Führe eine Induktion nach n durch.)

7. Betrachte einen unitären Vektorraum $\{V, \langle\,,\,\rangle\}$. Seien $x_1, \ldots, x_k$ k Elemente in V. Betrachte die (k,k)-Matrix $G = (((\langle x_i, x_j \rangle)))_{1 \leq i,j \leq k}$. Zeige, daß det$G \geq 0$ und daß det$G = 0$ genau dann, wenn $\{x_1, \ldots, x_k\}$ linear abhängig ist.
   Bemerkung: G heißt Gramsche Determinante der k Elemente, vgl. 6.5.12. Für $n = 2$ ist dies die Cauchy-Schwarzsche Ungleichung.
   (Hinweis: Falls $\{x_1, \ldots, x_k\}$ frei ist, so benutze eine ON-Basis des von dieser Menge erzeugten Unterraums.)

8. Betrachte $\mathbb{R}^3$ mit dem kanonischen Skalarprodukt. Bestimme die reelle Jordan-Normalform der orthogonalen Matrix
   $$\begin{pmatrix} \frac{1}{2} & \frac{1}{\sqrt{2}} & -\frac{1}{2} \\ \frac{1}{2} & -\frac{1}{\sqrt{2}} & -\frac{1}{2} \\ \frac{1}{\sqrt{2}} & 0 & \frac{1}{\sqrt{2}} \end{pmatrix}$$

9. Sei V ein n-dimensionaler unitärer Vektorraum und $U \subset V$ ein Unterraum. Zeige:

(a) Es gibt genau eine lineare Abbildung $s_U : V \longrightarrow V$ mit

$$s_U(x) = \begin{cases} x; & \text{falls } x \in U \\ -x; & \text{falls } x \in U^\perp \end{cases}.$$

(b) $\det(s_U) = (-1)^{\operatorname{codim} U}$

(c) $s_U \in \mathbf{U}(V)$

s_U heißt *Spiegelung am Unterraum U*.

10. Sei V ein endlichdimensionaler unitärer Vektorraum. $s \in \mathbf{U}(V)$ heißt *Spiegelung*, wenn $s \neq \operatorname{id}$ und $s \circ s = \operatorname{id}$. Zeige: Zu einer Spiegelung s gibt es einen eindeutig bestimmten Unterraum $U \subset V$, so daß $s = s_U$, d. h., die Spiegelung s ist die Spiegelung s_U am Unterraum U, die in Aufgabe 9. definiert wurde.

11. Sei V ein 2-dimensionaler euklidischer Vektorraum und $f \in \mathbf{O}(V)$. Zeige:

    (a) Wenn $\det(f) = -1$, dann ist f Spiegelung an einem 1-dimensionalen Unterraum (kurz: f ist eine *Geradenspiegelung*).

    (b) Wenn $\det(f) = 1$, dann ist f das Produkt von zwei Geradenspiegelungen.
    (Hinweis: Für eine beliebige Geradenspiegelung s gilt $\det(s \circ f) = -1$.)

12. Sei V ein endlichdimensionaler unitärer Vektorraum, $f : V \longrightarrow V$ sei linear. Zeige: f ist normal (d. h., $f \circ f^* = f^* \circ f$) dann und nur dann, wenn f bezüglich geeigneter ON-Basis durch eine Diagonalmatrix dargestellt wird.

13. Sei $(V, \langle , \rangle)$ ein euklidischer Vektorraum und $V_{\mathbb{C}} = V + iV$ seine komplexe Erweiterung. Zeige:

    (a) Durch
    $$\langle x + iy, x' + iy' \rangle_{\mathbb{C}} = \langle x, x' \rangle + i\langle y, x' \rangle - i\langle x, y' \rangle + \langle y, y' \rangle$$
    ist auf $V_{\mathbb{C}}$ ein Skalarprodukt definiert.

    (b) Sei $f \in \mathbf{O}(V)$. Zeige, daß
    $$f_{\mathbb{C}} : V_{\mathbb{C}} \longrightarrow V_{\mathbb{C}}; \quad x + iy \longmapsto f(x) + if(y)$$
    unitär ist.

14. Sei V ein n-dimensionaler Vektorraum über $K = \mathbb{C}$ oder $\mathbb{R}$, ψ eine hermitesche Form. Zeige:

    (a) Die Menge $U(V, \psi)$ der $f \in GL(V)$ mit

    (6.9) $\quad \psi(f(x), f(y)) = \psi(x, y) \quad \text{für alle} \quad (x, y) \in V \times V$

    bildet eine Untergruppe von $GL(V)$ ($=$ Gruppe der linearen Bijektionen von V).

(b) Sei jetzt ψ nicht-entartet. Wenn dann eine lineare Abbildung $f\colon V \longrightarrow V$ die Eigenschaft (6.9) besitzt, so ist $f \in GL(V)$.

15. Sei V ein endlichdimensionaler reeller Vektorraum und ψ eine symmetrische Bilinearform auf V. Zeige: Wenn für alle $x \neq 0$ $\psi(x,x) \neq 0$, so besitzt $\psi(x,x)$ für alle $x \neq 0$ dasselbe Vorzeichen.

Kapitel 7

Affine Geometrie

7.1 Der affine Raum

Wir erklären den Begriff des affinen Raumes $\mathcal{A} = \mathcal{A}(V)$ über einem Vektorraum V. Die Elemente von $\mathcal{A}$ und V entsprechen sich eineindeutig. Im wesentlichen handelt es sich bei dieser Konstruktion um ein Verfahren, dem Nullelement $0 \in V$ seine ausgezeichnete Rolle zu nehmen und alle Elemente von V gleichwertig zu machen. $\mathcal{A}$ wird dadurch zu einem homogenen Raum, auf dem die additive Gruppe V einfach-transitiv operiert. Die Auszeichnung eines Punktes $o \in \mathcal{A}$ als Ursprung stiftet einen strukturerhaltenden Isomorphismus mit V.

Definition 7.1.1 *Sei V ein Vektorraum über einem beliebigen Körper K. Unter einem* affinen Raum über V, $\mathcal{A} = \mathcal{A}(V)$ *verstehen wir eine Menge, deren Elemente $p, q, r, \ldots$* Punkte *heißen. Ferner ist zu jedem $x \in V$ eine Bijektion*

$$x+ : \mathcal{A} \longrightarrow \mathcal{A}; \quad p \longmapsto x + p$$

erklärt, genannt Translation mit (dem Vektor) x, *so daß gilt:*

1. $(x + y) + p = x + (y + p)$.
2. *Zu irgend zwei Punkten p und q aus $\mathcal{A}$ gibt es genau ein $x \in V$ mit $x + p = q$. Dieses x wird auch mit $(q - p)$ oder $q - p$ bezeichnet.*

Satz 7.1.2 *Sei $\mathcal{A}$ affiner Raum über V. Dann ist die Abbildung*

(7.1) $\qquad\qquad V(\text{additive Gruppe}) \longrightarrow \operatorname{Perm}\mathcal{A}; \quad x \longmapsto x+$

ein Gruppenmorphismus mit Kern $= 0$, also injektiv. Letzteres bedeutet

$$x+ = \operatorname{id}_\mathcal{A} \iff x = 0 \in V.$$

Beweis: Nach 1.2.2 ist die Verknüpfung $f \cdot g$ zweier Elemente f und g von $\operatorname{Perm}\mathcal{A}$ durch $g \circ f$ gegeben. 7.1.1, 1. besagt, daß (7.1) ein Morphismus ist: $(x+y)+ = (x+) \cdot (y+)$ (Hier haben wir $x+y = y+x$ benutzt). Insbesondere ist damit $0+ = \operatorname{id}_\mathcal{A}$. 7.1.1, 2. impliziert, daß $0 \in V$ das einzige Element im Kern von (7.1) ist: $x+ = \operatorname{id}_\mathcal{A} \iff x = 0$. □

Beispiel 7.1.3 Wir erklären das *Modell* $V = V(\mathcal{A})$ von $\mathcal{A} = \mathcal{A}(V)$ wie folgt: Die Punkte von V sind die Elemente von V. Und $x+ : V \longrightarrow V$ ist durch $z \longmapsto x+z$ gegeben. In der Terminologie von 1.2.7 operiert also x als Linkstranslation auf V : $x+ = L_x$. 7.1.1, 1. bedeutet $L_{x+y} = L_x \cdot L_y$. Und 7.1.1, 2. gilt wegen $(y-x)+x = y$.

Bemerkung: In dem Modell V von $\mathcal{A}(V)$ ist der Punkt $0 \in V$ als "Ursprung" ausgezeichnet, während es in $\mathcal{A}(V)$ keinen ausgezeichneten Punkt gibt. Wir zeigen jetzt, daß dies der einzige Unterschied zwischen $\mathcal{A}$ und seinem Modell ist.

Theorem 7.1.4 *Sei $\mathcal{A} = \mathcal{A}(V)$ affiner Raum über V. Die Wahl eines Punktes $o \in \mathcal{A}$ (genannt* Ursprung*) entspricht einem strukturerhaltenden Isomorphismus*

$$\Phi_o : \mathcal{A} \longrightarrow V; \quad p \longmapsto (p-o)$$

auf das Modell von $\mathcal{A}$. $(p-o)$ heißt auch Ortsvektor *von p bezüglich o.*

Beweis: Wegen 7.1.1, 2. ist Φ_o bijektiv. Φ_o kommutiert mit den Translationen:

$$\Phi_o(x+p) = (x+p) - o = x + (p-o) = x + \Phi_o(p).$$

Die mittlere Gleichung ergibt sich aus

$$((x+p) - o) + o = x + p = (x + (p-o)) + o.$$

Die inverse Abbildung Φ_o^{-1} ist durch $x \longmapsto x + o$ gegeben. □

Satz 7.1.5 *Es gelten die folgenden Rechenregeln:*
1. $(p-p) = 0 \in V$.
2. $-(q-p) = (p-q)$.
3. $(r-q) + (q-p) = (r-p)$ (Dreiecksregel).
4. $(q-p) = (q'-p') \iff (q'-q) = (p'-p)$ (Parallelogrammregel).

Beweis: Zu 1.: $(p-p) + p = 0 + p$.
Zu 2.: $(p-q) + (q-p) = (p-p) = 0$.
Zu 3.: Wende beide Seiten auf p an.
Zu 4.: $(q'-q) = (q'-p') + (p'-p) + (p-q) = (p'-p)$, wegen der Voraussetzung. Die Umkehrung ergibt sich ebenso. □

Wir kommen jetzt zu dem sogenannten *baryzentrischen Kalkül*.

Lemma 7.1.6 *Sei $(p_\iota)_{\iota \in I}$ eine Familie von Punkten in $\mathcal{A} = \mathcal{A}(V)$. Für eine Familie $(\alpha_\iota)_{\iota \in I}$ in K von endlichem Typ (d. h., $\alpha_\iota = 0$ für fast alle $\iota \in I$) mit $\sum_\iota \alpha_\iota = 1$ ist der Punkt $\sum_\iota \alpha_\iota(p_\iota - o) + o$ unabhängig von der Wahl von $o \in \mathcal{A}$. Wir bezeichnen ihn daher auch einfach mit $\sum_\iota \alpha_\iota p_\iota$ und nennen ihn* Schwerpunkt *oder* Baryzentrum *der Familie $(p_\iota)_{\iota \in I}$ mit* Gewichten *$(\alpha_\iota)_{\iota \in I}$.*

7.1 Der affine Raum

Beweis: Seien o, o' in $\mathcal{A}$. Dann

$$\begin{aligned}
\sum_\iota \alpha_\iota(p_\iota - o) + o &= \sum_\iota \alpha_\iota((p_\iota - o') + (o' - o)) + o \\
&= \sum_\iota \alpha_\iota(p_\iota - o') + \sum_\iota \alpha_\iota(o' - o) + o \\
&= \sum_\iota \alpha_\iota(p_\iota - o') + (o' - o) + o \\
&= \sum_\iota \alpha_\iota(p_\iota - o') + o'.
\end{aligned}$$

□

Beispiele 7.1.7 1. Falls die Familie nur aus dem Element p besteht, so ist der Schwerpunkt stets p. Das gleiche gilt, wenn $p_\iota = p$ für alle $\iota \in I$.
2. Wähle $o \in \mathcal{A}$. Sei $(p_\iota)_{\iota \in I}$ eine Familie in $\mathcal{A}$ und $(\beta_\iota)_{\iota \in I}$ beliebige Familie vom endlichen Typ in K. Dann ist

$$\begin{aligned}
\sum_\iota \beta_\iota p_\iota + (1 - \sum_\iota \beta_\iota) o &= \sum_\iota \beta_\iota(p_\iota - o) + (1 - \sum_\iota \beta_\iota)(o - o) + o \\
&= \sum_\iota \beta_\iota(p_\iota - o) + o.
\end{aligned}$$

3. Sei $p_1 \neq p_2, \alpha_1 + \alpha_2 = 1$. Dann kann man sich $\alpha_1 p_1 + \alpha_2 p_2 = \alpha_2(p_2 - p_1) + p_1$ als Punkt auf der Geraden durch die beiden Punkte p_1, p_2 vorstellen. Da α_2 beliebig gewählt werden kann, erhält man auf diese Weise alle Punkte der Geraden. Vgl. 7.1.11 zum Begriff der Geraden.
4. Sei in dem Körper K die Summe $1 + \cdots + 1$ (m Summanden) $= m \neq 0$. Dann heißt $\sum_{i=1}^m \frac{p_i}{m}$ der (gewöhnliche) Schwerpunkt der Punkte $\{p_1, \ldots, p_m\}$. Für $m = 2$ ist dies der Mittelpunkt von p_1 und p_2. Für $m = 3$ ist dies der Schnittpunkt der drei Seitenhalbierenden:

$$\{\alpha_1(\frac{1}{2}p_2 + \frac{1}{2}p_3) + \alpha_2 p_1, \alpha_1 + \alpha_2 = 1\},$$
$$\{\beta_1(\frac{1}{2}p_3 + \frac{1}{2}p_1) + \beta_2 p_2, \beta_1 + \beta_2 = 1\},$$
$$\{\gamma_1(\frac{1}{2}p_1 + \frac{1}{2}p_2) + \gamma_2 p_3, \gamma_1 + \gamma_2 = 1\}.$$

Der Schnittpunkt dieser drei Geraden ergibt sich für $(\alpha_1, \alpha_2) = (\beta_1, \beta_2) = (\gamma_1, \gamma_2) = (\frac{2}{3}, \frac{1}{3})$.

Definition 7.1.8 *Unter einem* (affinen) *Unterraum $\mathcal{B}$ von $\mathcal{A}$ verstehen wir eine Teilmenge $\mathcal{B} \neq \emptyset$ von $\mathcal{A}$, die abgeschlossen ist gegenüber Schwerpunktbildung. D.h., wenn $(p_\iota)_{\iota \in I}$ Familie in $\mathcal{B}$ und $(\alpha_\iota)_{\iota \in I}$ Familie in K mit $\sum_\iota \alpha_\iota = 1$, so $\sum_\iota \alpha_\iota p_\iota \in \mathcal{B}$. Hier und im folgenden sei $(\alpha_\iota)_{\iota \in I}$ stets von endlichem Typ.*

Affine Unterräume von $\mathcal{A} = \mathcal{A}(V)$ und Unterräume U von V stehen in enger Beziehung:

Theorem 7.1.9 1. *Sei $B \subset A = A(V)$ affiner Unterraum. Sei $o \in B$. Dann ist $\Phi_o(B) = U$ ein Unterraum von V. U ist unabhängig von der Wahl von $o \in B$. $\Phi_o(B)$ heißt Richtung von B. Wir schreiben dafür auch U_B.*
2. *Sei $U \subset V$ Unterraum. Wähle $o \in A = A(V)$. Dann ist $B = \{x + o, x \in U\}$ affiner Unterraum von A mit Richtung U.*

Beweis: Zu 1.: Nach 7.1.7, 2. enthält $\Phi_o(B)$ mit $\Phi_o(p_\iota) = p_\iota - o = x_0$ auch

$$\Phi_o(\sum_\iota \beta_\iota p_\iota + (1 - \sum_\iota \beta_\iota)o) = \sum_\iota \beta_\iota p_\iota + (1 - \sum_\iota \beta_\iota)o - o = \sum_\iota \beta_\iota(p_\iota - o).$$

D.h., $\Phi_o(B)$ ist das lineare Erzeugnis von Familien $(x_\iota)_{\iota \in I}$ in $\Phi_o(B)$. Wenn o und o' in B, so ist $(p - o) - (o' - o) = (p - o')$ mit $(o' - o) \in \Phi_o(B)$. Also $\Phi_{o'}(B) \subset \Phi_o(B)$. Ebenso ergibt sich $\Phi_o(B) \subset \Phi_{o'}(B)$.
Zu 2.: Sei $(x_\iota)_{\iota \in I}$ Familie in U, $(\alpha_\iota)_{\iota \in I}$ Familie in K mit $\sum_\iota \alpha_\iota = 1$. Dann $\sum_\iota \alpha_\iota(x_\iota + o) = \sum_\iota \alpha_\iota x_\iota + o \in B$. □

In 2.3.1, 2.3.3 hatten wir das lineare Erzeugnis $[E]$ eines Teils $E \subset V$ eingeführt. Die analoge Begriffsbildung für Teile $\mathcal{P} \subset A$ lautet:

Definition 7.1.10 *Sei $\mathcal{P} \neq \emptyset$ Teil von A. Unter dem affinen Erzeugnis von $\mathcal{P}$ verstehen wir die Menge $[\mathcal{P}] = \{\sum_p \alpha_p p; \sum_p \alpha_p = 1\}$. Da $[\mathcal{P}]$ offenbar die Unterraumeigenschaft 7.1.8 erfüllt, nennen wir $[\mathcal{P}]$ auch den von $\mathcal{P}$ erzeugten Unterraum.*

Definition 7.1.11 *Sei B Unterraum von A. Wir erklären die Dimension von B, $\dim B$, als $\dim U_B$. Speziell $\dim A(V) = \dim V$.*
$\dim B = 0$ *bedeutet $B = \{0\}$.*
$\dim B = 1$ *bedeutet, daß B von zwei verschiedenen Punkten p,q erzeugt wird, $B = [\{p,q\}]$. Wir schreiben dann für B auch $\mathcal{G}_{pq}$ und nennen $\mathcal{G}_{pq}$ Gerade durch p und q.*
$\dim B = 2$ *bedeutet, daß B von drei nicht-kollinearen Punkten p,q,r erzeugt wird. D.h., p,q,r gehören nicht alle einer Geraden $\mathcal{G} \subset A$ an. Wir nennen B dann auch eine Ebene und schreiben dafür $\mathcal{E}$ oder, wenn p,q,r in $\mathcal{E}$ nicht kollinear sind, $\mathcal{E}_{pqr}$.*
Die Codimension von B, $\operatorname{codim} B$, ist erklärt als $\operatorname{codim} U_B$. Falls $\operatorname{codim} B = 1$, so heißt B auch Hyperebene.

Satz 7.1.12 *Falls B, B' Unterräume und $B \cap B' \neq \emptyset$, so ist $B \cap B'$ Unterraum.*

Beweis: Dies folgt unmittelbar aus der Definition 7.1.8. □

Es gilt folgende *Dimensionsformel*, vgl. hierzu 2.6.6.

Theorem 7.1.13 *Seien B, B' endlichdimensionale Unterräume von $A = A(V)$. Dann gilt*

$$\dim B + \dim B' = \begin{cases} \dim B \cup B' + \dim B \cap B', & \text{falls } B \cap B' \neq \emptyset, \\ \dim B \cup B' + \dim U_B \cap U_{B'} - 1, & \text{falls } B \cap B' = \emptyset. \end{cases}$$

Bemerkung: Wir bezeichnen hier mit $\mathcal{B} \cup \mathcal{B}'$ den von $\mathcal{B} \cup \mathcal{B}'$ erzeugten Unterraum $[\mathcal{B} \cup \mathcal{B}']$, vgl. 7.1.10.

Beweis: Sei $\mathcal{B} \cap \mathcal{B}' \neq \emptyset$. Wähle $o \in \mathcal{B} \cap \mathcal{B}'$. Unter $\Phi_o : \mathcal{A} \longrightarrow \mathcal{V}$ werden $\mathcal{B}$ und $\mathcal{B}'$ in $U_\mathcal{B}$ und $U_{\mathcal{B}'}$ übergeführt. $\Phi_o(\mathcal{B} \cap \mathcal{B}') = U_\mathcal{B} \cap U_{\mathcal{B}'}$ und $\Phi_o(\mathcal{B} \cup \mathcal{B}') = U_\mathcal{B} + U_{\mathcal{B}'}$, da mit $p \in \mathcal{B}, p' \in \mathcal{B}'$ $(p - o) + (p' - o) = (p + p' - o) - o \in \Phi_o(\mathcal{B} \cup \mathcal{B}')$. Die Formel ergibt sich jetzt aus 2.6.9.
Im Falle $\mathcal{B} \cap \mathcal{B}' = \emptyset$ wähle $o \in \mathcal{B}$ und betrachte den von $o \cup \mathcal{B}'$ erzeugten Raum $\mathcal{B}''$. Wähle $o' \in \mathcal{B}'$. Dann $o' - o \notin U_\mathcal{B} \cap \Phi_{o'}(\mathcal{B}')$. $\Phi_o(\mathcal{B}'') = U_{\mathcal{B}''}$ wird wegen $(p' - o) = (p' - o') + (o' - o)$ von $\Phi_{o'}(\mathcal{B}')$ und dem hierin nicht enthaltenen Vektor $(o' - o)$ erzeugt. Also $\dim \mathcal{B}'' = \dim \mathcal{B}' + 1$.

$$\mathcal{B} \cup \mathcal{B}'' = \mathcal{B} \cup \mathcal{B}', \quad \text{da} \quad \mathcal{B}'' = [o \cup \mathcal{B}'] \quad \text{und} \quad o \in \mathcal{B}.$$
$$U_\mathcal{B} \cap U_{\mathcal{B}''} = U_\mathcal{B} \cap U_{\mathcal{B}'}, \quad \text{da} \quad U_{\mathcal{B}''} = [(o' - o) \cup U_{\mathcal{B}'}].$$

Also $\dim(\mathcal{B} \cap \mathcal{B}'') = \dim(U_\mathcal{B} \cap U_{\mathcal{B}'})$. Auf $\mathcal{B}, \mathcal{B}''$ können wir die erste Formel anwenden. □

Beispiele 7.1.14 1. Sei $\mathcal{A} = \mathbb{R}^3$. Betrachte zwei windschiefe Geraden $\mathcal{G}$ und $\mathcal{G}'$ in $\mathcal{A}$, d. h., $\mathcal{G} \cap \mathcal{G}' = \emptyset$ und $U_\mathcal{G} \neq U_{\mathcal{G}'}$. Nach obiger Formel ist

$$\dim(\mathcal{G} \cup \mathcal{G}') = \dim \mathcal{G} + \dim \mathcal{G}' + 1 = 3,$$

d. h., $\mathcal{G} \cup \mathcal{G}' = \mathcal{A}$. Dies kann man auch folgendermaßen einsehen: Wähle p, q auf $\mathcal{G}$, p', q' auf $\mathcal{G}'$, $p \neq q$ und $p' \neq q'$. Unter unseren Voraussetzungen sind $(p' - p), (q' - p), (q - p)$ linear unabhängig, $\Phi_p(\mathcal{G} \cup \mathcal{G}') = \mathbb{R}^3$. Wir sagen auch, daß die vier Punkte p, q, p', q' ein *allgemeines Tetraeder* bilden.

2. Betrachte ein *allgemeines Dreieck* p, q, r in $\mathcal{A} = \mathbb{R}^2$, d. h., $(q - p)$ und $(r - p)$ sind linear unabhängig. Dann besitzt jeder Punkt $s \in \mathbb{R}^2$ eine Darstellung der Form $s = \alpha p + \beta q + \gamma r, \alpha + \beta + \gamma = 1$, mit eindeutig bestimmten baryzentrischen Koordinaten (α, β, γ). Die Punkte mit $\alpha \geq 0, \beta \geq 0, \gamma \geq 0$ bilden das *Innere* dieses Dreiecks.

Definition 7.1.15 *Zwei Unterräume $\mathcal{B}, \mathcal{B}'$ von $\mathcal{A}$ heißen parallel, $\mathcal{B} \| \mathcal{B}'$, wenn $\dim \mathcal{B} = \dim \mathcal{B}'$ und wenn $U_\mathcal{B} = \Phi_o(\mathcal{B}), o \in \mathcal{B}$, und $U_{\mathcal{B}'} = \Phi_o(\mathcal{B}'), o' \in \mathcal{B}'$, übereinstimmen.*

Satz 7.1.16 1. *$\mathcal{B} \| \mathcal{B}'$ ist eine Äquivalenzrelation auf den k-dimensionalen Unterräumen.*

2. *$\mathcal{B} \| \mathcal{B}' \iff$ es gibt ein $x \in V$ mit $x + \mathcal{B} = \mathcal{B}'$.*

Beweis: Zu 1.: Dies folgt aus 1.4.2, 3..
Zu 2.: $\Phi_{o'}^{-1} \circ \Phi_o = (o' - o)+$. Wenn also $\mathcal{B} \| \mathcal{B}'$ und $o \in \mathcal{B}, o' \in \mathcal{B}'$, so $(o' - o) + \mathcal{B} = \mathcal{B}'$. Umgekehrt folgt aus $x + \mathcal{B} = \mathcal{B}'$ $\Phi_{x+o}(\mathcal{B}') = \Phi_o(\mathcal{B})$. □

7.2 Affinitäten und Kollineationen. Der Fundamentalsatz

Wir betrachten jetzt die Morphismen, d. h., die strukturerhaltenden Abbildungen zwischen affinen Räumen. Unsere Untersuchungen gipfeln in dem Fundamentalsatz der affinen Geometrie. Alle vorkommenden Vektorräume sollen über demselben Körper erklärt sein.

Definition 7.2.1 *Seien A und A' affine Räume über V bzw. V'. Eine Abbildung*

$$\varphi: A \longrightarrow A'$$

heißt Affinität *(oder* affine Abbildung*), falls sie mit der Schwerpunktbildung vertauschbar ist.*

D.h., für eine Familie $(p_\iota)_{\iota \in I}$ in A und eine Familie $(\alpha_\iota)_{\iota \in I}$ in K von endlichem Typ mit $\sum_\iota \alpha_\iota = 1$ gilt

$$\varphi(\sum_\iota \alpha_\iota p_\iota) = \sum_\iota \alpha_\iota \varphi(p_\iota).$$

Die Affinitäten $\varphi: A(V) \longrightarrow A(V')$ stehen in engem Zusammenhang mit den linearen Abbildungen $f: V \longrightarrow V'$:

Theorem 7.2.2 1. *Sei $\varphi: A = A(V) \longrightarrow A' = A(V')$ affin. Wähle $o \in A$. Dann ist*

$$f_\varphi: V \longrightarrow V'; \quad x \longmapsto \varphi(x + o) - \varphi(o)$$

linear. Wenn wir $\varphi(o) = o'$ setzen, so können wir auch $f_\varphi = \Phi_{o'} \circ \varphi \circ \Phi_o^{-1}$ schreiben. f_φ ist unabhängig von der Wahl von $o \in A$. Wir nennen f_φ die zu φ gehörende lineare Abbildung.

2. *Sei umgekehrt eine lineare Abbildung $f: V \longrightarrow V'$ gegeben, $A = A(V), A' = A(V')$. Wähle $o \in A, o' \in A'$. Dann ist*

$$\varphi_f: A \longrightarrow A'; \quad p \longmapsto f(p - o) + o'$$

affin. Wir können auch $\varphi_f = \Phi_{o'}^{-1} \circ f \circ \Phi_o$ schreiben. Die zu φ_f gehörende lineare Abbildung ist f.

Beweis: Zu 1.: Mit 7.1.7, 2. haben wir

$$\begin{aligned} f_\varphi(\sum_\iota \beta_\iota x_\iota) &= \varphi\left(\sum_\iota \beta_\iota(x_\iota + o) + (1 - \sum_\iota \beta_\iota)o\right) - \varphi(o) \\ &= \sum_\iota \beta_\iota \varphi(x_\iota + o) + (1 - \sum_\iota \beta_\iota)\varphi(o) - \varphi(o) \\ &= \sum_\iota \beta_\iota(\varphi(x_\iota + o) - \varphi(o)) = \sum_\iota \beta_\iota f_\varphi(x_\iota). \end{aligned}$$

Da $\varphi(x+o_1) - \varphi(o_1) = \varphi(x+o_2) - \varphi(o_2)$, ist f_φ unabhängig von der Wahl des Ursprungs.
Zu 2.:

$$\varphi_f(\sum_\iota \alpha_\iota p_\iota) = f(\sum_\iota \alpha_\iota p_\iota - o) + o' = f(\sum_\iota \alpha_\iota(p_\iota - o)) + o'$$
$$= \sum_\iota \alpha_\iota f(p_\iota - o) + \sum_\iota \alpha_\iota o' = \sum_\iota \alpha_\iota \varphi_f(p_\iota).$$

□

Folgerung 7.2.3 *Sei $\varphi: \mathcal{A} \longrightarrow \mathcal{A}'$ affin, $\mathcal{B} \subset \mathcal{A}$ affiner Unterraum. Dann ist $\mathcal{B}' = \varphi(\mathcal{B})$ affiner Unterraum von $\mathcal{A}'$ mit $U_{\mathcal{B}'} = f_\varphi(U_\mathcal{B})$.*

Beweis: Wähle $o \in \mathcal{B}$. Dann $\varphi(\mathcal{B}) = f_\varphi(U_\mathcal{B}) + \varphi(o)$, d. h., $\Phi_{\varphi(o)}\varphi(\mathcal{B}) = f_\varphi(U_\mathcal{B})$.
□

Beispiele 7.2.4 1. Für jedes $x \in V$ ist $x+: \mathcal{A} \longrightarrow \mathcal{A}$ Affinität mit $f_{x+} = \mathrm{id}_V: V \longrightarrow V$. Denn $\Phi_{x+o} \circ (x+) \circ \Phi_o^{-1}$ ist die Komposition $y \longmapsto y+o \longmapsto x+(y+o) = y+(x+o) \longmapsto y$.
2. Seien $\mathcal{B}, \mathcal{B}'$ Unterräume von $\mathcal{A} = \mathcal{A}(V)$ mit $\mathcal{B} \cap \mathcal{B}' = \{o\}, \mathcal{B} \cup \mathcal{B}' = \mathcal{A}$. Setze $\Phi_o(\mathcal{B}) = U, \Phi_o(\mathcal{B}') = U'$. Dann ist U' Komplement von U in V. Mit $pr_U: V \longrightarrow U; x = x_U + x_{U'} \in U + U' \longmapsto x_U$ erkläre $pr_\mathcal{B}: \mathcal{A} \longrightarrow \mathcal{B}$ durch $\Phi_o^{-1} \circ pr_U \circ \Phi_o$. $pr_\mathcal{B}$ heißt *Projektion von $\mathcal{A}$ auf $\mathcal{B}$ parallel zu $\mathcal{B}'$*. $pr_\mathcal{B}: \mathcal{A} \longrightarrow \mathcal{B}$ ist affine Abbildung.
3. Die Unterräume $\mathcal{B}_0, \mathcal{B}_1$ seien parallel, vgl. 7.1.15. Wenn $\varphi: \mathcal{A} \longrightarrow \mathcal{A}'$ eine Affinität ist, so sind die Bildräume $\mathcal{B}'_0 = \varphi(\mathcal{B}_0), \mathcal{B}'_1 = \varphi(\mathcal{B}_1)$ parallel, denn nach 7.2.3 ist $U_{\mathcal{B}'_0} = U_{\mathcal{B}'_1} = f_\varphi(U_{\mathcal{B}_0})$.

Das folgende Resultat liefert die Rechtfertigung dafür, die affinen Abbildungen als die Morphismen in der Kategorie der affinen Räume zu bezeichnen.

Theorem 7.2.5 1. $\mathrm{id}_\mathcal{A}: \mathcal{A} \longrightarrow \mathcal{A}$ *ist affine Abbildung.*
2. *Seien $\varphi: \mathcal{A} \longrightarrow \mathcal{A}'$ und $\varphi': \mathcal{A}' \longrightarrow \mathcal{A}''$ affine Abbildungen. Dann ist auch die Komposition $\varphi' \circ \varphi: \mathcal{A} \longrightarrow \mathcal{A}''$ eine affine Abbildung.*

Beweis: Dies folgt sofort aus der Definition 7.2.1. □

Theorem 7.2.6 1. *Sei $\mathcal{A} = \mathcal{A}(V)$ affiner Raum. Die Menge $\mathrm{Aff}(\mathcal{A})$ der affinen Bijektionen $\varphi: \mathcal{A} \longrightarrow \mathcal{A}$ ist eine Untergruppe der Gruppe $\mathrm{Perm}\,\mathcal{A}$ der Bijektionen von $\mathcal{A}$. $\mathrm{Aff}(\mathcal{A})$ heißt Gruppe der Affinitäten von $\mathcal{A}$.*
2. *Die Abbildung*

$$f: \varphi \in \mathrm{Aff}(\mathcal{A}) \longmapsto f_\varphi \in L(V;V)$$

aus 7.2.2, 1. besitzt als Bild die Gruppe $GL(V)$ der linearen Automorphismen von V. f ist ein Gruppenmorphismus, $\ker f$ ist die Gruppe $V+ \cong V$ der Translationen von $\mathcal{A}$.

Beweis: Zu 1.: Nach 7.2.5 ist mit $\varphi, \varphi' \in \mathrm{Aff}(\mathcal{A})$ auch $\varphi' \circ \varphi \in \mathrm{Aff}(\mathcal{A})$. Und wegen $\varphi \circ \varphi^{-1} = \mathrm{id}_\mathcal{A}, \varphi \in \mathrm{Aff}(\mathcal{A})$, ist

$$\begin{aligned}\varphi^{-1}(\sum_\iota \alpha_\iota p_\iota) &= \varphi^{-1}(\sum_\iota \alpha_\iota \varphi \circ \varphi^{-1}(p_\iota)) \\ &= \varphi^{-1} \circ \varphi(\sum_\iota \alpha_\iota \varphi^{-1}(p_\iota)) = \sum_\iota \alpha_\iota \varphi^{-1}(p_\iota).\end{aligned}$$

Das Untergruppenkriterium ist also erfüllt.

Zu 2.: Da $f_{\varphi' \circ \varphi}(p-o) = \varphi' \circ \varphi(p) - \varphi' \circ \varphi(o) = f_{\varphi'}(\varphi(p) - \varphi(o)) = f_{\varphi'} \circ f_\varphi(p-o)$, und daher $f_\varphi \circ f_{\varphi^{-1}} = \mathrm{id}_V$, ist f ein Morphismus der Gruppe $\mathrm{Aff}(\mathcal{A})$ in $GL(V)$. Nach 7.2.2 ist f surjektiv. $\varphi \in \ker f$ bedeutet $\varphi(p) = (\varphi(o) - o) + p$, für alle $p \in \mathcal{A}$, also $\varphi = (\varphi(o) - o)+$. □

Definition 7.2.7 *Sei $\mathcal{A} = \mathcal{A}(V)$ ein affiner Raum über V. Unter einem affinen Bezugssystem von $\mathcal{A}$ (auch affine Basis genannt) verstehen wir ein Paar (o, B), wo o ein Punkt von $\mathcal{A}$ ist und B eine Basis von V.*

Bemerkung 7.2.8 Sei $\dim \mathcal{A} = n$. Wir nennen dann *affines Bezugssystem* von $\mathcal{A}$ auch eine Menge $P = \{p_0, p_1, \ldots, p_n\}$ von $n+1$ Punkten mit der Eigenschaft, daß $B = \{p_1 - p_0, \ldots, p_n - p_0\}$ eine Basis von V ist. Ein solches P bestimmt also ein Bezugssystem $(p_0 = o, B)$ im Sinne von 7.2.7. Umgekehrt liefert ein Paar (o, B) mit $B = \{b_1, \ldots, b_n\}$ ein Bezugssystem vom Typ $P = \{o = p_0, b_1 + o, \ldots, b_n + o\}$.

Theorem 7.2.9 *Für einen affinen Raum $\mathcal{A} = \mathcal{A}(V)$, $\dim \mathcal{A} = n$, existiert ein affines Bezugssystem $(o, B) = (o, \{b_1, \ldots, b_n\})$. Durch*

$$\Phi_{(o,B)} = \Phi_B \circ \Phi_o : \mathcal{A} \longrightarrow K^n$$

ist ein affiner Isomorphismus auf den affinen Raum K^n (vgl. 7.1.3) gegeben.

Bemerkung: Mit einem Bezugssystem P aus 7.2.8 ist entsprechend Φ_P definiert.

Beweis: V besitzt eine Basis $B = \{b_1, \ldots, b_n\}$, damit liefert $(o, \{b_1, \ldots, b_n\})$ ein affines Bezugssystem für $\mathcal{A}$. $\Phi_B \circ \Phi_o : \mathcal{A} \longrightarrow K^n$ ist durch $p \longmapsto \Phi_B(p - o) = \sum_i \alpha_i e_i$ gegeben, $E = \{e_1, \ldots, e_n\}$ die kanonische Basis. $\Phi_B \circ \Phi_o$ ist affin, da $\Phi_B \circ \Phi_o(\sum_i \alpha_i p_i) = \Phi_B(\sum_i \alpha_i(p_i - o)) = \sum_i \alpha_i \Phi_B \circ \Phi_o(p_i)$. □

Theorem 7.2.10 *Sei $(o, B) = (o, \{b_1, \ldots, b_n\})$ affines Bezugssystem von $\mathcal{A}$.*
1. *Wenn $\varphi \in \mathrm{Aff}(\mathcal{A})$, so ist $(\varphi(o), \{f_\varphi(b_1), \ldots, f_\varphi(b_n)\})$ affines Bezugssystem.*
2. *Umgekehrt, wenn $(o', \{b'_1, \ldots, b'_n\})$ affines Bezugssystem ist, so gibt es genau ein $\varphi \in \mathrm{Aff}(\mathcal{A})$ mit $\varphi(o) = o', f_\varphi(b_i) = b'_i, 1 \leq i \leq n$.*

Damit entsprechen sich die affinen Bezugssysteme von $\mathcal{A}$ und die Elemente von $\mathrm{Aff}(\mathcal{A})$ umkehrbar eindeutig.

Beweis: Zu 1.: Nach 7.2.6, 2. ist für $\varphi \in \mathrm{Aff}(\mathcal{A})$ $f_\varphi \in GL(V)$, also ist $(\varphi(o), \{f_\varphi(b_1), \ldots, f_\varphi(b_n)\})$ ein affines Bezugssystem.
Zu 2.: Erkläre $f \in GL(V)$ durch $f(b_i) = b'_i, 1 \leq i \leq n$ und $\varphi \in \mathrm{Aff}(\mathcal{A})$ durch $\Phi_{o'}^{-1} \circ f \circ \Phi_o$, vgl. 7.2.2, 2.. □

7.2 Affinitäten und Kollineationen. Der Fundamentalsatz

Definition 7.2.11 *Eine bijektive Abbildung* $\bar\varphi\colon \mathcal{A} \longrightarrow \mathcal{A}$ *heißt* Kollineation, *falls das Bild* $\bar\varphi(\mathcal{G})$ *jeder Geraden in* $\mathcal{A}$ *wieder eine Gerade ist. Wir setzen außerdem voraus, daß die Charakteristik des zugrundeliegenden Körpers* $K \neq 2$ *ist, d. h.,* $1 + 1 \neq 0$.

Bemerkungen 7.2.12 1. Eine Affinität $\varphi \colon \mathcal{A} \longrightarrow \mathcal{A}$ ist offenbar eine Kollineation. Denn nach 7.2.3 ist $U_{\varphi(\mathcal{B})} = f_\varphi(U)$. Falls also $\dim \mathcal{B} = \dim U = 1$, so auch $\dim \varphi(\mathcal{B}) = 1$.

2. Die Voraussetzung $2 \neq 0$ für den zugrundeliegenden Körper machen wir im Hinblick auf die im folgenden Lemma bewiesene Aussage, daß ein Kollineation Unterräume beliebiger Dimension in Unterräume eben dieser Dimension überführt. Würden wir dies in der Definition einer Kollineation fordern, so erübrigte sich die Hypothese $2 \neq 0$.
3. Wir beschränken uns jetzt auf den Fall $\dim \mathcal{A} < \infty$ – der allgemeine Fall kann ähnlich behandelt werden.

Lemma 7.2.13 *Sei* $\bar\varphi\colon \mathcal{A} \longrightarrow \mathcal{A}$ *Kollineation. Dann ist das Bild* $\bar{\mathcal{B}} = \bar\varphi(\mathcal{B})$ *eines affinen Unterraums* $\mathcal{B}$ *wieder ein affiner Unterraum mit* $\dim \bar{\mathcal{B}} = \dim \mathcal{B}$.

Beweis: Wir gehen mit Induktion nach $l = \dim \mathcal{B}$ vor. Für $l = 1$ ist die Behauptung vorausgesetzt. Sei die Behauptung für Unterräume der Dimension $< l$ bereits bewiesen, und sei $\dim \mathcal{B} = l$. Wähle Punkte $\{p_0, p_1, \ldots, p_l\}$ in $\mathcal{B}$, so daß jedes $p \in \mathcal{B}$ eindeutig als $\sum_i \alpha_i p_i, \sum_i \alpha_i = 1$, dargestellt wird. Die $\{p_i\}$ bilden also ein affines Bezugssystem für $\mathcal{B}$.
Wir zeigen zunächst: Zu jedem $p \in \mathcal{B}$ gibt es Unterräume $\mathcal{U}$ und $\mathcal{V}$, die von einem p_j und der komplementären Menge $\{p_i, i \neq j\}$ oder von einem Paar $\{p_j, p_k\}$ und der komplementären Menge $\{p_i, i \neq j, k\}$ aufgespannt werden, so daß $p = \beta q + \gamma r, q \in \mathcal{U}, r \in \mathcal{V}, \beta + \gamma = 1$. D.h., p gehört zu der von $\{q, r\}$ erzeugten Geraden $\mathcal{G}$.
Nach Voraussetzung sind $\bar\varphi(\mathcal{U}) = \bar{\mathcal{U}}, \bar\varphi(\mathcal{V}) = \bar{\mathcal{V}}, \bar\varphi(\mathcal{G}) = \bar{\mathcal{G}}$ Unterräume. Daher läßt sich $\bar\varphi(p) = \bar p$ als $\sum_i \bar\alpha_i \bar p_i, \sum_i \bar\alpha_i = 1$, schreiben, mit $\bar p_i = \bar\varphi(p_i)$. Da jeder Punkt $\sum_i \bar\alpha_i \bar p_i$ mit $\sum_i \bar\alpha_i = 1$ aufgefaßt werden kann als Punkt auf einer Geraden $\bar{\mathcal{G}}$ durch Punkte $\bar q, \bar r$ geeignet gewählter Unterräume $\bar{\mathcal{U}}, \bar{\mathcal{V}}$ obiger Form, folgt, daß $\bar{\mathcal{B}} = \bar\varphi(\mathcal{B})$ ein l-dimensionaler Unterraum von $\mathcal{A}$ ist.
Nun zur Konstruktion von $\mathcal{U}$ und $\mathcal{V}$ für ein gegebens $p = \sum_i \alpha_i p_i$. Wir können $\alpha_i \neq 0$ für alle i annehmen. Sei eines dieser α_i, etwa $\alpha_j, \neq 1$. Dann setze $\mathcal{U} = \{p_j\}, \mathcal{V} =$ Erzeugnis der $p_i, i \neq j$. Setze $\alpha_j = \beta$ und schreibe

$$p = \beta p_j + \gamma \sum_{i \neq j} (\frac{\alpha_i}{\gamma}) p_i \quad \text{mit} \quad \gamma = \sum_{i \neq j} \alpha_i = 1 - \alpha_j \neq 0.$$

Falls $\alpha_i = 1$ für alle i, so $\sum_i \alpha_i = l + 1 = 1$. Wir schreiben

$$p = 2(\frac{1}{2}p_0 + \frac{1}{2}p_1) + (l-1)(\sum_{i=2}^{l} \frac{1}{l-1} p_i).$$

□

Als Vorbereitung für die Bestimmung aller Kollineationen zeigen wir:

Lemma 7.2.14 *Sei* $(o = p_0, \{p_1, \ldots, p_n\})$ *ein affines Bezugssystem für* $\mathcal{A}, n \geq 2$. *Die Kollineationen*

$$(^-): \mathcal{A} \longrightarrow \mathcal{A}; \quad p \longmapsto \bar{p},$$

welche dieses Bezugssystem festlassen, stehen in umkehrbar eindeutiger Beziehung zu den Automorphismen $(^-): K \longrightarrow K; \quad \alpha \longmapsto \bar{\alpha}$ *des Körpers* K, *über dem das Modell* V *von* $\mathcal{A}$ *erklärt ist. Und zwar ist das Bild* $\bar{p}$ *von* $p = \sum_i \alpha_i p_i, \sum_i \alpha_i = 1$, *durch* $\sum_i \bar{\alpha}_i p_i$ *gegeben.*

Bemerkung 7.2.15 *Ein Körperautomorphismus* $(^-): K \longrightarrow K$ *ist eine Bijektion mit*

$$\overline{\alpha + \beta} = \bar{\alpha} + \bar{\beta}; \quad \overline{-\alpha} = -\bar{\alpha}; \quad \overline{\alpha\beta} = \bar{\alpha}\bar{\beta}; \quad \overline{(\alpha^{-1})} = \bar{\alpha}^{-1}.$$

Speziell also $\bar{0} = 0, \bar{1} = 1$.

Beweis: Sei $(^-): K \longrightarrow K$ ein Körperautomorphismus. Wir behaupten, daß $\sum_i \alpha_i p_i \longmapsto \sum_i \bar{\alpha}_i p_i$ eine Kollineation ist. In der Tat, wenn $p = \sum_i \alpha_i p_i, q = \sum_i \beta_i p_i$ verschiedene Punkte sind, so wird die Gerade $\mathcal{G} = \{\alpha p + \beta q = \sum_i (\alpha \alpha_i + \beta \beta_i) p_i, \alpha + \beta = 1\}$ in die Gerade $\bar{\mathcal{G}} = \{\bar{\alpha}\bar{p} + \bar{\beta}\bar{q}, \bar{\alpha} + \bar{\beta} = 1\}$ übergeführt.
Sei nun umgekehrt $(^-): \mathcal{A} \longrightarrow \mathcal{A}; p \longmapsto \bar{p}$ eine Kollineation mit $\bar{p}_i = p_i, 0 \leq i \leq n$. Wenn $p = \sum_i \alpha_i p_i$, schreibe $\bar{p} = \sum_i \bar{\alpha}_i p_i$. Daraus folgt für $\alpha_i = 0, i > 0$: $\bar{1} = 1$ und $\bar{0} = 0$. Falls $\alpha_i = 0$ für $i > 1$, so folgt aus $\alpha_0 + \alpha_1 = 1$ $\bar{\alpha}_0 + \bar{\alpha}_1 = 1$, also $\bar{\alpha}_0 + \overline{(1-\alpha_0)} = 1$, d. h., $\overline{1-\alpha} = 1 - \bar{\alpha}$ für alle $\alpha \in K$.
Falls $\alpha_i = 0$ für $i > 2$, so $\bar{\alpha}_0 + \bar{\alpha}_1 + \overline{(1-(\alpha_0+\alpha_1))} = 1$, also, da $\alpha = \alpha_0, \beta = \alpha_1$ beliebig, $\bar{\alpha} + \bar{\beta} - \overline{(\alpha+\beta)} = 0$. Speziell für $\beta = 0$: $\overline{-\alpha} = -\bar{\alpha}$, also $\overline{\alpha + \beta} = \bar{\alpha} + \bar{\beta}$.
Für $\alpha \neq 0$ sei $\alpha_0 = \frac{1}{\alpha}, \alpha_1 = \beta, \alpha_2 = \frac{1}{\alpha} - \beta$ und betrachte

$$\begin{aligned} p &= (1 - \frac{1}{\alpha})p_0 + \beta p_1 + (\frac{1}{\alpha} - \beta)p_2 \\ &= (1 - \frac{1}{\alpha})p_0 + \frac{1}{\alpha}(\alpha\beta p_1 + (1 - \alpha\beta)p_2). \end{aligned}$$

Da $\overline{\alpha\beta p_1 + (1-\alpha\beta)p_2} = \overline{\alpha\beta} p_1 + (1 - \overline{\alpha\beta})p_2$, folgt $\bar{\beta} = \overline{(\frac{1}{\alpha})}\overline{\alpha\beta}$. Für $\beta = 1$ ergibt sich $\overline{(\frac{1}{\alpha})} = \frac{1}{\bar{\alpha}}$ und damit $\overline{\alpha\beta} = \bar{\alpha}\bar{\beta}$. □

Wir können jetzt den sogenannten *Fundamentalsatz der affinen Geometrie* beweisen.

Theorem 7.2.16 *Sei* $\bar{\varphi}: \mathcal{A} \longrightarrow \mathcal{A}$ *eine Kollineation,* $\dim \mathcal{A} \geq 2, 1 + 1 \neq 0$. *Wähle ein affines Bezugssystem* $(o = p_0, \{p_1, \ldots, p_n\})$ *für* $\mathcal{A}$. *Dann ist* $\bar{\varphi}$ *von der Form* $\varphi \circ (^-)$, *wo* φ *eine Affinität ist und* $(^-)$ *die durch einen Körperautomorphismus* $(^-): K \longrightarrow K$ *bestimmte Abbildung aus 7.2.14.*

Beweis: Aus 7.2.13 wissen wir, daß die $\{\bar{p}_i = \bar{\varphi}(p_i), 0 \leq i \leq n\}$ ein affines Bezugssystem von $\mathcal{A}$ bilden. Nach 7.2.10, 2. gibt es eine wohlbestimmte Affinität φ mit $\varphi(p_i) = \bar{p}_i$. Wende 7.2.14 auf die Kollineation $\varphi^{-1} \circ \bar{\varphi}$ an. □

Beispiel 7.2.17 Für $K = \mathbb{C}$ ist die komplexe Konjugation $z \in \mathbb{C} \longmapsto \bar{z} \in \mathbb{C}$ ein nicht-identischer Automorphismus.

Dagegen gilt:

Lemma 7.2.18 *Für die Körper $\mathbb{Q}$ und $\mathbb{R}$ der rationalen und reellen Zahlen ist die Identität der einzige Körperautomorphismus.*

Beweis: Aus $\bar{1} = 1$ folgt $\bar{n} = n$ für alle $n \in \mathbb{Z}$ und damit auch $\bar{r} = r$ für alle $r = \frac{m}{n} \in \mathbb{Q}$. Da $\gamma > 0$ als $\sqrt{\gamma}\sqrt{\gamma}$ geschrieben werden kann, folgt $\bar{\gamma} > 0$. Also $\alpha < \beta \Longrightarrow \bar{\alpha} < \bar{\beta}$. Jedes $\rho \in \mathbb{R}$ kann durch rationale r und s mit $r < \rho < s$ approximiert werden. Daher $\bar{\rho} = \rho$. □

Folgerung 7.2.19 *Für einen affinen Raum der Dimension ≥ 2 über $\mathbb{Q}$ oder $\mathbb{R}$ ist jede Kollineation eine Affinität.* □

7.3 Lineare Funktionen

Wir betrachten jetzt auf einem affinen Raum $\mathcal{A} = \mathcal{A}(V)$ das Gegenstück zu den Linearformen auf V. Damit führen wir das Teilverhältnis ein und beweisen einige Schließungssätze.

Definition 7.3.1 *Sei $\mathcal{A} = \mathcal{A}(V)$ ein affiner Raum. Unter einer* linearen Funktion *verstehen wir eine Abbildung $\lambda: \mathcal{A} \longrightarrow K$ mit folgender Eigenschaft: Es gibt eine Linearform $l_\lambda: V \longrightarrow K, l_\lambda \neq 0$ und ein $o \in \mathcal{A}$, so daß $\lambda(p) = l_\lambda(p - o) + \lambda(o)$. D.h., $\lambda: \mathcal{A} \longrightarrow K$ ist affin $\neq$ const..*

Satz 7.3.2 1. *Wenn $\lambda(p) = l_\lambda(p - o) + \lambda(o)$ lineare Funktion ist, so gilt auch für jeden anderen Punkt $o' \in \mathcal{A}$: $\lambda(p) = l_\lambda(p - o') + \lambda(o')$.*
2. *Sei $\varphi: \mathcal{A} \longrightarrow \mathcal{A}'$ affin, $\lambda: \mathcal{A}' \longrightarrow K$ lineare Funktion. Wenn $\lambda|\text{im}\,\varphi \neq \text{const.}$, so ist $\lambda \circ \varphi: \mathcal{A} \longrightarrow K$ linear.*

Beweis: Zu 1.: Mit $(p - o) = (p - o') + (o' - o)$ wird

$$\begin{aligned}\lambda(p) &= l_\lambda(p - o) + \lambda(o) \\ &= l_\lambda(p - o') + l_\lambda(o' - o) + \lambda(o) \\ &= l_\lambda(p - o') + \lambda(o').\end{aligned}$$

Zu 2.: Nach 7.2.2 ist die Komposition affiner Abbildungen wieder affin. □

Beispiel 7.3.3 Sei $\mathcal{A} = \mathcal{G}$ eine Gerade, $\lambda: \mathcal{G} \longrightarrow K$ sei linear. Setze $\lambda^{-1}(0) = o, \lambda^{-1}(1) = p_1$. Wegen $p_1 \neq o$ ist (o, p_1) oder (o, d_1) mit $d_1 = p_1 - o$ affines Bezugssystem von $\mathcal{G}$. Dann ist $\lambda = \Phi_{(o, p_1)}$. Denn

$$\begin{aligned}\lambda(p) &= \lambda(p) - \lambda(o) = l_\lambda(p - o) = l_\lambda(\alpha(p_1 - o)) \\ &= \alpha l_\lambda(p_1 - o) = \alpha = \Phi_{(o, p_1)}(p).\end{aligned}$$

Wie wir in 7.3.5 sehen werden, gilt etwas Ähnliches auch für beliebigdimensionale Räume.

Satz 7.3.4 *Sei* $\lambda\colon \mathcal{A} \longrightarrow K$ *linear. Für jedes* $\alpha \in K$ *ist die Menge*

$$\mathcal{H}_\alpha = \lambda^{-1}(\alpha) = \{p \in \mathcal{A};\ \lambda(p) = \alpha\}$$

eine Hyperebene. Je zwei so definierte Hyperebenen $\mathcal{H}_\alpha, \mathcal{H}_\beta$ *sind parallel mit Richtung* $U = \ker l_\lambda$.

Beweis: Wähle $o \in \mathcal{H}_\alpha$. Dann $p \in \mathcal{H}_\alpha \iff (p - o) \in \ker l_\lambda$. $\Phi_o(\mathcal{H}_\alpha) = \ker l_\lambda$ hängt nicht von $\alpha \in K$ ab. Nach 3.2.3 ist $\operatorname{codim} \ker l_\lambda = 1$. □

Wir kommen jetzt zu einer geometrischen Beschreibung einer linearen Funktion.

Lemma 7.3.5 1. *Sei* $\lambda\colon \mathcal{A} \longrightarrow K$ *linear. Betrachte* $\mathcal{H}_i = \lambda^{-1}(i), i = 0, 1$. *Sei* $\mathcal{G}$ *eine Gerade, die* $\mathcal{H}_0$ *in einem einzigen Punkt trifft:* $\mathcal{H}_0 \cap \mathcal{G} = \{o\}$. *Dann ist* $\mathcal{H} \cap \mathcal{G}$ *von der Form* $\{p_1\}$. (o, p_1) *ist ein Bezugssystem für* $\mathcal{G}$. *Damit ist* $\lambda = \Phi_{(o,p_1)} \circ pr_\mathcal{G}$. *Hier ist* $pr_\mathcal{G}\colon \mathcal{A} \longrightarrow \mathcal{G}$ *die Projektion von* $\mathcal{A}$ *auf* $\mathcal{G}$, *parallel zu* $\mathcal{H}_0$, *vgl. 7.2.4, 2., und* $\Phi_{(o,p_1)}\colon \mathcal{G} \longrightarrow K$ *ist die Koordinatenabbildung.*
2. *Umgekehrt, seien* $\mathcal{H}_0, \mathcal{H}_1$ *zwei verschiedene parallele Hyperebenen. Wähle* $o \in \mathcal{H}_0, p_1 \in \mathcal{H}_1$ *und bezeichne mit* $\mathcal{G}$ *die von* (o, p_1) *erzeugte Gerade. Dann ist durch* $\Phi_{(o,p_1)} \circ pr_\mathcal{G}$ *eine lineare Funktion* λ *gegeben.*

Beweis: Zu 1.: $\Phi_o\colon \mathcal{A} \longrightarrow V$ bildet $\mathcal{H}_0$ auf einen Unterraum $U = \ker l_\lambda$ der Codimension 1 ab. $\Phi_o(\mathcal{G})$ ist ein zu U komplementärer Unterraum U' der Dimension 1. Betrachte die Parallelprojektion $pr_\mathcal{G}\colon \mathcal{A} \longrightarrow \mathcal{G}$. Da $(p - o) = (p - pr_\mathcal{G}(p)) + (pr_\mathcal{G}(p) - o)$ und $(p - pr_\mathcal{G}(p)) \in U = \ker l_\lambda$, ist $\lambda(p) = \lambda(pr_\mathcal{G}(p))$. Daher ist $\mathcal{H}_1 \cap \mathcal{G}$ der wohlbestimmte Punkt $p_1 \in \mathcal{G}$ mit $\lambda(p_1) = 1$. Nach 7.3.3 ist $\lambda|\mathcal{G} = \Phi_{(o,p_1)}$.
Zu 2.: Aus 7.3.3 wissen wir, daß $\Phi_{(o,p_1)}\colon \mathcal{G} \longrightarrow K$ eine lineare Funktion ist. $pr_\mathcal{G}\colon \mathcal{A} \longrightarrow \mathcal{G}$ ist affin. Also ist nach 7.3.2, 2. auch die Komposition $\Phi_{(o,p_1)} \circ pr_\mathcal{G}$ affin. □

Bemerkung 7.3.6 Eine lineare Funktion $\lambda\colon \mathcal{A} \longrightarrow K$ heißt auch *Koordinate*. Dies erklärt sich folgendermaßen: Sei $\dim \mathcal{A} = n$ und seien $\{\lambda_i, 1 \leq i \leq n\}$ lineare Funktionen derart, daß die zugehörigen Linearformen $\{l_i \equiv l_{\lambda_i}, 1 \leq i \leq n\}$ linear unabhängig sind, also eine Basis des Dualraums V^* des Modellraums V von $\mathcal{A}$ bilden. Setze $\lambda_i^{-1}(0) = \mathcal{H}_{i,0}$. Aus der Dimensionsformel 7.1.13 folgt, daß der Durchschnitt $\bigcap_i \mathcal{H}_{i,0}$ die Dimension 0 hat, also nur aus einem Punkt o besteht.
Bezeichne mit $D = \{d_1, \ldots, d_n\}$ die zu $\{l_1, \ldots, l_n\}$ duale Basis von V. $(o, \{d_1, \ldots, d_n\})$ ist ein affines Bezugssystem für $\mathcal{A}$. Der Isomorphismus $\Phi_{(o,D)} = \Phi_D \circ \Phi_o\colon \mathcal{A} \longrightarrow K^n$ ist dann gerade durch $p \longmapsto (\lambda_1(p), \ldots, \lambda_n(p))$ gegeben. Denn wenn $p = \sum_i \alpha_i d_i + o$, so $\lambda_j(p) = \alpha_j$.

Definition 7.3.7 *Seien* (p, p_1, p_0) *Punkte auf einer Geraden* $\mathcal{G}$ *mit* $p_0 \neq p_1$. *Unter dem* Teilverhältnis *von* (p, p_1, p_0) *verstehen wir die Koordinate von* p *bezüglich des affinen Bezugssystems* (p_0, p_1) *auf* $\mathcal{G}$. *Bezeichnung:*

$$\operatorname{TV}(p, p_1, p_0) \quad oder \quad \frac{p - p_0}{p_1 - p_0}.$$

7.3 Lineare Funktionen

Bemerkung 7.3.8 Es gilt also

$$p = \frac{p - p_0}{p_1 - p_0}(p_1 - p_0) + p_0 \quad \text{und} \quad p = \frac{p - p_0}{p_1 - p_0}p_1 + (1 - \frac{p - p_0}{p_1 - p_0})p_0.$$

Wann immer wir vom Teilverhältnis der Punkte (p, p_1, p_0) sprechen oder $\frac{p-p_0}{p_1-p_0}$ schreiben, setzen wir $p_1 \neq p_0$ voraus.

Satz 7.3.9 *Das Teilverhältnis ist eine affine Invariante. Genauer: Sei φ : $\mathcal{A} \longrightarrow \mathcal{A}'$ eine Affinität und $\mathcal{G} \subset \mathcal{A}$ eine Gerade, so daß $\mathcal{G}' = \varphi(\mathcal{G})$ eine Gerade ist. Dies gilt speziell für $\varphi \in \text{Aff}(\mathcal{A})$. Dann*

$$\frac{\varphi(p) - \varphi(p_0)}{\varphi(p_1) - \varphi(p_0)} = \frac{p - p_0}{p_1 - p_0}.$$

Beweis: Da $\varphi(\mathcal{G})$ Gerade, ist $\varphi(p_1) \neq \varphi(p_0)$. Die Behauptung folgt nun daraus, daß laut Definition die Affinität φ vertauschbar ist mit der Schwerpunktbildung, vgl. 7.3.8. □

Folgerung 7.3.10 *Sei $\mathcal{G}$ eine Gerade in $\mathcal{A}$ und $\lambda : \mathcal{A} \longrightarrow K$ eine lineare Funktion mit $\lambda|\mathcal{G} \neq \text{const.}$. Für (p, p_1, p_0) auf $\mathcal{G}$ gilt dann*

$$\frac{p - p_0}{p_1 - p_0} = \begin{cases} \frac{\lambda(p) - \lambda(p_0)}{\lambda(p_1) - \lambda(p_0)} = \frac{\lambda(p)}{\lambda(p_1)} & (\textit{falls } \lambda(p_0) = 0) \\ \lambda(p) & (\textit{falls } \lambda(p_0) = 0, \lambda(p_1) = 1). \end{cases}$$

□

Satz 7.3.11 *Seien p_0, p_1, p_1' Punkte auf einer Geraden mit $p_1 \neq p_0, p_1' \neq p_0$. Dann*

$$\frac{p - p_0}{p_1 - p_0} = \frac{p - p_0}{p_1' - p_0} \cdot \frac{p_1' - p_0}{p_1 - p_0}.$$

Beweis: Wähle auf $\mathcal{G}$ die lineare Funktion λ mit $\lambda(p_0) = 0, \lambda(p_1) = 1$. Gemäß 7.3.10 lautet die Gleichung dann $\lambda(p) = \frac{\lambda(p)}{\lambda(p_1')}\lambda(p_1')$. □

Wir können jetzt den ersten klassischen Satz der affinen Geometrie beweisen, den *Satz von Thales* oder *Strahlensatz*.

Theorem 7.3.12 1. *Seien $\mathcal{G}, \mathcal{G}'$ Geraden in $\mathcal{A}$ mit $\mathcal{G} \cap \mathcal{G}' = \{o\}$. Seien p und q Punkte auf $\mathcal{G}$, verschieden von o, und p' und q' Punkte auf $\mathcal{G}'$, verschieden von o. Dann gilt*

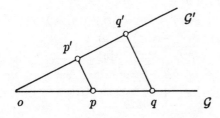

$$\mathcal{G}_{pp'} \| \mathcal{G}_{qq'} \iff \frac{q - o}{p - o} = \frac{q' - o}{p' - o}.$$

2. Seien $\mathcal{G}, \mathcal{G}'$ parallele, aber verschiedene Geraden. Seien $p, q \in \mathcal{G}, p', q' \in \mathcal{G}'$. Dann gilt

$$\mathcal{G}_{pp'} \| \mathcal{G}_{qq'} \iff (q' - q) = (p' - p) \iff (q - p) = (q' - p').$$

Beweis: Zu 1.: Betrachte die Ebene $\mathcal{E} = \mathcal{E}_{opp'} = \mathcal{E}_{oqq'}$. Gemäß 7.3.5, 2. gibt es eine lineare Funktion $\lambda: \mathcal{E} \longrightarrow K$ mit $\lambda|\mathcal{G}_{pp'} = 0$. Damit

$$\begin{aligned}
\mathcal{G}_{pp'} \| \mathcal{G}_{qq'} &\iff \lambda(q) = \lambda(q') \\
&\iff \frac{\lambda(q) - \lambda(o)}{0 - \lambda(o)} = \frac{\lambda(q') - \lambda(o)}{0 - \lambda(o)} \\
&\iff \frac{q - o}{p - o} = \frac{q' - o}{p' - o}.
\end{aligned}$$

Zu 2.: Gemäß 7.1.5, 4. ist $(q - p) = (q' - p')$ gleichwertig mit $(q' - q) = (p' - p)$, und dies bedeutet $\mathcal{G}_{pp'} \| \mathcal{G}_{qq'}$. □

Als ein anderes Beispiel für ein klassisches Resultat haben wir den *Satz von Menelaos*.

Theorem 7.3.13 *Seien p, q, r nicht-kollineare Punkte in einem affinen Raum $\mathcal{A}$. Sei $p' \in \mathcal{G}_{qr} \setminus \{q, r\}, q' \in \mathcal{G}_{pr} \setminus \{p, r\}, r' \in \mathcal{G}_{p,q} \setminus \{p, q\}$. Dann gilt:*

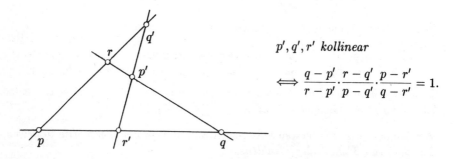

p', q', r' kollinear

$$\iff \frac{q - p'}{r - p'} \cdot \frac{r - q'}{p - q'} \cdot \frac{p - r'}{q - r'} = 1.$$

Beweis: $\mathcal{G}_{r'p'}$ und $\mathcal{G}_{pq}$ sind nicht parallel. Es gibt also eine lineare Funktion $\lambda: \mathcal{A} \longrightarrow K$ mit $\lambda|\mathcal{G}_{r'p'} = 0, \lambda|\mathcal{G}_{pq} \neq const.$. Also $\lambda(p) \neq \lambda(q)$ und $\lambda(p)\lambda(q)\lambda(r) \neq 0$. Damit gilt:

$$\begin{aligned}
p', q', r' \text{ kollinear} &\iff \lambda(q') = 0 \\
&\iff (\lambda(r) - \lambda(q'))\lambda(p) = \lambda(r)(\lambda(p) - \lambda(q')) \\
&\iff \frac{\lambda(q)}{\lambda(r)} \cdot \frac{\lambda(r) - \lambda(q')}{\lambda(p) - \lambda(q')} \cdot \frac{\lambda(p)}{\lambda(q)} = 1 \\
&\iff \frac{q - p'}{r - p'} \cdot \frac{r - q'}{p - q'} \cdot \frac{p - r'}{q - r'} = 1.
\end{aligned}$$

□

Die Dualisierung des Satzes von Menelaos liefert der *Satz von Ceva*:

7.3 Lineare Funktionen

Theorem 7.3.14 *Seien p', q', r' nicht-kollineare Punkte in $\mathcal{A}$. Sei $p \in \mathcal{G}_{q'r'} \setminus \{q', r'\}, q \in \mathcal{G}_{p'r'} \setminus \{p', r'\}, r \in \mathcal{G}_{p'q'} \setminus \{p', q'\}$. Dann gilt:*

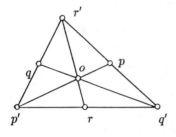

$\mathcal{G}_{pp'}, \mathcal{G}_{qq'}, \mathcal{G}_{rr'}$ *kopunktual (d. h., die drei Geraden haben einen Punkt o gemeinsam)*

$$\iff \frac{q'-p}{r'-p} \cdot \frac{r'-q}{p'-q} \cdot \frac{p'-r}{q'-r} = -1$$

Bemerkung 7.3.15 Bei der oben angesprochenen Dualisierung einer Aussage werden die Punkte durch Geraden und die Geraden durch Punkte ersetzt. Dabei wird insbesondere die Verbindungsgerade zweier Punkte durch den Schnittpunkt der ihnen entsprechenden Geraden und der Schnittpunkt zweier Geraden durch die Verbindungsgerade der ihnen entsprechenden Punkte ersetzt.

Die Dualisierung des Satzes von Menelaos sieht also folgendermaßen aus:
Die Geraden $\mathcal{G}_{qr}, \mathcal{G}_{rp}, \mathcal{G}_{pq}$ werden beziehungsweise durch die Punkte p', q', r' ersetzt. $\mathcal{G}_{pq} \cap \mathcal{G}_{pr} = \{p\}$ wird durch die Verbindungsgerade $\mathcal{G}_{q'r'}$ der Punkte q', r' ersetzt und ebenso $\mathcal{G}_{qr} \cap \mathcal{G}_{pq} = \{q\}$ durch $\mathcal{G}_{p'r'}$ und $\mathcal{G}_{pr} \cap \mathcal{G}_{qr} = \{r\}$ durch $\mathcal{G}_{p'q'}$. $p' \in \mathcal{G}_{qr}$ wird durch $\mathcal{G}_{pp'} \ni p', q' \in \mathcal{G}_{pr}$ wird durch $\mathcal{G}_{qq'} \ni q'$, und $r' \in \mathcal{G}_{pq}$ wird durch $\mathcal{G}_{rr'} \ni r'$ ersetzt.

Daß das Produkt der Teilverhältnisse in 7.3.13 dabei zu ersetzen ist durch das Produkt der Teilverhältnisse in 7.3.14, zusammen mit einem Vorzeichenwechsel, erscheint nicht so einsichtig. Wir geben daher im folgenden einen exakten Beweis des Satzes von Ceva.

Es bleibt in jedem Falle zu bemerken, daß verschiedene parallele Geraden in einer affinen Ebene keinen Schnittpunkt besitzen. Daher ist das Dualisierungsverfahren in vollem Umfang nur in der zu einer projektiven Ebene erweiterten affinen Ebene möglich, vgl. hierzu 9.

Beweis von 7.3.14: Betrachte drei lineare Funktionen $\lambda, \mu, \nu : \mathcal{A} \longrightarrow K$ mit $\lambda|\mathcal{G}_{pp'} = 0, \mu|\mathcal{G}_{qq'} = 0, \nu|\mathcal{G}_{rr'} = 0$. Wir können annehmen, daß $\mathcal{A} = \mathcal{E} = \mathcal{E}_{p'q'r'}$ eine Ebene ist. Das Modell V von $\mathcal{E}$ ist also 2-dimensional, und daher sind die drei zu λ, μ, ν gehörenden Linearformen l_λ, l_μ, l_ν linear abhängig: Es gibt $(\alpha, \beta, \gamma) \neq (0, 0, 0)$ mit

$$\alpha l_\lambda + \beta l_\mu + \gamma l_\nu = 0.$$

Also ist die lineare Funktion $\alpha\lambda + \beta\mu + \gamma\nu = const.$. Daß $\mathcal{G}_{pp'}, \mathcal{G}_{qq'}, \mathcal{G}_{rr'}$ kopunktal sind, ist gleichwertig damit, daß diese Konstante $= 0$ ist. D.h., das lineare Gleichungssystem

$$\alpha\lambda(p') + \beta\mu(p') + \gamma\nu(p') = 0$$
$$\alpha\lambda(q') + \beta\mu(q') + \gamma\nu(q') = 0$$
$$\alpha\lambda(r') + \beta\mu(r') + \gamma\nu(r') = 0$$

besitzt eine nicht-triviale Lösung (α, β, γ). Wegen $\lambda(p') = \mu(q') = \nu(r') = 0$ bedeutet das Verschwinden der Determinante:

$$\mu(p')\nu(q')\lambda(r') + \nu(p')\lambda(q')\mu(r') = 0.$$

Das ist aber gerade die rechte Seite von 7.3.14, die sich in der Form

$$\frac{\lambda(q')}{\lambda(r')} \cdot \frac{\mu(r')}{\mu(p')} \cdot \frac{\nu(p')}{\nu(q')} = -1$$

schreiben läßt. □

Wir kommen jetzt zu dem *Satz von Pappos-Pascal*.

Theorem 7.3.16 *Sei $\mathcal{A}$ eine affine Ebene, $\mathcal{G}, \mathcal{G}'$ verschiedene Geraden in $\mathcal{A}$. Seien p_1, p_2, p_3 Punkte auf $\mathcal{G}$ und p'_1, p'_2, p'_3 Punkte auf $\mathcal{G}'$. Im Falle $\mathcal{G} \cap \mathcal{G}' = \{o\}$ seien sie alle verschieden von o. Dann gilt*

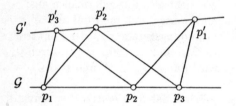

$\mathcal{G}_{p_1 p'_3} \| \mathcal{G}_{p_3 p'_1}$ und $\mathcal{G}_{p_1 p'_2} \| \mathcal{G}_{p_2 p'_1}$

impliziert

$\mathcal{G}_{p_2 p'_3} \| \mathcal{G}_{p_3 p'_2}$.

Bemerkung: Wir können die Konklusion auch folgendermaßen formulieren: Betrachte die Gerade $\mathcal{G}^*$ durch p_3, welche parallel ist zu $\mathcal{G}_{p_2 p'_3}$. Dann trifft sie $\mathcal{G}'$ gerade in dem bereits festgelegten Punkt p'_2. Die Figur, in der $\mathcal{G}^*$ das letzte konstruierte Element ist, "schließt" sich also im Punkte p'_2. Daher ist der Satz von Pappos-Pascal ein Beispiel für einen *Schließungssatz*.

Beweis: Betrachte zunächst den Fall $\mathcal{G} \cap \mathcal{G}' = \{o\}$. Wegen 7.3.12, 1. schreiben sich die Voraussetzungen in der Form

$$\frac{p_3 - o}{p_1 - o} = \frac{p'_1 - o}{p'_3 - o} \quad \text{und} \quad \frac{p_1 - o}{p_2 - o} = \frac{p'_2 - o}{p'_1 - o}.$$

Mit 7.3.11 folgt damit

$$\frac{p_3 - o}{p_2 - o} = \frac{p'_2 - o}{p'_3 - o},$$

was gemäß 7.3.12, 1. bedeutet

$$\mathcal{G}_{p_2 p'_3} \| \mathcal{G}_{p_3 p'_2}.$$

7.4 Affine Quadriken

Im Falle $\mathcal{G}\|\mathcal{G}'$ folgt die Behauptung in analoger Weise aus 7.3.12, 2.:

$$p'_3 - p_1 = p'_1 - p_3 \quad \text{und} \quad p'_2 - p_1 = p'_1 - p_2 \Longrightarrow p'_3 - p_2 = p'_2 - p_3.$$

□

Ein weiterer wichtiger Schließungssatz ist der *Satz von Desargues*:

Theorem 7.3.17 *Seien $\mathcal{G}_1, \mathcal{G}_2, \mathcal{G}_3$ drei verschiedene Geraden in einer affinen Ebene $\mathcal{A}$. Entweder sollen sie sich alle in einem Punkt $o \in \mathcal{A}$ treffen, oder sie sollen untereinander parallel sein. Wähle p_i, q_i auf $\mathcal{G}_i, i = 1, 2, 3$. Im Falle $\mathcal{G}_1 \cap \mathcal{G}_2 \cap \mathcal{G}_3 = \{o\}$ sollen diese Punkte alle verschieden sein von o. Dann gilt:*

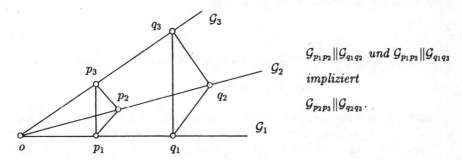

$\mathcal{G}_{p_1 p_2} \| \mathcal{G}_{q_1 q_2}$ und $\mathcal{G}_{p_1 p_3} \| \mathcal{G}_{q_1 q_3}$

impliziert

$\mathcal{G}_{p_2 p_3} \| \mathcal{G}_{q_2 q_3}$.

Beweis: Betrachte zunächst den Fall $\mathcal{G}_1 \cap \mathcal{G}_2 \cap \mathcal{G}_3 = \{o\}$. Wie im Beweis von 7.3.16 können wir die Voraussetzungen in der Form schreiben

$$\frac{q_1 - o}{p_1 - o} = \frac{q_2 - o}{p_2 - o} \quad \text{und} \quad \frac{q_1 - o}{p_1 - o} = \frac{q_3 - o}{p_3 - o}.$$

Hieraus folgt

$$\frac{q_2 - o}{p_2 - o} = \frac{q_3 - o}{p_3 - o}, \quad \text{also} \quad \mathcal{G}_{p_2 p_3} \| \mathcal{G}_{q_2 q_3}.$$

Der Fall, daß die drei Geraden parallel sind, erledigt sich mit Hilfe von 7.3.12, 2. □

7.4 Affine Quadriken

Wir betrachten auf einem endlichdimensionalen affinen Raum $\mathcal{A} = \mathcal{A}(V)$ quadratische Funktionen $\kappa : \mathcal{A} \longrightarrow K$. Der "Hauptteil" einer solchen Funktion ist eine nicht-triviale symmetrische Bilinearform auf V. Die Mengen $\{\kappa = const.\}$ heißen affine Quadriken. Wir werden diese Quadriken weitgehend klassifizieren unter Verwendung einer Klassifikation der quadratischen Formen. Für den zugrundeliegenden Körper K des Vektorraums V setzen wir $1 + 1 = 2 \neq 0$ voraus. Das ist eine bei der Betrachtung symmetrischer Bilinearformen nützliche Annahme, da im Falle $1 + 1 = 2 = 0$ die Theorie gänzlich anders verläuft.

Wir beginnen mit einigen fundamentalen Resultaten über symmetrische Bilinearformen. Es handelt sich um Verallgemeinerungen der Betrachtungen aus 6.5 für $K = \mathbb{R}$.

Definition 7.4.1 1. *Unter einer* symmetrischen Bilinearform *auf V verstehen wir eine Abbildung $\psi: V \times V \longrightarrow K$ mit*

(a) $\psi(\alpha x + \alpha' x', y) = \alpha \psi(x, y) + \alpha' \psi(x', y)$,

(b) $\psi(y, x) = \psi(x, y)$.

ψ *ist also in beiden Argumenten linear.*

2. *Sei $B = \{b_1, \ldots, b_n\}$ eine Basis von V. Unter der* Fundamentalmatrix *von ψ bezüglich B verstehen wir die Matrix*

$$G_B(\psi) = ((\psi(b_i, b_j))).$$

3. *Für eine symmetrische Bilinearform ψ ist die lineare Abbildung*

$$\sigma_\psi: V \longrightarrow V^*; \quad y \longmapsto \psi(\ , y)$$

definiert. Mit Hilfe der natürlichen Paarung $\langle , \rangle: V^* \times V \longrightarrow K$ ist also $\langle \sigma_\psi(y), x \rangle = \psi(x, y)$. Der Nullraum *$V^0_\psi$ von ψ ist der Kern von σ_ψ. Der* Rang *von ψ, $\mathrm{rg}\,\psi$, ist $\dim V - \dim V^0_\psi$. Falls $\mathrm{rg}\,\psi = \dim V$, so heißt ψ nichtentartet.*

Der *Hauptsatz über symmetrische Bilinearformen* lautet:

Theorem 7.4.2 *Sei ψ symmetrische Bilinearform auf V. Dann existiert eine Basis $D = \{d_1, \ldots, d_n\}$ für V, so daß $G_D(\psi) = ((\delta_{ij}\alpha_i))$. Hier ist $\alpha_i \neq 0$ für $1 \leq i \leq r = \mathrm{rg}\,\psi$.*

Im Falle $K = \mathbb{R}$ kann man überdies erreichen, daß $\alpha_i = 1$, für $1 \leq i \leq p, \alpha_i = -1$, für $p+1 \leq i \leq p+q = r$. Dabei sind $p = 0$ und $q = 0$ zugelassen. Die Zahlen p und q sind eindeutig festgelegt (Trägheitssatz von Sylvester).

Im Falle $K = \mathbb{C}$ kann man erreichen, daß $\alpha_i = 1$ für $1 \leq i \leq r$.

Beweis: Falls $r = \mathrm{rg}\,\psi = 0$, so $G_D(\psi) = ((0))$, für eine beliebige Basis D von V. Sei jetzt $r > 0$. Wir gehen mit Induktion nach $n = \dim V$ vor. Für $n = 1$ ist der Satz richtig. Es gibt $d_1 \in V$ mit $\psi(d_1, d_1) = \alpha_1 \neq 0$. Denn es gibt x und y in V mit $\psi(x, y) \neq 0$. Also sind in

$$2\psi(x, y) = \psi(x + y, x + y) - \psi(x, x) - \psi(y, y)$$

auf der rechten Seite nicht alle Terme $= 0$.

Sei U der von d_1 erzeugte Unterraum. Setze $\{x \in V; \psi(x, d_1) = 0\} = U^\perp$. $U^\perp$ ist der Kern der Linearform $\sigma_\psi(d_1)$. Da $\langle \sigma_\psi(d_1), d_1 \rangle = \psi(d_1, d_1) \neq 0$ ist $\dim U^\perp = n - 1, n = \dim V$. Wegen $d_1 \notin U^\perp$ ist $U^\perp$ ein Komplement von U. Insbesondere enthält $U^\perp$ den Nullraum $V^0 = V^0_\psi$ von ψ. Nach Induktionsvoraussetzung besitzt $U^\perp$ eine Basis $D = \{d_2, \ldots, d_n\}$ mit $\psi(d_i, d_j) = \alpha_i \delta_{ij}, \alpha_i = 0$ für $i > r$. Zusammen mit d_1 erhalten wir die gewünschte Basis D.

7.4 Affine Quadriken

Im Falle $K = \mathbb{R}$ und $\alpha_i > 0$ ersetze d_i durch $\frac{d_i}{\sqrt{\alpha_i}}$. Wenn $\alpha_i < 0$, ersetze d_i durch $\frac{d_i}{\sqrt{-\alpha_i}}$. Für die neuen Basiselemente, die wir wiederum mit d_i bezeichnen, ist also $\psi(d_i, d_j) = \pm\delta_{ij}, i, j \leq r$. Durch Umnumerieren erhalten wir eine Basis mit der gewünschten Eigenschaft. Daß p und q eindeutig festgelegt sind, ist der Inhalt von 6.5.11.

Im Falle $K = \mathbb{C}$ und $\alpha_i \neq 0$ ersetze d_i durch $\frac{d_i}{\sqrt{\alpha_i}}$. □

Wir erwähnen noch das Gegenstück zu 6.5.9:

Satz 7.4.3 $\operatorname{rg} \psi = \operatorname{rg} G_B(\psi)$, *für eine beliebige Basis B von V. Insbesondere ist ψ nicht-entartet dann und nur dann, wenn $\det G_B(\psi) \neq 0$.*

Beweis: Wie im Beweis von 6.5.5, 2. zeigt man zunächst, daß die Fundamentalmatrizen $G_B = G_B(\psi)$ und $G_D = G_D(\psi)$ mit D wie in 7.4.2 in der Beziehung $G_B = {}^t T G_D T$ stehen, mit $T = \Phi_D \circ \Phi_B^{-1}$ invertierbar. Also $\operatorname{rg} G_B = \operatorname{rg} G_D = \operatorname{rg} \psi$. □

Wir kommen jetzt zum eigentlichen Gegenstand dieses Abschnitts:

Definition 7.4.4 *Unter eine* quadratischen Funktion *auf $\mathcal{A} = \mathcal{A}(V)$ verstehen wir eine Abbildung*

$$\kappa: \mathcal{A} \longrightarrow K$$

mit folgender Eigenschaft: Es gibt $o \in \mathcal{A}$ so, daß $\kappa(p)$ sich schreiben läßt als

$$\kappa(p) = \psi(p - o, p - o) + 2l_o(p - o) + \kappa(o), \quad \text{für alle } p \in \mathcal{A}.$$

Hier ist $\psi = \psi_\kappa$ eine symmetrische Bilinearform und $l_o = l_{\kappa,o}$ ist eine Linearform. ψ soll nicht die Nullform sein, d. h., $\operatorname{rg} \psi > 0$.

Bemerkungen 7.4.5 1. Wie wir sogleich zeigen werden, gilt eine entsprechende Darstellung von κ bezüglich eines jeden beliebigen $o' \in \mathcal{A}$, mit derselben Bilinearform ψ, während die Linearform l_o und die konstante Term $\kappa(o)$ sich dabei im allgemeinen ändern.
2. Wenn $\varphi: \mathcal{A} \longrightarrow \mathcal{A}$ Affinität, so ist mit κ auch $\kappa \circ \varphi$ quadratische Funktion.
3. Neben linearen und quadratischen Funktionen auf $\mathcal{A}$ kann man auch Funktionen höherer Ordnung betrachten, z. B. Funktionen dritter Ordnung, auch kubische Funktionen genannt. In einer solchen Funktion ist der "Hauptteil" durch eine symmetrische Trilinearform auf V gegeben.

Lemma 7.4.6 *Wenn o, o' beliebige Punkte in $\mathcal{A}$ sind und κ eine quadratische Funktion auf $\mathcal{A}$, so gilt*

$$\begin{aligned} \kappa(p) &= \psi(p - o, p - o) + 2l_o(p - o) + \kappa(o) \\ \kappa(p) &= \psi(p - o', p - o') + 2l_{o'}(p - o') + \kappa(o') \end{aligned}$$

mit

$$\begin{aligned} l_{o'} &= \sigma_\psi(o - o') + l_o \\ \kappa(o) &= \psi(o - o', o - o') + 2l_{o'}(o - o') + \kappa(o'). \end{aligned}$$

Fall A: $l_{o'} \in \mathrm{im}\,\sigma_\psi$ *(dann auch $l_o \in \mathrm{im}\,\sigma_\psi$). Dies ist z. B. dann erfüllt, wenn ψ nicht-entartet ist. In diesem Falle läßt sich $o \in \mathcal{A}$ so wählen, daß $l_o = 0$, d. h.,*

$$\kappa(p) = \psi(p-o, p-o) + \kappa(o).$$

Fall B: $=$ *Fall non A. Dann kann man $o \in \mathcal{A}$ so wählen, daß*

$$\kappa(p) = \psi(p-o, p-o) + 2l_o(p-o), \quad l_o \notin \mathrm{im}\,\sigma_\psi.$$

Beweis: Mit $p - o' = (p-o) + (o-o')$ finden wir

$$\begin{aligned}\psi(p-o', p-o') &= \psi(p-o, p-o) + 2\psi(p-o, o-o') + \psi(o-o', o-o'); \\ 2l_{o'}(p-o') &= 2l_{o'}(p-o) + 2l_{o'}(o-o').\end{aligned}$$

Also

$$\begin{aligned}\kappa(p) &= \psi(p-o', p-o') + 2l_{o'}(p-o') + \kappa(o') \\ &= \psi(p-o, p-o) + 2(\sigma_\psi(o-o') + l_{o'})(p-o) \\ &\quad + \psi(o-o', o-o') + 2l_{o'}(o-o') + \kappa(o')\end{aligned}$$

Wenn V'^* ein beliebig vorgegebenes Komplement von $\mathrm{im}\,\sigma_\psi$ ist, so schreibe $l_{o'} = l_{o',1} + l_{o',2} \in \mathrm{im}\,\sigma_\psi + V'^*$. Es gibt $o \in \mathcal{A}$, so daß $\sigma_\psi(o-o') + l_{o',1} = 0$. Im Fall A ist $l_{o'} = l_{o',1}$. Im Fall B = non A schreibe wieder $l_{o'}$ anstelle $l_{o',2}$ mit $l_{o'} \notin \mathrm{im}\,\sigma_\psi$. Es gibt also o_1 mit $o_1 - o' \in \ker\sigma_\psi, l_{o'}(o_1 - o') \neq 0$. Wenn wir o_1 ersetzen durch $o = \beta(o_1 - o') + o'$ mit $\beta = -\frac{\kappa(o')}{2l_{o'}(o_1 - o')}$, wird $\kappa(o) = 0$. □

Der *Hauptsatz über quadratische Funktionen* lautet:

Theorem 7.4.7 *Sei $\kappa\colon \mathcal{A} \longrightarrow K$ eine quadratische Funktion. Dann existiert ein affines Bezugssystem $(o, D) = (o, \{d_1, \ldots, d_n\})$ für $\mathcal{A}$, so daß die Koordinatendarstellung $\kappa \circ \Phi_{o,D}^{-1} = $ (kurz) $\kappa\colon K^n \longrightarrow K$ folgende Form besitzt:*

Fall A: $\kappa(x) = \kappa(\xi_1, \ldots, \xi_n) = \sum_{i=1}^r \alpha_i \xi_i^2 + \gamma, \quad \alpha_i \neq 0.$

Fall B: $\kappa(x) = \kappa(\xi_1, \ldots, \xi_n) = \sum_{i=1}^r \alpha_i \xi_i^2 - 2\xi_n, \quad \alpha_i \neq 0, r < n.$

Hier ist r der Rang der symmetrischen Form ψ.

Falls $K = \mathbb{R}$, so $\alpha_i = 1$, $1 \leq i \leq p$, $\alpha_i = -1$, $p+1 \leq i \leq p+q = r$.

Falls $K = \mathbb{C}$, so $\alpha_i = 1$, $1 \leq i \leq r$.

Beweis: Im Fall A wähle $o \in \mathcal{A}$ wie in 7.4.6. Wähle $D = \{d_1, \ldots, d_n\}$ wie in 7.4.2, so daß $\psi(x,x) = \sum_{i=1}^r \alpha_i \xi_i^2$.
Im Fall B wähle $o \in \mathcal{A}$ wie in 7.4.6. Da $l_o \notin \mathrm{im}\,\sigma_\psi$, gibt es d_n im Nullraum $V_\psi^0 = \ker\sigma_\psi$ von ψ mit $l_o(d_n) = -1$. Wähle eine Basis $\{d_{r+1}, \ldots, d_n\}$ in V_ψ^0 mit $l_o(d_i) = 0$ für $r+1 \leq i < n$. Diese Elemente können wir durch $\{d_1, \ldots, d_r\}$ zu einer Basis D wie in 7.4.2 ergänzen. Um $l_o(d_i) = 0$ auch für $i \leq r$ zu erreichen, ändern wir diese d_i ab zu $d_i + l_o(d_i)d_n$. Da $d_n \in V_\psi^0$, werden dadurch die Werte von ψ nicht geändert.
Für $K = \mathbb{R}$ oder $K = \mathbb{C}$ können die α_i wie in 7.4.2 gewählt werden. □

7.4 Affine Quadriken

Beispiele 7.4.8 1. Betrachte auf $\mathbb{R}^2$ die quadratische Funktion
$$\kappa(x,y) = 11x^2 + 19y^2 + 6x - 38y + 15.$$

Wir bringen zunächst die quadratischen Terme in Diagonalgestalt, indem wir diese quadratisch ergänzen:
$$\kappa(x,y) = 11(x + \frac{3}{11})^2 + 19(y-1)^2 + 15 - \frac{9}{11} - 19.$$

Mit $x' = x + \frac{3}{11}, y' = y - 1$ haben wir also
$$\kappa(x',y') = 11x'^2 + 19y'^2 - \frac{53}{11}.$$

Setze $\sqrt{11}x' = x'', \sqrt{19}y' = y''$. Dann
$$\kappa(x'',y'') = x''^2 + y''^2 - \frac{53}{11}.$$

2. Sei $\kappa: \mathbb{R}^3 \longrightarrow \mathbb{R}$ gegeben durch
$$\begin{aligned}\kappa(x,y,z) &= x^2 + 4xy + 5y^2 + 10z^2 + 2xz + 10yz - 2z - 2 \\ &= (x+2y)^2 + y^2 + 10z^2 + 2(x+2y)z - 4yz + 10yz - 2z - 2.\end{aligned}$$

Setze $x + 2y = x'$. Dann
$$\begin{aligned}\kappa(x',y,z) &= x'^2 + y^2 + 10z^2 + 2x'z + 6yz - 2z - 2 \\ &= (x'+z)^2 + y^2 + 10z^2 - z^2 + 6yz - 2z - 2.\end{aligned}$$

Setze $x' + z = x''$. Dann
$$\begin{aligned}\kappa(x'',y,z) &= x''^2 + y^2 + 9z^2 + 6yz - 2z - 2 \\ &= x''^2 + (y+3z)^2 - 2z - 2.\end{aligned}$$

Setze $y + 3z = y'$. Dann
$$\kappa(x'',y',z) = x''^2 + y'^2 - 2(z+1).$$

Mit $z + 1 = z'$ erhalten wir
$$\kappa(x'',y',z') = x''^2 + y'^2 - 2z'.$$

3. Betrachte $\kappa(x,y,z) = xy + z^2 - 1$.
Setze $x = x' + y', y = x' - y'$. Dann
$$\kappa(x',y',z) = x'^2 - y'^2 + z^2 - 1.$$

Setze $y' = z', z = y''$. Dann
$$\kappa(x',y'',z') = x'^2 + y''^2 - z'^2 - 1.$$

Definition 7.4.9 *Unter einer* (affinen) *Quadrik verstehen wir eine Teilmenge von $\mathcal{A}$ der Form $\{\kappa = 0\}$, wobei $\kappa\colon \mathcal{A} \longrightarrow K$ eine quadratische Funktion ist.*

Bemerkungen: $\{\kappa = 0\}$ steht für $\kappa^{-1}(0)$ oder $\{p \in \mathcal{A};\ \kappa(p) = 0\}$. Wenn $\alpha \in K$ beliebig, so ist mit κ auch $\kappa - \alpha$ eine quadratische Funktion κ^*. Also $\{\kappa = \alpha\} = \{\kappa^* = 0\}$.

Theorem 7.4.10 *Sei $\{\kappa = 0\}$ eine Quadrik auf $\mathcal{A}$. Dann gibt es ein affines Bezugssystem $(o, D) = (o, \{d_1, \ldots, d_n\})$ für $\mathcal{A}$, so daß $\{\kappa \circ \Phi_{(o,D)}^{-1} =$ (kurz) $\kappa = 0\}$ in K^n sich in folgender Gestalt schreiben läßt:*
Sei $r = \operatorname{rg} \psi, r > 0$.

Fall A0: $\sum_{i=1}^{r} \alpha_i \xi_i^2 = 0;$ $\qquad \prod_i \alpha_i \neq 0$.
Fall A1: $\sum_{i=1}^{r} \alpha_i \xi_i^2 = 1;$ $\qquad \prod_i \alpha_i \neq 0$.
Fall B: $\sum_{i=1}^{r} \alpha_i \xi_i^2 - 2\xi_n = 0;$ $\quad \prod_i \alpha_i \neq 0, r < n$.

Wenn $K = \mathbb{R}$, so kann man sogar erreichen:

Fall A0: $\sum_{i=1}^{p} \xi_i^2 - \sum_{i=p+1}^{p+q} \xi_i^2 = 0;$ $\qquad 1 \leq p, q \leq p, p + q = r$.
Fall A1: $\sum_{i=1}^{p} \xi_i^2 - \sum_{i=p+1}^{p+q} \xi_i^2 = 1;$ $\qquad 0 \leq p, q; p + q = r > 0$.
Fall B: $\sum_{i=1}^{p} \xi_i^2 - \sum_{i=p+1}^{p+q} \xi_i^2 - 2\xi_n = 0;$ $\quad 0 < p + q < n, q \leq p$.

Falls $K = \mathbb{C}$, so kann man erreichen:

Fall A0: $\sum_{i=1}^{r} \xi_i^2 = 0;$ $\qquad 0 < r \leq n$.
Fall A1: $\sum_{i=1}^{r} \xi_i^2 = 1;$ $\qquad 0 < r \leq n$.
Fall B: $\sum_{i=1}^{r} \xi_i^2 - 2\xi_n = 0;$ $\quad 0 < r < n$.

Beweis: Wähle zu κ ein Bezugssystem (o, D) wie in 7.4.7. Im Fall A betrachte zunächst den Fall A0, wo $\gamma = 0$. Falls $\gamma \neq 0$, so dividiere die Gleichung $\sum_{i=1}^{r} \alpha_i \xi_i^2 + \gamma = 0$ durch $-\gamma$ und schreibe für $-\frac{\alpha_i}{\gamma}$ wiederum α_i. Dies liefert den Fall A1. Der Fall B ist klar.
Für $K = \mathbb{R}$ multiplizieren wir im Falle A0 die Gleichung $\sum_{i=1}^{p} \xi_i^2 - \sum_{i=p+1}^{p+q} \xi_i^2 = 0$ mit -1, wenn $q > p$. Wir können also stets erreichen: $p \geq q$. Im Fall A1 können wir annehmen: $\alpha_i > 0$ für $1 \leq i \leq p$ und $\alpha_i < 0$ für $p + 1 \leq i \leq p + q$. Ersetzung von ξ_i durch $\sqrt{\alpha_i}\xi_i$ bzw. $\sqrt{-\alpha_i}\xi_i$, die wieder mit ξ_i bezeichnet seien, liefert die Behauptung. Im Fall B läßt sich nötigenfalls durch Multiplikation mit -1 und Ersetzung von ξ_n durch $-\xi_n$ $\ p \geq q$ erreichen.
Der Fall $K = \mathbb{C}$ ist klar. $\qquad\square$

Beispiel 7.4.11 Für die reelle affine Ebene gibt es folgende Normalformen für eine Quadrik, $r = \operatorname{rg} \psi$.

7.4 Affine Quadriken

Fall A0: $r = 2$: $x^2 + y^2 = 0$.   Ein Punkt.
$\quad\quad\quad\quad\quad\quad\quad$ $x^2 - y^2 = 0$.   Zwei sich schneidende Geraden.
$\quad\quad\quad$ $r = 1$: $\quad\;\; x^2 = 0$.   Eine doppelt zu zählende Gerade.

Fall A1: $r = 2$: $x^2 + y^2 = 1$.   Ein Kreis.
$\quad\quad\quad\quad\quad\quad\quad$ $x^2 - y^2 = 1$.   Eine Hyperbel.
$\quad\quad\quad\quad\quad\quad$ $-x^2 - y^2 = 1$.   Leer.
$\quad\quad\quad$ $r = 1$: $\quad\;\; x^2 = 1$.   Zwei parallele Geraden.
$\quad\quad\quad\quad\quad\quad\;\;\,$ $-x^2 = 1$.   Leer.

Fall B: $\quad\quad\quad\quad\;\;\, x^2 - 2y = 0$.   Eine Parabel.

Beispiel 7.4.12 Wir notieren die Normalform für die Quadriken, die durch die Funktionen aus 7.4.8 gegeben sind:

1. $x^2 + y^2 = 1$.
2. $x^2 + y^2 - 2z = 0$.
3. $x^2 + y^2 - z^2 = 1$.

Wir untersuchen zum Schluß die Frage, inwieweit die Normalformen für die reellen affinen Quadriken eine solche Quadrik bis auf eine Affinität festlegen. Da z. B. die leere Quadrik durch den Fall A1 mit $p = 0$ und beliebigen $q \geq 1$ beschrieben wird, müssen wir hierfür eine Einschränkung machen.

Definition 7.4.13 *Wir nennen eine Quadrik $\{\kappa = 0\}$ im n-dimensionalen reellen affinen Raum $\mathcal{A}$ $(n-1)$-dimensional, wenn es eine Hyperebene $\mathcal{H} \subset \mathcal{A}$ gibt, so, daß die Projektion von $\{\kappa = 0\}$ in $\mathcal{H}$ längs einer zu $\mathcal{H}$ komplementären Geraden eine nichtleere offene Teilmenge von $\mathcal{H}$ enthält.*

Beispiel 7.4.14 Die Quadrik $\{\sum_{i=1}^{n} \xi_i^2 = 1\}$ enthält unter der Projektion in die Hyperebene $\{\xi_n = 0\}$ die offene Menge $\{\sum_{i=1}^{n-1} \xi_i^2 < 1\}$.
Nicht $(n - 1)$-dimensional sind die Quadriken vom Typ A0 mit $q = 0, p > 1$ und vom Typ A1 mit $p = 0$.

Lemma 7.4.15 *Seien $\{\kappa = 0\}$ und $\{\kappa' = 0\}$ Darstellungen einer $(n - 1)$-dimensionalen Quadrik im reellen affinen Raum $\mathcal{A}$. Dann $\kappa' = \alpha\kappa$, mit $\alpha \neq 0$.*

Beweis: Wir wählen ein affines Bezugssystem in $\mathcal{A}$, so daß κ in Normalform ist. Dann wird κ' dargestellt durch

(7.2) $\quad\quad\quad\quad\begin{aligned} \kappa'(x) &= \psi'(x,x) + 2l'(x) + \kappa'(o), \quad \text{oder} \\ \kappa'(x) &= \sum_{i,j} \alpha_{ij}\xi_i\xi_j + 2\sum_i \beta_i\xi_i + \gamma. \end{aligned}$

Wir diskutieren nun die verschiedenen Normalformen für κ.
Fall A0:

(7.3) $\quad\quad\quad\quad \kappa(x) = \sum_{i=1}^{p} \xi_i^2 - \sum_{i=p+1}^{p+q} \xi_i^2, \quad p \geq 1, p \geq q.$

Da $x = 0$ Lösung von $\kappa(x) = 0$ ist, ist $\gamma = 0$. Da $x = (1, 0, \ldots, 0)$ keine Lösung von $\kappa(x) = 0$ ist, ist $\alpha_{11} + 2\beta_1 \neq 0$.

Betrachte zunächst den Fall $q = 0$. Dann ist $p = 1$. Die Lösungen von $\kappa(x) = 0$ sind also von der Form

$$x \in \mathbb{R}^{n-1} = \{0\} \times \mathbb{R}^{n-1} \subset \mathbb{R}^n.$$

Also

$$\sum_{i,j>1} \alpha_{ij}\xi_i\xi_j + 2\sum_{i>1}\beta_i\xi_i = 0.$$

Durch Differenzieren folgt $\alpha_{ij} = \beta_i = 0$, für $i, j > 1$. Damit reduziert sich (7.3) auf

$$\xi_1(\alpha_{11}\xi_1 + 2\sum_{i>1}\alpha_{1i}\xi^i + 2\beta_1) = 0.$$

Falls $\alpha_{11} = 0$, so folgt aus der Tatsache, daß eine Lösung zu $\{0\} \times \mathbb{R}^{n-1}$ gehört: $\alpha_{1i} = 0$, für alle i, also $\psi' = 0$, was ausgeschlossen ist. Also $\alpha_{11} \neq 0$. Dann aber $\alpha_{1i} = 0$ für $i > 0$ und $\beta_1 = 0$, also $\kappa = \alpha_{11}\kappa'$.
Sei jetzt $q > 0$ in (7.3). Die Menge $C = \{\kappa(x) < 0;\ \xi_1 \neq 0\}$ ist dann offener und nichtleerer Teil von $\mathbb{R}^n$. Für $x \in C$ gibt es $\mu \neq 0$ mit $\kappa(\pm\mu\xi_1, \xi_2, \ldots, \xi_n) = 0$. Dann lautet (7.2)

$$\alpha_{11}\mu^2\xi_1^2 \pm 2\mu\xi_1(\sum_{i>1}\alpha_{1i}\xi_i + \beta_1) + \sum_{i,j>1}\alpha_{ij}\xi_i\xi_j + 2\sum_{i>1}\beta_i\xi_i = 0.$$

Also für alle $x \in C$ $\sum_{i>1}\alpha_{1i}\xi_i + \beta_1 = 0$. Daher $\beta_1 = 0$, also $\alpha_{11} \neq 0$. Indem wir κ' durch $\frac{\kappa'}{\alpha_{11}}$ ersetzen und dafür wieder κ' schreiben, haben wir für $x \in C$

$$(\kappa' - \kappa)(x) = \sum_{i,j>1}\alpha_{ij}\xi_i\xi_j + 2\sum_{i>1}\beta_i\xi_i - \sum_{i=2}^{p}\xi_i^2 + \sum_{i=p+1}^{p+q}\xi_i^2 = 0.$$

Durch Differenzieren folgt $\alpha_{ij} = \alpha_i\delta_{ij}$ mit $\alpha_i = 1$ für $2 \leq i \leq p, \alpha_i = -1$, für $p + 1 \leq i \leq p + q$ und $\alpha_i = 0$ für $i > p + q$. Also $\kappa' = \kappa$.
Betrachte nun den Fall, daß $\{\kappa = 0\}$ vom Typ A1 ist:

(7.4) $\quad \kappa(x) = \psi(x,x) - 1 = 0 \quad \text{mit} \quad \psi(x,x) = \sum_{i=1}^{p}\xi_i^2 - \sum_{i=p+1}^{p+q}\xi_i^2, \quad p > 0.$

Da $x = 0$ keine Lösung ist, ist in (7.2) $\gamma \neq 0$. Wir können annehmen, daß $\gamma = -1$. Die Menge $C = \{\psi(x,x) > 0\}$ ist offen und nichtleer in $\mathbb{R}^n$. Wenn $x \in C$, so gilt für $x^* = \frac{x}{\sqrt{\psi(x,x)}}$, daß $\kappa(\pm x^*) = 0$. Also auch $\kappa'(\pm x^*) = 0$. Daher ist in (7.2) $\beta_i = 0$.
Wir können also $\kappa'(x)$ in der Form $\psi'(x,x) - 1$ schreiben, ψ' eine symmetrische Bilinearform. Für $x \in C, x^* = \frac{x}{\sqrt{\psi(x,x)}}$ haben wir

$$\begin{aligned}\frac{1}{\psi(x,x)}(\kappa'(x) - \kappa(x)) &= \frac{1}{\psi(x,x)}(\psi'(x,x) - \psi(x,x)) \\ &= \psi'(x^*,x^*) - \psi(x^*,x^*) = 0.\end{aligned}$$

7.4 Affine Quadriken

Also für $x \in C$ $\kappa'(x) - \kappa(x) = 0$. Durch Differenzieren folgt $\kappa' = \kappa$.
Sei schließlich $\{\kappa = 0\}$ vom Typ B:

$$(7.5)\ \kappa(x) = \psi(x,x) - 2\xi_n = 0 \text{ mit } \psi(x,x) = \sum_{i=1}^{p} \xi_i^2 - \sum_{i=p+1}^{p+q} \xi_i^2, \ p+q < n.$$

Da $x = 0$ eine Lösung von $\kappa(x) = 0$ ist, ist $\gamma = 0$. Die Lösungen von $\kappa(x)$ lassen sich in der Form

$$\xi_n = \frac{1}{2}\psi(x',x'), \quad x' \in \mathbb{R}^{n-1} \times \{0\} \subset \mathbb{R}^n$$

schreiben. Damit finden wir für $x' \in \mathbb{R}^{n-1}$:

$$\kappa'(x') = \alpha_{nn}\frac{\psi(x',x')^2}{4} + \psi(x',x')\sum_{i<n}\alpha_{ni}\xi_i$$
$$+ \sum_{i,j<n}\alpha_{ij}\xi_i\xi_j + \beta_n\psi(x',x') + 2\sum_{i<n}\beta_i\xi_i = 0.$$

Durch Differenzieren folgt $\alpha_{nn} = 0$, sodann $\alpha_{ni} = 0, i < n$. Also $\sum_{i,j<n}\alpha_{ij}\xi_i\xi_j = \beta_n\psi(x',x')$ und schließlich $\beta_i = 0$, für $i < n$. □

Hiermit erhalten wir den *Klassifikationssatz für affine Quadriken*:

Theorem 7.4.16 *Seien* $\{\kappa = 0\}, \{\kappa' = 0\}$ *zwei* $(n-1)$-*dimensionale Quadriken im* n-*dimensionalen reellen affinen Raum* $\mathcal{A}$. *Dann und nur dann existiert eine Affinität* $\varphi: \mathcal{A} \longrightarrow \mathcal{A}$, *welche die eine Quadrik in die andere überführt, wenn beide Quadriken dieselbe reelle Normalform aus 7.4.10 besitzen. Wir sagen auch, daß eine* $(n-1)$-*dimensionale Quadrik im* n-*dimensionalen affinen Raum affin-starr ist.*

Beweis: Falls $\{\kappa = 0\}$ und $\{\kappa' = 0\}$ dieselbe Normalform bezüglich affiner Bezugssysteme (o, D) und (o', D') besitzen, so transformiert die Affinität φ, welche (o, D) in (o', D') überführt, $\{\kappa = 0\}$ in $\{\kappa' = 0\}$. Umgekehrt, wenn es $\varphi: \mathcal{A} \longrightarrow \mathcal{A}$ gibt mit $\varphi(\{\kappa = 0\}) = \{\kappa \circ \varphi^{-1} = 0\} = \{\kappa' = 0\}$, so haben nach 7.4.15 $\varphi(\{\kappa = 0\})$ und $\{\kappa' = 0\}$ dieselbe Normalform. □

Bemerkung 7.4.17 Die verschiedenen Normalformen der $(n-1)$-dimensionalen Quadriken im reellen affinen Raum sind durch Tripel ganzer Zahlen ≥ 0 gekennzeichnet.

Fall A0: $(p,q,0)$; $p \geq 1; p \geq q; p = 1$, falls $q = 0$, und $p + q \leq n$.
Fall A1: $(p,q,1)$; $p \geq 1; p + q \leq n$.
Fall B: $(p,q,2)$; $p \geq q; p \geq 1; p + q < n$.

Beispiel 7.4.18 Die 2-dimensionalen Quadriken in $\mathbb{R}^3$ haben folgende Normalformen:

A0: $\quad x^2 + y^2 - z^2 = 0$ (Kegel)
$\quad\quad x^2 - y^2 = 0$ (zwei sich schneidende Ebenen)
$\quad\quad x^2 = 0$ (Doppelebene)
A1: $\quad x^2 + y^2 + z^2 = 1$ (Sphäre)
$\quad\quad x^2 + y^2 - z^2 = 1$ (einschaliges Hyperboloid)
$\quad\quad x^2 - y^2 - z^2 = 1$ (zweischaliges Hyperboloid)
$\quad\quad x^2 + y^2 = 1$ (Kreiszylinder)
$\quad\quad x^2 - y^2 = 1$ (Hyperbelzylinder)
$\quad\quad x^2 = 1$ (zwei parallele Ebenen)
B: $\quad x^2 + y^2 - 2z = 0$ (elliptisches Paraboloid)
$\quad\quad x^2 - y^2 - 2z = 0$ (hyperbolisches Paraboloid)
$\quad\quad x^2 - 2z = 0$ (Parabelzylinder)

Übungen

1. Sei $\mathcal{A} = \mathcal{A}(V)$ affiner Raum über dem Vektorraum V, dessen Körper K eine Charakteristik $\neq 2$ hat, d. h., $1 + 1 \neq 0$. Seien p, q, r, s Punkte in $\mathcal{A}$, zeige: Die Mittelpunkte $p' = \frac{p+q}{2}, q' = \frac{q+r}{2}, r' = \frac{r+s}{2}, s' = \frac{s+p}{2}$ bilden ein Parallelogramm, d. h., $p' - q' = s' - r'$. Fertige eine Skizze an!

2. Sei $\mathcal{A}$ affiner Raum über V, dessen Körper eine Charakteristik $\neq 2$ hat. p, q, r, s sei ein Parallelogramm, d. h., $q - p = r - s$, und sei $q - p \neq 0, s - p \neq 0$. Zeige, daß dann $\frac{p+r}{2} = \frac{s+q}{2}$. Skizze!

3. Seien $\mathcal{B}$ und $\mathcal{C}$ nichtleere affine Unterräume des affinen Raums $\mathcal{A}$.

    (a) Zeige: Der von der Vereinigung von $\mathcal{B}$ und $\mathcal{C}$ erzeugte affine Unterraum von $\mathcal{A}$ werde mit $\mathcal{B} \cup \mathcal{C}$ bezeichnet, dann enthält $\mathcal{B} \cup \mathcal{C}$ alle Geraden $\mathcal{G}_{pq} = \{\alpha p + \beta q; \alpha + \beta = 1\}$ mit $p \in \mathcal{B}$ und $q \in \mathcal{C}$.

    (b) Umgekehrt, wenn $o \in \mathcal{B} \cap \mathcal{C}$ und wenn Char $K \neq 2$ ist, dann liegt jeder Punkt von $\mathcal{B} \cup \mathcal{C}$ auf einer solchen Geraden $\mathcal{G}_{pq}$.
    (Hinweis: Sei $r \in \mathcal{B} \cup \mathcal{C}$, dann gibt es $p \in \mathcal{B}, q \in \mathcal{C}$ mit $r - o = (p - o) + (q - o)$. Es genügt, den Fall $p - o \neq 0, q - o \neq 0$ zu betrachten. Setze $2(p - o) + o = p'$ und $2(q - o) + o = q'$, dann ist $r \in \mathcal{G}_{p'q'}$.)

    (c) Zeige an einem Beispiel (Skizze!), daß (b) für $\mathcal{B} \cap \mathcal{C} = \emptyset$ nicht gilt.

4. Gib eine Beschreibung der Menge $\{\alpha_1 p_1 + \alpha_2 p_2 + \alpha_3 p_3; \alpha_1 + \alpha_2 + \alpha_3 = 1\}, p_1, p_2, p_3 \in \mathbb{R}^3$, in $\mathbb{R}^3$, je nach Lage der Punkte p_1, p_2, p_3:

    Fall i): $\quad p_1 = p_2 = p_3$.
    Fall ii): $\quad$ Es gibt $\alpha, \beta, \alpha + \beta = 1$ mit $p_3 = \alpha p_1 + \beta p_2$.
    Fall iii): $\quad p_1, p_2, p_3$ sind affin unabhängig.

5. Sei $f: V \longrightarrow V$ ein linearer Automorphismus mit der Eigenschaft, daß jeder 1-dimensionale Unterraum in sich abgebildet wird, d. h., zu jedem $x \in V$ gibt es ein $\alpha_x \in K$, so daß $f(x) = \alpha_x x$. Zeige: α_x hängt nicht von x ab, d. h., f ist von der Form $f(x) = \alpha x, \alpha \neq 0$. (So eine lineare Abbildung heißt

7.4 Affine Quadriken

Homothetie.)
(Hinweis: Diskutiere die Gleichung $\alpha_{x+y}(x+y) = \alpha_x x + \alpha_y y$.)

6. Sei $\mathcal{A}$ eine affine Ebene, d. h., $\dim \mathcal{A} = 2$, und seien $\mathcal{G}, \mathcal{G}'$ zwei (nicht notwendig verschiedene) Geraden in $\mathcal{A}$. Welche Möglichkeiten gibt es für $\mathcal{G} \cap \mathcal{G}'$? Fertige eine Skizze an!

7. Sei $\mathcal{A}$ ein affiner Raum und $\dim \mathcal{A} = 3$.

    (a) Sei $\mathcal{G}$ eine Gerade und $\mathcal{E}$ eine Ebene in $\mathcal{A}$. Welche Möglichkeiten gibt es für $\mathcal{G} \cap \mathcal{E}$? Skizze!

    (b) Seien $\mathcal{E}, \mathcal{E}'$ zwei (nicht notwendig verschiedene) Ebenen in $\mathcal{A}$. Welche Möglichkeiten gibt es für $\mathcal{E} \cap \mathcal{E}'$? Skizze!

8. Sei $\varphi \colon \mathcal{A} \longrightarrow \mathcal{A}$ eine bijektive Affinität, bei der jede Gerade in eine parallele Gerade transformiert wird: $\varphi(\mathcal{G}) \| \mathcal{G}$. Zeige: Die zugehörige lineare Abbildung $f_\varphi \colon V \longrightarrow V$ ist eine Homothetie, d. h., $\varphi(p) = \alpha(p - o) + \varphi(o)$ mit festem $\alpha \in K, \alpha \neq 0$.

9. Sei $K = \mathbb{Z}_2 = \{0, 1\}$.

    (a) Wieviele Punkte enthält die affine Ebene über $\mathbb{Z}_2$? Wieviele Punkte enthält der 3-dimensionale affine Raum über $\mathbb{Z}_2$?

    (b) Bestimme die Ordnung der Gruppe $\mathrm{Aff}(\mathcal{A})$ für die affine Ebene $\mathcal{A}$ über $\mathbb{Z}_2$.

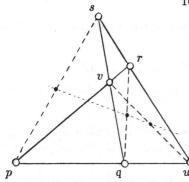

10. Sei $\mathcal{A}$ affine Ebene und $1 + 1 \neq 0$ und p, q, r, s vier Punkte in $\mathcal{A}$, von denen keine drei auf einer Geraden liegen. Mit $\mathcal{G}_{xy}$ bezeichne die Gerade durch x und y. $\mathcal{G}_{pq}$ und $\mathcal{G}_{rs}$ mögen sich in u schneiden, und $\mathcal{G}_{pr}$ und $\mathcal{G}_{qs}$ mögen sich in v schneiden. Zeige: Die Mittelpunkte der Paare $\{p, s\}, \{r, q\}$ und $\{u, v\}$ liegen auf einer Geraden.
Zusatzfrage: Wie lautet die Aussage, wenn $\mathcal{G}_{pq} \| \mathcal{G}_{rs}$ oder $\mathcal{G}_{pr} \| \mathcal{G}_{qs}$?

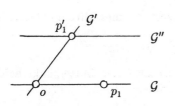

11. Sei $\mathcal{A}$ eine affine Ebene, $(o, \{p_1, p_1'\})$ ein affines Bezugssystem, $\mathcal{G}$ die Gerade durch $(o, \{p_1\})$, $\mathcal{G}'$ die Gerade durch $(o, \{p_1'\})$. Sei $\mathcal{G}''$ die Parallele zu $\mathcal{G}$ durch p_1'. $(o, \{p_1\})$ ist ein affines Bezugssystem für $\mathcal{G}$, jedem Punkt $p \in \mathcal{G}$ ist die Koordinate $\alpha = \Phi_{(o, p_1)}(p) \in K$ zugeordnet durch $p = \alpha(p_1 - o) + o$. Zeige, daß

$\alpha + \beta$ und $\alpha\beta$ durch folgende Figuren bestimmt sind, dabei ist die Parallelität von Geraden durch gleiche Symbole gekennzeichnet:

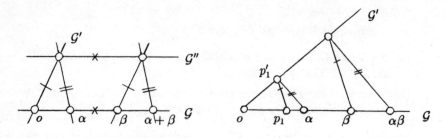

12. Bestimme die Normalform folgender Quadriken über $\mathbb{R}$.

    (a) $\{(x,y,z) \in \mathbb{R}^3;\ x^2 + 5y^2 + 9z^2 + 4xy + 2xz + 10yz - 2z - 2 = 0\}$
    (b) $\{(x,y,z) \in \mathbb{R}^3;\ 4xy + z^2 - 1 = 0\}$
    (c) $\{(x,y,z) \in \mathbb{R}^3;\ 4xy - z^2 - 1 = 0\}$

    Skizziere die Gestalt dieser Quadriken!

13. Zeige: Auf dem einschaligen Hyperboloid $x^2 + y^2 - z^2 = 1$ laufen durch jeden Punkt zwei Geraden. Dasselbe gilt auch für das hyperbolische Paraboloid $x^2 - y^2 + 2z = 0$.

14. Bestimme den Durchschnitt einer Quadrik mit einer Geraden bzw. Ebene für

    (a) $Qu = \{(x,y) \in \mathbb{R}^2;\ x^2 + y^2 - 1 = 0\}$, $\mathcal{G} = \{(x,y) \in \mathbb{R}^2;\ x = 1\}$
    (b) $Qu = \{(x,y,z) \in \mathbb{R}^3;\ x^2 + y^2 - z^2 = 1\}$, $\mathcal{E} = \{(x,y,z) \in \mathbb{R}^3;\ \alpha x + \beta z = 1\}$ $(\alpha^2 + \beta^2 \neq 0)$

15. Zeige: Der Schnitt $Qu \cap \mathcal{G}$ einer Quadrik Qu mit einer Geraden $\mathcal{G}$ in einem affinen Raum $\mathcal{A}$ besteht aus $0, 1, 2$ Punkten oder aus $\mathcal{G}$. Gib Beispiele an für jeden der genannten Fälle.

16. Sei $\{\kappa = 0\}$ eine Quadrik in dem affinen Raum $\mathcal{A}$. Sie heißt *Mittelpunktsquadrik*, wenn es ein $o \in \mathcal{A}$ gibt, so daß für $x \in V$ $\kappa(x+o) = 0$ impliziert, daß $\kappa(-x+o) = 0$, o heißt dann der *Mittelpunkt* der Quadrik.

    (a) Eine Mittelpunktsquadrik besitzt bezüglich eines Mittelpunktes o die Darstellung
    $$\kappa(p) = \psi(p - o, p - o) + \kappa(o).$$

    (b) Gib Beispiele für Quadriken in $\mathbb{R}^2$ an, die einen Mittelpunkt haben, und solche, die keinen Mittelpunkt besitzen.

17. Sei $\varphi: \mathcal{A} \longrightarrow \mathcal{A}$ eine Affinität, $\kappa: \mathcal{A} \longrightarrow K$ eine quadratische Funktion.

   (a) Zeige: $\kappa \circ \varphi$ ist ebenfalls quadratisch.
   (b) Wenn $\{\kappa = 0\}$ Mittelpunktsquadrik ist, so auch $\{\kappa \circ \varphi = 0\}$.

Kapitel 8
Euklidische Geometrie

8.1 Der affin-unitäre Raum

Wir betrachten jetzt affine Räume über einem unitären Vektorraum V, die wir auch affin-unitäre Räume nennen. Das Skalarprodukt auf V gestattet es, solche Begriffe wie Abstand und Orthogonalität zu erklären.

Die strukturerhaltenden Automorphismen unserer Räume heißen Bewegungen; sie lassen sich als abstandserhaltende Bijektionen kennzeichnen. Unter ihnen spielen die Spiegelungen eine besondere Rolle.

Definition 8.1.1 *Unter einem* affin-unitären Raum $\mathcal{E}u$ *oder* $\mathcal{E}u(V)$ *verstehen wir einen endlichdimensionalen affinen Raum im Sinne von 7.1.1 über einem unitären Vektorraum V. Falls V euklidisch ist, so sprechen wir auch von einem* affin-euklidischen *oder einfach* euklidischen Raum. *Die* Dimension von $\mathcal{E}u$, $\dim \mathcal{E}u$, *ist erklärt als* $\dim V$.

Beispiel 8.1.2 Wenn V ein unitärer Vektorraum ist, so ist dies das Modell im Sinne von 7.1.3 für einen affin-unitären Raum $\mathcal{E}u(V)$ über V.

Definition 8.1.3 *Unter einer* Bewegung *oder* Kongruenz *des affin-unitären Raumes* $\mathcal{E}u = \mathcal{E}u(V)$ *verstehen wir eine Affinität* $\varphi : \mathcal{E}u \longrightarrow \mathcal{E}u$ *im Sinne von 7.2.1 mit der Eigenschaft, daß die dadurch bestimmte lineare Abbildung* $f_\varphi : V \longrightarrow V$ *unitär ist, d. h.,* $f_\varphi \in \mathbf{U}(V)$.
Falls $f_\varphi \in S\mathbf{U}(V)$, *so heißt* φ *auch* eigentliche Bewegung.

Beispiel 8.1.4 Jede Translation $x+ : \mathcal{E}u \longrightarrow \mathcal{E}u$ ist eine eigentliche Bewegung, denn $f_{x+} = \mathrm{id}_V$.

Theorem 8.1.5 *Die Menge* $Bew(\mathcal{E}u)$ *der Bewegungen des affin-unitären Raumes* $\mathcal{E}u$ *ist eine Untergruppe der Gruppe* $\mathrm{Aff}(\mathcal{E}u)$ *der Affinitäten von* $\mathcal{E}u$.

Beweis: In dem Gruppenmorphismus

$$\varphi \in \mathrm{Aff}(\mathcal{E}u) \longmapsto f_\varphi \in GL(V)$$

besteht $Bew(\mathcal{E}u)$ gerade aus dem Urbild der Untergruppe $\mathbf{U}(V)$ von $GL(V)$. Wir können 1.3.4 anwenden. □

Lemma 8.1.6 *Für einen affin-unitären Raum $\mathcal{E}u = \mathcal{E}u(V)$ ist durch $d(p,q) = |q-p| = \sqrt{\langle q-p, q-p\rangle}$ ein Abstand erklärt.*

Beweis: Die Eigenschaften 1., 2., 3. aus 6.2.6 sind offenbar erfüllt. □

Als Vorbereitung für das nächste Theorem zeigen wir:

Satz 8.1.7 *Sei V unitär und $f: V \longrightarrow V$ eine Abbildung mit der Eigenschaft $\langle f(x), f(y)\rangle = \langle x, y\rangle$ für alle x und y aus V. Dann ist f linear, also $f \in \mathbf{U}(V)$.*

Beweis: Unter Verwendung der zugehörigen Norm haben wir:

$$\begin{aligned}|f(x+y)|^2 = |x+y|^2 &= |x|^2 + \langle x,y\rangle + \langle y,x\rangle + |y|^2 \\ &= |f(x)|^2 + \langle f(x), f(y)\rangle + \langle f(y), f(x)\rangle + |f(y)|^2 \\ &= |f(x) + f(y)|^2 \\ \langle f(x+y), f(x)+f(y)\rangle &= \langle f(x+y), f(x)\rangle + \langle f(x+y), f(y)\rangle \\ &= \langle x+y, x\rangle + \langle x+y, y\rangle \\ &= |x+y|^2 = |f(x+y)|^2\end{aligned}$$

Aus diesen beiden Gleichungen folgt

$$\begin{aligned}|f(x+y) - (f(x)+f(y))|^2 &= |f(x+y)|^2 - \langle f(x+y), f(x)+f(y)\rangle \\ &\quad - \langle f(x)+f(y), f(x+y)\rangle + |f(x)+f(y)|^2 \\ &= |f(x+y)|^2 - |f(x+y)|^2 \\ &\quad - |f(x+y)|^2 + |f(x+y)|^2 = 0.\end{aligned}$$

Also $f(x+y) = f(x) + f(y)$. Ferner:

$$\begin{aligned}|f(\alpha x)|^2 &= |\alpha x|^2 = |\alpha|^2 |x|^2 = |\alpha|^2 |f(x)|^2 \\ \langle f(\alpha x), \alpha f(x)\rangle &= \bar{\alpha}\langle f(\alpha x), f(x)\rangle = \bar{\alpha}\langle \alpha x, x\rangle = |\alpha|^2 |f(x)|^2\end{aligned}$$

Damit gilt dann

$$\begin{aligned}|f(\alpha x) - \alpha f(x)|^2 &= |f(\alpha x)|^2 - \langle f(\alpha x), \alpha f(x)\rangle \\ &\quad - \langle \alpha f(x), f(\alpha x)\rangle + |\alpha f(x)|^2 = 0,\end{aligned}$$

also $f(\alpha x) = \alpha f(x)$. □

Wir können jetzt die euklidischen Bewegungen als abstandserhaltende Bijektionen kennzeichnen.

Theorem 8.1.8 1. *Wenn $\varphi \in Bew(\mathcal{E}u)$, so $d(\varphi(p), \varphi(q)) = d(p,q)$.*
2. *Sei $\mathcal{E}u$ euklidischer Raum. Wenn für $\varphi: \mathcal{E}u \longrightarrow \mathcal{E}u$ gilt $d(\varphi(p), \varphi(q)) = d(p,q)$, für alle p und q aus $\mathcal{E}u$, so ist $\varphi \in Bew(\mathcal{E}u)$.*

Beweis: 1. ist klar, denn wir wissen aus 7.2.2, 1., daß für $f_\varphi \in \mathbf{U}(V)$

$$d(\varphi(p), \varphi(q)) = |\varphi(q) - \varphi(p)| = |f_\varphi(q-p)| = |q-p| = d(p,q).$$

8.1 Der affin-unitäre Raum

Zum Beweis von 2. wähle $o \in \mathcal{E}u$ und erkläre $f: V \longrightarrow V$ durch $x \longmapsto \varphi(x+o) - \varphi(o)$. Setze $x+o = p, y+o = q, x$ und y aus V. Dann

$$\begin{aligned}
\langle f(x), f(y)\rangle &= -\langle \varphi(p) - \varphi(o), \varphi(o) - \varphi(q)\rangle \\
&= -\frac{1}{2}(|\varphi(p) - \varphi(q)|^2 - |\varphi(p) - \varphi(o)|^2 - |\varphi(o) - \varphi(q)|^2) \\
&= -\frac{1}{2}(|p-q|^2 - |p-o|^2 - |o-q|^2) \\
&= -\langle p-o, o-q\rangle = \langle x, y\rangle.
\end{aligned}$$

Wende jetzt 8.1.7 an. □

Definition 8.1.9 *Sei* $\dim \mathcal{E}u = \dim V = n$. *Unter einem* **unitären Bezugssystem** *des affin-unitären Raumes* $\mathcal{E}u(V)$ *verstehen wir ein affines Bezugssystem* (o, D) *im Sinne von 7.2.7, bei dem* $D = \{d_1, \ldots, d_n\}$ *eine ON-Basis von* V *ist.*

Theorem 8.1.10 1. $\mathcal{E}u$ *besitzt stets ein unitäres Bezugssystem.*
2. *Sei* (o, D) *unitäres Bezugssystem.*
Wenn dann $\varphi: \mathcal{E}u \longrightarrow \mathcal{E}u$ *Bewegung ist, so ist auch* $(o', D') = (\varphi(o), f_\varphi(D))$ *unitäres Bezugssystem.*
Umgekehrt, wenn (o', D') *unitäres Bezugssystem ist, so gibt es genau ein* $\varphi \in \mathrm{Bew}(\mathcal{E}u)$ *mit* $\varphi(o) = o', f_\varphi(D) = D'$. *Auf diese Weise ist bei vorgegebenem* (o, D) *eine Bijektion zwischen* $\mathrm{Bew}(\mathcal{E}u)$ *und den unitären Bezugssystemen von* $\mathcal{E}u$ *gegeben.*

Beweis: 1. ergibt sich aus der Existenz eines affinen Bezugssystems (o, D), vgl. 7.2.9. Wir brauchen hier D nur als ON-Basis zu wählen. 2. ergibt sich ebenso wie 2. in 7.2.10. □

Der *Kongruenzsatz für unitäre Vektorräume* lautet:

Lemma 8.1.11 *Seien* $(b_\iota)_{\iota \in I}$ *und* $(b'_\iota)_{\iota \in I}$ *zwei nichtleere Familien in dem unitären Raum* V *mit* $\langle b_\iota, b_\kappa\rangle = \langle b'_\iota, b'_\kappa\rangle$, *für alle* $(\iota, \kappa) \in I \times I$. *Dann gibt es eine Isometrie* $f: V \longrightarrow V$ *mit* $f(b_\iota) = b'_\iota$. *Ein solches* f *ist eindeutig festgelegt dann und nur dann, wenn die eine (und dann auch die andere) Familie ganz* V *erzeugt.*

Beweis: Bezeichne mit U und U' das lineare Erzeugnis von $(b_\iota)_{\iota \in I}$ bzw. $(b'_\iota)_{\iota \in I}$. Sei $B = \{b_1, \ldots, b_m\}$ Basis von U aus Elementen b_ι, also $m = \dim U$. Daß B frei ist, ist gleichbedeutend mit $\det (((b_i, b_j))) \neq 0$, vgl. 6.5.9. Bezeichne mit $B' = \{b'_1, \ldots, b'_m\}$ die B entsprechende Teilmenge der Familie $(b'_\iota)_{\iota \in I}$. Dann ist also auch B' frei, d. h., $\dim U \leq \dim U'$. Vertauschung der beiden Familien liefert $\dim U = \dim U'$, d. h., B' ist Basis von U'.
Durch $b_i \longmapsto b'_i, 1 \leq i \leq m$, ist also eine Isometrie f von U auf U' bestimmt. Es bleibt zu zeigen, daß $f(b_\iota) = b'_\iota$ für alle $\iota \in I$. Dazu genügt es zu bemerken, daß die Elemente $\alpha_{i\iota}$ in $b_\iota = \sum_i \alpha_{i\iota} b_i$ durch die Skalarprodukte $\langle b_\iota, b_k\rangle$ und $\langle b_i, b_k\rangle$ festgelegt sind und diese daher mit den $\alpha'_{i\iota}$ in $b'_\iota = \sum_i \alpha'_{i\iota} b'_i$ übereinstimmen.
Falls $U = U' = V$, so ist f eindeutig festgelegt. Anderenfalls kann man f:

$U \longrightarrow U'$ durch eine beliebige Isometrie von $U^\perp$ auf $U'^\perp$ zu einer Isometrie von V ergänzen. □

Hiermit erhalten wir den *Kongruenzsatz für affin-euklidische Räume*:

Theorem 8.1.12 *Betrachte einen affin-euklidischen Raum $\mathcal{E}u = \mathcal{E}u(V)$. Wenn $(p_\iota)_{\iota \in I}, (p'_\iota)_{\iota \in I}$ zwei Familien in $\mathcal{E}u$ sind mit $d(p_\iota, p_\kappa) = d(p'_\iota, p'_\kappa)$ für alle $(\iota, \kappa) \in I \times I$, so gibt es eine Kongruenz $\varphi : \mathcal{E}u \longrightarrow \mathcal{E}u$ mit $\varphi(p_\iota) = p'_\iota$. Ein solches φ ist eindeutig festgelegt dann und nur dann, wenn die eine (und dann auch die andere) Familie ganz $\mathcal{E}u$ erzeugt.*

Beweis: Wähle ein mit o bezeichnetes Element aus $(p_\iota)_{\iota \in I}$ und bezeichne das entsprechende Element aus $(p'_\iota)_{\iota \in I}$ mit o'. Setze $p_\iota - o = d_\iota, p'_\iota - o' = d'_\iota$. Dann gilt $\langle d_\iota, d_\kappa \rangle = \langle d'_\iota, d'_\kappa \rangle$ für alle $(\iota, \kappa) \in I \times I$. Das folgt aus

$$\begin{aligned}\langle d_\iota, d_\kappa \rangle &= \frac{1}{2}(-|d_\iota - d_\kappa|^2 + |d_\iota|^2 + |d_\kappa|^2) \\ &= \frac{1}{2}(-d(p_\iota, p_\kappa)^2 + d(p_\iota, o)^2 + d(p_\kappa, o)^2)\end{aligned}$$

und den entsprechenden Gleichungen für $\langle d'_\iota, d'_\kappa \rangle$.
Nach 8.1.11 gibt es also ein $f \in \mathbb{O}(V)$ mit $f(d_\iota) = d'_\iota$. Erkläre $\varphi \in \text{Bew}(\mathcal{E}u)$ durch $\varphi(o) = o'$ und $f_\varphi = f$. Falls die Familie $(d_\iota)_{\iota \in I}$ nicht ganz V erzeugt, sind f und damit φ nicht eindeutig festgelegt, vgl. 8.1.11. □

Definition 8.1.13 1. *Seien $\mathcal{B}, \mathcal{B}'$ und $o \in \mathcal{B} \cap \mathcal{B}'$ Unterräume von $\mathcal{E}u = \mathcal{E}u(V)$. $\mathcal{B}$ und $\mathcal{B}'$ heißen* orthogonal, $\mathcal{B} \perp \mathcal{B}'$, *falls $\Phi_o : \mathcal{E}u \longrightarrow V$ $\mathcal{B}$ und $\mathcal{B}'$ in orthogonale Unterräume U und U' von V überführt.*
2. *Sei $\mathcal{B}$ Unterraum von $\mathcal{E}u$ und $o \in \mathcal{B}$. Dann ist der zu $\mathcal{B}$ orthogonale Raum $\mathcal{B}_o^\perp$ in o erklärt als $\Phi_o^{-1}(U^\perp)$, wobei $U^\perp$ das orthogonale Komplement von $U = \Phi_o(\mathcal{B})$ ist.*

Bemerkung 8.1.14 *Wenn o, o' zwei Punkte eines Unterraums $\mathcal{B}$ von $\mathcal{E}u$ sind, so sind die orthogonalen Unterräume $\mathcal{B}_o^\perp, \mathcal{B}_{o'}^\perp$ parallel.*

Satz 8.1.15 *Sei $\mathcal{B}$ ein Unterraum von $\mathcal{E}u, p \in \mathcal{E}u$. Dann gibt es genau einen Punkt $q \in \mathcal{B}$ mit minimalem Abstand von p,*

$$d(p, q) = \inf\{d(p, q'); q' \in \mathcal{B}\}.$$

Definition 8.1.16 *Sei $\mathcal{B}$ Unterraum von $\mathcal{E}u, p \in \mathcal{E}u$. Unter dem Abstand $d(p, \mathcal{B})$ von p nach $\mathcal{B}$ verstehen wir den Abstand $d(p, q), q$ wie in 8.1.15.*
Falls $p \notin \mathcal{B}$, also $p \neq q$, so heißt die Gerade $\mathcal{G}_{pq}$ durch p und q das Lot von p auf $\mathcal{B}$. q heißt Lotfußpunkt und wird auch mit l_p bezeichnet.

Beweis von 8.1.15: Wir können annehmen: $p \notin \mathcal{B}$. Wähle $o \in \mathcal{B}$ und betrachte $\Phi_o : \mathcal{E}u \longrightarrow V$. Setze $\Phi_o(\mathcal{B}) = U, \Phi_o(p) = x$. Nach 6.3.3 besitzt x eine wohlbestimmte Bestapproximation x_U in U. $q = \Phi_o^{-1}(x_U)$ ist der Punkt in $\mathcal{B}$ mit minimalem Abstand von p. □

8.1 Der affin-unitäre Raum

Wir beschließen diesen Abschnitt mit der Einführung einer speziellen Klasse von Bewegungen, den Spiegelungen. Diese entsprechen speziellen Elementen der unitären Gruppe. Wir beginnen daher mit der

Definition 8.1.17 *Sei* $(V, \langle\,,\,\rangle)$ *ein (endlichdimensionaler) unitärer Raum. Unter einer* Spiegelung *verstehen wir ein Element* $s \in \mathbf{U}(V)$ *mit* $s \neq \mathrm{id}_V, s \cdot s = \mathrm{id}_V$.
Sei $U \subset V$ *Unterraum,* $\neq V$. *Eine lineare Abbildung* $s_U : V \longrightarrow V$ *heißt* Spiegelung *an* U, *wenn* $s_U|U = \mathrm{id}_U, s_U|U^\perp = -\mathrm{id}_{U^\perp}$. *Falls speziell* $\mathrm{codim}\, U = 1$, *so heißt* s_U *auch* Hyperebenenspiegelung.

Lemma 8.1.18 *Zu jedem Unterraum* $U \neq V$ *von* V *ist durch die vorstehenden Bedingungen eindeutig die Spiegelung* s_U *an* K *erklärt. Jede Spiegelung* s *ist von der Form* s_U, *mit* $U = $ *Fixpunktmenge von* s, *d. h.,* $U = \{x \in V; s(x) = x\}$.

Beweis: Da $V = U \oplus U^\perp$, ist s_U eindeutig bestimmt durch die Bedingungen in 8.1.17 und ist überdies offenbar linear. Wenn s Spiegelung, so sind $+1$ und -1 die einzigen Eigenwerte von s, und der Eigenraum V_{+1} zum Eigenwert $+1$ ist die Fixpunktmenge $\neq V$. □

Die Spiegelungen erzeugen $\mathbb{O}(V)$. Es gilt sogar genauer das folgende

Theorem 8.1.19 *Jedes Element* f *der orthogonalen Gruppe* $\mathbb{O}(V)$ *läßt sich als Produkt von* $\leq n = \dim V$ *Hyperebenenspiegelungen schreiben.*
Nur im Falle $\dim V = 1$ *und* $f = \mathrm{id}$ *benötigt man zwei solcher Spiegelungen.*

Beweis: Wir können $f \neq \mathrm{id}$ annehmen. Wir gehen mit Induktion nach $n = \dim V$ vor. Für $n = 1$ ist die Behauptung klar, denn in diesem Falle ist $\mathbb{O}(n) = \pm \mathrm{id}$. Sei also $n \geq 2$.
Es gibt also x mit $f(x) - x \neq 0$. $f(x) - x \perp f(x) + x$. Für die Spiegelung s an $[f(x) - x]^\perp$ gilt $s(f(x) - x) = -f(x) + x, s(f(x) + x) = f(x) + x$, also $s \cdot f(x) = x$. $s \cdot f|[x]^\perp$ kann als Produkt von $\leq n-1$ Hyperebenenspiegelungen geschrieben werden. Erweitere $s \cdot f$ auf $[x]$ durch die Identität. □

Definition 8.1.20 $\sigma \in Bew(\mathcal{E}u)$ *heißt* Spiegelung an dem k-*dimensionalen Unterraum* $\mathcal{B}$ *von* $\mathcal{E}u$, *wenn* $\sigma(p) = -(p - p_B) + p_B$. *Hier ist* p_B *der Lotfußpunkt von* p *auf* $\mathcal{B}$. *Im Falle* $p \in \mathcal{B}$ *setze* $p_B = p$.
Falls speziell σ *eine* Hyperebenenspiegelung *ist, also* $\mathrm{codim}\, \mathcal{B} = 1$, *so kann man auch schreiben*.

$$\sigma(p) = -2\langle p - o, e\rangle e + p,$$

mit $o \in \mathcal{B}$, e *ein Einheitsvektor orthogonal zur Richtung* U *von* $\mathcal{B}$. *Denn* $p - p_B = \langle p - o, e\rangle e$.

Bemerkung: Man kann zeigen, daß die Spiegelungen genau diejenigen Bewegungen $\sigma \neq \mathrm{id}$ sind mit $\sigma \cdot \sigma = \mathrm{id}$. Der Unterraum, an dem gespiegelt ist, ist durch $\{\frac{p+\sigma(p)}{2}\}$ gegeben.

Theorem 8.1.21 *Jede Bewegung eines euklidischen Raumes* $\mathcal{E}u$ *läßt sich als Produkt von* $\leq n + 1$ *Hyperebenenspiegelungen schreiben,* $n = \dim \mathcal{E}u$.

Beweis: Wir können $\varphi \neq \mathrm{id}$ annehmen. Es gibt also $o \in \mathcal{E}u$ mit $\varphi(o) \neq o$. Sei σ die Spiegelung an der Hyperebene durch $\frac{\varphi(o)+o}{2}$ mit Richtung $[\varphi(o) - o]^\perp$. Also

$$\sigma(\varphi(o)) = -(\varphi(o) - \frac{\varphi(o)+o}{2}) + \frac{\varphi(o)+o}{2} = 0.$$

$(\sigma \cdot \varphi)(p) = f_{\sigma \cdot \varphi}(p - o) + o$. Nach 8.1.19 läßt $f_{\sigma \cdot \varphi}$ sich als Produkt von $\leq n$ Hyperebenenspiegelungen s' darstellen. Jedes solche s' bestimmt die Hyperebenenspiegelung σ' mit $\sigma'(p) = s'(p - o) + o$. □

Wir notieren noch ein Resultat über die orthogonale Gruppe eines 2-dimensionalen euklidischen Vektorraumes:

Lemma 8.1.22 *Sei V ein 2-dimensionaler euklidischer Vektorraum.*
1. *Jedes $f \in \mathbb{O}(V)$ mit $\det f = -1$ ist eine Geradenspiegelung.*
2. *Jedes $f \in S\mathbb{O}(V)$ ist Produkt von zwei Geradenspiegelungen, $f = s \cdot s'$. Hier kann s beliebig vorgegeben werden.*
3. *Das Produkt $s_1 \cdot s_2 \cdot s_3$ von drei Geradenspiegelungen ist wieder eine Geradenspiegelung. $S\mathbb{O}(V)$ ist kommutativ.*

Beweis: Zu 1.: Wenn $\det f = -1$, so gibt es nach 6.4.21 eine ON-Basis $\{d_1, d_2\}$ mit $f(d_1) = d_1, f(d_2) = -d_2$. D.h., f ist eine Spiegelung an der Geraden = 1-dimensionalen Unterraum $[d_1]$.
Zu 2.: Wenn $f \in S\mathbb{O}(V)$ und s Spiegelung, so $\det(s \cdot f) = -1$, also $s \cdot f = s'$, d. h., $f = s \cdot s'$.
Zu 3.: Der erste Teil ergibt sich aus 1. und 2.. Seien f, g aus $S\mathbb{O}(V)$. Schreibe $f = s \cdot s_1, g = s \cdot s_2, f = s_2 \cdot s_3$, also $s_3 \cdot s_2 = s_1 \cdot s$. Damit wird

$$g \cdot f \cdot g^{-1} = s \cdot s_2 \cdot s_2 \cdot s_3 \cdot s_2 \cdot s = s \cdot s_1 \cdot s \cdot s = f.$$

□

8.2 Lineare und quadratische Funktionen

Wir betrachten jetzt die in 7.3 und 7.4 eingeführten linearen und quadratischen Funktionen auf einem affin-unitären Raum $\mathcal{E}u = \mathcal{E}u(V)$. Da $Bew(\mathcal{E}u)$ eine eigentliche Untergruppe von $\mathrm{Aff}(\mathcal{E}u)$ ist, brauchen zwei Quadriken, die durch eine Affinität ineinander transformiert werden können, nicht notwendig auch durch eine Bewegung ineinander transformiert werden zu können. Mit anderen Worten, es gibt mehr Klassen affin-unitär äquivalenter Quadriken als es Klassen affin-äquivalenter Quadriken gibt.

Wir beginnen mit den linearen Funktionen.

Lemma 8.2.1 *Sei $\lambda \colon \mathcal{E}u \longrightarrow K$ eine lineare Funktion. Dann läßt λ sich in der Form*

$$\lambda(p) = \langle p - o, d \rangle + \lambda(o)$$

schreiben, wobei $d \neq 0$ ein Vektor orthogonal zu der Richtung einer Hyperebene $\{\lambda = \mathrm{const.}\}$ ist.

8.2 Lineare und quadratische Funktionen

Beweis: Die durch λ bestimmte Linearform $l_\lambda: V \longrightarrow K$ läßt sich gemäß 6.4.7 als

$$l_\lambda(p - o) = \langle l_\lambda, p - o \rangle = \langle p - o, d \rangle$$

darstellen. Die Richtung eine Hyperebene $\{\lambda = const.\}$ ist durch $\ker l_\lambda$ gegeben.
□

Als erste Anwendung leiten wir die *Hessesche Normalform* für eine Hyperebenengleichung her:

Theorem 8.2.2 *Sei $\mathcal{H}$ eine Hyperebene in $\mathcal{E}u$, $o \in \mathcal{E}u$ ein Ursprung. Dann gibt es einen Einheitsvektor d orthogonal zur Richtung von $\mathcal{H}$, so daß*

$$\mathcal{H} = \{\langle p - o, d \rangle = \delta\} \quad mit \quad \delta \geq 0.$$

Hier ist δ der Abstand von o zu $\mathcal{H}$, d. h., $\delta = 0$, wenn $o \in \mathcal{H}$, und wenn $o \notin \mathcal{H}$, so ist δ der Abstand von o zu seinem Lotfußpunkt auf $\mathcal{H}$. Für $\delta > 0$ ist d eindeutig festgelegt. Für $\delta = 0$ ist d bis auf einen Faktor $e^{i\phi}$ vom Betrag 1 festgelegt.

Beweis: Nach 7.3.5, 2. gibt es eine lineare Funktion $\lambda: \mathcal{E}u \longrightarrow K$ mit $\lambda^{-1}(0) = \mathcal{H}$. Mit 8.2.1 schreiben wir

$$\mathcal{H} = \{\langle p - o, d' \rangle = -\lambda(o)\},$$

wobei d' orthogonal ist zu der Richtung U von $\mathcal{H}$. Falls $\lambda(o) \neq 0$, so schreibe $-\lambda(o) = \delta e^{i\phi}|d'|$ mit $\delta > 0$. Damit wird $\mathcal{H}$ beschrieben durch

$$\mathcal{H} = \{\langle p - o, d \rangle = \delta\}$$

mit $d = \frac{d'}{|d'|}$. Speziell ist $\delta d + o = p_o \in \mathcal{H}$. Da für alle $p \in \mathcal{H}$

$$|p - o| = |p - o||d| \geq |\langle p - o, d \rangle| = \delta = |p_o - o|,$$

ist für $\delta > 0$ p_o der Fußpunkt des Lots von o auf $\mathcal{H}$. □

Ergänzung 8.2.3 *Bezüglich eines unitären Bezugssystems (o, D) schreibt sich eine Hyperebenengleichung in der Form*

$$\sum_i \xi_i \bar{\alpha}_i = \delta \quad mit \quad \sum_i \alpha_i \bar{\alpha}_i = 1, \quad \delta \geq 0.$$

□

Wir gehen jetzt zu quadratischen Funktionen über. Das Gegenstück zu 7.4.7 ist der folgende *Hauptsatz über quadratische Funktionen auf affin-unitären Räumen*:

Theorem 8.2.4 *Sei κ eine quadratische Funktion auf einem affin-unitären Raum $\mathcal{E}u$.*

1. *Sei $\mathcal{E}u$ nicht euklidisch, d. h., der zugehörige Vektorraum sei über $\mathbb{C}$ erklärt. Dann existiert ein unitäres Bezugssystem, bezüglich dessen κ die folgende Darstellung besitzt:*

    Fall A: $\kappa(x) = \kappa(\xi_1, \ldots, \xi_n) = \sum_{j=1}^{r} \lambda_j \xi_j^2 + \gamma;$ $\quad 1 \le r \le n.$

    Fall B: $\kappa(x) = \kappa(\xi_1, \ldots, \xi_n) = \sum_{j=1}^{r} \lambda_j \xi_j^2 - 2\mu \xi_n; 1 \le r < n.$

    In beiden Fällen gilt $\lambda_1 \ge \cdots \ge \lambda_r > 0$, und im Fall B $\mu > 0$.

2. *Falls $\mathcal{E}u$ affin-euklidischer Raum ist, so gibt es ein euklidisches Bezugssystem, bezüglich dessen κ die folgende Darstellung besitzt:*

    Fall A: $\kappa(\xi_1, \ldots, \xi_n) = \sum_{j=1}^{p} \lambda_j \xi_j^2 - \sum_{j=p+1}^{p+q} \lambda_j \xi_j^2 + \gamma;$ $\quad 1 \le p+q \le n.$

    Fall B: $\kappa(\xi_1, \ldots, \xi_n) = \sum_{j=1}^{p} \lambda_j \xi_j^2 - \sum_{j=p+1}^{p+q} \lambda_j \xi_j^2 - 2\mu \xi_n; 1 \le p+q = r < n.$

    In beiden Fällen gilt $\lambda_1 \ge \cdots \ge \lambda_p > 0;\ \lambda_{p+1} \ge \cdots \ge \lambda_{p+q} > 0$, und im Fall B $\mu > 0$.

Beweis: Nach 7.4.6 besitzt κ bezüglich eines geeignet gewählten Ursprungs o eine der beiden Darstellungen

Fall A: $\quad \kappa(p) = \psi(p-o, p-o) + \kappa(o),$
Fall B: $\quad \kappa(p) = \psi(p-o, p-o) - 2l_o(p-o).$

Nach 6.5.6 besitzt das Modell V von $\mathcal{E}u$ eine ON-Basis $D = \{d_1, \ldots, d_n\}$, so daß $G_D(\psi)$ Diagonalgestalt $((\lambda_j \delta_{jk}))$ hat, mit reellen λ_j. Wir können annehmen, daß $\lambda_j = 0$ für $j > r = \operatorname{rg} \psi$.
Im Falle $K = \mathbb{C}$ ersetzen wir d_j durch $\frac{d_j}{\sqrt{-1}}$, wenn $\lambda_j < 0$. Umnumerierung liefert die behauptete Ordnung der λ_j in beiden Fällen.
Im Fall B können wir wie im Beweis von 7.4.6 zeigen, daß die Darstellung $\tau(l_o)$ der Linearform l_o (vgl. 6.4.7) dem Nullraum V_ψ^o angehört, also $\tau(l_o) \perp \{d_1, \ldots, d_r\}$. Wir schreiben $\tau(l_o)$ in der Form $\langle\ , -\mu d\rangle$ mit $|d| = 1$ und $\mu > 0$. Die Basiselemente $\{d_{r+1}, \ldots, d_n\}$ können offenbar so gewählt werden, daß $d = d_n$. $\quad\square$

Hiermit erhalten wir die folgende *Normaldarstellung von Quadriken in affin-unitären Räumen:*

Theorem 8.2.5 *Eine Quadrik $\{\kappa = 0\}$ in $\mathcal{E}u = \mathcal{E}u(V)$ besitzt bezüglich eines geeignet gewählten unitären Bezugssystems folgende Koordinatendarstellung:*

1. *Für $K = \mathbb{C}$ haben wir:*

    Im Fall A0: $\quad \sum_{i=1}^{r} \alpha_j \xi_j^2 = 0;\quad 0 < r \le n.$
    Im Fall A1: $\quad \sum_{i=1}^{r} \alpha_j \xi_j^2 = 1;\quad 0 < r \le n.$
    Im Fall B: $\quad \sum_{i=1}^{r} \alpha_j \xi_j^2 = 2\xi_n;\quad 0 < r < n.$

    Hier ist $\alpha_1 \ge \cdots \ge \alpha_r > 0$ und im Fall A0 noch $\alpha_1 = 1$.

8.2 Lineare und quadratische Funktionen

2. *Für $K = \mathbb{R}$ haben wir:*

   Im Fall A0: $\sum_{i=1}^{p} \alpha_j \xi_j^2 - \sum_{i=p+1}^{p+q} \alpha_j \xi_j^2 = 0;\quad 1 \leq p; q \leq p; 0 < p+q = r \leq n.$

   Im Fall A1: $\sum_{i=1}^{p} \alpha_j \xi_j^2 - \sum_{i=p+1}^{p+q} \alpha_j \xi_j^2 = 1;\quad 0 < p+q = r \leq n.$

   Im Fall B: $\sum_{i=1}^{p} \alpha_j \xi_j^2 - \sum_{i=p+1}^{p+q} \alpha_j \xi_j^2 = 2\xi_n; 0 < p+q < n; q \leq p.$

   Hier ist $\alpha_1 \geq \cdots \geq \alpha_r > 0; \alpha_{p+1} \geq \cdots \geq \alpha_{p+q} > 0$. Im Falle A0 ist überdies $\alpha_1 = 1$.

Beweis: Dies ergibt sich aus 8.2.4, ähnlich wie 7.4.10 sich aus 7.4.7 ergibt. Der Fall A0 tritt ein für $\gamma = 0$. Durch Multiplizieren läßt sich $\alpha_1 = 1$ erreichen. Falls $\gamma \neq 0$, so dividiere durch $-\gamma$.

Für $K = \mathbb{C}$ schreibe $-\frac{\lambda_j}{\gamma}$ in der Form $\alpha_j e^{i\phi_j}$. Indem man d_j durch $d_j e^{-\frac{i\phi_j}{2}}$ ersetzt und nötigenfalls umnumeriert, erhält man den Fall A1.

Für $K = \mathbb{R}$ schreibe $-\frac{\lambda_j}{\gamma}$ in der Form $\pm \alpha_j$ mit $\alpha_j > 0$ und führe eine geeignete Umnumerierung durch.

Im Fall B und $K = \mathbb{C}$ schreibe $\frac{\lambda_j}{\mu}$ in der Form $\alpha_j e^{i\phi_j}$ und ersetze d_j durch $\frac{d_j}{e^{-\frac{i\phi_j}{2}}}$.

Für $K = \mathbb{R}$ schreibe $\frac{\lambda_j}{\mu}$ als $\pm \alpha_j$ mit $\alpha_j > 0$ und führe eine geeignete Umnumerierung durch. □

Beispiele 8.2.6 1. Betrachte die euklidische Ebene. Ihr Modell ist der $\mathbb{R}^2$ mit dem kanonischen SKP. Seien (x,y) die Koordinaten des $\mathbb{R}^2$. Dann haben wir folgende Quadriken:

Fall A0: $r = 2$: $x^2 + \beta y^2 = 0; 1 \geq \beta > 0.$ Ein Punkt.
 $x^2 - \beta y^2 = 0; \beta > 0.$ Zwei sich schneidende Geraden.
$r = 1$: $x^2 = 0;$ Eine Doppelgerade.

Fall A1: $r = 2$: $\alpha x^2 + \beta y^2 = 1; \alpha \geq \beta > 0.$ Eine Ellipse.
 $\alpha x^2 - \beta y^2 = 1; \alpha > 0; \beta > 0.$ Eine Hyperbel.
 $-\alpha x^2 - \beta y^2 = 1; \alpha \geq \beta > 0.$ Die leere Menge.
$r = 1$: $\alpha x^2 = 1; \alpha > 0.$ Zwei parallele Geraden.
 $-\alpha x^2 = 1; \alpha > 0.$ Die leere Menge.

Fall B: $\alpha x^2 = 2y; \alpha > 0.$ Eine Parabel.

2. Im 3-dimensionalen euklidischen Raum mit den Koordinaten (x, y, z) haben wir folgende 2-dimensionale Quadriken, vgl. 7.4.13 zu diesem Begriff.

Fall A0: $r = 3$: $x^2 + \beta y^2 - \gamma z^2 = 0; 1 \geq \beta \geq 0; \gamma > 0.$
 Ein elliptischer Kegel.
$r = 2$: $x^2 - \beta y^2 = 0; \beta \geq 0.$
 Zwei sich schneidende Ebenen.
$r = 1$: $x^2 = 0.$
 Eine Doppelebene.

Fall A1: $r = 3$: $\alpha x^2 + \beta y^2 + \gamma z^2 = 1$; $\alpha \geq \beta \geq \gamma > 0$.
Ein Ellipsoid.
$\alpha x^2 + \beta y^2 - \gamma z^2 = 1$; $\alpha \geq \beta > 0; \gamma > 0$.
Ein einschaliges Hyperboloid.
$\alpha x^2 - \beta y^2 - \gamma z^2 = 1$; $\alpha > 0; \beta \geq \gamma > 0$.
Ein zweischaliges Hyperboloid.
$r = 2$: $\alpha x^2 + \beta y^2 = 1$; $\alpha \geq \beta > 0$.
Ein elliptischer Zylinder.
$\alpha x^2 - \beta y^2 = 1$; $\alpha > 0; \beta > 0$.
Ein hyperbolischer Zylinder.
$r = 1$: $\alpha x^2 = 1$; $\alpha > 0$.
Zwei parallele Ebenen.

Fall B: $r = 2$: $\alpha x^2 + \beta y^2 = 2z$; $\alpha \geq \beta > 0$.
Ein elliptisches Paraboloid.
$\alpha x^2 - \beta y^2 = 2z$; $\alpha > 0; \beta > 0$.
Ein hyperbolisches Paraboloid.
$r = 1$: $\alpha x^2 = 2z$; $\alpha > 0$.
Ein parabolischer Zylinder.

Der *Klassifikationssatz für Quadriken im euklidischen Raum* lautet:

Theorem 8.2.7 *Seien* $\{\kappa = 0\}, \{\kappa' = 0\}$ *zwei* $(n-1)$-*dimensionale Quadriken im n-dimensionalen euklidischen Raum* $\mathcal{E}u$. *Dann und nur dann existiert eine Kongruenz* $\varphi : \mathcal{E}u \longrightarrow \mathcal{E}u$, *welche die eine Quadrik in die andere überführt, wenn beide Quadriken die gleiche reelle Normalform aus 8.2.5 besitzen.*

Beweis: Bei einer Kongruenz $\varphi: \mathcal{E}u \longrightarrow \mathcal{E}u$ bleibt die Normalform einer Quadrik offenbar erhalten – dafür ist die Beschränkung auf $(n - 1)$-dimensionale Quadriken gar nicht notwendig.
Umgekehrt, wenn $\varphi: \mathcal{E}u \longrightarrow \mathcal{E}u$ eine Kongruenz ist, welche $\{\kappa = 0\}$ in $\{\kappa' = 0\}$ transformiert, so gehen wir wie im Beweis von 7.4.15 vor. □

Definition 8.2.8 *Eine Quadrik* $\{\kappa = 0\}$ *heißt Mittelpunktsquadrik, wenn es ein* $o \in \mathcal{E}u$ *gibt, so daß mit* $x + o \in \{\kappa = 0\}$ *auch* $-x + o \in \{\kappa = 0\}$ *gilt. o heißt dann Mittelpunkt der Quadrik.*

Bemerkungen 8.2.9 1. Der Begriff der Mittelpunktsquadrik ist sinnvoll auch in (allgemeinen) affinen Räumen.
2. Ein Mittelpunkt braucht nicht eindeutig bestimmt zu sein. Z.B. ist für den Kreiszylinder $\{x^2 + y^2 = 1\}$ in $\mathbb{R}^3$ jeder Punkt $(0, 0, z)$ ein Mittelpunkt. Vgl. auch den folgenden Satz.

Satz 8.2.10 1. *Mittelpunktsquadriken sind gerade die Quadriken vom Typ A.*
2. *Wenn* $\kappa(\xi_1, \ldots, \xi_n) = 0$ *eine Koordinatendarstellung einer Mittelpunktsquadrik ist, so sind die Lösungen des linearen Gleichungssystems*

$$\frac{\partial \kappa(\xi_1, \ldots, \xi_n)}{\partial \xi_j} = 0, \quad 1 \leq j \leq n$$

8.2 Lineare und quadratische Funktionen

die Koordinaten eines Mittelpunkts der Quadrik.

Beweis: Zu 1.: Sei o Mittelpunkt der Quadrik $\{\kappa = 0\}$. Wir wählen o als Ursprung und schreiben κ damit in der Form

(8.1) $\qquad \kappa(p) = \psi(p - o, p - o) + 2l_o(p - o) + \kappa(o).$

Wenn $p = x + o \in \{\kappa = 0\}$, so auch $p' = -x + o \in \{\kappa = 0\}$, also $l_o(x) = l_o(-x)$, d. h., $l_o(x) = 0$. Wir können also in (8.1) $l_o = 0$ setzen. Für die Quadrik $\{\psi(p - o, p - o) + \kappa(o) = 0\}$ ist o offenbar Mittelpunkt.

Zu 2.: Wenn x_0 eine Lösung der hingeschriebenen Gleichung ist, so heißt dies $\sigma_\psi(x_0) + l_o = 0$. Indem wir also x durch $x + x_0$ ersetzen, verschwinden in der Quadrikgleichung die linearen Terme, d. h., die Quadrik ist vom Typ A. □

Beispiele 8.2.11 1. In $V = \mathbb{R}^3$ betrachte

$$\kappa(x, y, z) = x^2 + 6y + 2z - 5 = 0.$$

Der Nullraum V_ψ^0 ist $\{x = 0\}$. Da $2l$ durch $(0, 6, 2)$ dargestellt wird und dies zu V_ψ^0 gehört, finden wir $2\mu = -2|l| = -2\sqrt{40} = -4\sqrt{10}$. Also lautet die Normalform $x^2 = 4\sqrt{10}z$ oder $\frac{x^2}{2\sqrt{10}} = 2z$: Ein parabolischer Zylinder.

2. $\kappa(x, y) = 7x^2 - 12xy - 2y^2 - 16x + 28y - 8 = 0$ in $V = \mathbb{R}^2$.

Die Eigenwerte der ψ repräsentierenden Matrix $\begin{pmatrix} 7 & -6 \\ -6 & -2 \end{pmatrix}$ sind $\lambda = 10$ und $\lambda = -5$. Die Normalform des quadratischen Teils ist also (bis auf einen Faktor) $10x^2 - 5y^2$. Wir bestimmen den Mittelpunkt nach dem Verfahren aus 8.2.10, 2.:

$$14x - 12y - 16 = 0$$
$$-12x - 4y + 28 = 0 \;,$$

also $(x_0, y_0) = (2, 1)$. $\kappa(x_0, y_0) = -10$. Also lautet die Normalform

$$10x^2 - 5y^2 = 10 \quad \text{oder} \quad x^2 - \frac{y^2}{2} = 1.$$

Eine Hyperbel.

3. $\kappa(x, y, z) = 4x^2 - 4xy - 4xz + 4y^2 - 4yz + 4z^2 - 5x + 7y + 7z + 1 = 0$.

Die charakteristische Gleichung des quadratischen Teils lautet:

$$\det \begin{pmatrix} t-4 & 2 & 2 \\ 2 & t-4 & 2 \\ 2 & 2 & t-4 \end{pmatrix} = t(t-6)^2.$$

Der quadratische Teil ψ ist also entartet. Die Quadrik gehört zu Fall B, da die Gleichung für den Mittelpunkt (vgl. 8.2.10, 2.) keine Lösung besitzt:

$$8x - 4y - 4z - 5 = 0$$
$$-4x + 8y - 4z + 7 = 0$$
$$-4x - 4y + 8z + 7 = 0$$

Der Nullraum von $\psi = \ker \sigma_\psi$ ist der Eigenraum zum Eigenwert 0. Ein erzeugender Einheitsvektor für diesen Unterraum ist gegeben durch $(\frac{1}{\sqrt{3}}, \frac{1}{\sqrt{3}}, \frac{1}{\sqrt{3}})$. Der lineare Teil $2l$ wird durch $-2\mu\langle\ , e\rangle$ dargestellt, mit $-2\mu = 2l_o(e) = \frac{3}{\sqrt{3}}$. Damit lautet die Normalform

$$6x^2 + 6y^2 = -\frac{3}{\sqrt{3}}z \quad \text{oder} \quad -\frac{4}{\sqrt{3}}x^2 - \frac{4}{\sqrt{3}}y^2 = 2z.$$

Dies ist ein Rotationsparaboloid.

8.3 Der Winkel

Wir beginnen mit dem Begriff der Orientierung. Dieser läßt sich bereits für reelle affine Räume erklären, vorausgesetzt, diese haben endliche Dimension. Diese letztere Voraussetzung soll im ganzen Abschnitt gelten.

Unser Hauptinteresse gilt dem 2-dimensionalen orientierten euklidischen Raum, kurz euklidische Ebene genannt. Eine Orientierung einer solchen Ebene erlaubt die Definition des orientierten Winkels, der für die gesamte ebene Geometrie von fundamentaler Bedeutung ist. Daraus leiten wir den Begriff des (unorientierten) Winkels her; dieser ist sinnvoll auch in euklidischen Räumen beliebiger Dimension.

Wie fast immer für affine und euklidische Räume ist es auch hier zweckmäßig, den neuen Begriff zunächst für die zugehörigen Modelle = Vektorräume einzuführen. Wir beginnen daher mit der

Definition 8.3.1 1. *Sei V ein reeller Vektorraum. Zwei Basen $B = \{b_1, \ldots, b_n\}$ und $B' = \{b'_1, \ldots, b'_n\}$ heißen* gleichorientiert, *wenn die Transformation $\Phi_{B'}^{-1} \circ \Phi_B$, welche B in B' überführt, eine Determinante > 0 besitzt.*
2. *Sei $\mathcal{A} = \mathcal{A}(V)$ ein reeller affiner Raum über V. Zwei affine Bezugssysteme $(o, B), (o', B')$ heißen* gleichorientiert, *wenn für die Affinität $\varphi: \mathcal{A} \longrightarrow \mathcal{A}$, welche (o, B) in (o', B') überführt, gilt: $\det f_\varphi > 0$.*

Bemerkungen:

1. Bei dem Begriff der Gleichorientierung benutzen wir, daß für einen reellen Vektorraum V das Bild von $\det: GL(V) \longrightarrow \mathbb{R}^*$ nicht zusammenhängend ist. Für einen Vektorraum V über $\mathbb{C}$ dagegen ist $\det GL(V) = \mathbb{C}^*$ zusammenhängend.

2. Der Begriff der Gleichorientierung ist insbesondere auch für ON-Basen eines euklidischen Vektorraums V erklärt. Da $\det \mathbb{O}(V) = S^0 = \{\pm 1\}$ aus zwei disjunkten Punkten besteht, erhalten wir zwei Klassen, vgl. 8.3.2. Für einen unitären Vektorraum V über $\mathbb{C}$ hingegen besitzt die Wertemenge $\det \mathbb{U}(V)$ der entsprechenden unitären Gruppe $\mathbb{U}(V)$ nur eine Zusammenhangskomponente, nämlich S^1.

Satz 8.3.2 *Durch die Relation "gleichorientiert" werden die Basen von reellen Vektorräumen und die affinen Bezugssysteme von reellen affinen Räumen*

8.3 Der Winkel

in zwei Klassen eingeteilt. Dasselbe gilt für die ON-Basen eines euklidischen Vektorraums und die euklidischen Bezugssysteme eines euklidischen Raumes.

Beweis: Wir beschränken uns auf die Menge $\{(o', D')\}$ der euklidischen Bezugssysteme eines euklidischen Raumes $\mathcal{E}u$. Fixiere ein solches Bezugssystem (o, D). Nach 8.1.10 ist dann eine Bijektion zwischen der Menge $\{(o', D')\}$ und der Gruppe $Bew(\mathcal{E}u)$ gegeben. Die Klasse der mit (o, D) gleichorientierten (o', D') entspricht der Untergruppe der eigentlichen Bewegungen, vgl. 8.1.3. Beachte nun, daß diese Untergruppe der Kern des Gruppenmorphismus

$$\varphi \in Bew(\mathcal{E}u) \longmapsto \det f_\varphi \in S^0$$

ist, und daß das Bild S^0 aus genau zwei Elementen besteht. Die Behauptung folgt damit aus 1.4.2, 3..

Definition 8.3.3 *Wir nennen einen reellen Vektorraum V oder einen reellen affinen Raum $\mathcal{A}$ orientiert, wenn eine der beiden Klassen gleichorientierter Basen bzw. gleichorientierter affiner Bezugssysteme ausgezeichnet ist. Die Elemente dieser ausgezeichneten Klasse heißen* positiv, *die der anderen Klasse* negativ.
Wenn V oder $\mathcal{A}$ orientiert ist, so bezeichnen wir mit $-V$ bzw. $-\mathcal{A}$ die Räume mit der anderen (entgegengesetzten) Orientierung.

Bemerkungen:

1. Ein reeller Vektorraum ist orientiert, wenn wir von einer einzigen Basis B festlegen, daß sie positiv sein soll: Positiv sind dann auch alle anderen Basen B', die aus B durch eine Transformation $\Phi_{B'}^{-1} \circ \Phi_B$ positiver Determinante erhalten werden.
   Das Entsprechende gilt für reelle affine Räume und euklidische Räume.

2. Insbesondere können wir $\mathbb{R}^n$ als orientiert betrachten, indem wir die kanonische Basis $E = \{e_1, \ldots, e_n\}$ als positiv auszeichnen.

3. Sei $\mathcal{E}u$ ein orientierter euklidischer Raum der Dimension n. Wenn (o, D) ein positives euklidisches Bezugssystem ist, so ist

$$\Phi_{(o,D)} \colon \mathcal{E}u \longrightarrow \mathbb{R}^n,$$

vgl. 7.2.9, eine orientierungserhaltende Isometrie mit seinem Modell $\mathbb{R}^n$. D.h., positive euklidische Bezugssysteme werden in eben solche übergeführt.

Als Vorbereitung für die Einführung des Winkels zeigen wir:

Lemma 8.3.4 *Sei V ein 2-dimensionaler orientierter euklidischer Vektorraum. Dann besitzen alle Elemente f von $SO(V)$ bezüglich einer beliebig gewählten positiven ON-Basis $\{e_1, e_2\}$ von V die Darstellung*

$$(8.2) \qquad \begin{pmatrix} \cos\phi & -\sin\phi \\ \sin\phi & \cos\phi \end{pmatrix}$$

mit $\phi \in \mathbb{R}$ *festgelegt bis auf ein ganzzahliges Vielfaches von* 2π. *Die dadurch bestimmte Abbildung*

$$\rho: f = \begin{pmatrix} \cos\phi & -\sin\phi \\ \sin\phi & \cos\phi \end{pmatrix} \in S\mathbb{O}(V) \longmapsto e^{i\phi} \in \mathbf{U}(1)$$

ist ein Gruppenisomorphismus. Insbesondere gelten die Additionstheoreme

$$\begin{aligned} \sin(\phi+\phi') &= \sin\phi\cos\phi' + \cos\phi\sin\phi' \\ \cos(\phi+\phi') &= \cos\phi\cos\phi' - \sin\phi\sin\phi'. \end{aligned}$$

Beweis: Aus 5.6.3 wissen wir, daß ein $f \in S\mathbb{O}(V)$ bezüglich einer geeigneten ON-Basis $\{e_1, e_2\}$ eine Darstellung der Form (8.2) besitzt. Indem wir nötigenfalls ϕ durch $-\phi$ ersetzen und dafür wieder ϕ schreiben, können wir annehmen, daß diese Basis positiv ist. Aus 5.1.3 wissen wir, daß die Darstellung von f bezüglich einer beliebigen positiven Basis konjugiert ist zu der Matrix (8.2) mit einer Matrix $T \in SO(2)$. Da $SO(2)$ jedoch kommutativ ist, vgl. 8.1.22, folgt, daß sich dabei die Darstellung (8.2) von f nicht ändert.

Gemäß 5.6.2 bestimmt $\{e_1, e_2\}$ die ON-Basis $\{d_1, \bar{d}_1\}$ der komplexen Erweiterung $V_\mathbb{C}$ von V mit $d_1 = \frac{ie_1 + e_2}{\sqrt{2}}$. Für die komplexe Erweiterung $f_\mathbb{C}$ von f findet man mit $f_\mathbb{C}(e_i) = e_i : f_\mathbb{C}(d_1) = e^{i\phi}d_1$, $f_\mathbb{C}(\bar{d}_1) = e^{-i\phi}\bar{d}_1$.

$f \in S\mathbb{O}(V) \longmapsto f_\mathbb{C} \in \mathbb{O}(V_\mathbb{C})$ ist ein injektiver Gruppenmorphismus. Das Bild besteht aus den Diagonalmatrizen mit $(e^{i\phi}, e^{-i\phi})$ in der Diagonalen, ist also isomorph zu $\mathbf{U}(1)$.

Die Additionstheoreme bedeuten die Gruppenverknüpfung. □

Definition 8.3.5 *Sei V ein euklidischer Vektorraum.*

1. *Die Menge $\{\pm \text{id}_V\}$ ist ein Normalteiler der Gruppe $S\mathbb{O}(V)$. Wir bezeichnen die Restklassengruppe mit $\overline{S\mathbb{O}(V)}$. Ein $\bar{f} \in \overline{S\mathbb{O}(V)}$ besteht also aus einem Paar $\{f, -\text{id}_V f = (kurz) -f\}$ von Elementen aus $S\mathbb{O}(V)$.*
2. *Sei $S(V) = \{| \ | = 1\}$ der Einheitskreis in V. Definiere auf $S(V)$ die Äquivalenzrelation $d \sim d'$ durch $d' = d$ oder $d' = -d$. Die Äquivalenzklassen bestehen also aus den Paaren $\bar{d} = \{d, -d\}$ von Diametralpunkten auf $S(V)$. Bezeichne die Restklassenmenge mit $\overline{S(V)}$.*

Bemerkung: In 10.3 kommen wir auf diese Begriffe für euklidische Vektorräume beliebiger Dimension zurück. Sie bilden den Gegenstand der elliptischen Geometrie.

Lemma 8.3.6 *Sei V ein 2-dimensionaler euklidischer Vektorraum.*

1. *Zu d und d' aus $S(V)$ gibt es genau ein $f \in S\mathbb{O}(V)$ mit $f(d) = d'$.*
2. *Zu $\bar{d}, \bar{d}'$ aus $\overline{S(V)}$ gibt es genau ein $\bar{f} \in \overline{S\mathbb{O}(V)}$ mit $\bar{f}(\bar{d}) = \bar{d}'$.*

Bemerkung: Beachte die Analogie zu einem affinen Raum $\mathcal{A}(V)$ über V: Auch hier gibt es zu zwei Elementen p und q von $\mathcal{A}$ genau ein $x \in V$ mit $x + p = q$, und auch hier ist die Gruppe V ebenso wie $S\mathbb{O}(V)$ abelsch.

8.3 Der Winkel

Beweis: Zu 1.: Ergänze $d = d_1$ und $d' = d'_1$ zu gleichorientierten ON-Basen $\{d_1, d_2\}$ und $\{d'_1, d'_2\}$. Nach 8.1.11 gibt es genau ein $f \in \mathbb{O}(V)$ mit $f(d_i) = d'_i, i = 1, 2$. Wegen 8.3.1 ist det $f = 1$, also $f \in S\mathbb{O}(V)$.
Zu 2.: Wenn $d \in \bar{d}, d' \in \bar{d}'$ und $f(d) = d'$, so $\bar{f}(\bar{d}) = \bar{d}'$. Aus $\bar{g}(\bar{d}) = \bar{d}'$ folgt $g(d) = d'$ oder $= -d'$, also $\bar{g} = \bar{f}$. □

Definition 8.3.7 *Sei $\mathcal{E}u = \mathcal{E}u(V)$ eine euklidische Ebene, $o \in \mathcal{E}u$.*

1. *Sei $d \in S(V)$. Der Strahl $\mathcal{S} = \mathcal{S}(o, d)$ mit Ursprung o und Richtung d ist erklärt als $\{\alpha d + o; \alpha \geq 0\}$. Wir nennen $\mathcal{S}$ auch Halbgerade und $\vec{\mathcal{G}} = \{\alpha d + o; \alpha \in \mathbb{R}\}$ die zugehörige orientierte Gerade mit Ursprung o.
Seien $\mathcal{S} = \mathcal{S}(o, d)$ und $\mathcal{S}' = \mathcal{S}(o, d')$ zwei Strahlen. Der orientierte Winkel $\vec{\sphericalangle}(\mathcal{S}, \mathcal{S}')$ von $\mathcal{S}$ nach $\mathcal{S}'$ ist erklärt als das Element $f \in S\mathbb{O}(V)$ mit $f(d) = d'$. Dies ist zugleich der orientierte Winkel von $\mathcal{G}$ nach $\mathcal{G}'$ der zugehörigen orientierten Geraden. Wir führen hierfür kein eigenes Symbol ein.*

   Falls $\mathcal{E}u$ orientiert ist, so bezeichnen wir mit $\vec{\sphericalangle}(\mathcal{S}, \mathcal{S}')$ auch das eindeutig bestimmte Element $\phi \in [0, 2\pi[$ mit $\rho(f) = e^{i\phi}, \rho$ wie in 8.3.4.

2. *Seien $\mathcal{G}, \mathcal{G}'$ zwei (nicht-orientierte) Geraden und $o \in \mathcal{G} \cap \mathcal{G}'$. Seien $(o, \{d\})$ und $(o, \{d'\})$ euklidische Bezugssysteme von $\mathcal{G}$ bzw. $\mathcal{G}'$. Der orientierte Winkel $\vec{\sphericalangle}(\mathcal{G}, \mathcal{G}')$ von $\mathcal{G}$ nach $\mathcal{G}'$ ist erklärt als das Element $\bar{f} \in \overline{S\mathbb{O}(V)}$ mit $\bar{f}(\bar{d}) = \bar{d}'$.*

   Falls $\mathcal{E}u$ orientiert ist, bezeichnen wir mit $\vec{\sphericalangle}(\mathcal{G}, \mathcal{G}')$ auch das eindeutig bestimmte Element $\bar{\phi} \in [0, 2\pi[$ mit $\rho(f) = e^{i\bar{\phi}}$ oder $\rho(-f) = e^{i\bar{\phi}}, f \in \bar{f}$.

Bemerkung: Wenn wir die orientierten Winkel durch ϕ bzw. $\bar{\phi}$ beschreiben, so wird ihre Komposition additiv geschrieben.

Ergänzung 8.3.8 *Sei V ein 2-dimensionaler euklidischer Vektorraum. Für d, d' aus $S(V)$ sei der orientierte Winkel $\vec{\sphericalangle}(d, d')$ von d nach d' erklärt als $f \in S\mathbb{O}(V)$ mit $f(d) = d'$. Allgemeiner, wenn x, x' Elemente $\neq 0$ sind, so erkläre den orientierten Winkel $\vec{\sphericalangle}(x, x')$ von x nach x' durch $\vec{\sphericalangle}(d, d')$, mit $d = \frac{x}{|x|}, d' = \frac{x'}{|x'|}$.*

Bemerkung 8.3.9 Seien die Ebene $\mathcal{E}u$ bzw. der Vektorraum V orientiert. Seien zwei Winkel f und f' aus $S\mathbb{O}(V)$ durch ϕ und ϕ' aus $[0, 2\pi[$ repräsentiert. Dann wird das Produkt $f \cdot f'$ durch $\phi + \phi'$ oder $\phi + \phi' - 2\pi$ repräsentiert, je nachdem ob $\phi + \phi' < 2\pi$ oder $\geq 2\pi$ ist. Wenn wir also die Verknüpfung $f \cdot f'$ zweier Winkel durch die Addition ihrer Darstellung in $[0, 2\pi[$ beschreiben, so müssen wir unter Umständen dafür $\phi + \phi' - 2\pi$ anstelle $\phi + \phi'$ schreiben. Insbesondere ist für $\phi > 0$ das Inverse durch $2\pi - \phi$ gegeben.
Entsprechend ist bei der Darstellung $\bar{\phi}, \bar{\phi}'$ von Elementen $\bar{f}, \bar{f}'$ aus $\overline{S\mathbb{O}(V)}$ für die Darstellung der Verknüpfung $\bar{f} \cdot \bar{f}'$ unter Umständen $\bar{\phi} + \bar{\phi}' - \pi$ anstelle $\bar{\phi} + \bar{\phi}'$ zu schreiben.

Lemma 8.3.10 *Sei $\mathcal{E}u = \mathcal{E}u(V)$ eine euklidische Ebene, $o \in \mathcal{E}u$.*

1. *Betrachte Strahlen mit gemeinsamem Ursprung o.*

(a) $\vec{\sphericalangle}(\mathcal{S},\mathcal{S}') = \text{id} \iff \mathcal{S} = \mathcal{S}'$.

(b) $\vec{\sphericalangle}(\mathcal{S},\mathcal{S}') + \vec{\sphericalangle}(\mathcal{S}',\mathcal{S}'') = \vec{\sphericalangle}(\mathcal{S},\mathcal{S}'')$.

(c) $\vec{\sphericalangle}(\mathcal{S},\mathcal{S}') = \vec{\sphericalangle}(\mathcal{S}^*,\mathcal{S}'^*) \iff \vec{\sphericalangle}(\mathcal{S},\mathcal{S}^*) = \vec{\sphericalangle}(\mathcal{S}',\mathcal{S}'^*)$.

2. Betrachte Geraden, die den Punkt o enthalten. Dann gelten die entsprechenden Formeln.

3. Seien $\mathcal{S},\mathcal{S}'$ Strahlen mit gemeinsamem Ursprung o in einer orientierten Ebene $\mathcal{E}u$. Seien $\mathcal{G},\mathcal{G}'$ die zugehörigen Geraden. Für die Darstellung des orientierten Winkels von $\mathcal{S}$ nach $\mathcal{S}'$ in $[0,2\pi[$ und die Darstellung des orientierten Winkels von $\mathcal{G}$ nach $\mathcal{G}'$ in $[0,\pi[$ gilt

$$2\vec{\sphericalangle}(\mathcal{S},\mathcal{S}') = 2\vec{\sphericalangle}(\mathcal{G},\mathcal{G}').$$

Beweis: Zu 1.: (a) gilt, da $\vec{\sphericalangle}(\mathcal{S},\mathcal{S}') = \text{id}$ bedeutet $f = \text{id}$. (b) ist die Gruppenverknüpfung. Zum Beweis von (c) benutzen wir, daß $S\mathbb{O}(V)$ abelsch ist: Aus $f(\mathcal{S}) = \mathcal{S}'$ und $f(\mathcal{S}^*) = \mathcal{S}'^*$ folgt mit $g(\mathcal{S}) = \mathcal{S}^*$:

$$g(\mathcal{S}') = g \cdot f(\mathcal{S}) = f \cdot g(\mathcal{S}) = f(\mathcal{S}^*) = \mathcal{S}'^*.$$

Die Umkehrung ergibt sich ebenso.

Zu 2.: Dies wird genau wie 1. bewiesen.

Zu 3.: Dies ergibt sich aus $\varphi + \varphi = (\varphi - \pi) + (\varphi - \pi) \bmod 2\pi$. □

Lemma 8.3.11 *Sei φ eine Bewegung der euklidischen Ebene $\mathcal{E}u(V)$. Dann gilt $\vec{\sphericalangle}(\mathcal{S},\mathcal{S}') = \vec{\sphericalangle}(\varphi(\mathcal{S}),\varphi(\mathcal{S}'))$ oder $= \vec{\sphericalangle}(\varphi(\mathcal{S}'),\varphi(\mathcal{S}))$, je nachdem ob φ eigentlich ist oder nicht, vgl. 8.1.3.*

Beweis: Seien d und d' die Richtungen von $\mathcal{S}$ bzw. $\mathcal{S}'$, $f(d) = d'$. Sei $f_\varphi \in \mathbb{O}(V)$ die durch φ bestimmte orthogonale Transformation. $f_\varphi(d)$ und $f_\varphi(d')$ sind die Richtungen von $\varphi(\mathcal{S})$ bzw. $\varphi(\mathcal{S}')$. Falls $f_\varphi \in S\mathbb{O}(V)$, so $f \cdot f_\varphi(d) = f_\varphi \cdot f(d) = f_\varphi(d')$. Falls $f_\varphi \notin S\mathbb{O}(V)$, sind gemäß 8.1.22 f_φ und $f_\varphi \cdot f$ Spiegelungen, also $f^{-1} \cdot f_\varphi = f_\varphi \cdot f$. Damit $f^{-1} \cdot f_\varphi(d) = f_\varphi \cdot f(d) = f_\varphi(d')$. □

Der klassische *Satz über Winkel an Parallelen* lautet:

Satz 8.3.12 *Seien $\mathcal{G},\mathcal{G}_0,\mathcal{G}_1$ Geraden in einer euklidischen Ebene und $o_i \in \mathcal{G} \cap \mathcal{G}_i, i = 0,1$. Dann gilt*

$$\vec{\sphericalangle}(\mathcal{G},\mathcal{G}_0) = \vec{\sphericalangle}(\mathcal{G},\mathcal{G}_1) \iff \mathcal{G}_0 \| \mathcal{G}_1.$$

Beweis: Sei $\vec{\sphericalangle}(\mathcal{G},\mathcal{G}_i) = \bar{f}_i$. Wir können $f_i \in \bar{f}_i$ und Basiselemente d,d_i in $S(V)$ für die Richtungen von $\mathcal{G},\mathcal{G}_i$ so wählen, daß $f_i(d) = d_i$. Die Behauptung lautet dann: $\bar{f}_0 = \bar{f}_1 \iff \bar{d}_0 = \bar{d}_1$. □

Wir ergänzen den Begriff des orientierten Winkels durch den des (nichtorientierten) Winkels. Hierfür brauchen wir uns nicht auf euklidische Ebenen zu beschränken. Der Nachteil dieses Begriffes ist, daß er nicht mehr mit Elementen einer Gruppe verknüpft ist, so daß Resultate von der Art 8.3.10 nicht mehr gelten.

8.3 Der Winkel

Definition 8.3.13 1. *Sei V ein euklidischer Vektorraum, $\dim V \geq 2$. Seien x, x' Elemente $\neq 0$ aus V. Setze $\frac{x}{|x|} = d$, $\frac{x'}{|x'|} = d'$. Sei U ein 2-dimensionaler Unterraum, der d und d' enthält. Wähle für U eine Orientierung.*
Erkläre den Winkel $\sphericalangle(x, x') = \sphericalangle(x', x)$ zwischen x und x' durch $\min(\vec{\sphericalangle}(d, d'), \vec{\sphericalangle}(d', d)) \in [0, \pi]$. Hier seien $\vec{\sphericalangle}(d, d')$ und $\vec{\sphericalangle}(d', d)$ durch Elemente aus $[0, 2\pi[$ repräsentiert.

2. *Sei $\mathcal{E}u = \mathcal{E}u(V)$ ein euklidischer Raum, $\dim \mathcal{E}u \geq 2$. Sei $o \in \mathcal{E}u, d, d' \in S(V) = \{|\ | = 1\}$. Betrachte die Strahlen $S = S(o, d) = \{\alpha d + o; \alpha \geq 0\}$ und $S' = S(o, d') = \{\alpha d' + o; \alpha \geq 0\}$. Damit erkläre den Winkel $\sphericalangle(S, S') = \sphericalangle(S', S) \in [0, \pi]$ zwischen S und S' durch $\sphericalangle(d, d')$.*
Hiermit ist auch der Winkel $\sphericalangle(\mathcal{G}, \mathcal{G}')$ der zugehörigen orientierten Geraden $\mathcal{G}$ und $\mathcal{G}'$ erklärt.

3. *Für zwei nicht-orientierte Geraden $\mathcal{G}, \mathcal{G}'$ mit gemeinsamem Punkt o erkläre den Winkel $\sphericalangle(\mathcal{G}, \mathcal{G}') = \sphericalangle(\mathcal{G}', \mathcal{G}) \in [0, \frac{\pi}{2}]$ als das Minimum der beiden Winkel, die man erhält, wenn man alle möglichen Orientierungen für diese Geraden wählt.*

Der Winkel steht in engem Zusammenhang mit dem euklidischen SKP von V.

Satz 8.3.14 *Seien d, d' Einheitsvektoren in einem euklidischen Vektorraum V. Dann gilt*
$$\sphericalangle(d, d') = \cos^{-1}\langle d, d'\rangle.$$
Hier ist $\cos^{-1}$ die Umkehrfunktion von $\cos|[0, \pi]$.

Beweis: Falls $d = d'$ oder $d' = -d$, so ist die Behauptung klar. Seien nun d, d' linear unabhängig und $U = [d, d']$ der erzeugte 2-dimensionale Unterraum. Ergänze $d = d_1$ durch d_2 zu einer ON-Basis $\{d_1, d_2\}$ von U, die dieselbe Orientierung besitzt wie die Basis $\{d, d'\}$. Damit wird $d' = \cos\phi\, d_1 + \sin\phi\, d_2$ mit $\phi = \vec{\sphericalangle}(d, d')$. Also $\langle d, d'\rangle = \cos\phi$. □

Definition 8.3.15 *Sei $\mathcal{E}u$ eine euklidische Ebene und $S = S(o, d), S' = S(o, d')$ zwei Strahlen mit gemeinsamem Ursprung o. Sei $d' \neq \pm d$. Bezeichne mit $\mathcal{G}$ und $\mathcal{G}'$ die zugehörigen orientierten Geraden mit Ursprung o. Setze $\frac{d+d'}{|d+d'|} = e$.*

1. *Die Winkelhalbierende $\mathcal{W} = \mathcal{W}(S, S') = \mathcal{W}(\mathcal{G}, \mathcal{G}')$ von S und S' (bzw. $\mathcal{G}$ und $\mathcal{G}'$) ist erklärt als die orientierte Gerade $\{\alpha e + o; \alpha \in \mathbb{R}\}$ mit $(o, \{e\})$ als positiver Basis.*

2. *Der positive Sektor $\operatorname{Sec}(S, S') = \operatorname{Sec}(\mathcal{G}, \mathcal{G}')$ ist die Menge $\{\alpha d + \alpha' d' + o; \alpha \geq 0, \alpha' \geq 0\}$.*

Satz 8.3.16 *Sei $\mathcal{W} = \mathcal{W}(S, S') = \mathcal{W}(\mathcal{G}, \mathcal{G}')$ die Winkelhalbierende zweier Strahlen und der zugehörigen orientierten Geraden wie in 8.3.15.*

1. *Die Spiegelung $\sigma = \sigma_{\mathcal{W}}$ an $\mathcal{W}$ vertauscht S und S' sowie $\mathcal{G}$ und $\mathcal{G}'$ orientierungstreu. Dieses kennzeichnet – bis auf die Orientierung – die Winkelhalbierende.*

2. Für die orientierten Winkel an den orientierten Geraden (vgl. 8.3.7, 1.) gilt

$$\vec{\sphericalangle}(\mathcal{G},\mathcal{W}) = \vec{\sphericalangle}(\mathcal{W},\mathcal{G}') \quad und \quad \vec{\sphericalangle}(\mathcal{G},\mathcal{G}') = 2\vec{\sphericalangle}(\mathcal{G},\mathcal{W}) = 2\vec{\sphericalangle}(\mathcal{W},\mathcal{G}').$$

Beweis: Zu 1.: Mit den Bezeichnungen aus 8.3.15 ist $e = \frac{d+d'}{|d+d'|}$ und $e' = \frac{d-d'}{|d-d'|}$ eine ON-Basis für V. Unter $\Phi_o : \mathcal{E}u \longrightarrow V$ wird $\sigma_\mathcal{W}$ dargestellt durch $s(x) = x - 2\langle x, e'\rangle e'$, vgl. 8.1.20. $s(e) = e$ und $s(e') = -e'$ implizieren $s(d) = d', s(d') = d$.
Wenn für eine Spiegelung $s^*(x) = s - 2\langle x, e^*\rangle e^*$ gilt $s^*(d) = d', s^*(d') = d$, so $e^* = \pm e'$, d. h., s^* ist Spiegelung an $\Phi_o(\mathcal{W})$.
Zu 2.: Falls $\sphericalangle(\mathcal{G},\mathcal{G}') = \vec{\sphericalangle}(\mathcal{G},\mathcal{G}')$, so auch $\sphericalangle(\mathcal{G},\mathcal{W}) = \vec{\sphericalangle}(\mathcal{G},\mathcal{W})$ und $\sphericalangle(\mathcal{W},\mathcal{G}') = \vec{\sphericalangle}(\mathcal{W},\mathcal{G}')$. Da σ nicht orientierungstreu ist, folgt aus 8.3.11 mit $\sigma(\mathcal{G}) = \mathcal{G}', \sigma(\mathcal{W}) = \mathcal{W}$, daß $\vec{\sphericalangle}(\mathcal{G},\mathcal{W}) = \vec{\sphericalangle}(\mathcal{W},\mathcal{G}')$. Also

$$\sphericalangle(\mathcal{G},\mathcal{G}') = \vec{\sphericalangle}(\mathcal{G},\mathcal{G}') = \vec{\sphericalangle}(\mathcal{G},\mathcal{W}) + \vec{\sphericalangle}(\mathcal{W},\mathcal{G}') = 2\vec{\sphericalangle}(\mathcal{G},\mathcal{W}) = 2\vec{\sphericalangle}(\mathcal{W},\mathcal{G}').$$

Falls $\sphericalangle(\mathcal{G},\mathcal{G}') = \vec{\sphericalangle}(\mathcal{G}',\mathcal{G})$, schließt man analog. □

Als Anwendung von 8.3.16 beweisen wir:

Satz 8.3.17 *Seien $\mathcal{G}, \mathcal{G}^*$ Geraden einer euklidischen Ebene $\mathcal{E}u(V)$ und $o \in \mathcal{G} \cap \mathcal{G}^*$. Dann ist das Produkt $\sigma^* \cdot \sigma$ der Spiegelungen σ^* an $\mathcal{G}^*$ und σ an $\mathcal{G}$ die Drehung um o mit dem Winkel $2\vec{\sphericalangle}(\mathcal{G},\mathcal{G}^*) \in S\mathbb{O}(V)$.*

Beweis: Wir können $\mathcal{G} \neq \mathcal{G}^*$ annehmen. Setze $\sigma^* \cdot \sigma(\mathcal{G}) = \sigma^*(\mathcal{G}) = \mathcal{G}'$ und $f_{\sigma^* \cdot \sigma} = f \in SO(V)$. Wähle für $\mathcal{G}$ und $\mathcal{G}'$ Orientierungen durch die positiven Bezugssysteme $(o, \{d\}), (o, \{d'\})$ mit $f(d) = d'$. Nach 8.3.16, 1. ist $\mathcal{G}^*$ die Winkelhalbierende $\mathcal{W}(\mathcal{G},\mathcal{G}')$ mit Orientierung gegeben durch $d^* = \frac{d+d'}{|d+d'|}$. Nach 8.3.16, 2. ist $f = 2\vec{\sphericalangle}(\mathcal{G},\mathcal{G}^*)$. Aus 8.3.10, 3. folgt, daß die rechte Seite unabhängig ist von der Wahl der Orientierungen von $\mathcal{G}$ und $\mathcal{G}'$. □

Bemerkung 8.3.18 Sei V ein orientierter euklidischer Vektorraum. Die in 6.5.12 erklärte Abbildung Λ_D hängt dann offenbar nicht von der Wahl der ON-Basis D ab, solange diese positiv ist. Wir schreiben für solche D anstelle Λ_D auch einfach Λ.

Theorem 8.3.19 *Sei V ein 3-dimensionaler orientierter euklidischer Vektorraum. Durch die Bedingung $\langle x \times y, z\rangle = \Lambda(x, y, z)$ für alle $z \in V$ ist das Vektorprodukt*

$$(x, y) \in V \times V \longmapsto x \times y \in V$$

erklärt. $x \times y$ ist linear in jedem Argument. $x \times y = -y \times x$ und $x \times y \neq 0$ gilt dann und nur dann, wenn x und y linear unabhängig sind. In diesem Falle ist $x \times y$ charakterisiert durch:

$$x \times y \perp [x, y],$$
$$\{x, y, x \times y\} \quad ist \quad positive \ Basis, \ und$$
$$|x \times y|^2 = |x|^2|y|^2 - 2\langle x, y\rangle.$$

Beweis: Bei festgewählten x,y ist $\{z \in V \longmapsto \Lambda(x,y,z) \in \mathbb{R}\}$ ein Element von V^*. $x \times y$ ist das Bild dieses Elements unter dem Isomorphismus $\tau\colon V^* \longrightarrow V$, vgl. 6.5.12. Damit ergeben sich unsere Behauptungen aus der Definition von $\Lambda(x,y,z)$. Beachte: $\Lambda(x,y,x \times y) = |x \times y|^2$. □

Bemerkung 8.3.20 Aus dem Laplaceschen Entwicklungssatz 4.5.5 finden wir: Wenn $D = \{d_1, d_2, d_3\}$ eine positive ON-Basis ist und $x = \sum_i \xi_i d_i, y = \sum_j \eta_j d_j$, so $x \times y = (\xi_2\eta_3 - \xi_3\eta_2)d_1 + (\xi_3\eta_1 - \xi_1\eta_3)d_2 + (\xi_1\eta_2 - \xi_2\eta_1)d_3$.

8.4 Anhang: Quaternionen und $S\mathbb{O}(3)$, $S\mathbb{O}(4)$

In 8.3.4 hatten wir gesehen, daß die multiplikative Gruppe $S^1 = \{e^{i\phi}\}$ der komplexen Zahlen vom Betrag 1 mit $S\mathbb{O}(2)$ identifiziert werden kann. In diesem Anhang führen wir die Quaternionen ein, eine gewisse Verallgemeinerung der komplexen Zahlen. Es handelt sich um einen nicht-kommutativen Körper $\mathbb{H}$, für den, ähnlich wie für den Körper $\mathbb{C}$ der komplexen Zahlen, eine Norm erklärt ist. Die Menge $\mathbb{H}_1$ der Quaternionen mit der Norm 1 bildet eine Gruppe, die modulo einer invarianten Untergruppe der Ordnung 2 zu $S\mathbb{O}(3)$ isomorph ist. Auch $S\mathbb{O}(4)$ steht in engem Zusammenhang mit $\mathbb{H}_1$.

Satz 8.4.1 *Wir betrachten den reellen Vektorraum $\mathbb{R}^4$ und bezeichnen seine kanonische Basis mit $\{1, \mathrm{i}, \mathrm{j}, \mathrm{k}\}$. Für die Elemente der Basis erklären wir eine Multiplikation durch*

·	1	i	j	k
1	1	i	j	k
i	i	-1	k	-j
j	j	-k	-1	i
k	k	j	-i	-1

Erweitere diese Multiplikation vermittels der Bilinearität zu einem Produkt auf $\mathbb{R}^4$.
Damit wird $\mathbb{R}^4$ ein nicht-kommutativer Körper, den wir mit $\mathbb{H}$ bezeichnen und Quaternionenkörper *nennen. Die Elemente von $\mathbb{H}$ heißen* Quaternionen.

Beweis: Offenbar ist das Produkt wohldefiniert. Für alle $q \in \mathbb{H}$ ist $1q = q1$. Die Gültigkeit des Assoziativgesetzes braucht nur für die Basiselemente verifiziert zu werden, und hier finden wir z. B. (ij)k = kk = -1 = ii = i(jk). Beachte nun, daß die Regel ij = k = -ji erhalten bleibt bei zyklischer Vertauschung der Elemente $\{\mathrm{i},\mathrm{j},\mathrm{k}\}$. Damit erkennt man die Gültigkeit des Assoziativgesetzes allgemein.
Wenn $q = \alpha 1 + \beta \mathrm{i} + \gamma \mathrm{j} + \delta \mathrm{k} \neq 0$, so rechnet man nach, daß $\frac{\alpha 1 - \beta \mathrm{i} - \gamma \mathrm{j} - \delta \mathrm{k}}{\alpha^2 + \beta^2 + \gamma^2 + \delta^2}$ das Inverse q^{-1} von q ist.
Die Distributivgesetze ergeben sich unmittelbar aus unserer Definition mit Hilfe der Bilinearität. □

Definition 8.4.2 *Erkläre die* Konjugation

$$(^-): \mathbb{H} \longrightarrow \mathbb{H}; \quad q \longmapsto \bar{q}$$

durch lineare Erweiterung von $\bar{1} = 1, \bar{i} = -i, \bar{j} = -j, \bar{k} = -k$. *Die Fixpunktmenge unter* $(^-)$, *also die Elemente* q *mit* $\bar{q} = q$, *haben bei* i, j, k *den Koeffizienten* 0. *Wir nennen ein solches* q *reell und schreiben anstelle* $\alpha 1 + 0i + 0j + 0k$ *auch einfach* α. *Damit wird* $\mathbb{R}$ *ein Teilkörper von* $\mathbb{H}$.
Die Menge der q *mit* $\bar{q} = -q$ *wird mit* $\mathbb{L}$ *bezeichnet. Ein* $q \in \mathbb{L}$ *heißt* rein. $\mathbb{L}$ *ist durch seine Basis* $\{i, j, k\}$ *mit* $\mathbb{R}^3$ *identifiziert.*

Satz 8.4.3 1. *Die Konjugation ist eine Involution, d. h.,* $(^-) \circ (^-) = \mathrm{id}$. *Sie ist ein Isomorphismus bezüglich der Addition und ein Antiisomorphismus bezüglich der Multiplikation, d. h.,*

$$\overline{q + q'} = \bar{q} + \bar{q}'; \quad \overline{qq'} = \bar{q}'\bar{q}.$$

2. *Das kanonische SKP* $\langle\,,\,\rangle$ *auf* $\mathbb{R}^4$ *kann in der Form* $\langle q, q' \rangle = \frac{q\bar{q}' + q'\bar{q}}{2}$ *geschrieben werden. Insbesondere schreibt sich die Norm* $|q| = \sqrt{\langle q, q \rangle}$ *in der Form* $|q| = \sqrt{q\bar{q}}$.

3. *Die Normabbildung*

$$|\ |: q \in \mathbb{H} \longmapsto |q| \in \mathbb{R}$$

kommutiert mit der Multiplikation, d. h., $|qq'| = |q||q'|$. *Insbesondere ist*

$$|\ |: \mathbb{H}^* = \mathbb{H} \setminus \{0\} \longrightarrow \mathbb{R}^*$$

ein multiplikativer Gruppenmorphismus. Der Kern $\mathbb{H}_1$ *dieser Abbildung ist also eine Gruppe unter der Multiplikation. Da* $\mathbb{H}_1$ *mit der Sphäre* $S^3 = \{q \in \mathbb{R}^4; |q| = 1\}$ *identifiziert werden kann, ist damit auf* S^3 *die Struktur einer Gruppe erklärt.*

Bemerkung 8.4.4 Dies steht in Analogie zu der uns bereits bekannten Tatsache, daß die Sphäre mit Radius 1 in $\mathbb{R}^2$ eine Gruppe bildet, indem wir S^1 mit der Untergruppe $\{e^{i\phi}\}$ von $\mathbb{C}^*$ identifizieren. Während letztere kommutativ ist, ist S^3 nicht kommutativ, da z. B. ij $\neq$ ji. Man kann zeigen, daß für kein anderes $n > 0$ die Sphäre S^n in $\mathbb{R}^{n+1}$ eine Gruppenstruktur besitzt. Nur S^7 besitzt noch eine abgeschwächte Gruppenstruktur, d. h., eine Verknüpfung $(r, r') \in S^7 \times S^7 \longmapsto rr' \in S^7$ mit Einselement und mit Inversem; aber das Assoziativgesetz $(rr')r'' = r(r'r'')$ gilt nur unter der Bedingung, daß zwei der drei Elemente r, r', r'' übereinstimmen. Diese Struktur auf S^7 stammt von einer Verallgemeinerung der Quaternionen, den sogenannten *Cayleyschen Oktaven*, einer Struktur auf $\mathbb{R}^8$.

Beweis von 8.4.3: Zu 1.: $(^-) \circ (^-) = \mathrm{id}$ ist klar, und $(^-)$ ist offenbar ein $\mathbb{R}$-linearer Isomorphismus von $\mathbb{H}$. Die Regel $\overline{qq'} = \bar{q}'\bar{q}$ braucht nur für die Basiselemente verifiziert zu werden, was leicht zu bewerkstelligen ist.
Zu 2.: Da $\frac{q\bar{q}' + q'\bar{q}}{2}$ invariant ist unter der Konjugation, gehört es zu $\mathbb{R}$. Überdies

8.4 Anhang: Quaternionen und SO(3), SO(4)

ist dieser Wert $\mathbb{R}$-linear in beiden Argumenten (q, q') und symmetrisch. Um zu sehen, daß diese symmetrische Bilinearform mit dem SKP $\langle\,,\,\rangle$ übereinstimmt, brauchen wir nur zu zeigen, daß $\{1, i, j, k\}$ eine ON-Basis ist bezüglich dieser Form, was leicht getan ist.
Zu 3.: Dies folgt aus $(qq')(\overline{qq'}) = qq'\bar{q}'\bar{q} = q\bar{q}q'\bar{q}'$. □

Wir erinnern an 1.3.11, 3., wo wir für eine Gruppe G zu jedem $g \in G$ den inneren Automorphismus $i_q : G \longrightarrow G$; $q' \longmapsto qq'q^{-1}$ erklärt hatten. Die Abbildung $i : G \longrightarrow \text{Aut}\,G$; $q \longmapsto i_q$ ist ein Gruppenmorphismus.
Wir betrachten jetzt speziell die Gruppe $\mathbb{H}_1$, wo $q^{-1} = \bar{q}$. Der zu $q \in \mathbb{H}_1$ erklärte innere Automorphismus $q' \in \mathbb{H}_1 \longmapsto qq'\bar{q} \in \mathbb{H}_1$ läßt sich zu einer linearen Abbildung $q' \in \mathbb{H} \longmapsto qq'\bar{q} \in \mathbb{H}$ erweitern. Dies ist der Ausgangspunkt für das folgende

Lemma 8.4.5 1. *Erkläre zu $q \in \mathbb{H}_1$ die Abbildung*

$$\rho(q) : q' \in \mathbb{H} \longmapsto qq'\bar{q} \in \mathbb{H}.$$

Dann ist $\rho(q)$ eine orthogonale Transformation von $\mathbb{H} \cong \mathbb{R}^4$ mit dem kanonischen SKP. Dabei ist $\det \rho(q) = 1$, d. h., $\rho(q) \in SO(4)$.
2. $\rho(q)|\mathbb{R} = \text{id}_{\mathbb{R}}$. *Also $\rho(q)|\mathbb{L} : \mathbb{L} \longrightarrow \mathbb{L}$. Wir schreiben anstelle $\rho(q)|\mathbb{L}$ auch einfach $\rho(q)$ und damit $\rho(q) \in SO(\mathbb{L}) = SO(3)$.*
3. $\rho : q \in \mathbb{H}_1 \longmapsto \rho(q) \in SO(4)$ *ist Gruppenmorphismus.*
4. *Falls speziell q rein ist, also $q \in \mathbb{H}_1 \cap \mathbb{L}$, so ist $\rho(q) : \mathbb{L} \longrightarrow \mathbb{L}$ die Spiegelung an der Geraden = 1-dimensionalem Unterraum $[q]$.*

Beweis: Zu 1.: Zum Nachweis, daß $\rho(q) \in O(4)$, genügt es zu zeigen, daß $\langle \rho(q)q', \rho(q)q' \rangle = \langle q', q' \rangle$ für alle $q' \in \mathbb{H}$, vgl. 6.2.16, 1.. In der Tat, wir haben $\overline{\rho(q)q'}\rho(q)q' = (\overline{qq'\bar{q}})(qq'\bar{q}) = q\bar{q}'\bar{q}q q'\bar{q} = \bar{q}'q'$.
Offenbar ist $\rho(1) = \text{id}$. $q \in \mathbb{H}_1 \longmapsto \det \rho(q) \in \{1, -1\}$ ist stetig. Da $\mathbb{H}_1 = S^3$ zusammenhängend ist, folgt $\det \rho(q) = 1$ für alle $q \in \mathbb{H}_1$. Dies kann auch ohne Bezugnahme auf die Stetigkeit nachgerechnet werden.
Zu 2.: Offenbar ist $\rho(q)(1) = 1$. Damit ergibt sich mit 1. der Rest.
Zu 3.: Beachte, daß ρ die lineare Erweiterung eines inneren Automorphismus ist.
Zu 4.: Falls $q \in \mathbb{H}_1 \cap \mathbb{L}$, so $\rho(q)q = q$; $q^2 = -q\bar{q} = -1$. Da $\rho(-1) = \text{id}$, ist $\rho(q)\rho(q) = \text{id}$. $\rho(q) \neq \text{id}$. Denn $\rho(q)(x) = x$ oder $qx = xq$ für alle $x \in \mathbb{L}$ kann nicht gelten: qi=iq, qj=jq, qk=kq impliziert $q = 0$. Also ist $\rho(q)$ Spiegelung mit q als Fixelement. Da $\det \rho(q) = 1$, muß $\rho(q)$ die Spiegelung an der Geraden $[q]$ sein. □

Hiermit haben wir einen wesentlichen Schritt getan zum Beweis von

Theorem 8.4.6 *Die Abbildung*

$$\rho : \mathbb{H}_1 = S^3 \longrightarrow SO(\mathbb{L}) = SO(3)$$

ist ein Gruppenmorphismus mit Bild $= SO(\mathbb{L})$ und Kern $= \{\pm 1\}$.
Nach 1.4.12 ist also $SO(3) \cong S^3/\mathbb{Z}_2$, wobei $\mathbb{Z}_2$ von der Abbildung $x \in S^3 \longmapsto -x \in S^3$ erzeugt wird.

Beweis: Aufgrund von 8.4.5 brauchen wir nur das Bild und den Kern von ρ zu bestimmen. Sei $f \in SO(3)$. Nach 6.4.22 gibt es einen 1-dimensionalen Unterraum $U \subset \mathbb{L}$ mit $f|U = \mathrm{id}_U$, während $f|U^\perp$ ($U^\perp$ ist die zu U orthogonale Ebene in $\mathbb{L}$) zu $SO(U^\perp)$ gehört. Nach 8.1.22 läßt $f|U^\perp$ sich als Produkt $s \cdot s'$ von zwei Spiegelungen s, s' an Geraden schreiben.

Seien q und q' Einheitsvektoren in diesen Geraden. Nach 8.4.5, 4. ist dann $\rho(q)\rho(q') = \rho(qq')$ auf U die Identität, auf $U^\perp$ das Element $s \cdot s'$. Also $f = \rho(qq')$. $q \in \ker \rho$ bedeutet $\rho(q)(x) = x$ oder $qx = xq$, für alle $x \in \mathbb{H}$. Dies ist aber nur für $q \in \mathbb{R} \cap \mathbb{H}_1$ möglich, also $q = 1$ oder $= -1$. □

Wir beschließen diesen Anhang mit einer Beschreibung von $SO(\mathbb{H}) = SO(4)$ durch Quaternionen. Wir beginnen mit dem Gegenstück zu 8.4.5.

Lemma 8.4.7 1. *Erkläre zu $(q,r) \in \mathbb{H}_1 \times \mathbb{H}_1$ die Abbildung*

$$\tau(q,r): q' \in \mathbb{H} \longmapsto qq'\bar{r} \in \mathbb{H}.$$

Dann $\tau(q,r) \in SO(\mathbb{H})$.
2. *Betrachte auf $\mathbb{H}_1 \times \mathbb{H}_1$ die Gruppenstruktur des Produktes, d. h., $(q_0, r_0)(q_1, r_1) = (q_0 q_1, r_0 r_1)$. Dann ist*

$$\tau: \mathbb{H}_1 \times \mathbb{H}_1 \longrightarrow SO(\mathbb{H})$$

ein Gruppenmorphismus.

Beweis: Zu 1.:

$$(\tau(q,r)q')\overline{(\tau(q,r)q')} = (qq'\bar{r})\overline{(qq'\bar{r})} = qq'\bar{r}r\bar{q}'\bar{q} = qq'\bar{q}'\bar{q} = q'\bar{q}'.$$

Also $\tau(q,r) \in O(\mathbb{H})$. $\det \tau(q,r) = 1$ ergibt sich wie beim Beweis von 8.4.5, 1. durch eine Stetigkeitsbetrachtung.
Zu 2.:

$$\tau(q_0, r_0)\tau(q_1, r_1)q' = q_0(q_1 q'\bar{r}_1)\bar{r}_0 = (q_0 q_1)q'\overline{(r_0 r_1)} = \tau(q_0 q_1, r_0 r_1)q'.$$

□

Theorem 8.4.8 *Die Abbildung*

$$\tau: \mathbb{H}_1 \times \mathbb{H}_1 = S^3 \times S^3 \longrightarrow SO(\mathbb{H}) = SO(4)$$

ist ein Gruppenmorphismus mit Bild $= SO(4)$ und Kern $= \{(1,1), (-1,-1)\}$.

Nach 1.4.12 ist also $SO(4) = (S^3 \times S^3)/\mathbb{Z}_2$, wo $\mathbb{Z}_2$ von der Abbildung $(x, y) \in S^3 \times S^3 \longmapsto (-x, -y) \in S^3 \times S^3$ erzeugt ist.

Beweis: Sei $f \in SO(4)$. Setze $f(1) = q_0 \in \mathbb{H}_1$. Dann $\tau(q_0^{-1}, 1)(q_0) = 1$. Also $\tau(q_0^{-1}, 1)f \in SO(3)$ und daher wegen 8.4.6 $\tau(q_0^{-1}, 1)f = \rho(q) = \tau(q, q)$. D.h., $f = \tau(q_0 q, q)$.
$\tau(q,r)(x) = x$, d. h., $qx = xr$ für alle $x \in \mathbb{H}$ impliziert $q = r$, und wir wissen aus 8.4.6, daß dann $q = +1$ oder $= -1$ ist. □

8.5 Dreieckslehre

Wir betrachten jetzt Dreiecke in einer orientierten euklidischen Ebene. Aus der Fülle der klassischen, teilweise auf das Altertum zurückgehenden Resultate wählen wir einige der wichtigsten aus. Den Abschluß bildet der Satz von Morley.

Definition 8.5.1 *Sei $\mathcal{E}u$ eine orientierte euklidische Ebene über V, auch kurz euklidische Ebene genannt.*

1. *Unter einem* Dreieck abc *in $\mathcal{E}u$ verstehen wir drei Punkte a, b, c in $\mathcal{E}u$, so daß $\{(b-a), (c-a)\}$ (oder damit gleichwertig: $\{(c-b), (a-b)\}$ oder auch $\{(a-c), (b-c)\}$) linear unabhängige Elemente von V sind. a, b, c heißen auch* Ecken *von abc.*
2. *abc heißt* positiv *oder* negativ *orientiert, jenachdem ob $\{(b-a), (c-a)\}$ (oder damit gleichwertig: $\{(c-b), (a-b)\}$ oder auch $\{(a-c), (b-c)\}$) eine positive oder eine negative Basis für V ist.*
3. *Mit A, B, C bezeichnen wir die den Punkten a, b, c gegenüberliegenden Seiten von abc. D.h.,*

$$A = \{\beta b + \gamma c;\ \beta + \gamma = 1; \beta \geq 0, \gamma \geq 0\},$$
$$B = \{\gamma c + \alpha a;\ \gamma + \alpha = 1; \gamma \geq 0, \alpha \geq 0\},$$
$$C = \{\alpha a + \beta b;\ \alpha + \beta = 1; \alpha \geq 0, \beta \geq 0\}.$$

Die Länge *dieser Seiten sei mit $|A|, |B|, |C|$ bezeichnet. Also $|A| = d(c, b), |B| = d(a, c), |C| = d(a, b)$.*
Die Dreiecksgeraden $\mathcal{A}, \mathcal{B}, \mathcal{C}$ *sind die A, B, C enthaltenden Geraden durch $\{b, c\}, \{c, a\}, \{a, b\}$. $\mathcal{A}, \mathcal{B}, \mathcal{C}$ seien orientiert durch die Festsetzung, daß $(c-b), (a-c), (b-a)$ positive Basen der Richtungen $U_{\mathcal{A}}, U_{\mathcal{B}}, U_{\mathcal{C}}$ dieser Geraden sind.*
4. *Die* Außenwinkel $\bar{\alpha}, \bar{\beta}, \bar{\gamma}$ *in den Eckpunkten a, b, c des Dreiecks abc sind erklärt durch*

$$\bar{\alpha} = \sphericalangle(a-c, b-a); \quad \bar{\beta} = \sphericalangle(b-a, c-b); \quad \bar{\gamma} = \sphericalangle(c-b, a-c).$$

Falls abc positiv orientiert ist, so gilt

$$\bar{\alpha} = \vec{\sphericalangle}(\mathcal{B}, \mathcal{C}); \quad \bar{\beta} = \vec{\sphericalangle}(\mathcal{C}, \mathcal{A}); \quad \bar{\gamma} = \vec{\sphericalangle}(\mathcal{A}, \mathcal{B}).$$

Falls abc negativ orientiert ist, so gilt

$$\bar{\alpha} = \vec{\sphericalangle}(\mathcal{C}, \mathcal{B}); \quad \bar{\beta} = \vec{\sphericalangle}(\mathcal{A}, \mathcal{C}); \quad \bar{\gamma} = \vec{\sphericalangle}(\mathcal{B}, \mathcal{A}).$$

Die Innenwinkel *oder einfach* Winkel α, β, γ *in den Ecken a, b, c sind erklärt durch*

$$\alpha = \pi - \bar{\alpha}; \quad \beta = \pi - \bar{\beta}; \quad \gamma = \pi - \bar{\gamma}.$$

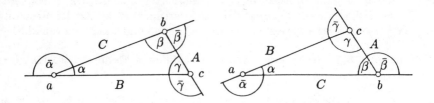

Das *Fundamentaltheorem für euklidische Dreiecke* lautet:

Theorem 8.5.2 *Die Winkelsumme* $\alpha + \beta + \gamma$ *in einem Dreieck ist gleich* π.

Beweis: Es genügt zu zeigen, daß $\bar{\alpha} + \bar{\beta} + \bar{\gamma} = 0 \bmod 2\pi$. Wir beschränken uns auf den Fall, daß abc positiv orientiert ist. Dann haben wir mit 8.3.10, 1.

$$\bar{\alpha} + \bar{\beta} + \bar{\gamma} = \vec{\sphericalangle}(\mathcal{B},\mathcal{C}) + \vec{\sphericalangle}(\mathcal{C},\mathcal{A}) + \vec{\sphericalangle}(\mathcal{A},\mathcal{B}) = \vec{\sphericalangle}(\mathcal{B},\mathcal{B}) = \mathrm{id} \in S\mathfrak{O}(V).$$

Da $0 < \bar{\alpha} + \bar{\beta} + \bar{\gamma} < 4\pi$, folgt $\bar{\alpha} + \bar{\beta} + \bar{\gamma} = 2\pi$. □

Für die weitere Entwicklung der Dreieckslehre benötigen wir das

Lemma 8.5.3 *Sei abc ein Dreieck der euklidischen Ebene $\mathcal{E}u$.*

1. $|C|^2 = |A|^2 + |B|^2 - 2|A||B|\cos\gamma$ (Cosinussatz).

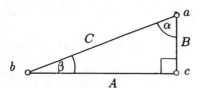

2. *Sei speziell abc ein rechtwinkliges Dreieck mit dem rechten Winkel $\gamma = \frac{\pi}{2}$ in c. Dann gilt $|C|^2 = |A|^2 + |B|^2$ (Satz von Pythagoras).*

3. *Unter den Voraussetzungen von 2. ist $|A| = |C|\cos\beta$; $|B| = |C|\sin\beta$.*
4. $\sin\alpha : \sin\beta : \sin\gamma = |A| : |B| : |C|$ (Sinussatz).

Beweis: Zu 1.: Wegen 6.2.16 brauchen wir nur noch zu zeigen: Wenn x,y Vektoren $\neq 0$ in einem 2-dimensionalen orientierten euklidischen Vektorraum V sind, so ist

$$\langle x,y \rangle = |x||y|\cos\sphericalangle(x,y).$$

Dazu setze $\frac{x}{|x|} = e$, $\frac{y}{|y|} = e'$, also $\sphericalangle(e,e') = \sphericalangle(x,y)$. Wende 8.3.14 an.
Zu 2.: Der Satz von Pythagoras folgt aus 1. mit $\cos\frac{\pi}{2} = 0$.
Zu 3.: Wir können annehmen, daß abc positiv orientiert ist. Denn sonst ist bac positiv orientiert, und die Behauptung ändert sich nicht.
Aus $(a - b) = (c - b) + (a - c)$ und daraus, daß $\{d_1 = \frac{(c-b)}{|A|}, d_2 = \frac{(a-c)}{|B|}\}$ eine positive ON-Basis ist, folgt aus der Definition von β:

$$\frac{(a-b)}{|C|} = \cos\beta\, d_1 + \sin\beta\, d_2,$$

also $\cos\beta = \frac{|A|}{|C|}, \sin\beta = \frac{|B|}{|C|}$.

Zu 4.: Betrachte den Lotfußpunkt l_c von c auf C. Dann sind cal_c, bcl_c rechtwinklige Dreiecke mit dem rechten Winkel bei l_c. Nach 3. ist also $|B|\sin\alpha = |A|\sin\beta = d(c, l_c)$. □

Wir fahren fort mit den *Kongruenzsätzen für Dreiecke*.

Theorem 8.5.4 *Seien $abc, a'b'c'$ Dreiecke in der euklidischen Ebene $\mathcal{E}u$. Folgende Aussagen sind äquivalent:*

1. abc und $a'b'c'$ sind kongruent.

2. $|A| = |A'|, |B| = |B'|, |C| = |C'|$.

3. $|A| = |A'|, |B| = |B'|, \gamma = \gamma'$.

4. $|A| = |A'|, \beta = \beta', \gamma = \gamma'$.

5. $|A| = |A'|, |B| = |B'|, \alpha = \alpha', \alpha \geq \beta$.

Beweis: Offenbar folgen aus der Existenz einer Bewegung φ, die a in a', b in b' und c in c' überführt, die Aussagen 2., 3., 4., 5.
2. $\Longrightarrow$ 1. ist ein Spezialfall von 8.1.12.
3. $\Longrightarrow$ 2. ergibt sich aus 8.5.3, 1..
4. $\Longrightarrow$ 2.: Denn wir haben $\alpha = \pi - \beta - \gamma = \alpha'$, und 8.5.3, 4. liefert $|B| = |B'|, |C| = |C'|$.
5. $\Longrightarrow$ 3.: Denn 8.5.3, 4. liefert $\sin\beta = \sin\beta'$, und damit $\beta = \beta'$. Denn aus $\beta' = \pi - \beta$ folgt $\alpha' + \beta' = \alpha + \pi - \beta \geq \pi$, was unmöglich ist. Also auch $\gamma = \pi - \alpha - \beta = \gamma'$. □

Wir stellen nun eine Reihe von Resultaten über kopunktuale Geradentripel zusammen, die einem Dreieck zugeordnet sind. Das erste Resultat dieser Art, übrigens das einzige, welches bereits zur affinen Geometrie gehört, hatten wir bereits in 7.1.7, 4. bewiesen.

Theorem 8.5.5 *Sei abc ein Dreieck in einer euklidischen Ebene $\mathcal{E}u$.*

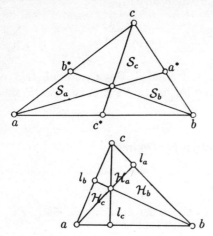

1. *Die drei Seitenhalbierenden $\mathcal{S}_a, \mathcal{S}_b, \mathcal{S}_c$ sind kopunktual. Hier ist $\mathcal{S}_a$ die Gerade durch a und den Mittelpunkt $a^* = \frac{b+c}{2}$ der gegenüberliegenden Seite $\mathcal{A}$. $\mathcal{S}_b$ und $\mathcal{S}_c$ sind entsprechend erklärt.*

2. *Die drei Höhenlinien $\mathcal{H}_a, \mathcal{H}_b, \mathcal{H}_c$ sind kopunktual. Hier ist $\mathcal{H}_a$ das Lot von a auf $\mathcal{A}$, vgl. 8.1.15. $\mathcal{H}_b$ und $\mathcal{H}_c$ sind entsprechend erklärt.*

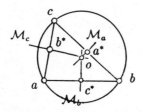

3. *Die drei Mittelsenkrechten $\mathcal{M}_\mathcal{A}, \mathcal{M}_\mathcal{B}, \mathcal{M}_\mathcal{C}$ sind kopunktual. Hier ist $\mathcal{M}_\mathcal{A}$ die zu $\mathcal{A}$ orthogonale Gerade durch $a^* = \frac{b+c}{2}$. $\mathcal{M}_\mathcal{B}$ und $\mathcal{M}_\mathcal{C}$ sind entsprechend erklärt.*

   Der gemeinsame Schnittpunkt o von $\mathcal{M}_\mathcal{A}, \mathcal{M}_\mathcal{B}, \mathcal{M}_\mathcal{C}$ ist der Mittelpunkt des Umkreises $S_\rho(o)$ von abc. Das ist der Kreis vom Radius $\rho = d(a,o) = d(b,o) = d(c,o)$ um o, welcher die drei Eckpunkte des Dreiecks abc enthält.

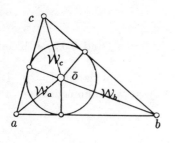

4. *Die drei Winkelhalbierenden $\mathcal{W}_a, \mathcal{W}_b, \mathcal{W}_c$ sind kopunktual. Hier ist $\mathcal{W}_a$ die orientierte Gerade durch a mit der positiven Richtung $\frac{b-a}{|b-a|} + \frac{c-a}{|c-a|}$. $\mathcal{W}_b$ und $\mathcal{W}_c$ sind entsprechend als Geraden durch b bzw. c erklärt. Der gemeinsame Schnittpunkt $\bar{o}$ von $\mathcal{W}_a, \mathcal{W}_b, \mathcal{W}_c$ ist der Mittelpunkt des Inkreises $S_{\bar{\rho}}(\bar{o})$ von abc. Das ist der Kreis vom Radius $\bar{\rho} = d(\bar{o}, \mathcal{A}) = d(\bar{o}, \mathcal{B}) = d(\bar{o}, \mathcal{C})$ um $\bar{o}$, welcher die Seiten $\mathcal{A}, \mathcal{B}, \mathcal{C}$ in den Punkten p_a bzw. p_b bzw. p_c berührt, $p_a \in A \subset \mathcal{A}, p_b \in B \subset \mathcal{B}, p_c \in C \subset \mathcal{C}$.*

Beweis: Zu 1.: Siehe 7.1.7, 4..

Zu 2.: Falls abc ein rechtwinkliges Dreieck ist, etwa mit $\gamma = \frac{\pi}{2}$, so ist c der gemeinsame Schnittpunkt der Höhenlinien. Wenn abc nicht rechtwinklig ist, dann sind die Voraussetzungen des Satzes von Ceva (siehe 7.3.14) erfüllt: Bezeichne mit l_a, l_b, l_c die Fußpunkte der Lote von a, b, c auf $\mathcal{A}, \mathcal{B}, \mathcal{C}$. Mit 8.5.3, 3. ist

$$\mathrm{TV}(a,b,l_c) = \frac{a - l_c}{b - l_c} = \mp \frac{|B|\cos\alpha}{|A|\cos\beta},$$

mit −-Zeichen oder +-Zeichen, jenachdem ob α und $\beta < \frac{\pi}{2}$ oder nicht. Falls einer der Winkel $\alpha, \beta, \gamma > \frac{\pi}{2}$, so sind die beiden anderen $< \frac{\pi}{2}$. In der obigen Formel für die Teilverhältnisse

$$\mathrm{TV}(a,b,l_c), \mathrm{TV}(b,c,l_a), \mathrm{TV}(c,a,l_b)$$

tritt also das −-Zeichen einmal oder dreimal auf. Ihr Produkt ist in jedem Falle $= -1$.

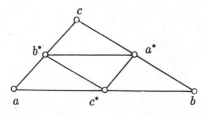

Zu 3.: Wir konstruieren zu dem Dreieck abc das Dreieck $a^*b^*c^*$ mit den Eckpunkten $a^* = \frac{b+c}{2}, b^* = \frac{c+a}{2}, c^* = \frac{a+b}{2}$. Dann $\mathcal{M}_A = \mathcal{H}_{a^*}, \mathcal{M}_B = \mathcal{H}_{b^*}, \mathcal{M}_C = \mathcal{H}_{c^*}$. Die Behauptung folgt also aus 2.. Für $o \in \mathcal{M}_A \cap \mathcal{M}_B \cap \mathcal{M}_C$ gilt $d(o,a) = d(o,b) = d(o,c) = \rho$.

Zu 4.: $\mathcal{W}_a$ ist die Winkelhalbierende der orientierten Geraden $\mathcal{C}$ und $-\mathcal{B}$, vgl. 8.3.15. Nach 8.3.16 führt die Spiegelung an $\mathcal{W}_a$ $\mathcal{C}$ in $-\mathcal{B}$ über. Also $p \in \mathcal{W}_a \implies d(p,\mathcal{C}) = d(p,\mathcal{B})$. Betrachte $\bar{o} \in \mathcal{W}_a \cap \mathcal{W}_b$. Also $d(\bar{o},\mathcal{C}) = d(\bar{o},\mathcal{B})$ und $d(\bar{o},\mathcal{A}) = d(\bar{o},\mathcal{C})$. Daraus folgt $\bar{o} \in \mathcal{W}_c$ oder $\bar{o} \in \bar{\mathcal{W}}_c =$ äußere Winkelhalbierende durch c. Dies ist die Winkelhalbierende der orientierten Geraden $\mathcal{B}$ und $\mathcal{A}$. Wir wollen $\bar{o} \in \bar{\mathcal{W}}_c$ ausschließen.

Beachte nun, daß der positive Sektor $\mathrm{Sec}(\mathcal{C},-\mathcal{B})$ und der positive Sektor $\mathrm{Sec}(-\mathcal{A},\mathcal{C})$ (vgl. 8.3.15, 2.) sich nicht in inneren Punkten treffen. Denn

$$\alpha(b - a) + \beta(c - a) + a = \gamma(b - c) + \delta(b - a) + b$$

mit $\alpha, \beta, \gamma, \delta > 0$ impliziert mit $(b - c) = (b - a) - (c - a)$ wegen der linearen Unabhängigkeit von $\{(b - a), (c - a)\}$, daß $\beta = -\gamma$. Da $\mathcal{W}_b \subset \mathrm{Sec}(-\mathcal{A},\mathcal{C}) \cup \mathrm{Sec}(\mathcal{A},-\mathcal{C})$, ist $\bar{o} \in \mathrm{Sec}(\mathcal{C},-\mathcal{B}) \cap \mathrm{Sec}(\mathcal{A},-\mathcal{C}) =$ Inneres von abc im Sinne von 7.1.14, 2.. Damit $\bar{o} \in \mathrm{Sec}(\mathcal{B},-\mathcal{A})$, also $\bar{o} \in \mathcal{W}_c$. Hieraus ergibt sich auch, daß $\bar{o}$ der Mittelpunkt des Inkreises ist. □

Ergänzung 8.5.6 *Bezeichne mit $\bar{\mathcal{W}}_a, \bar{\mathcal{W}}_b, \bar{\mathcal{W}}_c$ die äußeren Winkelhalbierenden des Dreiecks abc. D.h., $\bar{\mathcal{W}}_a =$ Winkelhalbierende von $(\mathcal{B},\mathcal{C})$, und Entsprechendes für $\bar{\mathcal{W}}_b, \bar{\mathcal{W}}_c$.*

Dann sind $\mathcal{W}_a, \bar{\mathcal{W}}_b, \bar{\mathcal{W}}_c$ kopunktual. Der gemeinsame Schnittpunkt $\bar{o}_a$ dieser drei Geraden ist der Mittelpunkt des Ankreises des Dreiecks abc, der die Seite $\mathcal{A}$ in einem Punkt $\bar{p}_a \in A \subset \mathcal{A}$ berührt und die Seiten $\mathcal{B}$ und $\mathcal{C}$ jeweils in Punkten p_{ab}, p_{ac} außerhalb B bzw. C.

Ebenso ist der gemeinsame Schnittpunkt $\bar{o}_b$ der Geraden $\mathcal{W}_b, \bar{\mathcal{W}}_c, \bar{\mathcal{W}}_a$ Mittelpunkt des Ankreises von abc, der $\mathcal{B}$ in einem Punkt $\bar{p}_b \in B$ und $\mathcal{C}$ in einem Punkt $p_{bc} \in \mathcal{C} \setminus C$ und $\mathcal{A}$ in einem Punkt $p_{ba} \in \mathcal{A} \setminus A$ berührt.

Schließlich haben wir $\bar{o}_c \in \mathcal{W}_c \cap \bar{\mathcal{W}}_a \cap \bar{\mathcal{W}}_b$ als Mittelpunkt des dritten Ankreises, der $\mathcal{C}$ in einem Punkt $\bar{p}_c \in C, \mathcal{A}$ in einem Punkt $p_{ca} \in \mathcal{A} \setminus A$ und $\mathcal{B}$ in einem Punkt $p_{cb} \in \mathcal{B} \setminus B$ berührt.

$$d(a, p_b) = d(a, p_c) = \frac{-|A| + |B| + |C|}{2} = d(c, \bar{p}_b) = d(b, \bar{p}_c).$$
$$d(b, p_c) = d(b, p_a) = \frac{|A| - |B| + |C|}{2} = d(a, \bar{p}_c) = d(c, \bar{p}_a).$$
$$d(c, p_a) = d(c, p_b) = \frac{|A| + |B| - |C|}{2} = d(b, \bar{p}_a) = d(a, \bar{p}_b).$$

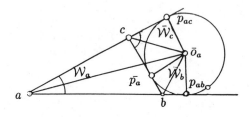

Beweis: $\bar{o}_a \in \mathcal{W}_a \cap \bar{\mathcal{W}}_b$ impliziert $d(\bar{o}_a, \mathcal{B}) = d(\bar{o}_a, \mathcal{C}) = d(\bar{o}_a, \mathcal{A})$ und $\bar{o}_a \in \text{Sec}(\mathcal{C}, -\mathcal{B}) \cap \text{Sec}(\mathcal{A}, \mathcal{C})$, da $\bar{\mathcal{W}}_b \subset \text{Sec}(\mathcal{A}, \mathcal{C}) \cup \text{Sec}(-\mathcal{A}, -\mathcal{C})$. Damit ist $\bar{o}_a \in \mathcal{W}_c \subset \text{Sec}(\mathcal{A}, -\mathcal{B}) \cup \text{Sec}(\mathcal{B}, -\mathcal{A})$ ausgeschlossen, d. h., $\bar{o}_a \in \bar{\mathcal{W}}_c$. Die linken Gleichungen ergeben sich aus

$$d(a, p_b) = d(a, p_c); \quad d(b, p_c) = d(b, p_a); \quad d(c, p_a) = d(c, p_b)$$

und

$$d(b, p_a) + d(c, p_a) = |A|; \quad d(c, p_b) + d(a, p_b) = |B|; \quad d(a, p_c) + d(b, p_c) = |C|.$$

Die rechten Gleichungen ergeben sich aus

$$\begin{aligned} |C| + d(a, \bar{p}_b) &= |A| + d(c, \bar{p}_b); \\ |A| + d(b, \bar{p}_c) &= |B| + d(a, \bar{p}_c); \\ |B| + d(c, \bar{p}_a) &= |C| + d(b, \bar{p}_a) \quad \text{und} \\ d(b, \bar{p}_a) + d(\bar{p}_a, c) &= |A|; \\ d(c, \bar{p}_b) + d(\bar{p}_b, a) &= |B|; \\ d(a, \bar{p}_c) + d(\bar{p}_c, b) &= |C|. \end{aligned}$$

□

8.5 Dreieckslehre

Lemma 8.5.7 *Betrachte einen Kreis $S_\rho(o)$ in der orientierten euklidischen Ebene $\mathcal{E}u$ und zwei verschiedene Punkte a und b auf $S_\rho(o)$. Setze $\vec{\sphericalangle}(a-o,b-o) = 2\gamma$. Dann und nur dann gilt für ein Dreieck abc, daß der orientierte Winkel $\vec{\sphericalangle}(\mathcal{B},\mathcal{A})$ der Dreiecksseiten $\mathcal{B}$ und $\mathcal{A}$ gleich γ ist, wenn $c \in S_\rho(o)$.*

Falls speziell a und b Diametralpunkte sind, also $\frac{a+b}{2} = o, \gamma = \frac{\pi}{2}$, so hat ein Dreieck abc dann und nur dann bei c den Winkel $\gamma = \frac{\pi}{2}$, wenn $c \in S_\rho(o) \setminus \{a,b\}$. (Satz von Thales).

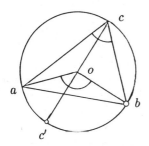 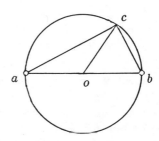

Beweis: Wenn $c = o$, so $\vec{\sphericalangle}(\mathcal{B},\mathcal{A}) \neq \gamma$. Sei jetzt $c \neq o$. Setze $(o-c)+o = c'$, also $o = \frac{c+c'}{2}$. Die Behauptung folgt, wenn wir zeigen, daß $c \in S_\rho(o)$ dann und nur dann gilt, wenn

$$\vec{\sphericalangle}(a-o, c'-o) = 2\vec{\sphericalangle}(a-c, c'-o) \quad \text{und} \quad \vec{\sphericalangle}(c'-o, b-o) = 2\vec{\sphericalangle}(c'-o, b-c).$$

Um dies zu beweisen, bemerken wir zunächst, daß jedenfalls die Gerade $\mathcal{G}_{oc}$ nicht mit $\mathcal{G}_{oa}$ und $\mathcal{G}_{ob}$ zugleich zusammenfallen kann. Sei also $\mathcal{G}_{oa} \neq \mathcal{G}_{oc}$. Wir orientieren die Geraden durch die Festsetzung, daß für ihre Richtungen jeweils $(a-o), (c-o), (b-o)$ positive Basen sein sollen. Betrachte die Winkelhalbierende $\mathcal{W} = \mathcal{W}(\mathcal{G}_{oa}, \mathcal{G}_{oc})$. $c \in S_\rho(o)$ ist damit gleichbedeutend, daß die Spiegelung an $\mathcal{W}$ die Punkte a und c vertauscht und $\mathcal{G}_{ac}$ dabei in sich abgebildet wird. Dies wiederum ist wegen 8.3.11 gleichbedeutend mit

$$\vec{\sphericalangle}(a-o, a-c) = \vec{\sphericalangle}(a-c, o-c), \quad \text{d. h., mit} \quad o-c = c'-o,$$
$$\vec{\sphericalangle}(a-o, c'-o) = \vec{\sphericalangle}(a-o, a-c) + \vec{\sphericalangle}(a-c, c'-o)$$
$$= 2\vec{\sphericalangle}(a-c, c'-o).$$

□

Wir notieren noch die folgende *Ergänzung zum Sinussatz*:

Satz 8.5.8 *Sei abc ein Dreieck. Dann*

$$|\mathcal{A}| : \sin\alpha = |\mathcal{B}| : \sin\beta = |\mathcal{C}| : \sin\gamma = 2\rho,$$

wobei ρ der Radius des Umkreises $S_\rho(o)$ ist, der die Ecken a, b, c enthält.

Beweis: Wegen 8.5.3, 4. genügt es, die letzte Gleichung zu beweisen. Sei o der Mittelpunkt des Umkreises von abc, vgl. 8.5.5, 3.. Nach 8.5.7 ist in dem Dreieck abo der Winkel bei o gleich 2γ oder $2\pi - 2\gamma$, wenn γ der Winkel bei c in abc ist. Sei $c^* = \frac{a+b}{2}$ der Mittelpunkt der Seite C. Das Dreieck ac^*o hat bei c^* den Winkel $\frac{\pi}{2}$ und bei o den Winkel γ oder $\pi - \gamma$. Die Länge der c^* und o gegenüberliegenden Seiten in ac^*o sind ρ und $\frac{|C|}{2}$. Aus 8.5.3, 4. folgt wegen $\sin\gamma = \sin(\pi - \gamma)$:

$$\frac{|C|}{2} : \sin\gamma = \rho : \sin\frac{\pi}{2} = \rho.$$

□

Wir beschließen diesen Abschnitt mit dem *Satz von Morley*. Er ist ein Beispiel für ein ebenso kurioses wie überraschendes Resultat in der Dreieckslehre, welches ganz isoliert dazustehen scheint.

Theorem 8.5.9 *Sei abc ein Dreieck. Die Winkel dieses Dreiecks in den Punkten a, b, c seien ausnahmsweise mit $3\alpha, 3\beta, 3\gamma$ bezeichnet.*
Bezeichne mit S_{ab}, S_{ac} die beiden von a ins Innere von abc ausgehenden Strahlen, welche mit der Seite B bzw. Seite C den Winkel α bilden. Mit anderen Worten, S_{ab} und S_{ac} dritteln den Winkel 3α des Dreiecks abc bei a.
Erkläre analog S_{bc}, S_{ba} als die von b ins Innere von abc ausgehenden Strahlen, welche mit C bzw. A den Winkel β und auch untereinander den Winkel β bilden.

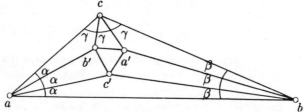

Erkläre schließlich S_{ca}, S_{cb} analog als die beiden Winkeldreiteilenden im Punkt c. Dann schneiden sich S_{ac}, S_{bc} in einem Punkt c', S_{ba}, S_{ca} in einem Punkt a' und S_{ab}, S_{cb} in einem Punkt b'. Behauptung: Das Dreieck $a'b'c'$ ist gleichseitig, d. h.

$$d(a', b') = d(b', c') = d(c', a').$$

Beweis: Mit $\rho = $ Radius des Umkreises von abc folgt aus dem Sinussatz für abc' und aus 8.5.8 (beachte, daß der Winkel bei c' in abc' gleich $\pi - \alpha - \beta$ ist):

$$d(a, c') = |C| \sin\beta : \sin(\alpha + \beta) \quad \text{und} \quad |C| = 2\rho \sin 3\gamma.$$

Wegen $\alpha + \beta + \gamma = \frac{\pi}{3}$ finden wir:

$$d(a, c') = 2\rho \sin\beta \sin 3\gamma : \sin(\frac{\pi}{3} - \gamma).$$

Mit dem Additionstheorem 8.3.4 ergibt sich:

$$\sin 3\gamma = (3 - 4\sin^2\gamma)\sin\gamma$$

und, wegen $\sin\frac{\pi}{3} = \frac{\sqrt{3}}{2}, \cos\frac{\pi}{3} = \frac{1}{2}$:

$$\sin(\frac{\pi}{3} - \gamma)\sin(\frac{\pi}{3} + \gamma) = \frac{1}{4}(3\cos^2\gamma - \sin^2\gamma)$$
$$= \frac{1}{4}\sin 3\gamma : \sin\gamma.$$

Also
$$d(a, c') = 8\rho\sin\gamma\sin\beta\sin(\frac{\pi}{3} + \gamma).$$

Analog findet man:
$$d(a, b') = 8\rho\sin\beta\sin\gamma\sin(\frac{\pi}{3} + \beta).$$

Der Sinussatz für das Dreieck $ac'b'$ mit den Winkeln α, γ', β' lautet somit

$$d(b', c') : \sin\alpha = 8\rho\sin\gamma\sin\beta\sin(\frac{\pi}{3} + \gamma) : \sin\beta'$$
$$= 8\rho\sin\beta\sin\gamma\sin(\frac{\pi}{3} + \beta) : \sin\gamma'.$$

Wegen

$$(\frac{\pi}{3} + \gamma) + (\frac{\pi}{3} + \beta) + \alpha = \beta' + \gamma' + \alpha = \pi \quad \text{folgt}$$
$$\sin\beta' : \sin(\alpha + \beta') = \sin(\frac{\pi}{3} + \gamma) : \sin(\alpha + \frac{\pi}{3} + \gamma).$$

Also $\beta' = \frac{\pi}{3} + \gamma$. Damit wird

$$d(b', c') = 8\rho\sin\alpha\sin\beta\sin\gamma.$$

Dieser Ausdruck ist symmetrisch in den Winkeln α, β, γ. Er stellt also auch $d(c', a')$ und $d(a', b')$ dar. □

8.6 Kegelschnitte

In diesem Abschnitt betrachten wir die Ellipsen, Hyperbeln und Parabeln in einer euklidischen Ebene. Diese Kurven heißen seit dem Altertum auch Kegelschnitte. Nachdem wir eine Reihe von Eigenschaften und geometrischen Kennzeichnungen dieser Kurven hergeleitet und auch die Familie konfokaler Kegelschnitte betrachtet haben, geben wir am Schluß eine Begründung für diese Bezeichnung unter Verwendung der sogenannten Dandelinschen Sphären.

Wir beginnen damit, die aus 8.2.6 bekannten Normalformen für Ellipsen, Hyperbeln und Parabeln in leicht modifizierter Schreibweise zu notieren und zugleich einige Abkürzungen einzuführen.

Definition 8.6.1 *Betrachte den euklidischen* $\mathbb{R}^2$ *mit den Koordinaten* (x, y).

1. *Eine* Ellipse E *in Normalform ist gegeben durch*

$$E = \{\frac{x^2}{a^2} + \frac{y^2}{b^2} = 1\}; \quad 0 < b \leq a.$$

a und b heißen die (Längen der) Hauptachsen. *Die Punkte* $s = (a, 0)$ *und* $s' = (-a, 0)$ *heißen die* Hauptscheitel, *die Punkte* $t = (0, b)$ *und* $t' = (0, -b)$ *heißen* Nebenscheitel.
Setze $a^2 - b^2 = c^2$. *Die Punkte* $f = (c, 0)$ *und* $f' = (-c, 0)$ *heißen die* Brennpunkte *oder auch* Fokalpunkte *von* E. $\frac{c}{a} = \varepsilon < 1$ *heißt die* Exzentrizität, $\frac{b^2}{a} = p$ *der* Parameter *von* E.

2. *Eine* Hyperbel H *in Normalform ist gegeben durch*

$$H = \{\frac{x^2}{a^2} - \frac{y^2}{b^2} = 1\}; \quad a > 0, b > 0.$$

a und b heißen Längen der Achsen *von* H, $s = (a, 0)$ *und* $s' = (-a, 0)$ *heißen* Scheitel *von* H.
Setze $a^2 + b^2 = c^2$. *Die Punkte* $f = (c, o)$ *und* $f' = (-c, 0)$ *heißen* Brennpunkte *oder* Fokalpunkte *von* H. $\frac{c}{a} = \varepsilon > 1$ *heißt die* Exzentrizität *von* H, $\frac{b^2}{a} = p$ *der* Parameter *von* H.
Die Geraden $\{\frac{x^2}{a^2} - \frac{y^2}{b^2} = 0\}$ *heißen* Asymptoten *von* H.

3. *Eine* Parabel P *in Normalform ist gegeben durch*

$$P = \{y^2 = 2px\}; \quad p > 0.$$

$s = (0, 0)$ *heißt der* Scheitel, $f = (0, \frac{p}{2})$ *der* Brennpunkt *oder auch* Fokalpunkt *von* P *und* p *der* Parameter *von* P.

Wir beginnen mit einer ersten geometrischen Kennzeichnung der Kegelschnitte $\neq$ Kreis.

Theorem 8.6.2 *In einer euklidischen Ebene* $\mathcal{E}u$ *betrachte einen Punkt* f, *genannt* Brennpunkt, *und eine Gerade* $\mathcal{L}$ *außerhalb* f, *genannt* Leitlinie. *Wähle* $\varepsilon > 0$ *und betrachte die Menge*

(8.3) $$\{d(q, f) = \varepsilon d(q, \mathcal{L})\}.$$

Dann ist dies eine Ellipse $\neq$ *Kreis, eine Parabel oder eine Hyperbel, jenachdem ob* $\varepsilon < 1, \varepsilon = 1$ *oder* $\varepsilon > 1$. *Genauer: Wenn wir für* $\varepsilon \neq 1$ $\varepsilon d(f, \mathcal{L}) = p$ *setzen, so ist* p *der Parameter der durch (8.3) definierten Ellipsen bzw. Hyperbel, und* ε *ist ihre Exzentrizität. Wenn wir für* $\varepsilon = 1$ $\frac{d(f, \mathcal{L})}{2} = p$ *setzen, so ist dies der Parameter der durch (8.3) definierten Parabel.*

8.6 Kegelschnitte

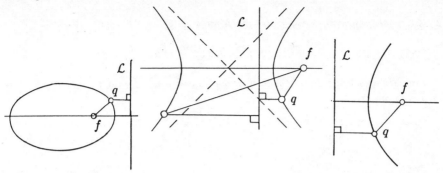

Beweis: Sei $\varepsilon \neq 1$. In einem geeignet gewählten euklidischen Bezugssystem lassen f und $\mathcal{L}$ sich darstellen als $(c,0)$ und $\{x = \frac{c}{\varepsilon^2}\}$, mit $c = \frac{\varepsilon^2 d(f,\mathcal{L})}{|1-\varepsilon^2|}$. Damit schreibt (8.3) sich in der Form

$$(x-c)^2 + y^2 = \varepsilon^2 (x - \frac{c}{\varepsilon^2})^2, \quad \text{d. h.,}$$

$$\frac{x^2}{(\frac{c^2}{\varepsilon^2})} + \frac{y^2}{(\frac{(1-\varepsilon^2)c^2}{\varepsilon^2})} = 1.$$

Dies ist eine Ellipse oder eine Hyperbel in Normalform, jenachdem ob $\varepsilon < 1$ oder $\varepsilon > 1$.

Für die Ellipse ist $a^2 = \frac{c^2}{\varepsilon^2}, b^2 = \frac{(1-\varepsilon^2)c^2}{\varepsilon^2}, a^2 - b^2 = c^2$, also $\varepsilon = \frac{c}{a}$ die Exzentrizität, $p = \frac{b^2}{a} = \frac{(1-\varepsilon^2)c}{\varepsilon} = \varepsilon d(f,\mathcal{L})$.

Für die Hyperbel ist ε die Exzentrizität, $d(f,\mathcal{L}) = \frac{c(\varepsilon^2-1)}{\varepsilon^2} = \frac{c(c^2-a^2)}{c^2} = \frac{b^2}{c} = \frac{p}{\varepsilon}$.

Für $\varepsilon = 1$ seien f und $\mathcal{L}$ dargestellt durch $(c,0)$ und $\{x = -c\}$, mit $c = \frac{d(f,\mathcal{L})}{2}$. (8.3) bedeutet damit $(x-c)^2 + y^2 = (x+c)^2$, d. h., $y^2 = 4cx$. □

Ergänzung 8.6.3 *Für $\varepsilon \neq 1$, d. h., für die Ellipse $\neq$ Kreis und eine Hyperbel gibt es zwei Paare $\{f, \mathcal{L}\}, \{f', \mathcal{L}'\}$, { Brennpunkt, Leitlinie}, mit der sich diese Kurven gemäß 8.6.2, (8.3) darstellen lassen.*

Beweis: Die beiden in Rede stehenden Kurven sind Mittelpunktsquadriken im Sinne von 8.2.8. Der Mittelpunkt o ist verschieden von f und liegt nicht auf $\mathcal{L}$. Die Spiegelung an o liefert also das zweite Paar $\{f', \mathcal{L}'\}$. □

Aus 8.6.2, 8.6.3 können wir für die Ellipsen und Hyperbeln eine weitere Kennzeichnung herleiten.

Theorem 8.6.4 *Seien f, f' zwei Punkte in der euklidischen Ebene vom Abstand $d(f, f') = 2c > 0$.*

1. *Zu gegebenem $a > c$ ist die Menge*

(8.4) $$\{d(q,f) + d(q,f') = 2a\}$$

eine Ellipse $\neq$ Kreis mit der Haupt- und Nebenachse a und $b = \sqrt{a^2 - c^2}$.

2. *Zu gegebenem $a, 0 < a < c$, ist die Menge*

(8.5) $$\{|d(q,f) - d(q',f')| = 2a\}$$

eine Hyperbel mit den Achsen a und $b = \sqrt{c^2 - a^2}$. f und f' sind die beiden Brennpunkte.

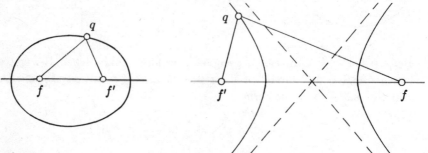

Bemerkungen:

1. Der Fall 1. ist auch für $f = f'$ sinnvoll und liefert einen Kreis.
2. Die vorstehenden Kennzeichnungen sind auch als *Gärtnerformeln* bekannt. Denn im Falle der Ellipse etwa sehen wir: Wenn wir einen Faden der Länge $2a > 2d(f, f')$ an zwei Punkten f, f' festknüpfen und diesen auf alle möglichen Weisen mit einem Stock strammziehen, so beschreibt der Stock den Umriß eines elliptischen Beetes.

Beweis: Zu 1.: Betrachte gemäß 8.6.2, 8.6.3 die Ellipse E mit den Brennpunkten $\{f, f'\}$ und zugehörigen Leitlinien $\{\mathcal{L}, \mathcal{L}'\}$. Für $q \in E$ ist dann

$$d(q, f) + d(q, f') = \varepsilon d(q, \mathcal{L}) + \varepsilon d(q, \mathcal{L}') = \varepsilon d(\mathcal{L}, \mathcal{L}') = 2a.$$

Hier benutzen wir, daß wegen $\varepsilon < 1$ q zwischen $\mathcal{L}$ und $\mathcal{L}'$ liegt, sowie $d(\mathcal{L}, \mathcal{L}') = \frac{2c}{\varepsilon^2} = \frac{2a}{\varepsilon}$. Umgekehrt, betrachte zu f, f' mit den Koordinaten $(c, 0), (-c, 0)$ die Koordinatendarstellung der Bedingung (8.4):

$$\sqrt{(x-c)^2 + y^2} + \sqrt{(x+c)^2 + y^2} = 2a.$$

Da

$$((x-c)^2 + y^2) - ((x+c)^2 + y^2) = -4cx,$$

ergibt sich

$$\sqrt{(x-c)^2 + y^2} - \sqrt{(x+c)^2 + y^2} = -\frac{2cx}{a}.$$

Die Differenz der ersten und dritten Gleichung liefert

$$x^2 + y^2 + c^2 = a^2 + \frac{c^2 x^2}{a^2},$$

8.6 Kegelschnitte

also die Gleichung der Ellipse mit den Achsen a und $\sqrt{a^2 - c^2} = b$.
Zu 2.: $d(\mathcal{L}, \mathcal{L}') = \frac{2c}{\varepsilon^2}$ und wegen $\varepsilon > 1$ liegen $\mathcal{L}$ und $\mathcal{L}'$ auf derselben Seite eines Punktes q der durch 8.6.2, 8.6.3 definierten Hyperbel H. Also

$$|d(q,f) - d(q,f')| = \varepsilon|d(q,\mathcal{L}) - d(q,\mathcal{L}')| = \varepsilon d(\mathcal{L}, \mathcal{L}') = 2a.$$

Die Umkehrung folgt wie in 1.. □

Definition 8.6.5 *Wähle einen Ursprung o in einer euklidischen Ebene $\mathcal{E}u$ und einen Einheitsvektor $d \in V$. $\{d,e\}$ sei die Erweiterung zu einer positiven ON-Basis.*
Unter den auf (o,d) basierenden Polarkoordinaten verstehen wir die Abbildung

$$q \in \mathcal{E}u \setminus \{o\} \longmapsto (r(q), \phi(q)) \in]0, \infty[\times [0, 2\pi[,$$

mit $r(q) = |q - o|$; $\phi(q) = \sphericalangle(d, q - o)$.
Wenn also (x,y) die Koordinaten bezüglich $(o, \{d,e\})$ sind, so haben wir

$$r = \sqrt{x^2 + y^2}; \quad \phi = \sphericalangle((1,0),(x,y)) \quad und \quad x = r\cos\phi; \quad y = r\sin\phi.$$

Bemerkung: Wenn wir $(x,y) \in \mathbb{R}^2$ mit $z = x + iy \in \mathbb{C}$ identifizieren, so sind für $z \neq 0$ $r(z)$ und $\phi(z)$ gegeben durch $z = re^{i\phi}$.

Satz 8.6.6 1. *Sei E Ellipse mit Exzentrizität $\varepsilon > 0$ und Parameter p. Seien f, f' die Brennpunkte und s, s' die Hauptscheitel mit $|s' - f| \geq |s - f|$. Setze $\frac{s-f}{|s-f|} = d$. Dann wird E in den auf (f,d) basierenden Polarkoordinaten (r, ϕ) dargestellt durch*

$$\left\{ r = \frac{p}{1 + \varepsilon\cos\phi} \right\},$$

mit ϕ beliebig. Bezüglich der auf (f',d) basierenden Polarkoordinaten (r', ϕ') wird E beschrieben durch

$$\left\{ r' = \frac{p}{1 - \varepsilon\cos\phi'} \right\},$$

mit ϕ' beliebig.
2. *Sei H eine Hyperbel mit Parameter p und Exzentrizität ε. Seien f, f' ihre Brennpunkte und s, s' ihre Scheitel mit $|f - s| < |f' - s|$. Setze $\frac{f-s}{|f-s|} = d$. Dann werden die beiden Zweige der Hyperbel in den Polarkoordinaten (r, ϕ) basierend auf (f,d) dargestellt durch*

$$\left\{ r = \frac{p}{1 - \varepsilon\cos\phi} \right\} \quad und \quad \left\{ r = \frac{p}{-1 - \varepsilon\cos\phi} \right\}$$

mit $1 > \frac{1}{\varepsilon} > \cos\phi$ bzw. $-\cos\phi > \frac{1}{\varepsilon}$. Die Darstellung der beiden Zweige in den Polarkoordinaten (r', ϕ') basierend auf (f',d) lautet

$$\left\{ r' = \frac{p}{-1 + \varepsilon\cos\phi'} \right\} \quad und \quad \left\{ r' = \frac{p}{1 + \varepsilon\cos\phi'} \right\}$$

mit $\cos\phi' > \frac{1}{\varepsilon}$ bzw. $\cos\phi' > -\frac{1}{\varepsilon}$.
Den Werten $\cos\phi = \pm\frac{1}{\varepsilon}$ entsprechen die Richtungen der Asymptoten.

3. Sei P Parabel mit f als Brennpunkt und s als Scheitel. Setze $\frac{f-s}{|f-s|} = d$. Dann besitzt P in den Polarkoordinaten (r, ϕ) basierend auf (f, d) die Darstellung

$$\left\{ r = \frac{p}{1 - \cos \phi} \right\}$$

mit $1 > \cos \phi$.

Beweis: Zu 1.: Für $q \in E$ und $\mathcal{L}$ = Leitlinie zum Brennpunkt f haben wir aus 8.6.2 $d(q, \mathcal{L}) = \frac{d(q,f)}{\varepsilon} = \frac{r(q)}{\varepsilon}$. Aus $d(q, \mathcal{L}) = d(f, \mathcal{L}) - r(q) \cos \phi(q)$ und $d(f, \mathcal{L}) = \frac{p}{\varepsilon}$ folgt $\frac{r}{\varepsilon} = \frac{p}{\varepsilon} - r \cos \phi$. Die zweite Gleichung ergibt sich mit $d(f', \mathcal{L}') = \frac{p}{\varepsilon}$ und $d(q, \mathcal{L}') = d(f', \mathcal{L}') + r(q) \cos \phi(q)$ ebenso.
Zu 2.: Wiederum folgt aus 8.6.2 für $q \in H$ $r(q) = \varepsilon d(q, \mathcal{L})$. Diesmal ist $d(q, \mathcal{L}) = d(f, \mathcal{L}) + r(q) \cos \phi(q)$, für q auf dem nahe f gelegenen Zweig, und $= -d(f, \mathcal{L}) - r(q) \cos \phi(q)$ für q auf dem anderen Zweig. Mit $d(f, \mathcal{L}) = \frac{p}{\varepsilon}$ ergeben sich die ersten Formeln. Die zweiten ergeben sich analog.
Zu 3.: Aus 8.6.2 haben wir für $q \in P : r(q) = d(q, \mathcal{L}) = d(f, \mathcal{L}) + r(q) \cos \phi(q)$.
□

Bemerkung 8.6.7 Betrachte die durch $\{r = \frac{p}{1 - \varepsilon \cos \phi}\}$ beschriebene Menge. Der Ursprung der Polarkoordinaten sei als Brennpunkt f interpretiert und die Gerade $\{r \cos \phi = -\frac{p}{\varepsilon}\}$ als Leitlinie $\mathcal{L}$. Für $\varepsilon < 1$ ist dies dann eine Ellipse mit f als "linkem" Brennpunkt, für $\varepsilon = 1$ eine Parabel und für $\varepsilon > 1$ der nahe f gelegene Zweig einer Hyperbel. Man erkennt, wie mit wachsendem ε die Ellipse in eine Parabel übergeht, und diese dann in einen Hyperbelzweig. Vgl. 9.5.19.

Im nächsten Satz betrachten wir die Tangenten an die Kegelschnitte.

Theorem 8.6.8 1. Seien f, f' die Brennpunkte einer Ellipse $E \neq$ Kreis. Für jedes $q \in E$ ist die Winkelhalbierende der orientierten Geraden von q nach f und von f' nach q die Tangente $T_q E$ an E in q. D.h., $q \in T_q E$ ist der einzige Punkt, den die Gerade $T_q E$ mit E gemeinsam hat.

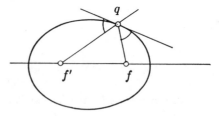

2. Seien f, f' die Brennpunkte einer Hyperbel H. Für jedes $q \in H$ ist die Winkelhalbierende der orientierten Geraden von q nach f und von q nach f' die Tangente $T_q H$ an H in q. D.h., $q \in T_q H$ ist der einzige Punkt, den die Gerade $T_q H$ mit H gemeinsam hat.

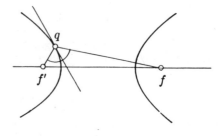

3. Sei f der Brennpunkt einer Parabel P und $\mathcal{L}$ ihre Leitlinie. Für jedes $q \in P$ betrachte die orientierte Gerade durch q und den Lotfußpunkt von q auf $\mathcal{L}$ sowie die orientierte Gerade von q nach f. Dann ist deren Winkelhalbierende die Tangente $T_q P$ an P in q. D.h., q ist der einzige Punkt, den die Gerade $T_q P$ mit P gemeinsam hat.

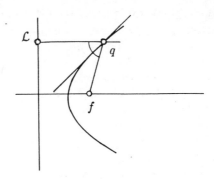

Beweis: Zu 1.: Wir haben $E \neq$ Kreis vorausgesetzt, also $f \neq f'$. Betrachte Winkelhalbierende wie im Satz und bezeichne diese mit $T_q E$. Offenbar $q \in T_q E$. Wir zeigen: $E \cap T_q E = \{q\}$.
Sei nun f'' das Bild von f unter der Spiegelung an $T_q E$. Dann ist $d(f', f'') = d(f', q) + d(q, f) = 2a = $ die E definierende Konstante aus 8.6.4, und f', q, f'' liegen auf einer Geraden. Wenn $r \in T_q E \cap E$, so

$$\begin{aligned} 2a &= d(r,f) + d(r,f') \\ &= d(r,f'') + d(r,f') \quad \text{(da } f'' \text{ Spiegelpunkt von } f \text{ an } T_q E\text{)} \\ &\geq d(f'',f') \quad \text{(Dreiecksungleichung)} \\ &= 2a. \end{aligned}$$

Also $r = q$.
Zu 2.: Sei wiederum f'' das Bild von f unter der Spiegelung an $T_q H$. f', q, f'' liegen auf einer Geraden und $d(f', f'') = 2a = $ die H definierende Konstante aus 8.6.4. Für $r \in T_q H \cap H$ haben wir also

$$\begin{aligned} 2a &= |d(r,f) - d(r,f')| \\ &= |d(r,f'') - d(r,f')| \leq d(f',f'') = 2a, \end{aligned}$$

d. h. $r = q$.
Zu 3.: Sei f'' das Bild von f unter der Spiegelung an $T_q P$. Dann ist f'' der Fußpunkt des Lotes von q auf $\mathcal{L} = $ Leitlinie von P. $r \in T_q P \cap P$ bedeutet

$$d(r,\mathcal{L}) = d(r,f) = d(r,f'') = d(q,f'') = d(q,\mathcal{L}),$$

also $r = q$. □

Folgerung 8.6.9 1. *Sei E Ellipse, f einer ihrer Brennpunkte, $2a = d(s,s')$ die Konstante aus 8.6.4. Dann ist die Menge der Lotfußpunkte $l_f(q)$ von f auf die Tangenten $T_q E$ an E der Kreis vom Radius a um den Mittelpunkt o von E.*

2. *Sei H eine Hyperbel, f ein Brennpunkt von H, $2a = d(s,s')$ die Konstante aus 8.6.4. Dann bildet die Menge der Lotfußpunkte $l_f(q)$ von f auf die Tangenten $T_q H$ von H den Kreis vom Radius a um den Mittelpunkt o von H, mit Ausnahme der Schnittpunkte dieses Kreises mit den Asymptoten.*

3. *Sei P eine Parabel, f ihr Brennpunkt und $\mathcal{L}$ ihre Leitlinie. Dann bildet die Menge der Lotfußpunkte l_q von f auf die Tangenten $T_q P$ an P die Tangente an den Scheitel s von P, parallel zu $\mathcal{L}$.*

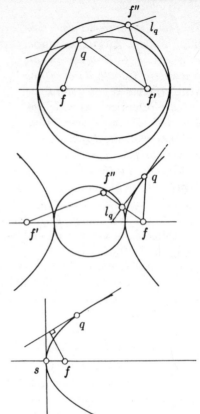

Beweis: Zu 1.: Betrachte zu $q \in E$ das Dreieck $ff'f''$ wie im Beweis von 8.6.8, 1.. $\frac{f+f'}{2}$ ist der Mittelpunkt o von E und $\frac{f+f''}{2}$ der Lotfußpunkt $l_f(q)$. Nach dem Strahlensatz 7.3.12 ist daher $d(o, l_f(q)) = \frac{d(f',f'')}{2} = a$.

Zu 2.: Der Beweis verläuft analog wie im Fall 1..

Zu 3.: Mit den Bezeichnungen aus dem Beweis von 8.6.8, 3. ist $l_f(q) = \frac{f+f''}{2}$, mit $f'' \in \mathcal{L}$. Beachte nun, daß der Scheitel s von P wegen $d(s,f) = d(s,\mathcal{L})$ der Mittelpunkt der Strecke von f zu dem Lotfußpunkt von f auf $\mathcal{L}$ ist. □

Definition 8.6.10 *Seien f, f' zwei verschiedene Punkte in der euklidischen Ebene $\mathcal{E}u$. Unter dem* System konfokaler Kegelschnitte *mit f, f' als Brennpunkten verstehen wir die Menge aller Ellipsen und Hyperbeln, die f und f' als Brennpunkte besitzen. Setze $d(f, f') = 2c > 0$. Diese Ellipsen und Hyperbeln seien folgendermaßen parametrisiert:*

$$E_u = \{d(q,f) + d(q,f') = 2\sqrt{c^2 - u}; 0 < -u\},$$
$$H_v = \{|d(q,f) - d(q,f')| = 2\sqrt{c^2 - v}; 0 < v < c^2\}.$$

Die Haupt- und Nebenachsen $\mathcal{X}$ und $\mathcal{Y}$ *dieses Systems sind erklärt als $\mathcal{X} =$ Gerade durch f und f'. $\mathcal{Y} =$ die zu $\mathcal{X}$ orthogonale Gerade durch den gemeinsamen Mittelpunkt $o = \frac{f+f'}{2}$ aller Kegelschnitte des Systems.*

8.6 Kegelschnitte

Theorem 8.6.11 *Betrachte das System $\{E_u, H_v; (u,v) \in \,]-\infty, 0[\,\times\,]0, c^2[\,\}$ konfokaler Kegelschnitte zu den Brennpunkten f, f' in $\mathcal{E}u$ mit $d(f, f') = 2c > 0$. Dann gibt es zu jedem $q \in \mathcal{E}u, q \notin \mathcal{X} \cup \mathcal{Y}$, genau eine Ellipse $E_{u(q)}$ und genau eine Hyperbel $H_{v(q)}$ des Systems, die q enthält. Die Tangenten an diese Kegelschnitte sind orthogonal zueinander.*
Wenn wir mit (x, y) die Koordinaten von $\mathcal{E}u$ bezüglich eines euklidischen Bezugssystems $(o, \{d, e\})$ bezeichnen mit d und e in der Richtung von $\mathcal{X}$ bzw. $\mathcal{Y}$, so sind die Werte $u(x, y), v(x, y)$ eines Punktes (x, y) außerhalb der Koordinatenachsen durch

$$x(u,v)^2 = \frac{(c^2 - u)(c^2 - v)}{c^2}; \quad y(u,v)^2 = -\frac{uv}{c^2}$$

festgelegt. Dies zeigt, daß die vier verschiedenen Punkte $(\pm x, \pm y)$ dieselben (u, v)-Werte bestimmen.
Durch die Zuordnung

$$q \in \mathcal{E}u \setminus (\mathcal{X} \cup \mathcal{Y}) \longmapsto (u(q), v(q)) \in \,]-\infty, 0[\,\times\,]0, c^2[$$

sind die sogenannten elliptischen Koordinaten definiert.

Beweis: Für $q \in \mathcal{E}u \setminus (\mathcal{X} \cup \mathcal{Y})$ setze $d(q, f) + d(q, f') = 2\sqrt{c^2 - u}$ und $|d(q, f) - d(q, f')| = 2\sqrt{c^2 - v}$. Gemäß 8.6.4 sind dann die Ellipse E_u und die Hyperbel H_v wie in 8.6.10 erklärt. Nach 8.6.8 sind die Tangenten $T_q E_u$ und $T_q H_v$ die Winkelhalbierenden der Geraden $\mathcal{G}_{fq}$ und $\mathcal{G}_{f'q}$ von f nach q bzw. f' nach q mit geeigneten Orientierungen. Solche Winkelhalbierende sind stets orthogonal zueinander, da ihre Richtungen durch $d + d'$ und $d - d'$ erzeugt werden, wenn d, d' Einheitsvektoren in der Richtung von $\mathcal{G}_{fq}$ und $\mathcal{G}_{f'q}$ sind.
Aus den definierenden Gleichungen

$$E_u = \left\{\frac{x^2}{c^2 - u}u + \frac{y^2}{-u} = 1\right\}; \quad H_v = \left\{\frac{x^2}{c^2 - v} - \frac{y^2}{v} = 1\right\}$$

ergeben sich die Formeln für $x(u, v)^2$ und $y(u, v)^2$. □

Als Vorbereitung für das nächste Theorem beweisen wir ein Resultat über Sphären in allgemeinen euklidischen Räumen.

Lemma 8.6.12 *Sei $\mathcal{E}u$ ein n-dimensionaler euklidischer Raum. Betrachte die Sphäre $S_\rho(o) = \{d(p, o) = \rho\}$ vom Radius $\rho > 0$ um $o \in \mathcal{E}u$.*
Wenn nun $q \in \mathcal{E}u$ einen Abstand $d(q, o) > \rho$ von o besitzt, so betrachte die Hyperebene

$$\mathcal{H} = \mathcal{H}_q = \{r \in \mathcal{E}u; \langle r - q, o - q \rangle = |o - q|^2 - \rho^2\}.$$

Dann ist $S_\rho(o) \cap \mathcal{H}$ die Menge der Punkte r, für welche die Gerade $\mathcal{G}_{qr}$ von q nach r tangential ist an die Sphäre $S_\rho(o)$, d. h., r ist der einzige Punkt, den die Gerade $\mathcal{G}_{qr}$ mit $S_\rho(o)$ gemeinsam hat.

Beweis: Wir zeigen: $r \in S_\rho(o) \cap \mathcal{H}$ ist der Lotfußpunkt von o auf $\mathcal{G}_{qr}$. Mit anderen Worten, $\langle r-o, r-q \rangle = 0$. Dazu schreibe

$$(r-q) = (r-o) + (o-q); \quad (r-o) = (r-q) + (q-o).$$

Also

$$\begin{aligned}
\langle r-o, r-q \rangle &= \langle r-o, (r-o) + (o-q) \rangle \\
&= \rho^2 + \langle (r-q) + (q-o), o-q \rangle \\
&= \rho^2 + |o-q|^2 - \rho^2 - |o-q|^2 = 0.
\end{aligned}$$

Umgekehrt, wenn $\langle r-o, r-q \rangle = 0$ und $|r-o|^2 = \rho^2$, so

$$\begin{aligned}
\langle r-q, o-q \rangle &= \langle (r-o) + (o-q), o-q \rangle \\
&= |o-q|^2 + \langle r-o, (o-r) + (r-q) \rangle = |o-q|^2 - \rho^2.
\end{aligned}$$

□

Wir erinnern an den Begriff des Kreiskegels:

Satz 8.6.13 *Sei $\mathcal{E}u^3$ ein 3-dimensionaler euklidischer Raum, $\mathcal{W}$ eine Gerade in $\mathcal{E}u^3$, $o \in \mathcal{W}$. Durch $\{p \in \mathcal{E}u^3;\ d(p, l_p) = d(o, l_p);\ l_p =$ Fußpunkt des Lotes von p auf $\mathcal{W}\}$ ist ein* Kreiskegel K *gegeben mit Spitze o, Öffnungswinkel $\frac{\pi}{2}$ und Achse $\mathcal{W}$.*

Beweis: Wähle für $\mathcal{E}u^3$ ein euklidisches Bezugssystem $(o, \{e, d, f\})$, wobei f in der Richtung von $\mathcal{W}$ liegt. Wenn (x, y, z) die dadurch bestimmten Koordinaten bezeichnet, so lautet die obige Gleichung für K

$$\{(x, y, z) \in \mathbb{R}^3;\ x^2 + y^2 = z^2\}.$$

Dies ist die Gleichung eines Kegels in der Normalform aus 8.2.6, 2.. Wegen $\beta = \gamma = 1$ nennen wir ihn Kreiskegel mit Öffnungswinkel $\frac{\pi}{2}$. □

Damit können wir jetzt die Bezeichnung "Kegelschnitte" für die Ellipsen, Parabeln und Hyperbeln begründen.

Theorem 8.6.14 *Sei K ein Kreiskegel im euklidischen Raum $\mathcal{E}u^3$ mit Öffnungswinkel $\frac{\pi}{2}$. o sei seine Spitze, $\mathcal{W}$ seine Achse.*
Der Schnitt $K \cap \mathcal{E}u^2$ von K mit einer Ebene $\mathcal{E}u^2$, welche nicht die Spitze o enthält, ist eine Ellipse, eine Parabel oder eine Hyperbel, jenachdem ob das Lot $\mathcal{L}$ von o auf $\mathcal{E}u^2$ mit der Achse $\mathcal{W}$ einen Winkel $\sphericalangle(\mathcal{L}, \mathcal{W}) < \frac{\pi}{4}, = \frac{\pi}{4}$ oder $> \frac{\pi}{4}$ bildet.
Durch geeignete Wahl der Ebene $\mathcal{E}u^2$ können auf diese Weise sämtliche Klassen kongruenter Ellipsen, Parabeln und Hyperbeln repräsentiert werden.

8.6 Kegelschnitte

Ergänzung 8.6.15 1. Sei $K \cap \mathcal{E}u^2$ eine Ellipse E. Seien s', s die Scheitel von E mit $d(s', o) \geq d(s, o)$. Die Punkte $\{s', s, o\}$ erzeugen eine Ebene $\mathcal{E}u'^2$. Dann ist das Dreieck $s'so$ in $\mathcal{E}u'^2$ rechtwinklig bei o. Der Inkreis von $s'so$ berührt die Seite $\mathcal{C}$ von s' nach s in einem Brennpunkt f von E, und der Ankreis an die Seite $\mathcal{C}$ berührt diese in dem anderen Brennpunkt f' von E. Seien $\bar{o}, \bar{o}'$ die Mittelpunkte dieses Inkreises bzw. Ankreises. Die sogenannten Dandelinschen Sphären $S^2_{\bar{\rho}}(\bar{o})$ und $S^2_{\bar{\rho}'}(\bar{o}')$ vom Radius $\bar{\rho} = d(\bar{o}, \mathcal{C})$ bzw. $\bar{\rho}' = d(\bar{o}', \mathcal{C})$ berühren also $\mathcal{E}u^2$ in dem Brennpunkt f bzw. f'. Überdies berühren diese Sphären den Kreiskegel K in jeweils einem Kreis. Jede Gerade auf K durch o trifft diese Kreise in zwei Punkten, welche den festen Abstand $d(s', s)$ besitzen. o liegt nicht zwischen diesen Kreisen.

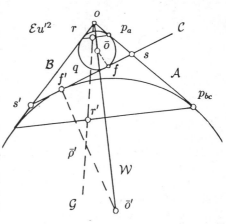

2. Sei $K \cap \mathcal{E}u^2$ eine Hyperbel H. Seien s', s die Scheitel mit $d(s', o) \geq d(s, o)$. $\{s', s, o\}$ erzeugen eine Ebene $\mathcal{E}u'^2$. Das Dreieck $s'so$ in $\mathcal{E}u'^2$ ist rechtwinklig bei o. Der Ankreis von $s'so$ an die Seite $\mathcal{A}$ durch s und o berührt die Seite $\mathcal{C}$ durch s und s' in einem Brennpunkt f, und der Ankreis von $s'so$ an die Seite $\mathcal{B}$ durch s' und o berührt $\mathcal{C}$ in dem anderen Brennpunkt f'. Seien $\bar{o}$ und $\bar{o}'$ die Mittelpunkte dieser beiden Ankreise. Die sogenannten Dandelinschen Sphären $S^2_{\bar{\rho}}(\bar{o})$ und $S^2_{\bar{\rho}'}(\bar{o}')$ vom Radius $\bar{\rho} = d(\bar{o}, \mathcal{A})$ und $\bar{\rho}' = d(\bar{o}', \mathcal{B})$ berühren also $\mathcal{E}u^2$ in dem Brennpunkt f bzw. f'. Überdies berühren diese Sphären den Kreiskegel K in jeweils einem Kreis. Jede Gerade auf K durch o trifft diese Kreise in Punkten mit dem festen Abstand $d(s', s)$. o liegt zwischen diesen Kreisen.

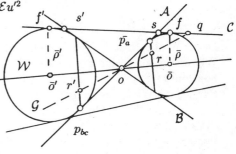

3. Sei $K \cap \mathcal{E}u^2$ eine Parabel P. Sei s ihr Scheitel und f ihr Brennpunkt. $\{s, f, o\}$ erzeugt eine Ebene $\mathcal{E}u'^2$ und sfo ist ein bei s rechtwinkliges Dreieck in dieser Ebene. $\mathcal{E}u'^2$ schneidet K in einer zur Geraden $\mathcal{C}$ durch s, f parallelen Geraden durch o im Abstand $d(s, o)$. Setze $d(s, o) = p$. Setze $\frac{o-s}{2} + f = \bar{o}$. Die Dandelinsche Sphäre $S^2_{\frac{p}{2}}(\bar{o})$ berührt $\mathcal{E}u^2$ in dem Brennpunkt f und den Kreiskegel K in einem Kreis, dessen Punkte von o den Abstand $\frac{p}{2}$ haben. Nach 8.6.12 ist dieser Kreis der Schnitt von $S^2_{\frac{p}{2}}(\bar{o})$ mit einer Ebene $\mathcal{E}u^{*2}$. $\mathcal{E}u^{*2} \cap \mathcal{E}u^2$ ist die Leitlinie $\mathcal{L}$ der Parabel P, p ihr Parameter.

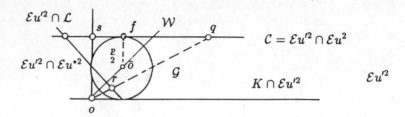

Beweis: Zu 1.: Sei E eine Ellipse in $\mathcal{E}u^2$, wobei $\mathcal{E}u^2$ in einem 3-dimensionalen Raum $\mathcal{E}u^3$ liegt. f, f' seien ihre Brennpunkte und s, s' ihre Scheitel mit $d(f, s) < d(f, s')$. Bezeichne mit $\mathcal{C}$ die Gerade durch f, f', s, s'. Erkläre $\mathcal{E}u'^2$ als diejenige Ebene in $\mathcal{E}u^3$, welche von $\mathcal{C}$ und der zu $\mathcal{C}$ orthogonalen Geraden durch f erzeugt wird. Wir können ein bei o rechtwinkliges Dreieck $s'so$ in $\mathcal{E}u'^2$ erklären mit der Eigenschaft, daß sein Inkreis $S^1_{\bar{\rho}}(\bar{o})$ die Gerade $\mathcal{C}$ in f berührt.
Um das einzusehen, setze $d(s, s') = |C|$. Wir nehmen $d(s', o) \geq d(s, o)$ an und setzen $d(s', o) = |B|, d(s, o) = |A|$. Die Punkte s', s, o entsprechen also den mit a, b, c bezeichneten Punkten in 8.5.6. Mit den dortigen Formeln finden wir für den Abstand $d(p_c, \frac{a+b}{2}) = d(\bar{p}_c, \frac{a+b}{2})$ des Mittelpunktes $\frac{a+b}{2} = \frac{s+s'}{2}$ der Seite C von den Berührungspunkten p_c und $\bar{p}_c$ des Inkreises bzw. Ankreises auf C den Wert $\frac{|B|-|A|}{2}$. Mit anderen Worten, wir haben vorgegeben: $|C|$ und $|B| - |A|$ zusammen mit $|A|^2 + |B|^2 = |C|^2$. Hiermit können wir schreiben

$$|A| = -\frac{|B|-|A|}{2} + \sqrt{\frac{|C|^2}{2} - \frac{(|B|-|A|)^2}{4}} \quad \text{und}$$
$$|B| = |A| + (|B|-|A|).$$

Damit ist die Existenz des gesuchten Dreiecks $s'so$ gesichert.
Wir wissen auch, daß der Ankreis $S^1_{\bar{\rho}'}(\bar{o}')$ an die Seite C diese in dem anderen Fokalpunkt f' berührt, denn $d(s', f') = d(s, f)$. Erkläre jetzt die Gerade W in $\mathcal{E}u'^2$ als die Winkelhalbierende des Dreiecks $s'so$ im Punkte o. K bezeichne den Kreiskegel in $\mathcal{E}u^3$ mit Spitze o und Achse W. Die Erweiterung $S^2_{\bar{\rho}}(\bar{o})$ und $S^2_{\bar{\rho}'}(\bar{o}')$ des In- bzw. Ankreises zu Sphären in $\mathcal{E}u^3$ berührt K jeweils in einem Kreis, siehe 8.6.12. Wenn $\mathcal{G}$ eine Gerade auf K durch o ist (auch *Erzeugende* von K genannt), und r, r' die Schnittpunkte von $\mathcal{G}$ mit diesen Kreisen, so hängt $d(r, r')$ nicht ab von der Wahl von $\mathcal{G}$. Zur Bestimmung von $d(r, r')$ können wir also für $\mathcal{G}$ die Seitengerade $\mathcal{A}$ durch die Punkte s und o des Dreiecks $s'so$ wählen. In diesem Falle trifft $\mathcal{A}$ die besagten Kreise in dem Berührungspunkt p_a mit dem Inkreis und dem Berührungspunkt p_{cb} mit dem Ankreis an C, vgl. die Bezeichnungen aus 8.5.6, bei denen unseren s', s, o die dort mit a, b, c bezeichneten Punkte entsprechen. Also mit den Formeln aus 8.5.6:

$$\begin{aligned} d(p_a, p_{ca}) &= d(p_a, b) + d(b, p_{ca}) \\ &= d(a, \bar{p}_c) + d(b, \bar{p}_c) = |C| = d(s', s). \end{aligned}$$

Wir behaupten jetzt, daß $K \cap \mathcal{E}u^2 = E$. Dazu zeigen wir:

(8.6) $\qquad q \in K \cap \mathcal{E}u^2 \Longrightarrow d(q,f) + d(q,f') = d(s',s).$

Wegen 8.6.4 ist also jedenfalls $K \cap \mathcal{E}u^2 \subset E$. Da aber in dem Schnitt jede Cauchyfolge auch einen Grenzwert besitzt, folgt $K \cap \mathcal{E}u^2 = E$.
Zum Nachweis von (8.6) betrachte für $q \in K \cap \mathcal{E}u^2$ die Erzeugende $\mathcal{G}$ von K, welche q enthält. Seien r, r' die Berührungspunkte von $\mathcal{G}$ mit $S^2_{\bar{\rho}}(\bar{o})$ bzw. $S^2_{\bar{\rho}'}(\bar{o}')$. Da $S^2_{\bar{\rho}}(\bar{o})$ und $S^2_{\bar{\rho}'}(\bar{o}')$ mit $\mathcal{E}u^2$ die Berührungspunkte f bzw. f' haben, folgt mit 8.6.12 und unserer obigen Bemerkung

$$d(q,f) + d(q,f') = d(q,r) + d(q,r') = d(s',s).$$

Zu 2.: Sei H eine Hyperbel in der Ebene $\mathcal{E}u^2 \subset \mathcal{E}u^3$. f, f' seien ihre Brennpunkte und s, s' ihre Scheitel mit $d(f,s) < d(f,s')$. $\mathcal{C}$ sei die Gerade durch diese vier Punkte und $\mathcal{E}u'^2$ die Ebene, welche $\mathcal{E}u^2$ in $\mathcal{C}$ orthogonal trifft, vgl. 1.. Wir suchen ein bei o rechtwinkliges Dreieck $s'so$ in $\mathcal{E}u'^2$ mit $d(s',o) \geq d(s,o)$, dessen Ankreis an die Seite $\mathcal{A}$ durch s und o die Gerade $\mathcal{C}$ in f berührt, und dessen Ankreis an die Seite $\mathcal{B}$ durch s' und o die Gerade $\mathcal{C}$ in f' berührt. Die Existenz eines solchen Dreiecks ergibt sich wie in 1..
Betrachte jetzt die äußere Winkelhalbierende $\mathcal{W}$ des Dreiecks $s'so$ im Punkte o. K bezeichnet den Kreiskegel mit Achse $\mathcal{W}$ und Spitze o. Die Erweiterung der genannten Ankreise zu Sphären $S^2_{\bar{\rho}}(\bar{o})$ bzw. $S^2_{\bar{\rho}'}(\bar{o}')$ berührt K in jeweils einem Kreis und berührt die Ebene $\mathcal{E}u^2$ in f bzw. f'. Eine Erzeugende $\mathcal{G}$ von K trifft diese beiden Kreise in Punkten r, r' mit von $\mathcal{G}$ unabhängigem Abstand $d(r,r') = d(s,s')$. Um diese letzte Gleichung einzusehen, schreiben wir a, b, c anstelle von s', s, o und bestimmen mit den Formeln und Bezeichnungen aus 8.5.6 den Abstand $d(\bar{p}_a, p_{bc})$ als

$$d(\bar{p}_a, c) + d(c, \bar{p}_b) = |\mathcal{C}| = d(a,b) = d(s,s').$$

Ganz ähnlich wie beim Beweis von 1. folgt nun unter Verwendung der beiden Berührungssphären:

(8.7) $\qquad q \in K \cap \mathcal{E}u^2 \Longrightarrow d(q,f) - d(q,f') = \pm d(s,s').$

Da der Schnitt vollständig ist, ergibt sich aus 8.6.4, daß $K \cap \mathcal{E}u^2 = H$.
Zu 3.: Wir beschränken uns auf den Nachweis, daß $q \in K \cap \mathcal{E}u^2$ impliziert $d(q,f) = d(q,\mathcal{L})$, wo $\mathcal{L} = \mathcal{E}u^{*2} \cap \mathcal{E}u$. In der Tat, wenn q auf der Erzeugenden $\mathcal{G}$ von K gelegen ist, so berührt $\mathcal{G}$ die Sphäre $S^2_{\frac{\bar{\rho}}{2}}(\bar{o})$ in einem Punkt r des Kreises $K \cap S^2_{\frac{\bar{\rho}}{2}}(\bar{o}) \cap \mathcal{E}u^{*2}$. Also $d(q,f) = d(q,r)$. Sei l'_q der Fußpunkt des Lotes von q auf $\mathcal{E}u^{*2}$. Dann $d(q,l'_q) = \frac{d(q,r)}{\sqrt{2}}$, da $\sphericalangle(r-q, l'_q - q) = \frac{\pi}{4}$. Wenn l_q der Fußpunkt des Lotes von q auf die Gerade $\mathcal{E}u^2 \cap \mathcal{E}u^{*2}$ ist, so ist $l_q q l'_q$ ein Dreieck mit Winkel $\frac{\pi}{2}$ bei l'_q und Winkel $\frac{\pi}{4}$ bei l_q. Also $d(q,l_q) = \sqrt{2 d(q,l'_q)} = d(q,r)$. □

Bemerkung 8.6.16 In 8.6.15, 3. hatten wir die Parabel unter Verwendung der Leitlinie (vgl. 8.6.2) gekennzeichnet. Wir hatten in 8.6.2 auch die Ellipse

$\neq$ Kreis und die Hyperbel mit Hilfe der Leitlinie gekennzeichnet. Diese Kennzeichnung läßt sich jetzt aus der Beschreibung dieser Kurven als Schnitte mit dem Kegel K ablesen, wie wir es in 8.6.15 getan haben: Betrachte etwa die Dandelinsche Sphäre $S^2_{\tilde{p}}(\bar{o})$ und die Ebene $\mathcal{E}u^{*2}$, welche den Kreis $K \cap S^2_{\tilde{p}}(\bar{o})$ enthält. Die Ebene $\mathcal{E}u^2$, welche mit $K \cap \mathcal{E}u^2$ eine Ellipse $\neq$ Kreis oder eine Hyperbel liefert, ist nach Voraussetzung nicht parallel zu $\mathcal{E}u^{*2}$. Schnitt $\mathcal{E}u^2 \cap \mathcal{E}u^{*2}$ ist gerade die Leitlinie $\mathcal{L}$ des Kegelschnitts $K \cap \mathcal{E}u^2$.

Übungen

1. Sei $\mathcal{E}u$ ein affin-unitärer Raum und $\sigma: \mathcal{E}u \longrightarrow \mathcal{E}u$ eine Bewegung mit $\sigma \neq$ id, $\sigma \circ \sigma =$ id. Zeige: σ ist eine Spiegelung, d. h., es gibt einen Unterraum $\mathcal{B} \subset \mathcal{E}u$, so daß $\sigma(p) = -(p - p_\mathcal{B}) + p_\mathcal{B}$. Dabei ist $p_\mathcal{B}$ der Lotfußpunkt von p auf $\mathcal{B}$.
   (Hinweis: $\mathcal{B}$ ist die Fixpunktmenge $\{\frac{p+\sigma(p)}{2}; p \in \mathcal{E}u\}$ von σ.)

2. Sei $\mathcal{E}u$ die reelle euklidische Ebene. Eine Quadrik $\{\chi = 0\}$ heißt *Ellipse*, wenn in der Darstellung

   $$\chi(p) = \psi(p - o, p - o) + 2l_o(p - o) + \chi(o)$$

   der quadratischen Funktion χ die symmetrische Bilinearform ψ positiv-definit ist, d. h., $\psi(x,x) > 0$ für alle $x \neq 0$. Falls speziell $\psi = \langle , \rangle$, so heißt die Ellipse auch Kreis.

   (a) Zeige: Wenn $\{\chi = 0\}$ Ellipse und $\varphi: \mathcal{E}u \longrightarrow \mathcal{E}u$ eine beliebige Affinität, dann ist $\{\chi \circ \varphi = 0\}$ wieder eine Ellipse.

   (b) Zu jeder Ellipse $\{\chi = 0\}$ gibt es eine Affinität $\varphi: \mathcal{E}u \longrightarrow \mathcal{E}u$, so daß $\{\chi \circ \varphi = 0\}$ ein Kreis ist.

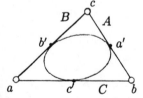

3. Sei abc ein Dreieck in der euklidischen Ebene. Zeige: Es gibt genau eine Ellipse, die die Dreiecksseiten in den Mittelpunkten $a' = \frac{b+c}{2} \in A, b' = \frac{c+a}{2} \in B, c' = \frac{a+b}{2} \in C$ berührt.
   (Hinweis: Betrachte zunächst ein Dreieck, wo die Existenz der Ellipse offensichtlich ist.)

4. Betrachte die euklidischen Normalformen von Quadriken im $\mathbb{R}^n$. Welche von diesen bestimmen eine $(n-1)$-dimensionale Quadrik?
   (Bestimme zumindest die 3-dimensionalen Quadriken in $\mathbb{R}^4$ vom Typ A1! Bemerkung: Eine $(n-1)$-dimensionale Quadrik ist eine Quadrik, zu der es eine Hyperebene gibt, in der die orthogonale Projektion der Quadrik eine Menge ist, deren Inneres nicht leer ist.

8.6 Kegelschnitte

5. Die *Inversion* $I_{x_0,\rho}$ in $\mathbb{R}^n$ an $x_0 \in \mathbb{R}^n$ mit der Potenz ρ^2 ist erklärt durch :

$$I_{x_0,\rho}: \mathbb{R}^n \setminus \{x_0\} \longrightarrow \mathbb{R}^n \setminus \{x_0\}; \quad x \longmapsto \rho^2 \frac{x - x_0}{|x - x_0|^2} + x_0,$$

wobei $|x| = (\sum_{i=1}^n x_i^2)^{\frac{1}{2}}$. Zeige:

(a) Die Fixpunktmenge von $I_{x_0,\rho}$ ist die Sphäre $\{x \in \mathbb{R}^n; |x - x_0| = \rho\}$. Man nennt $I_{x_0,\rho}$ daher auch Inversion an der Sphäre um x_0 mit Radius ρ.

(b) $I_{x_0,\rho} \circ I_{x_0,\rho} = \mathrm{id}$.

(c) Unter $I_{x_0,\rho}$ wird eine Sphäre $\{x \in \mathbb{R}^n; |x - x_1| = \sigma\}$, die nicht durch x_0 geht (d. h., $|x_0 - x_1| \neq \sigma$) in eine Sphäre abgebildet. (Beachte, daß sich eine Sphäre auch schreiben läßt als $\{x \in \mathbb{R}^n; |x|^2 + 2\langle x, a \rangle + \beta = 0\}$.)

(d) Unter $I_{x_0,\rho}$ wird eine Sphäre $\{x \in \mathbb{R}^n; |x - x_1| = \sigma\}$, die x_0 enthält, auf eine Hyperebene mit Normalenvektor $x_1 - x_0$ abgebildet.

6. Die Inversion an der Sphäre $\{x^2 + y^2 + (z-1)^2 = 2\}$ bildet die Sphäre $\{x^2 + y^2 + z^2 = 1\}$ ohne den Punkt $(0,0,1)$ in die Ebene $\{z = 0\}$ ab. Dies ist die *stereographische Projektion*. Zeige, daß hierbei die Kreise auf der Sphäre S^2 (das sind die Schnitte von S^2 mit Ebenen bzw. Sphären), die $(0,0,1)$ nicht enthalten, auf Kreise von $\{z = 0\}$ abgebildet werden.

7. Leite die Hessesche Normalform her für

(a) $4x + 3y + 2z = 1$ in $\mathbb{R}^3$

(b) $2x + 7y = 0$ in $\mathbb{R}^2$

(c) $(3+i)x + (1+5i)y = 1$ in $\mathbb{C}^2$.

8. Leite für folgende Quadriken die euklidische Normalform her:

(a) $x^2 + 5y^2 + 4xy - 2 = 0$

(b) $4xy + z^2 - 1 = 0$

(c) $4xy - z^2 - 1 = 0$

9. Betrachte im euklidischen $\mathbb{R}^2$ die Familie

$$Qu(\lambda) = \left\{ \frac{x^2}{a^2 + \lambda} + \frac{y^2}{b^2 + \lambda} = 1 \right\}$$

von Quadriken mit $a > b > 0, \lambda > -a^2, \lambda \neq -b^2$.

(a) Wieviele Quadriken in dieser Familie gibt es, die durch einen gegebenen Punkt $(x_0, y_0) \in \mathbb{R}^2$ gehen?

(b) Zeige: Falls es zwei solche Quadriken gibt, so schneiden sie sich in dem Punkt (x_0, y_0) orthogonal.

Bemerkung: Sei $(x_0, y_0) \in Qu(\lambda)$. Die Tangente an $Qu(\lambda)$ in (x_0, y_0) ist die Gerade
$$\left\{ \frac{xx_0}{a^2 + \lambda} + \frac{yy_0}{b^2 + \lambda} = 1 \right\}.$$
Es ist zu zeigen: Wenn $(x_0, y_0) \in Qu(\lambda_1) \cap Qu(\lambda_2), \lambda_1 \neq \lambda_2$, so schneiden sich die Tangenten orthogonal.

10. Die entsprechende Aufgabe für $\mathbb{R}^3$:
    Betrachte im euklidischen $\mathbb{R}^3$ die Familie
    $$Qu(\lambda) = \left\{ \frac{x^2}{a^2 + \lambda} + \frac{y^2}{b^2 + \lambda} + \frac{z^2}{c^2 + \lambda} = 1 \right\}$$
    von Quadriken mit $a > b > c > 0, \lambda > -a^2, \lambda \neq -b^2, -c^2$.

    (a) Wieviele Quadriken in dieser Familie gibt es, die durch einen gegebenen Punkt $(x_0, y_0, z_0) \in \mathbb{R}^3$ gehen?

    (b) Zeige: Falls es drei solcher Quadriken gibt, so schneiden sich ihre Tangentialebenen in (x_0, y_0, z_0) in drei paarweise orthogonalen Geraden.

    Bemerkung: Die Tangentialebene in $(x_0, y_0, z_0) \in Qu(\lambda)$ ist durch
    $$\left\{ \frac{xx_0}{a^2 + \lambda} + \frac{yy_0}{b^2 + \lambda} + \frac{zz_0}{c^2 + \lambda} = 1 \right\}$$
    gegeben.

11. Betrachte im euklidischen $\mathbb{R}^2$ eine 1-dimensionale Quadrik $\{\psi(x, x) + 2l(x) + \gamma = 0\}$. Die Tangente an diese Quadrik im Punkt x_0 ist erklärt als $\{\psi(x, x_0) + l(x) + l(x_0) + \gamma = 0\}$.

    (a) Zeige: Wenn $y_0 \in \mathbb{R}^2$ nicht auf der Quadrik liegt, so gibt es höchstens zwei Tangenten an die Quadrik, die den Punkt y_0 enthalten.

    (b) Betrachte eine Ellipse: Für welche Punkte $y_0 \in \mathbb{R}^2$ gilt, daß es keine, eine oder zwei Tangenten durch y_0 gibt? Figur!

    (c) Untersuche diese Frage für die Hyperbel. Figur!

    (d) Untersuche diese Frage für die Parabel. Figur!

12. Betrachte im n-dimensionalen euklidischen Raum $n + 1$ Punkte $p_1, \ldots, p_{n+1}$, die nicht in einer Hyperebene liegen. Zeige: Es gibt genau einen Punkt o mit $d(o, p_1) = \cdots = d(o, p_{n+1})$, d. h., es gibt genau eine Sphäre, die die $n + 1$ Punkte enthält.
    (Spezialfall: Durch drei Punkte der euklidischen Ebene, die nicht auf einer Geraden liegen, geht genau ein Kreis.)

13. Gegeben seien zwei Punkte p, q der euklidischen Ebene und eine reelle Zahl $\lambda > 0$ mit $d(p, q) < \lambda$. Zeige, daß die Mittelpunkte der Kreise, die den Kreis um p mit Radius λ berühren und durch q gehen, eine Ellipse bilden, und bestimme ihre euklidische Normalform.

8.6 Kegelschnitte

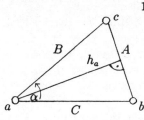

14. Betrachte ein Dreieck abc in einer euklidischen Ebene (d. h., die Punkte a, b, c seien nicht kollinear), A, B, C seien die Seiten und $|A| = d(c, b) = |c - b|, |B| = d(a, c) = |a - c|, |C| = d(a, b) = |a - b|$ bezeichnen die Seitenlängen. Setze $P = \frac{|A|+|B|+|C|}{2}$. α, β, γ seien die Winkel und $h_a = d(a, A)$ die Höhe des Dreiecks über der Seite A.

Zeige: Der Flächeninhalt $F = F(a, b, c)$ des Dreiecks ist gegeben durch

$$F = \frac{1}{2} a h_a = \frac{1}{2} |B||C| \sin \alpha = P\bar{\rho} = \sqrt{P(P - |A|)(P - |B|)(P - |C|)}.$$

Hierbei ist $\bar{\rho}$ der Radius des Inkreises.

15. Zeige, daß für jedes Dreieck abc die Ungleichung

$$F(a, b, c) \leq \frac{P^2}{3\sqrt{3}}$$

gilt. Das Gleichheitszeichen gilt dann und nur dann, wenn das Dreieck abc gleichseitig ist.

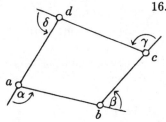

16. Gegeben sei ein konvexes Viereck $abcd$ in der euklidischen Ebene, d. h., bei geeigneter Orientierung der Ebene seien die orientierten Außenwinkel $\alpha = \vec{\sphericalangle}(a - d, b - a)$ usw. alle $< \pi$. Zeige: Es gibt genau einen Punkt x in der Ebene, für den die Funktion $x \longmapsto |x - a| + |x - b| + |x - c| + |x - d|$ ein Minimum annimmt.

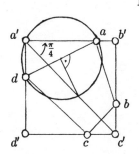

17. Sei $abcd$ ein konvexes Viereck in einer euklidischen Ebene. Bestimme ein Quadrat $a'b'c'd'$, dessen Seiten durch diese vier Punkte laufen. Beachte, daß dies nicht für alle a, b, c, d möglich ist! (Hinweis: Versuche zunächst die Diagonale $a'c'$ des Quadrats zu bestimmen: Diese trifft den Kreis mit Mittelpunkt $\frac{a+d}{2}$ und Radius $\frac{|d-a|}{2}$ in a' und dem Mittelpunkt des a' nicht enthaltenden Kreisbogens von d nach a.)

18. Betrachte ein Dreieck abc und einen von den Ecken verschiedenen Punkt p. Seien $\mathcal{G}_a, \mathcal{G}_b, \mathcal{G}_c$ die Verbindungsgeraden von p mit den Ecken. Wenn nun $\mathcal{G}'_a, \mathcal{G}'_b, \mathcal{G}'_c$ Geraden durch a, b, c sind, so daß

$$\vec{\sphericalangle}(C, \mathcal{G}_a) = \vec{\sphericalangle}(\mathcal{G}'_a, B); \quad \vec{\sphericalangle}(A, \mathcal{G}_b) = \vec{\sphericalangle}(\mathcal{G}'_b, C); \quad \vec{\sphericalangle}(B, \mathcal{G}_c) = \vec{\sphericalangle}(\mathcal{G}'_c, A),$$

dann treffen sich $\mathcal{G}'_a, \mathcal{G}'_b, \mathcal{G}'_c$ in einem Punkt p' (Verallgemeinerung des Satzes, daß die Winkelhalbierenden einen Punkt gemeinsam haben).

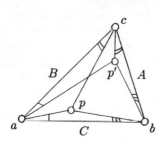

Beweisansatz mit Hilfe von Geradenspiegelungen: Bezeichne mit $\sigma_A, \sigma_B, \sigma_C$ die Spiegelungen an A, B, C und mit $\sigma_a, \sigma_b, \sigma_c$ und $\sigma'_a, \sigma'_b, \sigma'_c$ die Spiegelungen an $\mathcal{G}_a, \mathcal{G}_b, \mathcal{G}_c$ bzw. $\mathcal{G}'_a, \mathcal{G}'_b, \mathcal{G}'_c$. Dann besagen die Voraussetzungen: $\sigma'_a = \sigma_B \sigma_a \sigma_C$; $\sigma'_b = \sigma_C \sigma_b \sigma_A$; $\sigma'_c = \sigma_A \sigma_c \sigma_B$: $\sigma_a \sigma_b \sigma_c$ ist eine Geradenspiegelung. Benutze, daß das Produkt von drei Geradenspiegelungen an nicht-parallelen Geraden dann und nur dann wieder eine Geradenspiegelung ist, wenn die drei Geraden kopunktual sind.

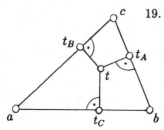

19. (Schwierig): Sei abc ein Dreieck. Für jeden Punkt t im Inneren des Dreiecks (das ist der Durchschnitt der offenen positiven Sektoren mit Spitze in a bzw. b bzw. c, die durch die Seiten gegeben sind) gilt:

$$d(t,a) + d(t,b) + d(t,c) \geq \\ 2(d(t,t_A) + d(t,t_B) + d(t,t_C))$$

Dabei ist t_A der Lotfußpunkt von t auf die Seite A, entsprechend t_B, t_C. Das Gleichheitszeichen gilt nur für ein gleichseitiges Dreieck.

Kapitel 9

Projektive Geometrie

9.1 Der projektive Raum

Wir konstruieren zu einem Vektorraum V der Dimension ≥ 1 den projektiven Raum $\mathcal{P} = \mathcal{P}(V)$. Die (linearen) Unterräume U von V induzieren in $\mathcal{P}(V)$ die projektiven Unterräume $\mathcal{P}(U)$, und die lineare Gruppe $GL(V)$ induziert die Gruppe $Pro(\mathcal{P})$ der Projektivitäten von $\mathcal{P}$.

Historisch hat der Begriff des projektiven Raumes seinen Ursprung in dem Wunsch, eine affine Ebene durch Hinzufügung von sogenannten uneigentlichen oder unendlich fernen Punkten so zu erweitern, daß auch parallele, aber verschiedene Geraden in der Erweiterung stets einen Schnittpunkt besitzen. Allgemeiner sollte erreicht werden, daß zwei affine Unterräume $\mathcal{B}$ und $\mathcal{B}'$ eines Raumes $\mathcal{A}$ mit $\dim \mathcal{B}-$ codim $\mathcal{B}' \geq 0$ in einer Erweiterung zu einem projektiven Raum als Schnitt stets einen Unterraum der Dimension $\geq \dim \mathcal{B}-$ codim $\mathcal{B}'$ besitzen. Auf eine solche Erweiterung werden wir in 9.2 eingehen.

In diesem Abschnitt leiten wir die wichtigsten Eigenschaften eines projektiven Raumes $\mathcal{P}(V)$ her. V soll immer endlichdimensional sein, wobei wir bemerken, daß sich ein Gutteil der nachfolgenden Überlegungen auch ohne diese Hypothese durchführen läßt. Der Körper K, über dem V erklärt ist, kann beliebig gewählt werden. K soll, wie immer, kommutativ sein. Man kann auch Vektorräume und projektive Räume über nicht-kommutativen Körpern betrachten; aber nicht alle folgenden Resultate bleiben dann gültig, und wir verzichten aus diesem Grund auf eine solche Verallgemeinerung.

Definition 9.1.1 1. *Sei V ein Vektorraum über K, $\dim V > 0$. Unter dem projektiven Raum $\mathcal{P} = \mathcal{P}(V)$ über V verstehen wir die Menge der 1-dimensionalen Unterräume von V. Ein solcher Unterraum heißt auch* Punkt *von $\mathcal{P}(V)$. Die* Dimension *von $\mathcal{P}(V)$ ist erklärt als $\dim V - 1$.*

2. *Ein (projektiver)* Unterraum *$\mathcal{L}$ von $\mathcal{P} = \mathcal{P}(V)$ heißt auch* Gerade, *ein Unterraum der Dimension 2 heißt auch* Ebene. *Ein Unterraum $\mathcal{P}(U)$ hat die* Codimension 1, *wenn $\operatorname{codim} U = 1$. Ein solcher Unterraum heißt auch (projektive)* Hyperebene.

Beispiel 9.1.2 Sei V ein $(n+1)$-dimensionaler euklidischer Vektorraum. Bezeichne mit $S(V)$ die n-dimensionale Sphäre: $S(V) = \{x \in V; |x| = 1\}$. Zu jedem 1-dimensionalen Unterraum U von V gibt es genau zwei Elemente, x und $-x$, in $U \cap S(V)$. Es sind dies die Elemente einer euklidischen Basis von U. Damit kann $\mathcal{P}(V)$ identifiziert werden mit den Paaren $\{x, -x\}$ von sogenannten *Diametralpunkten* auf $S(V)$. Einer Geraden $\mathcal{P}(U)$ in $\mathcal{P}(V)$ entspricht ein Großkreis $S^1 \subset S(V)$, nämlich der Schnitt $S(V) \cap U$. Dabei sind Diametralpunkte zu identifizieren.

Einen ersten Hinweis darauf, daß die Struktur eines projektiven Raumes in mancher Hinsicht einfacher ist als die eines affinen Raumes, liefert die folgende *Dimensionsformel*. Vergleiche dies mit der entsprechenden Formel 7.1.13 für affine Räume.

Theorem 9.1.3 *Seien $\mathcal{L}$ und $\mathcal{L}'$ Unterräume von $\mathcal{P} = \mathcal{P}(V)$. Dann*

$$\dim(\mathcal{L} \cap \mathcal{L}') + \dim(\mathcal{L} + \mathcal{L}') = \dim \mathcal{L} + \dim \mathcal{L}'.$$

Hier ist mit $\mathcal{L} = \mathcal{P}(U), \mathcal{L}' = \mathcal{P}(U'), \mathcal{L} \cap \mathcal{L}' = \mathcal{P}(U \cap U')$ und $\mathcal{L} + \mathcal{L}' = \mathcal{P}(U + U'), U + U' = [U \cup U']$.

Beweis: Dies folgt unmittelbar aus 2.6.9, man muß nur von jedem Summanden eine 1 abziehen. □

Folgerung 9.1.4 *Falls $\dim \mathcal{L} + \dim \mathcal{L}' \geq \dim \mathcal{P}$, so*

$$\dim(\mathcal{L} \cap \mathcal{L}') = \dim \mathcal{L} + \dim \mathcal{L}' - \dim(\mathcal{L} + \mathcal{L}') \geq 0,$$

d. h. $\mathcal{L} \cap \mathcal{L}' \neq \emptyset$. □

Wir kommen nun zu den Morphismen eines projektiven Raumes. Ähnlich wie beim affinen Raum betrachten wir nicht die allgemeinsten Morphismen, sondern – jedenfalls zunächst – nur solche, die von den Morphismen des zugehörigen Vektorraums induziert sind.

Definition 9.1.5 1. *Seien V und V' Vektorräume über K derselben Dimension. Eine Abbildung*

$$\pi \colon \mathcal{P} = \mathcal{P}(V) \longrightarrow \mathcal{P}' = \mathcal{P}(V')$$

heißt projektiv, wenn es einen linearen Isomorphismus $f \colon V \longrightarrow V'$ gibt, so daß das Bild $\pi(U)$ eines 1-dimensionalen Unterraumes U von V durch $f(U)$ gegeben ist. Wir bezeichnen ein solches π dann auch mit $\mathcal{P}(f)$.

2. *Falls speziell $V = V'$, also $\mathcal{P} = \mathcal{P}'$, so nennen wir eine projektive Abbildung $\pi \colon \mathcal{P} \longrightarrow \mathcal{P}$ auch* Projektivität. *Die Menge der Projektivitäten von $\mathcal{P}$ wird mit $\mathrm{Pro}(\mathcal{P})$ bezeichnet.*

3. *Sei V ein Vektorraum. Unter einer* Homothetie *von V verstehen wir eine Abbildung $h_\alpha \colon V \longrightarrow V; x \longmapsto \alpha x$ mit $\alpha \neq 0$ aus K. Die Menge der Homothetien von V bezeichnen wir mit $\mathrm{HT}(V)$.*

Lemma 9.1.6 1. *Die Menge der Homothetien von V bildet eine Untergruppe von $GL(V)$, die vermittels $h_\alpha \longmapsto \alpha$ isomorph ist zu K^*.*

2. $Pro(\mathcal{P})$ ist eine Untergruppe der Gruppe $\text{Perm}(\mathcal{P})$ der Bijektionen von $\mathcal{P}$. Wir nennen sie Gruppe der Projektivitäten von $\mathcal{P}$. Die Abbildung

$$\mathcal{P}: f \in GL(V) \longmapsto \mathcal{P}(f) \in Pro(\mathcal{P})$$

ist ein Gruppenmorphismus mit Kern = $HT(V)$.

Beweis: Zu 1.: $h_\alpha h_{\alpha'} = h_{\alpha\alpha'}$ und $h_\alpha^{-1} = h_{\alpha^{-1}}$ sind klar und damit auch, daß $h_\alpha \in HT(V) \longmapsto \alpha \in K^*$ ein Gruppenmorphismus ist.

Zu 2.: Aus $f \in GL(V)$ folgt $\mathcal{P}(f) \in \text{Perm}(\mathcal{P})$. Da $(f \cdot f')(U) = f(f'(U))$, ist $\mathcal{P}(f \cdot f') = \mathcal{P}(f) \cdot \mathcal{P}(f')$. $\mathcal{P}(f) = \text{id}_\mathcal{P}$ bedeutet, daß f jeden 1-dimensionalen Unterraum U von V in sich transformiert. Falls $\dim V = 1$, so $HT(V) = GL(V)$. Für $\dim V > 1$ betrachte zwei linear unabhängige Elemente $\{x, x'\}$ in V. Dann folgt aus $\mathcal{P}(f) = \text{id}_\mathcal{P}$:

$$f(x) = \alpha x, f(x') = \alpha' x', f(x + x') = \beta(x + x'),$$

mit $\alpha, \alpha', \beta \neq 0$. Also $\beta(x + x') = \alpha x + \alpha' x'$, d. h., $\alpha = \alpha' = \beta$. Der Rest folgt aus 1.4.12. □

Definition 9.1.7 1. *Sei U ein 1-dimensionaler Unterraum von V, also $\mathcal{P}(U)$ ein Punkt von $\mathcal{P}(V)$. Unter einer* projektiven *oder* homogenen Koordinate *von $\mathcal{P}(U)$ verstehen wir ein erzeugendes Element x von U.*

2. *Unter einem* projektiven Bezugssystem Q *des n-dimensionalen projektiven Raumes $\mathcal{P} = \mathcal{P}(V)$ verstehen wir $(n+2)$ Punkte $\{q_0, \ldots, q_n, e\}$ mit der Eigenschaft: Die q_i besitzen homogene Koordinaten b_i, so daß $B = \{b_0, \ldots, b_n\}$ Basis von V ist und $\sum_i b_i$ homogene Koordinate von e. B heißt zu Q gehörende Basis, e Einheitspunkt von Q.*

Bemerkungen 9.1.8 1. Der Name "homogene Koordinate" rührt daher, daß mit x auch $\alpha x, \alpha \neq 0$, homogene Koordinate eines Punktes $p \in \mathcal{P}$ ist.

2. Die Vorgabe eines projektiven Bezugssystems Q für $\mathcal{P}(V)$ ist gleichwertig mit der Vorgabe von $(n+2)$ Punkten $\{p_0, \ldots, p_n, p_{n+1}\}$ mit der Eigenschaft: Wenn x_i homogene Koordinaten von p_i sind, $0 \leq i \leq n+1$, so bilden je $(n+1)$ dieser x_i eine Basis von V. Man kann dann nämlich $x_{n+1} = \sum_{i=0}^n \alpha_i x_i$ schreiben, mit $\alpha_i \neq 0, 0 \leq i \leq n$. $b_i = \alpha_i x_i$ sind dann Koordinaten für p_i, wie sie für ein projektives Bezugssystem gefordert sind.

Lemma 9.1.9 *Sei $Q = \{q_0, \ldots, q_n, e\}$ projektives Bezugssystem von $\mathcal{P} = \mathcal{P}(V)$. Dann ist eine zu Q gehörende Basis B bis auf eine Homothetie von V festgelegt.*

Beweis: Seien $B = \{b_0, \ldots, b_n\}$ und $B' = \{b'_0, \ldots, b'_n\}$ zu Q gehörende Basen. Dann gibt es also für jedes $i, 0 \leq i \leq n$, ein $\alpha_i \neq 0$ mit $b'_i = \alpha_i b_i$, und es gibt $\alpha \neq 0$ mit $\sum_i b'_i = \alpha \sum_i b_i$, d. h., $\sum_i (\alpha - \alpha_i) b_i = 0$, also $\alpha_i = \alpha$ für alle $0 \leq i \leq n$. □

Das Gegenstück zu 7.2.9 lautet damit:

Theorem 9.1.10 *Sei* $\mathcal{P} = \mathcal{P}(V)$ *der projektive Raum über* V, $\dim \mathcal{P} = n$. *Durch ein projektives Bezugssystem* $Q = \{q_0, \ldots, q_n, e\}$ *von* $\mathcal{P}$ *ist ein projektiver Isomorphismus*

$$\pi_Q : \mathcal{P}(V) \longrightarrow \mathcal{P}(K^{n+1})$$

definiert. Und zwar wird einem 1-dimensionalen Unterraum $U = [x]$ *das Element* $[\Phi_B(x)]$ *zugeordnet, wo* B *eine zu* Q *gehörende Basis ist.*

Beweis: Nach 9.1.9 ist B bis auf eine Homothetie h_α festgelegt. Setze $h_\alpha(B) = \alpha B$. Dann $[\Phi_{\alpha B}(x) = \alpha^{-1}x] = [x]$. □

Das Gegenstück zu 7.2.10 lautet:

Theorem 9.1.11 *Sei* $Q = \{q_0, \ldots, q_n, e\}$ *ein projektives Bezugssystem von* $\mathcal{P}$.

1. *Eine Projektivität* $\pi : \mathcal{P} \longrightarrow \mathcal{P}$ *transformiert* Q *in das projektive Bezugssystem* $Q' = \{\pi(q_0), \ldots, \pi(q_n), \pi(e)\}$.
2. *Wenn* $Q' = \{q'_0, \ldots, q'_n, e'\}$ *ein beliebig vorgegebenes projektives Bezugssystem von* $\mathcal{P}$ *ist, so gibt es genau eine Projektivität* π, *welche* Q *in* Q' *überführt.*

Beweis: Zu 1.: Sei $\pi = \mathcal{P}(f), B = \{b_0, \ldots, b_n\}$ eine zu Q gehörende Basis von V. Setze $f(b_i) = b'_i, 0 \leq i \leq n$. Da $f(\sum_i b_i) = \sum_i f(b_i) = \sum_i b'_i$, ist Q' ein projektives Bezugssystem mit $B' = \{b'_0, \ldots, b'_n\}$ als zugehöriger Basis.
Zu 2.: Seien B und B' zu Q bzw. Q' gehörende Basen von V. Erkläre $f \in GL(V)$ durch $f(B) = B'$. $\mathcal{P}(f)$ transformiert dann Q in Q'. B und B' sind nur bis auf Homothetien festgelegt. D.h., auch f ist nur bis auf eine Homothetie festgelegt. Nach 9.1.6 gehört diese zu $\ker\{\mathcal{P} : GL(V) \longrightarrow Pro(\mathcal{P}(V))\}$. □

9.2 Die projektive Erweiterung eines affinen Raumes

Wir erklären jetzt für einen affinen Raum $\mathcal{A} = \mathcal{A}(V)$ über V seine projektive Erweiterung $\mathcal{A} \cup \mathcal{P}_\infty(\mathcal{A})$, indem wir ihm die Menge $\mathcal{P}_\infty(\mathcal{A})$ seiner sogenannten uneigentlichen oder unendlich fernen Punkte zuordnen. $\mathcal{P}_\infty(\mathcal{A})$ hat die Struktur eines projektiven Raumes und ist kanonisch isomorph zu $\mathcal{P}(V)$. Gleichzeitig ist damit für jeden affinen Unterraum $\mathcal{B}$ von $\mathcal{A}$ seine projektive Erweiterung $\mathcal{B} \cup \mathcal{P}_\infty(\mathcal{B})$ erklärt.
Diese projektive Erweiterung $\mathcal{A} \cup \mathcal{P}_\infty(\mathcal{A})$ trägt die Struktur eines projektiven Raumes $\mathcal{P}(V')$, $\dim V' = \dim V + 1$, in welchem ein Unterraum $\mathcal{P}(V)$ ausgezeichnet ist. Die prinzipiell einfachere Struktur eines projektiven Raumes gegenüber der Struktur eines affinen Raumes – vgl. insbesondere die Dimensionsformel 9.1.3 – kann daher für die Untersuchungen des affinen Raumes nutzbar gemacht werden. Wir zeigen dies am Beispiel der Sätze von Pappos-Pascal und Desargues.

9.2 Die projektive Erweiterung eines affinen Raumes

Definition 9.2.1 *Sei $\mathcal{A} = \mathcal{A}(V)$ ein affiner Raum über V. Unter einem* uneigentlichen *oder* unendlich fernen Punkt *von $\mathcal{A}$ verstehen wir eine Klasse paralleler Geraden von $\mathcal{A}$, vgl. 7.1.16. Die Menge dieser uneigentlichen Punkte heißt* uneigentlicher projektiver Raum $\mathcal{P}_\infty(\mathcal{A})$ *von $\mathcal{A}$.*

Die zuletzt eingeführte Bezeichnung erklärt sich durch den

Satz 9.2.2 *Sei $\mathcal{A}$ ein affiner Raum über V. Dann ist $\mathcal{P}_\infty(\mathcal{A})$ kanonisch bijektiv zu dem projektiven Raum $\mathcal{P}(V)$ über V.*

Beweis: Ein uneigentlicher Punkt von $\mathcal{A}$, d. h., eine Klasse paralleler Geraden in $\mathcal{A}$, entspricht eineindeutig der gemeinsamen Richtung (= 1-dimensionaler Unterraum von V) dieser Geraden. Eine solche Richtung ist aber ein Punkt in $\mathcal{P}(V)$. □

Bemerkung 9.2.3 Sei $\mathcal{B}$ Unterraum von $\mathcal{A} = \mathcal{A}(V)$. Dann ist auch $\mathcal{P}_\infty(\mathcal{B})$ erklärt als Menge der Klassen paralleler Geraden, die zu $\mathcal{B}$ gehören. Wenn $U_\mathcal{B}$ die Richtung von $\mathcal{B}$ ist, so ist also $\mathcal{P}_\infty(\mathcal{B})$ kanonisch isomorph zu $\mathcal{P}(U_\mathcal{B}) \subset \mathcal{P}(V)$.

Lemma 9.2.4 *Sei $\mathcal{A} = \mathcal{A}(V)$ affiner Raum. Jede Affinität $\varphi \in \mathrm{Aff}(\mathcal{A})$ induziert eine mit $\mathcal{P}_\infty(\varphi)$ bezeichnete Projektivität von $\mathcal{P}_\infty(\mathcal{A})$.*

$$\varphi \in \mathrm{Aff}(\mathcal{A}) \longmapsto \mathcal{P}_\infty(\varphi) \in Pro(\mathcal{P}_\infty(\mathcal{A}))$$

ist ein Gruppenmorphismus.
Der Kern dieses Morphismus wird mit $Dil(\mathcal{A})$ bezeichnet, seine Elemente heißen Dilatationen. *Die Gruppe $Dil(\mathcal{A})$ wird von den Translationen und Homothetien erzeugt. Die Translationen bilden eine invariante Untergruppe von $Dil(\mathcal{A})$.*

Bemerkungen 9.2.5 1. Den Begriff Homothetie hatten wir in 9.1.5 nur erst für einen Vektorraum V eingeführt. Für einen affinen Raum verstehen wir darunter eine Affinität φ, für die f_φ eine Homothetie ist.
2. Daß φ eine Dilatation von $\mathcal{A}$ ist, bedeutet, daß φ jede Gerade $\mathcal{G}$ von $\mathcal{A}$ in eine dazu parallele Gerade überführt – denn das ist gerade die Aussage, daß $\mathcal{G}$ und $\varphi(\mathcal{G})$ dieselbe Richtung besitzen.

Beweis von 9.2.4: Betrachte die Komposition der Gruppenmorphismen

$$\varphi \in \mathrm{Aff}(\mathcal{A}) \longmapsto f_\varphi \in GL(V) \longmapsto \mathcal{P}(f_\varphi) \in Pro(\mathcal{P}(V)).$$

$\mathcal{P}(f_\varphi)$ beschreibt gerade die Operation von f_φ auf den 1-dimensionalen Unterräumen von V, also den Klassen paralleler Geraden, d. h., $\mathcal{P}(f_\varphi) = \mathcal{P}_\infty(\varphi)$. Insbesondere ist $\mathcal{P}: \mathrm{Aff}(\mathcal{A}) \longrightarrow Pro(\mathcal{P}_\infty(\mathcal{A}))$ damit als Gruppenmorphismus erwiesen. $\varphi \in \ker \mathcal{P}$ bedeutet, daß $f_\varphi \in HT(V)$, vgl. 9.1.6, 2.. Also

$$\varphi(p) = \alpha(p - o) + \varphi(o) = (\varphi(o) - o) + \alpha(p - o) + o,$$

d. h., φ ist Komposition einer Homothetie und einer Translation. Die Gruppe der Translationen von $\mathcal{A}$ ist der Kern der Abbildung

$$\varphi \in Dil(\mathcal{A}) \longmapsto \alpha \in K^*,$$

wobei α durch $f_\varphi = h_\alpha$ bestimmt ist. □

Theorem 9.2.6 *Sei V' ein Vektorraum der Dimension $n+1 > 1$, V ein Unterraum der Dimension n. Dann besitzt der projektive Raum $\mathcal{P}(V')$ mit seinem Unterraum $\mathcal{P}(V)$ die Struktur der projektiven Erweiterung $\mathcal{A} \cup \mathcal{P}_\infty(\mathcal{A})$ eines affinen Raumes $\mathcal{A} = \mathcal{A}(V)$ über V. Dabei entspricht $\mathcal{P}_\infty(\mathcal{A})$ dem Unterraum $\mathcal{P}(V)$, während $\mathcal{A}$ der komplementären Menge $\mathcal{P}(V') \setminus \mathcal{P}(V) = \mathcal{P}(V' \setminus V)$ entspricht, und zwar auf folgende Weise: Wähle auf V' eine Linearform $l: V' \longrightarrow K$ mit $\ker l = V$. Dann bestimmt jedes $y \in V$ eine sogenannte* Transvektion

$$y_l^+ : V' \longrightarrow V'; \quad x' \longmapsto l(x')y + x'.$$

y_l^+ *ist ein Element von $GL(V')$ und $y_l^+|V = \text{id}_V$. Damit definieren wir für das betrachtete Element $y \in V$ die Abbildung*

$$y+ : \mathcal{P}(V' \setminus V) \longrightarrow \mathcal{P}(V' \setminus V)$$

durch $\mathcal{P}(y_l^+)|\mathcal{P}(V' \setminus V)$. D.h., $y+[x'] = [l(x')y + x']$, für $x' \in V' \setminus V$.
Auf diese Weise operiert ein $y \in V$ als Translation $y+$ auf der Menge $\mathcal{P}(V'\setminus V)$, so daß $\mathcal{P}(V'\setminus V)$ ein affiner Raum $\mathcal{A} = \mathcal{A}(V)$ wird. Dieser Raum $\mathcal{A}$ hängt noch von der Wahl der Linearform l ab. Wenn wir ihn daher mit $\mathcal{A}_l$ bezeichnen und mit $\mathcal{A}_{l'}$ den mit Hilfe einer Form $l' = \alpha^{-1}l$ definierten affinen Raum, so induziert die Homothetie $h_\alpha : V' \longrightarrow V'$ einen affinen Isomorphismus $\mathcal{A}_l$ auf $\mathcal{A}_{l'}$. Die Klasse der so kanonisch isomorphen $\mathcal{A}_l$ definiert den affinen Raum $\mathcal{P}(V' \setminus V)$, den wir auch mit $\mathcal{A}$ bezeichnen.

Beweis: y_l^+ ist offenbar linear, $(-y)_l^+$ ist das inverse Element, also $y_l^+ \in GL(V')$. Wenn wir eine Linearform l mit $\ker l = V$ wählen, so besitzt jeder Punkt von $\mathcal{P}(V'\setminus V)$ eine eindeutig bestimmte homogene Koordinate $x' \in V'\setminus V$ in $\{l=1\}$. y_l^+ führt die Mengen $\{l = \text{const.}\}$ in sich über. Insbesondere operiert y_l^+ auf $\{l=1\}$ als $x' \longmapsto y + x'$. Dies zeigt, daß $\{l=1\}$ die Struktur eines affinen Raumes $\mathcal{A}_l$ über V besitzt.
Sei nun $\alpha^{-1}l = l', h_\alpha : V' \longrightarrow V'$ die Homothetie $x' \longmapsto \alpha x'$. Dann haben wir

$$\begin{aligned} h_\alpha(y_l^+ x') &= \alpha(l(x')y + x') = \alpha^{-1}l(\alpha x')(\alpha y) + \alpha x' \\ &= l'(\alpha x')(\alpha y) + \alpha x' = h_\alpha(y)_{l'}^+ h_\alpha(x'). \end{aligned}$$

Damit können wir $\mathcal{P}(V' \setminus V)$ als affinen Raum $\mathcal{A}$ über V auffassen. Der Raum $\mathcal{P}_\infty(\mathcal{A})$, den wir gemäß 9.2.2 mit $\mathcal{P}(V)$ identifizieren können, erscheint nun als das Komplement von $\mathcal{A} = \mathcal{P}(V' \setminus V)$ in $\mathcal{P}(V')$. □

In 9.2.6 haben wir zu einem V' mit Unterraum V der Codimension 1 einen affinen Raum $\mathcal{A}(V)$ und seinen uneigentlichen Raum $\mathcal{P}_\infty(\mathcal{A}(V))$ konstruiert. Wir zeigen nun, daß für einen gegebenen affinen Raum $\mathcal{A}$ über V $\mathcal{A} \cup \mathcal{P}_\infty(\mathcal{A})$ im wesentlichen kanonisch isomorph ist zu einem solchen $\mathcal{P}(V' \setminus V) \cup \mathcal{P}(V)$.

Theorem 9.2.7 *Sei $\mathcal{A}$ affiner Raum über V. Sei V' ein Vektorraum, der V als Unterraum der Codimension 1 enthält. Nach Wahl eines $o \in \mathcal{A}$ und eines $x_0' \in V' \setminus V$ ist eine Bijektion*

$$\chi = \chi(o, x_0') : \mathcal{A} \cup \mathcal{P}_\infty(\mathcal{A}) \longrightarrow \mathcal{P}(V')$$

9.2 Die projektive Erweiterung eines affinen Raumes

bestimmt, so daß $\chi|\mathcal{A}$ ein affiner Isomorphismus mit dem affinen Raum $\mathcal{P}(V' \setminus V)$ ist und $\chi|\mathcal{P}_\infty(\mathcal{A})$ die kanonische Identifizierung mit $\mathcal{P}(V)$, vgl. 9.2.2. Wenn χ, χ' zwei Bijektionen der vorstehenden Art sind, so ist $\chi'|\mathcal{A} = \chi \circ f|\mathcal{A}$, mit $f: \mathcal{A} \longrightarrow \mathcal{A}$ eine Dilatation.

Definition 9.2.8 *Wir nennen den so definierten projektiven Raum $\mathcal{A} \cup \mathcal{P}_\infty(\mathcal{A})$ die projektive Erweiterung von $\mathcal{A}$. Zugleich ist für jeden affinen Unterraum $\mathcal{B}$ von $\mathcal{A}$ die projektive Erweiterung $\mathcal{B} \cup \mathcal{P}_\infty(\mathcal{B})$ erklärt. Hier ist $\mathcal{P}_\infty(\mathcal{B})$ ein projektiver Unterraum von $\mathcal{P}_\infty(\mathcal{A})$.*

Beweis: Durch $x'_0 \in V' \setminus V$ ist eine Linearform l mit $l|V = 0, l(x'_0) = 1$ bestimmt. Gemäß 9.2.6 ist $\{l = 1\}$ ein affiner Raum $\mathcal{A}_l$ über V. Die Wahl eines $o \in \mathcal{A}$ bestimmt die affine Bijektion $\chi = \chi(o, x'_0): \mathcal{A} \longrightarrow \mathcal{A}_l$ mit $p \longmapsto (p-o) + x'_0$. Erweitere χ auf $\mathcal{P}_\infty(\mathcal{A})$ wie in 9.2.2.
Wenn $o' \in \mathcal{A}, x''_0 \in V' \setminus V$, bestimme α durch $l(\alpha x''_0) = 1$. Betrachte die Dilatation

$$f: p \in \mathcal{A} \longmapsto \alpha(o - o') + (\alpha x''_0 - x'_0) + \alpha(p - o) + o \in \mathcal{A}.$$

Dann findet man für $\chi' = \chi(o', x''_0)|\mathcal{A} : \chi'(p) = \chi \circ f(p)$. Beachte schließlich, daß gemäß 9.2.4 für eine Dilatation f gilt $\mathcal{P}_\infty(f) = \text{id}$. □

Ergänzung 9.2.9 *Betrachte einen affinen Raum $\mathcal{A}$ über V und seine projektive Erweiterung $\mathcal{A} \cup \mathcal{P}_\infty(\mathcal{A})$. Ein affines Bezugssystem $P = \{p_0, p_1, \ldots, p_n\}$ von $\mathcal{A}$ bestimmt ein projektives Bezugssystem Q wie folgt:
Beschreibe $\mathcal{A}$ und $\mathcal{P}_\infty(\mathcal{A})$ als $\mathcal{P}(V' \setminus V)$ und $\mathcal{P}(V)$. Wähle für $p_0 \in \mathcal{A} = \mathcal{P}(V' \setminus V)$ eine Koordinate b_0. Setze $p_i - p_0 = b_i, 1 \leq i \leq n$. Dann ist $\{b_0, b_1, \ldots, b_n\}$ eine Basis von V', mit $b_i \in V$ für $i > 0$. Durch $q_i = [b_i], 0 \leq i \leq n$, und $e = [\sum_{i=0}^{n} b_i]$ ist dann ein projektives Bezugssystem Q gegeben.
Wenn nun $p = \sum_{i=0}^{n} \alpha_i p_i$, $\sum_{i=0}^{n} \alpha_i = 1$, ein Punkt in $\mathcal{A}$ ist, so ist $(1, \alpha_1, \ldots, \alpha_n)$ homogene Koordinate von p bezüglich Q. e hat die Koordinate $(1, 1, \ldots, 1)$ (daher der Name Einheitspunkt), und die Punkte von $\mathcal{P}_\infty(\mathcal{A})$ haben Koordinaten der Form $(0, \beta_1, \ldots, \beta_n)$.*

Beweis:

$$p = \sum_{i=0}^{n} \alpha_i p_i = \sum_{i=1}^{n} \alpha_i (p_i - p_0) + p_0 = \sum_{i=1}^{n} \alpha_i b_i + b_0.$$

$$e = \sum_{i=0}^{n} b_i.$$

$\{b_1, \ldots, b_n\}$ ist Basis für V. □

In 9.2.4 hatten wir ein $\varphi \in \text{Aff}(\mathcal{A})$ durch $\mathcal{P}_\infty(\varphi) = \mathcal{P}(f_\varphi)$ zu einer Projektivität von $\mathcal{P}_\infty(\mathcal{A}) = \mathcal{P}(V)$ erweitert. Wir ergänzen dieses Resultat durch das

Lemma 9.2.10 *Betrachte die projektive Erweiterung $\mathcal{A} \cup \mathcal{P}_\infty(\mathcal{A})$ von $\mathcal{A} = \mathcal{A}(V)$.
Die Gruppe $\text{Pro}(\mathcal{A} \cup \mathcal{P}_\infty(\mathcal{A}))$ der Projektivitäten von $\mathcal{A} \cup \mathcal{P}_\infty(\mathcal{A})$ besitzt eine zu der Gruppe $\text{Aff}(\mathcal{A})$ der Affinitäten isomorphe Untergruppe. Es sind dies*

gerade diejenigen Projektivitäten, welche $\mathcal{P}_\infty(\mathcal{A})$ in sich transformieren. Für ein solches π ist $\mathcal{P}_\infty(\pi|\mathcal{A}) = \pi|\mathcal{P}_\infty(\mathcal{A})$.

Beweis: Nach 9.2.7 können wir $\mathcal{A} \cup \mathcal{P}_\infty(\mathcal{A})$ mit $\mathcal{P}(V')$ identifizieren und $\mathcal{P}_\infty(\mathcal{A})$ mit $\mathcal{P}(V)$, V ein Unterraum der Codimension 1 von V'.
Betrachte $\pi = \mathcal{P}(f'), f' \in GL(V')$. Daß $\mathcal{P}(f')|\mathcal{P}(V)$ $\mathcal{P}(V)$ in sich transformiert, bedeutet $f = f'|V \in GL(V)$. Durch Multiplikation mit einer geeigneten Homothetie können wir erreichen, daß für alle $x' \in V'$ $f(x') - x' \in V$. D.h., wenn wir ein $x'_0 \in V' \setminus V$ fixieren, so, für $x \in V$
$$f'(x'_0 + x) - f'(x'_0) = f(x); \quad f'(x'_0) - x'_0 = a \in V.$$
D.h., $\mathcal{P}(f')|\mathcal{P}(V' \setminus V)$ ist die Affinität φ, welche durch $\varphi(o) = a + o, f_\varphi = f$ gegeben ist.
Da hier $a \in V$ und $f \in GL(V)$ beliebig vorgegeben werden können, läßt sich jedes $\varphi \in \text{Aff}(\mathcal{A})$ durch ein geeignetes $f' \in GL(V')$ darstellen.
Beachte schließlich, daß mit den vorstehend eingeführten Bezeichnungen
$$\mathcal{P}_\infty(\pi|\mathcal{A}) = \mathcal{P}_\infty(\varphi) = \mathcal{P}(f) = \mathcal{P}(f'|V) = \pi|\mathcal{P}(V) = \pi|\mathcal{P}_\infty(\mathcal{A}).$$
□

In 9.2.6 und 9.2.7 hatten wir gezeigt, daß die projektive Erweiterung $\mathcal{A} \cup \mathcal{P}_\infty(\mathcal{A})$ eines affinen Raumes projektiv äquivalent ist zu einem projektiven Raum $\mathcal{P}(V')$. Der ausgezeichnete Unterraum $\mathcal{P}_\infty(\mathcal{A})$ in der Erweiterung entspricht dabei dem ausgezeichneten Unterraum $\mathcal{P}(V)$ von $\mathcal{P}(V')$.
Wir benutzen diese Beziehungen nun dazu, um aus zwei Schließungssätzen der affinen Ebene Schließungssätze für die projektive Ebene herzuleiten.

Zunächst beweisen wir den *Satz von Pappos-Pascal (projektive Fassung)*. Für die affine Fassung vgl. 7.3.16.

Theorem 9.2.11 *Seien $\mathcal{G}, \mathcal{G}'$ Geraden einer projektiven Ebene und $\mathcal{G} \cap \mathcal{G}' = \{o\}$. Seien p_1, p_2, p_3 drei verschiedene Punkte auf $\mathcal{G} \setminus \{o\}$ und p'_1, p'_2, p'_3 drei verschiedene Punkte auf $\mathcal{G}' \setminus \{0\}$. Dann*
$$\mathcal{G}_{p_1 p'_3} \cap \mathcal{G}_{p_3 p'_1} = \{p''_2\}, \quad \mathcal{G}_{p_2 p'_1} \cap \mathcal{G}_{p_1 p'_2} = \{p''_3\}, \quad \mathcal{G}_{p_3 p'_2} \cap \mathcal{G}_{p_2 p'_3} = \{p''_1\},$$

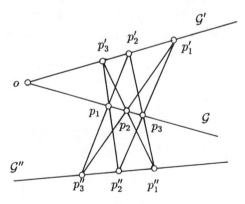

und p''_1, p''_2, p''_3 sind kollinear.

9.2 Die projektive Erweiterung eines affinen Raumes

Beweis: Zunächst sieht man leicht, daß unter den gemachten Voraussetzungen die Geradenpaare, deren Schnitt wir bilden, verschieden sind. Es ist auch $p_2'' \neq p_3''$. Denn

$$\begin{aligned}\{p_2''\} \cap \{p_3''\} &= (\mathcal{G}_{p_1 p_3'} \cap \mathcal{G}_{p_3 p_1'}) \cap (\mathcal{G}_{p_2 p_1'} \cap \mathcal{G}_{p_1 p_2'}) \\ &= (\mathcal{G}_{p_1 p_3'} \cap \mathcal{G}_{p_1 p_2'}) \cap (\mathcal{G}_{p_3 p_1'} \cap \mathcal{G}_{p_2 p_1'}) \\ &= \{p_1\} \cap \{p_1'\} = \emptyset.\end{aligned}$$

Setze $\mathcal{G}_{p_2'' p_3''} = \mathcal{G}''$. Betrachte die affine Ebene $\mathcal{A} = \mathcal{P} \setminus \mathcal{G}''$. D.h., $\mathcal{G}''$ spielt für $\mathcal{A}$ die Rolle $\mathcal{P}_\infty(\mathcal{A})$ der uneigentlichen Geraden.

Für eine Gerade $\mathcal{G}^* \neq \mathcal{G}''$ bezeichnen wir ihren zu $\mathcal{A}$ gehörenden Teil $\mathcal{G}^* \cap \mathcal{A}$ auch wieder mit $\mathcal{G}^*$. $\mathcal{G}^*$ ist dann also Gerade von $\mathcal{A}$. Damit haben wir: $\mathcal{G}_{p_1 p_3'} \| \mathcal{G}_{p_3 p_1'}$ und $\mathcal{G}_{p_1 p_2'} \| \mathcal{G}_{p_2 p_1'}$, also nach 7.3.16: $\mathcal{G}_{p_2 p_3'} \| \mathcal{G}_{p_3 p_2'}$, d. h., der Schnittpunkt p_1'' der projektiven Geraden $\mathcal{G}_{p_2 p_3'}$ und $\mathcal{G}_{p_3 p_2'}$ liegt auf $\mathcal{G}''$. □

Der *Satz von Desargues (projektive Fassung)* lautet (vgl. 7.3.17 für die affine Fassung):

Theorem 9.2.12 *Seien $\mathcal{G}_1, \mathcal{G}_2, \mathcal{G}_3$ drei verschiedene Geraden einer projektiven Ebene und $\mathcal{G}_1 \cap \mathcal{G}_2 \cap \mathcal{G}_3 = \{o\}$. Seien p_i, q_i verschiedene Punkte auf $\mathcal{G}_i \setminus \{o\}, i = 1, 2, 3$. Dann*

$$\mathcal{G}_{p_1 p_2} \cap \mathcal{G}_{q_1 q_2} = \{r_3\}, \quad \mathcal{G}_{p_1 p_3} \cap \mathcal{G}_{q_1 q_3} = \{r_2\}, \quad \mathcal{G}_{p_2 p_3} \cap \mathcal{G}_{q_2 q_3} = \{r_1\},$$

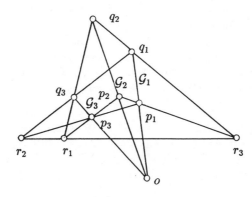

und r_1, r_2, r_3 sind kollinear.

Beweis: Man zeigt zunächst, daß die betrachteten Geradenschnitte jeweils aus nur einem Punkt bestehen und daß $r_3 \neq r_2$. Setze $\mathcal{G}_{r_3 r_2} = \mathcal{G}_\infty$ und betrachte die affine Ebene $\mathcal{A} = \mathcal{P} \setminus \mathcal{G}_\infty$. Die affinen Teile der Geraden $\mathcal{G}_{p_1 p_2}$ und $\mathcal{G}_{q_1 q_2}$ sind damit parallel, und ebenso die affinen Teile der Geraden $\mathcal{G}_{p_1 p_3}$ und $\mathcal{G}_{q_1 q_3}$. Aus 7.3.17 folgt damit $r_1 \in \mathcal{G}_\infty$. □

Wir beschließen diesen Abschnitt mit dem *Fundamentalsatz der projektiven Geometrie.* Vgl. 7.2.16 für den Fundamentalsatz der affinen Geometrie. Wie dort bezeichnen wir mit $\alpha \in K \longmapsto \bar{\alpha} \in K$ einen Isomorphismus des zugrundeliegenden Körpers K. Und wenn $Q = \{q_0, \ldots, q_n, e\}$ ein projektives Bezugssystem für den projektiven Raum $\mathcal{P}$ ist und $B = \{b_0, \ldots, b_n\}$ eine zugehörige Basis von V', so ist

$$(^-) : \mathcal{P} \longrightarrow \mathcal{P}$$

erklärt durch

$$x = \sum_{i=0}^{n} \xi_i b_i \longmapsto \bar{x} = \sum_{i=0}^{n} \bar{\xi}_i b_i.$$

Theorem 9.2.13 *Sei $\mathcal{P} = \mathcal{P}(V')$ ein projektiver Raum der Dimension $n \geq 2$. Eine projektive Kollineation*

$$\bar{\pi} : \mathcal{P} \longrightarrow \mathcal{P}$$

ist eine Bijektion, welche projektive Geraden in projektive Geraden überführt. Ein solches $\bar{\pi}$ läßt sich in der Form $\pi \circ (^-)$ schreiben. Hier ist π eine Projektivität und $(^-)$ eine mit Hilfe eines Körperisomorphismus wie oben erklärte Kollineation, welche ein projektives Bezugssystem Q invariant läßt.

Bemerkung: Im Unterschied zu 7.2.16 brauchen wir hier nicht vorauszusetzen, daß $1 + 1 \neq 0$. Diese Voraussetzung wurde gemacht, um sicherzustellen, daß eine Gerade eines affinen Raumes wenigstens drei verschiedene Punkte enthält. Im übrigen hätte es auch genügt vorauszusetzen, daß $K \neq \mathbb{Z}_2$ ist.
In einem projektiven Raum hat dagegen eine Gerade stets mindestens drei verschiedene Punkte. Auch vereinfacht sich der Beweis des Gegenstücks zu 7.2.13 für den projektiven Raum erheblich, siehe unten.

Beweis: Wir zeigen zunächst: Eine projektive Kollineation $\bar{\pi}$ führt einen l-dimensionalen Unterraum $\mathcal{L}$ von $\mathcal{P}$ in einen ebensolchen Raum über, vgl. hierzu 7.2.13.
Wir gehen mit Induktion nach l vor. Für $l = 1$ war dieses unsere Voraussetzung.
Die Behauptung sei für die Dimension $l - 1$ bereits bewiesen. Wähle nun in $\mathcal{L}$ einen Punkt o und einen Unterraum $\mathcal{K}$ der Dimension $l - 1$, der o nicht enthält.

Jeder Punkt $p \in \mathcal{L}$ gehört einer Geraden $\mathcal{G}$ durch o an, und $\mathcal{G}$ trifft $\mathcal{K}$ in einem Punkt q. $\bar{\pi}(o) \notin \bar{\pi}(\mathcal{K}), \bar{\pi}(\mathcal{K})$ ist Unterraum der Dimension $l-1$, und daher ist $\bar{\pi}(\mathcal{L})$ der von der Menge der Punkte auf den Geraden $\bar{\pi}(\mathcal{G})$ gebildete Raum, $\mathcal{G}$ wie oben.

Wähle in $\mathcal{P}$ einen Unterraum $\mathcal{P}_\infty$ der Codimension 1. Es gibt eine Projektivität π', so daß die Komposition von π' und $\bar{\pi}$, die wir wieder mit $\bar{\pi}$ bezeichnen, $\mathcal{P}_\infty$ in sich transformiert. D.h., wir können von der affinen Kollineation $\bar{\varphi} = \bar{\pi}|\mathcal{A}$ auf dem affinen Raum $\mathcal{A} = \mathcal{P} \setminus \mathcal{P}_\infty$ sprechen.

Für $\bar{\varphi}$ ist 7.2.13 erfüllt, und daher können wir gemäß 7.2.13 $\bar{\varphi}$ in der Form $\varphi \circ (^-)$ schreiben, wo $(^-)$ die Punkte eines affinen Bezugssystems $P = \{p_0, \ldots, p_n\}$ von $\mathcal{A}$ fest läßt und $(^-)(\sum_i \alpha_i p_i) = \sum_i \bar{\alpha}_i p_i$. Auf dem gemäß 9.2.9 aus P konstruierten projektiven Bezugssystem Q ist dann $(^-)$ wie angegeben definiert. □

Das Gegenstück zu 7.2.19 lautet:

Folgerung 9.2.14 *Für einen projektiven Raum der Dimension ≥ 2 über $\mathbb{R}$ ist jede Kollineation eine Projektivität.*

Beweis: Dies ergibt sich mit 9.2.13 aus 7.2.18. □

9.3 Anhang: Allgemeine projektive und affine Ebenen

Für eine projektive Ebene $\mathcal{P} = \mathcal{P}(V)$ über einem 3-dimensionalen Vektorraum V gelten folgende Tatsachen:

(A1) Zu zwei verschiedenen Punkten p und q existiert genau eine Gerade $\mathcal{G}_{pq}$, welche p und q enthält.

($\overline{\text{A1}}$) Zu zwei verschiedenen Geraden $\mathcal{G}$ und $\mathcal{H}$ existiert genau ein Punkt $p_{\mathcal{G}\mathcal{H}}$, der in beiden Geraden enthalten ist.

(A∗) Jede Gerade enthält wenigstens drei Punkte, und jeder Punkt ist in wenigstens drei Geraden enthalten.

Wenn wir z.B. die projektive Ebene über einem 3-dimensionalen Vektorraum über $K = \mathbb{Z}_2$ betrachten, so enthält jede Gerade nicht mehr als drei Punkte, und jeder Punkt ist in nicht mehr als drei Geraden enthalten.

In diesem Abschnitt wollen wir nun sogenannte allgemeine projektive Ebenen $\tilde{\mathcal{P}}$ betrachten. Das sind Objekte, die durch die Axiome (A1), ($\overline{\text{A1}}$) und (A∗) definiert sind. Man kann zeigen, daß ein solches $\tilde{\mathcal{P}}$ nicht eine projektive Ebene $\mathcal{P}(V)$ zu sein braucht. Dennoch reicht die Struktur von $\tilde{\mathcal{P}}$ aus, um Schließungssätze wie den **Satz von Desargues** oder den **Satz von Pappos-Pascal** (vgl. 9.2.11 und 9.2.12) zu formulieren. Ob diese gültig sind, ist eine andere Frage. In der Tat, die Gültigkeit des Satzes von Pappos-Pascal ist gleichwertig damit, daß $\tilde{\mathcal{P}}$ als $\mathcal{P}(V)$ betrachtet werden kann.

Auf Schließungssätze wird man geführt, wenn man versucht, die Punkte von $\tilde{\mathcal{P}}$ durch Koordinaten zu beschreiben. Für diesen Zweck ist es vorteilhaft, eine allgemeine affine Ebene $\tilde{\mathcal{A}}$ zu betrachten. $\tilde{\mathcal{A}}$ entsteht aus $\tilde{\mathcal{P}}$ durch Herausnehmen einer Geraden $\mathcal{G}_\infty$, die für $\tilde{\mathcal{A}}$ die Rolle einer uneigentlichen Geraden spielt.

In diesem Anhang beschränken wir uns darauf, die Addition und Multiplikation für einen Koordinatenbereich zu definieren. Die Gültigkeit des kommutativen Gesetzes entspricht der Gültigkeit des Satzes von Pappos-Pascal, und die Gültigkeit des Assoziativgesetzes entspricht dem sogenannten Schmetterlingssatz. Wir werden zeigen, daß dieser äquivalent ist zu dem Satz von Desargues.

Definition 9.3.1 1. *Unter einer* (allgemeinen) projektiven Ebene $\tilde{\mathcal{P}}$ *verstehen wir eine Menge, deren Elemente* Punkte *heißen, in der gewisse Teilmengen, genannt* Geraden, *ausgezeichnet sind, so daß die oben genannten Eigenschaften (A1), $\overline{(A1)}$ und (A∗) gelten.*

2. *Unter einer* (allgemeinen) affinen Ebene $\tilde{\mathcal{A}}$ *verstehen wir das Komplement* $\tilde{\mathcal{P}} \setminus \mathcal{G}_\infty$ *einer Geraden $\mathcal{G}_\infty$ in einer projektiven Ebene $\tilde{\mathcal{P}}$. Die zu $\mathcal{A}$ gehörenden Teile von Geraden $\neq \mathcal{G}_\infty$ aus $\mathcal{P}$ heißen* (affine) Geraden. *Wir bezeichnen sie auch wiederum mit $\mathcal{G}$. Eine affine Gerade ist also eine projektive Gerade, aus der der zu $\mathcal{G}_\infty$ gehörende Punkt herausgenommen ist.*
Die Punkte von $\mathcal{G}_\infty$ heißen auch uneigentliche Punkte *von $\tilde{\mathcal{A}}$.*
Wir sagen, daß zwei Geraden $\mathcal{G}$ und $\mathcal{G}'$ von $\tilde{\mathcal{A}}$ parallel *sind, wenn sie $\mathcal{G}_\infty$ in demselben uneigentlichen Punkt treffen. Bezeichnung: $\mathcal{G} \| \mathcal{G}'$.*

Satz 9.3.2 *Sei $\tilde{\mathcal{A}} = \tilde{\mathcal{P}} \setminus \mathcal{G}_\infty$ eine allgemeine affine Ebene. Dann gilt:*

(A1)′ Zu je zwei Punkten p und q existiert genau eine Gerade $\mathcal{G}_{pq}$, welche diese beiden Punkte enthält.

$\overline{(A1)}'$ Zu einer Geraden $\mathcal{G}$ und einem Punkt $p \notin \mathcal{G}$ existiert genau eine zu $\mathcal{G}$ parallele Gerade $\mathcal{G}'$, die p enthält.

(A∗)′ Jede Gerade enthält wenigstens zwei Punkte, und jeder Punkt ist in wenigstens drei Geraden enthalten.

Beweis: Aufgrund der Definition von $\tilde{\mathcal{A}}$ als $\tilde{\mathcal{P}} \setminus \mathcal{G}_\infty$ und der Definition der Parallelität folgt (A1)′ aus (A1). $\overline{(A1)}'$ ergibt sich aus $\overline{(A1)}$, indem man für $\mathcal{G}'$ den affinen Teil der projektiven Geraden durch p und den uneigentlichen Punkt von $\mathcal{G}$ wählt. (A∗)′ ergibt sich aus (A∗). □

Bemerkung 9.3.3 Es ist leicht zu zeigen, daß eine allgemeine affine Ebene $\tilde{\mathcal{A}}$ durch (A1)′, $\overline{(A1)}'$, (A∗)′ gekennzeichnet ist.

9.3 Anhang: Allgemeine projektive und affine Ebenen

Man ordnet jeder Klasse untereinander paralleler affiner Geraden einen uneigentlichen Punkt zu. Die Menge $\mathcal{G}_\infty$ dieser uneigentlichen Punkte sei als uneigentliche Gerade definiert. $\tilde{\mathcal{A}} \cup \mathcal{G}_\infty$ ist dann eine allgemeine projektive Ebene $\tilde{\mathcal{P}}$, deren Punkte die Punkte von $\tilde{\mathcal{A}}$ und die Punkte von $\mathcal{G}_\infty$ sind und deren Geraden $\mathcal{G}_\infty$ sowie die affinen Geraden sind, welche um den ihnen zugeordneten uneigentlichen Punkt $\in \mathcal{G}_\infty$ erweitert sind.

Es bedeutet also keine Einschränkung, wenn wir eine allgemeine affine Ebene $\tilde{\mathcal{A}}$ auch als Menge von *Punkten* $p, q, \ldots$ mit ausgezeichneten Teilmengen $\mathcal{G}, \mathcal{H}, \ldots$, *Geraden* genannt, betrachten, für die (A1)′, $(\overline{A1})'$ und (A∗)′ gelten.

Definition 9.3.4 *Sei $\tilde{\mathcal{A}}$ allgemeine affine Ebene.*

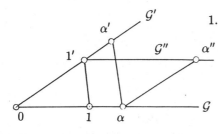

1. *Unter einem affinen Bezugssystem für $\tilde{\mathcal{A}}$ verstehen wir drei mit $\{0, 1, 1'\}$ bezeichnete Punkte von $\tilde{\mathcal{A}}$, die nicht einer Geraden angehören. Die Geraden $\mathcal{G}_{01}$ und $\mathcal{G}_{01'}$ bezeichnen wir auch mit $\mathcal{G}$ bzw. $\mathcal{G}'$. 0 heißt* Ursprung *des Bezugssystems $\{0, 1, 1'\}$, $\mathcal{G}$ und $\mathcal{G}'$ seine* Achsen. *1 und 1′ heißen* Einheitspunkte *auf diesen Achsen.*

Wir bezeichnen die Punkte von $\mathcal{G}$ auch mit $\alpha, \beta, \ldots$. Wir ordnen jedem $\alpha \in \mathcal{G}$ einen Punkt $\alpha' \in \mathcal{G}'$ wie folgt zu: $0' = 0$, und wenn $\alpha \neq 0$, so sei α' der Schnittpunkt von $\mathcal{G}'$ mit der Parallelen zu $\mathcal{G}_{11'}$ durch α.

Schließlich bezeichnen wir mit $\mathcal{G}''$ die Parallele zu $\mathcal{G}$ durch $1'$. Jedem $\alpha \in \mathcal{G}$ ordnen wir ein α'' bezeichnetes Element auf $\mathcal{G}''$ wie folgt zu: α'' ist der Schnittpunkt von $\mathcal{G}''$ mit der Parallelen zu $\mathcal{G}'$ durch α. Speziell also $0'' = 1'$.

2. *Auf der Menge der Punkte von $\mathcal{G}$ erklären wir die* Addition

$$(\alpha, \beta) \in \mathcal{G} \times \mathcal{G} \longmapsto \alpha + \beta \in \mathcal{G}$$

wie folgt: $\alpha + \beta$ ist der Schnittpunkt von $\mathcal{G}$ mit der Parallelen zu $\mathcal{G}_{\alpha 1'}$ durch $\beta'' \in \mathcal{G}''$. Und wir erklären die Multiplikation

$$(\alpha, \beta) \in \mathcal{G} \times \mathcal{G} \longmapsto \alpha\beta \in \mathcal{G}$$

wie folgt: $\alpha\beta$ ist der Schnittpunkt von $\mathcal{G}$ mit der Parallelen zu $\mathcal{G}_{\alpha 1'}$ durch $\beta' \in \mathcal{G}'$.

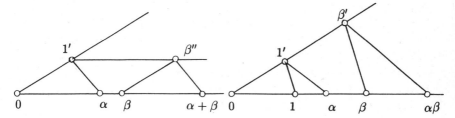

Bemerkung 9.3.5 Falls $\tilde{\mathcal{A}}$ eine affine Ebene $\mathcal{A} = \mathcal{A}(V)$ über einem 2-dimensionalen Vektorraum V über K ist, so ist $\{0, 1, 1'\}$ gerade ein affines Bezugssystem von $\mathcal{A}$ im Sinne von 7.2.7. Dort war es mit $\{o, p_1, p_2\}$ bezeichnet. $\{d_1 = p_1 - o, d_2 = p_2 - o\}$ ist eine Basis von V. Die Punkte auf der Geraden $\mathcal{G}$ durch $0 = o$ und $1 = p_1$ lassen sich in der Form $\alpha d_1 + o$ schreiben, mit $\alpha \in K$. Man sieht nun leicht, daß der oben mit $\alpha + \beta$ bezeichnete Punkt in diesem Falle durch $(\alpha + \beta)d_1 + o$ gegeben ist, und daß $\alpha\beta$ dort durch $\alpha\beta d_1 + o$ gegeben ist.

Da K ein Körper ist, gelten solche Regeln wie die Assoziativgesetze für Addition und Multiplikation und das kommutative Gesetz für die Addition und für die Multiplikation, da wir uns stets auf kommutative Körper beschränkt hatten. Ferner gilt das Distributivgesetz.

In dem Falle einer allgemeinen affinen Ebene $\tilde{\mathcal{A}}$ bedeutet die Gültigkeit jeder dieser Gesetze, daß ein gewisser Schließungssatz erfüllt ist. Wir betrachten zunächst das kommutative Gesetz.

Lemma 9.3.6 *Sei $\tilde{\mathcal{A}}$ allgemeine affine Ebene. Die Gültigkeit des affinen Satzes von Pappos-Pascal aus 7.3.16 ist gleichbedeutend damit, daß für jedes affine Bezugssystem von $\tilde{\mathcal{A}}$ Addition und Multiplikation kommutativ sind, d. h., $\alpha + \beta = \beta + \alpha$; $\alpha\beta = \beta\alpha$.*

Beweis: Wähle $\{0, 1, 1'\}$. Was $\alpha + \beta = \beta + \alpha$ angeht, so lassen wir den Geraden $\mathcal{G}, \mathcal{G}'$ aus 7.3.16 die parallelen Geraden $\mathcal{G}, \mathcal{G}''$ aus 9.3.4, 1. entsprechen und den Punkten $\{p_1, p_2, p_3\}$ bzw. $\{p_3', p_2', p_1'\}$ aus 7.3.16 die Punkte $\{\alpha, \beta, \alpha + \beta\}$ bzw. $\{1', \alpha'', \beta''\}$ aus 9.3.4, 1.. $\alpha + \beta = \beta + \alpha$ bedeutet gerade, daß die Parallele zu $\mathcal{G}_{p_2 p_3'}$ (aus 7.3.16) bzw. zu $\mathcal{G}_{\beta 1'}$ (aus 9.3.4, 2.) durch p_2' bzw. α'' die Gerade $\mathcal{G}$ in dem Punkt p_3 (aus 7.3.16) bzw. $\alpha + \beta$ (aus 9.3.4, 2.) schneidet.
Analog lassen wir für $\alpha\beta = \beta\alpha$ den Geraden $\mathcal{G}, \mathcal{G}'$ aus 7.3.16 die Geraden $\mathcal{G}, \mathcal{G}'$ aus 9.3.4, 2. entsprechen und den Punkten $\{p_1, p_2, p_3\}$ bzw. $\{p_3', p_2', p_1'\}$ aus 7.3.16 die Punkte $\{\alpha, \beta, \alpha\beta\}$ bzw. $\{1', \alpha', \beta'\}$ aus 9.3.4, 2.. $\alpha\beta = \beta\alpha$ bedeutet, daß die Parallele zu $\mathcal{G}_{p_2 p_3'}$ (aus 7.3.16) bzw. zu $\mathcal{G}_{\beta 1'}$ (aus 9.3.4, 2.) durch p_2' bzw. α' die Gerade $\mathcal{G}$ in p_3 bzw. $\alpha\beta$ trifft. Da dies für jedes affine Bezugssystem gelten soll, folgt unsere Behauptung. □

Wir wollen zeigen, daß das Assoziativgesetz äquivalent ist zu folgendem Schließungssatz.

Definition 9.3.7 *Unter dem* Schmetterlingssatz *verstehen wir folgende Aussage in einer allgemeinen affinen Ebene von $\tilde{\mathcal{A}}$:*

9.3 Anhang: Allgemeine projektive und affine Ebenen

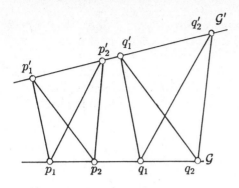

Seien $\mathcal{G}, \mathcal{G}'$ verschiedene Geraden, p_1, p_2, q_1, q_2 Punkte auf $\mathcal{G}$, aber nicht auf $\mathcal{G}'$, und p_1', p_2', q_1', q_2' Punkte auf $\mathcal{G}'$, aber nicht auf $\mathcal{G}$. Aus

$$\mathcal{G}_{p_1 p_1'} \| \mathcal{G}_{q_1 q_1'}; \quad \mathcal{G}_{p_1 p_2'} \| \mathcal{G}_{q_1 q_2'}; \quad \mathcal{G}_{p_2 p_1'} \| \mathcal{G}_{q_2 q_1'}$$

folgt
$$\mathcal{G}_{p_2 p_2'} \| \mathcal{G}_{q_2 q_2'}.$$

Lemma 9.3.8 *Sei $\tilde{\mathcal{A}}$ eine allgemeine affine Ebene. Die Gültigkeit des Schmetterlingssatzes ist gleichbedeutend damit, daß für alle affinen Bezugssysteme von $\tilde{\mathcal{A}}$ Addition und Multiplikation assoziativ sind, d. h., $(\alpha + \beta) + \gamma = \alpha + (\beta + \gamma)$ und $(\alpha\beta)\gamma = \alpha(\beta\gamma)$.*

Beweis: Der Einfachheit halber beschränken wir uns auf die Multiplikation. Den Geraden $\mathcal{G}, \mathcal{G}'$ aus 9.3.7 entsprechen die ebenso bezeichneten Geraden aus 9.3.4, 1.. Den Punkten $\{p_1, p_2, q_1, q_2\}$ aus 9.3.7 entsprechen die Punkte $\{\beta, \alpha\beta, \beta\gamma, (\alpha\beta)\gamma\}$ aus 9.3.4, 2., und den Punkten $\{p_1', p_2', q_1', q_2'\}$ die Punkte $\{1', \beta', \gamma', (\beta\gamma)'\}$. $(\alpha\beta)\gamma = \alpha(\beta\gamma)$ bedeutet bei diesen Entsprechungen, daß die Parallele zu $\mathcal{G}_{(\alpha\beta)\beta'} \| \mathcal{G}_{\alpha 1'}$ ($\sim \mathcal{G}_{p_2 p_2'}$) durch $(\beta\gamma)'$ ($\sim q_2'$) die Gerade $\mathcal{G}$ in $(\alpha\beta)\gamma$ ($\sim q_2$) trifft. □

Bemerkung 9.3.9 Aus der Definition der Addition und Multiplikation folgen $0 + \alpha = \alpha + 0 = \alpha$ und $1\alpha = \alpha 1 = \alpha$. Wie wir sahen, entsprechen den Kommutativgesetzen und Assoziativgesetzen gewisse Schließungssätze. Das Gleiche gilt für das Distributivgesetz. Man kann nun fragen, welche Abhängigkeiten zwischen den auf diese Weise auftretenden Schließungssätzen gelten. Hilbert und Hessenberg haben gezeigt, daß aus dem Satz von Pappos-Pascal alle anderen Schließungssätze folgen, die notwendig sind, um zu zeigen, daß die oben definierte Addition und Multiplikation auf der Menge der Punkte von $\mathcal{G}$ die Struktur eines (kommutativen) Körpers K definieren. Damit ist es dann nicht schwierig nachzuweisen, daß $\tilde{\mathcal{A}}$ sich als $\mathcal{A}(V)$ beschreiben läßt, wobei V ein 2-dimensionaler Vektorraum über einem bis auf Isomorphie eindeutig festgelegten Körper K ist.

Hilbert konnte auch zeigen, daß allein aus der Gültigkeit des Satzes von Desargues folgt: Die oben erklärte Addition und Multiplikation definieren auf der Menge $\mathcal{G}$ die Struktur eines nicht notwendig kommutativen Körpers K, und damit läßt $\tilde{\mathcal{A}}$ sich als $\mathcal{A}(V)$ beschreiben, wo V ein 2-dimensionaler Vektorraum über K ist.

Wir wollen dieses hier nicht im einzelnen ausführen. Vielmehr beschließen wir diesen Anhang mit einer vom Verfasser stammenden Äquivalenz zweier Schließungssätze:

Theorem 9.3.10 *In einer allgemeinen affinen Ebene $\tilde{A}$ sind der Satz von Desargues (D) und der Schmetterlingssatz (S) äquivalent.*

Aufgrund von 9.3.9 haben wir damit:

Theorem 9.3.11 *Die Gültigkeit des Schließungssatzes, der den Assoziativgesetzen entspricht, ist notwendig und hinreichend dafür, daß eine allgemeine affine Ebene $\tilde{A}$ sich als affine Ebene $\mathcal{A}(V)$ über einem nicht notwendig kommutativen Körper beschreiben läßt.*

Theorem 9.3.12 *Die Gültigkeit des Schließungssatzes, der den Kommutativgesetzen entspricht, ist notwendig und hinreichend dafür, daß eine allgemeine affine Ebene $\tilde{A}$ sich als affine Ebene $\mathcal{A}(V)$ über einem kommutativen Körper K beschreiben läßt.*

Beweis von 9.3.10:

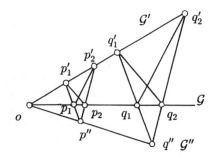

1. Es gelte (D). Wenn in den Voraussetzungen von (S) $\mathcal{G}_{p_1 p_1'} \| \mathcal{G}_{p_2 p_2'}$ und $\mathcal{G}_{q_1 q_1'} \| \mathcal{G}_{q_2 q_2'}$, so ist die Behauptung aus (S) klar. Wir können also – wenn notwendig durch Umbenennung – annehmen, daß $\mathcal{G}_{p_1 p_1'}$ und $\mathcal{G}_{p_2 p_2'}$ einen Punkt p'' gemeinsam haben. Sei $\mathcal{G}''$ die Gerade durch p'' und den gemeinsamen Punkt o von $\mathcal{G}$ und $\mathcal{G}'$. Dann haben $\mathcal{G}_{q_1 q_1'}$ und $\mathcal{G}''$ einen Punkt q'' gemeinsam. Aus (D), angewandt auf die Geraden $\mathcal{G}, \mathcal{G}', \mathcal{G}''$ und die Punkte $\{p_2, p_1', p''\}, \{q_2, q_1', q''\}$ folgt

$$\mathcal{G}_{p_2 p''} = \mathcal{G}_{p_2 p_2'} \| \mathcal{G}_{q_2 q''}.$$

Aus (D), angewandt auf $\mathcal{G}, \mathcal{G}', \mathcal{G}''$ und die Punkte $\{p_1, p_2', p''\}, \}q_1, q_2', q''\}$ folgt

$$\mathcal{G}_{p_2' p''} = \mathcal{G}_{p_2 p_2'} \| \mathcal{G}_{q_2' q''}.$$

Also

$$\mathcal{G}_{q_2 q''} = \mathcal{G}_{q_2' q''} = \mathcal{G}_{q_2 q_2'} \| \mathcal{G}_{p_2 p_2'}.$$

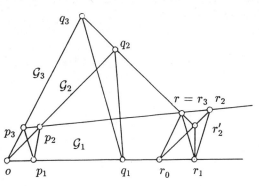

2. Es gelte (S). Wir beweisen (D) in der formallogisch äquivalenten Form: $\mathcal{G}_1, \mathcal{G}_2, \mathcal{G}_3$ seien drei verschiedene Geraden durch o. p_i, q_i seien verschiedene Punkte auf $\mathcal{G}_i$ und nicht auf $\mathcal{G}_j$, $i \neq j$, $i,j = 1,2,3$. $\mathcal{G}_{p_1 p_3} \| \mathcal{G}_{q_1 q_3}$, und $\mathcal{G}_{p_2 p_3}, \mathcal{G}_{q_2 q_3}$ mögen einen Punkt $r = r_3$ gemeinsam haben. Dann sind $\mathcal{G}_{p_1 p_2}$ und $\mathcal{G}_{q_1 q_2}$ nicht parallel. Betrachte zunächst den Fall $r = r_3 \notin \mathcal{G}_1$. Wir "transportieren" die Vierecke $\{o, p_1, p_3, p_2\}$ und $\{o, q_1, q_3, q_2\}$ mit Hilfe von (S) in Vierecke $\{r_0, r_1, r_3, r_2\}$ bzw. $\{r_0, r_1, r_3, r_2'\}$. D.h., r_0, r_1 gehören zu $\mathcal{G}_1$ und

$$\mathcal{G}_{r_0 r_3} \| \mathcal{G}_{o p_3} = \mathcal{G}_3;$$
$$\mathcal{G}_{r_1 r_3} \| \mathcal{G}_{p_1 p_3} \| \mathcal{G}_{q_1 q_3};$$
$$\mathcal{G}_{r_0 r_2} = \mathcal{G}_{r_0 r_2'} \| \mathcal{G}_{o p_2} = \mathcal{G}_{o q_2} = \mathcal{G}_2.$$

Dann $\mathcal{G}_{p_1 p_2} \| \mathcal{G}_{r_1 r_2}$ und $\mathcal{G}_{q_1 q_2} \| \mathcal{G}_{r_1 r_2'}$. Da $r_1 \notin \mathcal{G}_{r_0 r_2'} = \mathcal{G}_{r_0 r_2}$, brauchen wir nur noch zu zeigen, daß $r_2 \neq r_2'$. Das folgt aber wegen $\mathcal{G}_2 \neq \mathcal{G}_3$ aus $\mathcal{G}_{r_0 r_2} = \mathcal{G}_{r_0 r_2'} \neq \mathcal{G}_{r_0 r_3}$.

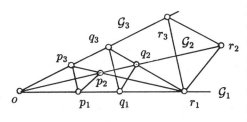

Es bleibt der Fall $r \in \mathcal{G}_1$ zu behandeln. Wir können annehmen, daß $r \neq p_1$ und $r \neq q_1$, da in diesen Fällen die Behauptung klar ist. Schreibe r_1 anstelle von r und bestimme $r_2 \in \mathcal{G}_2, r_3 \in \mathcal{G}_3$ durch $\mathcal{G}_{r_1 r_2} \| \mathcal{G}_{q_1 q_2}, \mathcal{G}_{r_1 r_3} \| \mathcal{G}_{q_1 q_3}$. Da $\mathcal{G}_{q_2 q_3}$ und $\mathcal{G}_{r_2 r_3}$ sich nicht auf $\mathcal{G}_1$ schneiden,
folgt $\mathcal{G}_{q_2 q_3} \| \mathcal{G}_{r_2 r_3}$. Wäre $\mathcal{G}_{p_1 p_2} \| \mathcal{G}_{q_1 q_2}$, so würde ebenso $\mathcal{G}_{p_2 p_3} \| \mathcal{G}_{r_2 r_3}$, also $\mathcal{G}_{p_2 p_3} \| \mathcal{G}_{q_2 q_3}$ folgen, entgegen unseren Voraussetzungen. □

9.4 Das Doppelverhältnis. Der Satz von v. Staudt

In 7.3.7 hatten wir drei verschiedenen Punkten einer affinen Gerade ihr Teilverhältnis zugeordnet. Dies ist eine affine Invariante, d. h., ihr Wert ändert sich nicht bei Affinitäten. Dagegen wissen wir aus 9.1.11, daß stets drei verschiedene Punkte einer projektiven Geraden in irgend drei andere verschiedene Punkte dieser Geraden durch eine Projektivität übergeführt werden können. Es sind also sicherlich vier Punkte einer Geraden erforderlich, um eine projektive Invariante zu definieren, die nicht trivial ist.

Wir tun dies mit der Einführung des sogenannten Doppelverhältnisses für vier verschiedene Punkte einer projektiven Geraden. Unter der Gruppe S_4 der Permutationen der vier Punkte nimmt das Doppelverhältnis im allgemeinen sechs verschiedene Werte an. Bei Projektivitäten ändert sich das Doppelverhältnis nicht, und bei projektiven Kollineationen nur mit einem Körperisomorphismus.

Eine ausgezeichnete Rolle spielen die harmonischen Punktequadrupel. Sie treten in natürlicher Weise bei einem vollständigen Vierseit auf. Wir beweisen am Schluß den Hauptsatz von v. Staudt, wonach eine Bijektion einer projektiven Geraden, die harmonische Quadrupel in sich transformiert, bis auf einen Körperisomorphismus eine Projektivität ist.

Wir beginnen mit dem Modell der projektiven Geraden über K.

Definition 9.4.1 1. *Wir betrachten einen Körper K als affine Gerade über K. Die projektive Erweiterung $\mathcal{P}_\infty(K)$ von K besteht aus einem einzigen Punkt, den wir mit ∞ bezeichnen.*

2. *$\mathcal{P}(K^2)$ sei mit $K \cup \mathcal{P}_\infty(K) = K \cup \{\infty\}$ wie folgt identifiziert: $\mathcal{P}(\{0\} \times K)$ soll dem Punkt ∞ entsprechen und die Punkte aus der affinen Geraden $\mathcal{P}(K \times K) \setminus \mathcal{P}(\{0\} \times K)$ vermittels ihrer speziellen homogenen Koordinaten $(1, \alpha), \alpha \in K$, den Punkten $\alpha \in K$. Wir beschreiben den uneigentlichen Punkt $\mathcal{P}(\{0\} \times K)$ durch die Koordinaten $(0, 1)$, vgl. 9.2.9.*

3. *Wir erweitern die Addition und Multiplikation des Körpers K teilweise auf $K \cup \{\infty\}$ durch folgende Festsetzungen:*

$$\alpha + \infty = \infty + \alpha = \infty, \quad \text{für alle } \alpha \in K.$$
$$\alpha \cdot \infty = \infty \cdot \alpha = \infty \quad \text{und}$$
$$\frac{\alpha}{0} = \infty, \quad \text{für alle } \alpha \in K \setminus \{0\}.$$
$$\frac{\infty}{\infty} = 1.$$

Definition 9.4.2 *Sei $\mathcal{P} = \mathcal{P}(V)$ eine projektive Gerade. Seien $\{p, q, s\}$ drei verschiedene Punkte von $\mathcal{P}$; nach 9.1.8, 2. bilden diese ein projektives Bezugssystem Q für $\mathcal{P}$. Nach 9.1.10 ist damit der projektive Isomorphismus*

$$\pi_Q \colon \mathcal{P} \longrightarrow \mathcal{P}(K^2) \cong K \cup \{\infty\}$$

erklärt mit $\pi_Q(p) = 0, \pi_Q(q) = \infty, \pi_Q(s) = 1$.

Für jedes $r \in \mathcal{P}$ ist das Doppelverhältnis *$\mathrm{DV}(p, q, r, s)$ definiert als das Element $\pi_Q(r) \in K \cup \{\infty\}$.*

Theorem 9.4.3 *Sei $\mathcal{P}$ ein projektiver Raum.*

1. *$\mathrm{DV}(p, q, r, s)$ ist eine projektive Invariante. D.h., wenn p, q, r, s Punkte auf einer Geraden $\mathcal{G}$ in $\mathcal{P}$ sind, p, q, s paarweise verschieden, und $\pi \colon \mathcal{P} \longrightarrow \mathcal{P}$ eine Projektivität, so*

$$\mathrm{DV}(\pi(p), \pi(q), \pi(r), \pi(s)) = \mathrm{DV}(p, q, r, s).$$

2. *Seien $\{p, q, r, s\}$ und $\{p', q', r', s'\}$ Punkte auf einer Geraden $\mathcal{G}$ bzw. $\mathcal{G}'$ von $\mathcal{P}$, p, q, s und p', q', s' jeweils paarweise verschieden. Dann und nur dann existiert eine Projektivität $\pi : \mathcal{P} \longrightarrow \mathcal{P}$, welche $\{p, q, r, s\}$ in $\{p', q', r', s'\}$ transformiert, wenn $DV(p, q, r, s) = DV(p', q', r', s')$.*

Beweis: Zu 1.: Wir können $\{p, q, s\}$ zu einem projektiven Bezugssystem $Q = \{q_0, \ldots, q_n, e\}$ von $\mathcal{P}$ ergänzen mit $q_0 = p, q_n = q, e = s$. Mit $\pi_Q, \pi_{\pi(Q)}$ wie in 9.1.10 gilt $\pi_Q = \pi_{\pi(Q)} \circ \pi$. Also

$$DV(\pi(p), \pi(q), \pi(r), \pi(s)) = \pi_{\pi(Q)} \circ \pi(r) = \pi_Q(r) = DV(p, q, r, s).$$

Zu 2.: Wie im Beweis von 1. betrachte Erweiterungen Q und Q' von $\{p, q, s\}$ und $\{p', q', s'\}$ zu projektiven Bezugssystemen. Nach 9.1.10 gibt es eine Projektivität $\pi : \mathcal{P} \longrightarrow \mathcal{P}$ mit $\pi(Q) = Q'$, also $\pi_Q = \pi_{Q'} \circ \pi \circ \pi(r) = r'$ ist gleichwertig mit $\pi_Q(r) = \pi_{Q'}(r')$. □

Wir stellen jetzt Methoden zur Berechnung des Doppelverhältnisses aus einer Koordinatendarstellung der Punkte zusammen.

Satz 9.4.4 *Sei $\mathcal{P} = \mathcal{P}(V)$ eine projektive Gerade.*

1. *Sei $Q = \{p, q, s\}$ projektives Bezugssystem für $\mathcal{P}$. Dann existieren homogene Koordinaten der Gestalt $\{x, y, x+y\}$ für $\{p, q, r\}$. Wenn $\alpha x + \beta y$ homogene Koordinate für r ist, so $DV(p, q, r, s) = \beta : \alpha$, mit $\beta : \alpha = \infty$ für $\alpha = 0$. Falls $r \neq q$, können wir r durch $x + \delta y$ beschreiben, also $DV(p, q, r, s) = \delta$.*
2. *Sei $\{b_0, b_1\}$ Basis von V. Homogene Koordinaten von p, q, r, s seien gegeben durch*

$$\alpha_0 b_0 + \alpha_1 b_1, \quad \beta_0 b_0 + \beta_1 b_1, \quad \gamma_0 b_0 + \gamma_1 b_1, \quad \delta_0 b_0 + \delta_1 b_1.$$

Dann gilt mit den Rechenregeln aus 9.4.1, 3.:

$$DV(p, q, s, r) = \frac{\begin{vmatrix} \alpha_0 & \gamma_0 \\ \alpha_1 & \gamma_1 \end{vmatrix}}{\begin{vmatrix} \alpha_0 & \delta_0 \\ \alpha_1 & \delta_1 \end{vmatrix}} : \frac{\begin{vmatrix} \gamma_0 & \beta_0 \\ \gamma_1 & \beta_1 \end{vmatrix}}{\begin{vmatrix} \delta_0 & \beta_0 \\ \delta_1 & \beta_1 \end{vmatrix}}.$$

Hier steht $\begin{vmatrix} \ \end{vmatrix}$ für die Determinante.

Beweis:

$$\gamma_0 b_0 + \gamma_1 b_1 = \frac{\lambda}{\sigma}\sigma(\alpha_0 b_0 + \alpha_1 b_1) + \frac{\mu}{\tau}\tau(\beta_0 b_0 + \beta_1 b_1)$$
$$\delta_0 b_0 + \delta_1 b_1 = \sigma(\alpha_0 b_0 + \alpha_1 b_1) + \tau(\beta_0 b_0 + \beta_1 b_1).$$

Nach 9.4.2 ist $DV(p, q, r, s) = \frac{\mu}{\tau} : \frac{\lambda}{\sigma}$. Die vorstehenden Gleichungen liefern folgende Gleichungssysteme für $\lambda, \mu, \sigma, \tau$:

$$\alpha_0 \lambda + \beta_0 \mu = \gamma_0; \quad\quad \alpha_0 \sigma + \beta_0 \tau = \delta_0$$
$$\alpha_1 \lambda + \beta_1 \mu = \gamma_1; \quad\quad \alpha_1 \sigma + \beta_1 \tau = \delta_1.$$

Da p und q verschieden sind, ist $\begin{vmatrix} \alpha_0 & \beta_0 \\ \alpha_1 & \beta_1 \end{vmatrix} \neq 0$.

Wir können also die Lösungen $\lambda, \mu, \sigma, \tau$ nach der Cramerschen Regel 4.5.7 bestimmen und finden damit den obigen Ausdruck. □

Folgerung 9.4.5 *Seien p, q, r, s vier Punkte einer projektiven Geraden, p, q, s verschieden. Wir schreiben ihre homogenen Koordinaten in der Form $(1, \tau_0), (1, \tau_\infty), (1, \tau), (1, \tau_1)$. Dann gilt*

$$\mathrm{DV}(p, q, r, s) = \frac{\tau - \tau_0}{\tau_1 - \tau_0} : \frac{\tau - \tau_\infty}{\tau_1 - \tau_\infty} = \frac{\tau - \tau_0}{\tau - \tau_\infty} : \frac{\tau_1 - \tau_0}{\tau_1 - \tau_\infty}.$$

Hier erlauben wir für $\tau_0, \tau_\infty, \tau, \tau_1$ Werte aus $K \cup \{\infty\}$ mit den in 9.4.1, 3. angegebenen Rechenregeln.

Beweis: Dies ergibt sich durch Ausrechnen der Formel aus 9.4.4. □

Bemerkung 9.4.6 Wir untersuchen jetzt das Verhalten des Doppelverhältnisses unter Permutationen seiner vier Argumente. Anstelle $\{p, q, r, s\}$ schreiben wir auch $\{1, 2, 3, 4\}$. In 3.5.9 hatten wir die Gruppe S_4 der Permutationen dieser Elemente eingeführt.

Nach 4.3.5 läßt sich jedes $\sigma \in S_4$ als Produkt von Transpositionen (i, j) schreiben. S_4 enthält als Untergruppe die *Kleinsche Vierergruppe* V_4, die aus den Elementen $\{\sigma_0, \sigma_1, \sigma_2, \sigma_3\}$ mit $\sigma_0 = \mathrm{id}$, $\sigma_1 = (0,1)(2,3)$, $\sigma_2 = (0,2)(1,3)$, $\sigma_3 = (0,3)(1,2)$ besteht. Es sind dies gerade diejenigen Permutationen von $\{1, 2, 3, 4\}$, welche, abgesehen von der Identität, mit einem Paar auch das andere vertauschen. Da $\sigma \cdot (i,j) \cdot \sigma^{-1} = (\sigma(i), \sigma(j))$, ist V_4 eine invariante Untergruppe von S_4.

Theorem 9.4.7 *Seien $\{p, q, r, s\}$ Punkte einer projektiven Geraden $\mathcal{P}$, p, q, s paarweise verschieden. Setze $\mathrm{DV}(p, q, r, s) = \delta \in K \cup \{\infty\}$. Wenn $\sigma \in S_4$, so besitzt $\mathrm{DV}(\sigma(p), \sigma(q), \sigma(r), \sigma(s))$ als Wert eines der Elemente*

(9.1) $$\delta, \ \frac{1}{\delta}, \ 1 - \delta, \ \frac{1}{1 - \delta}, \ \frac{\delta}{\delta - 1}, \ \frac{\delta - 1}{\delta}.$$

D.h., $\mathrm{DV}(\sigma(p), \sigma(q), \sigma(r), \sigma(s))$ hängt nur ab von $\delta = \mathrm{DV}(p, q, r, s)$ und $\sigma \in S_4$. Wir können also $\mathrm{DV}(\sigma(p), \sigma(q), \sigma(r), \sigma(s))$ in der Form $\sigma(\delta)$ schreiben.
Für $\sigma \in V_4$ ist $\sigma(\delta) = \delta$. Setze $\{\sigma \in S_4; \sigma(1) = 1\} = S_3$. Dann liefert $\{\sigma(\delta); \sigma \in S_3\}$ die Elemente aus (9.1). Da jedes $\sigma \in S_4$ sich eindeutig als $\sigma = \nu\sigma'$, $\nu \in V_4, \sigma' \in S_3$, schreiben läßt, ist $S_4/V_4 = S_3$.
Speziell gilt für die Erzeugenden $\tau_1 = (1, 2), \tau_2 = (2, 3), \tau_3 = (3, 4)$ von S_4:

$$\tau_1(\delta) = \delta^{-1}; \quad \tau_2(\delta) = 1 - \delta; \quad \tau_3(\delta) = \delta^{-1}.$$

Ergänzung 9.4.8 *Im Falle $\delta \in K \setminus \{0, 1\}$ sind die sechs Werte aus 9.4.7, (9.1) alle verschieden mit folgenden Ausnahmen:*

1. *Falls $1 + 1 + 1 = 0$ und $\delta = -1$, so sind alle Werte $= \delta$.*

9.4 Das Doppelverhältnis. Der Satz von v. Staudt

2. *Falls $1+1 \neq 0$ und $1+1+1 \neq 0$ und $\delta = -1$, so besteht (9.1) aus $\{-1, 2, \frac{1}{2}\}$. Falls $\delta^2 - \delta + 1 = 0$, so besteht (9.1) aus $\{\delta, -\delta^2\}$.*
3. *Falls K aus vier Elementen besteht, so besteht (9.1) aus $\{\delta, -\delta^2\}$.*

Beweis: Aus 9.4.5 lesen wir ab, daß für $\nu \in V_4$ $\nu(\delta) = \delta$. Es genügt also, $\sigma(\delta)$ für $\sigma \in S_3$, d. h., für $\sigma(p) = p$, zu bestimmen. Aus 9.4.5 ergibt sich

$$\begin{aligned}\text{für}\quad \tau_1 &= (1,2): & \tau_1(\delta) &= \delta^{-1};\\ \text{für}\quad \tau_2 &= (2,3): & \tau_2(\delta) &= 1 - \delta;\\ \text{für}\quad \tau_3 &= (3,4): & \tau_3(\delta) &= \delta^{-1}.\end{aligned}$$

Durch Komposition erhalten wir $(1-\delta)^{-1}$; $1 - (1-\delta)^{-1} = \frac{\delta}{1-\delta}$, $(1 - (1-\delta)^{-1})^{-1} = \frac{\delta-1}{\delta}$.

Die Ergänzung verifiziert man durch Nachrechnen. Wenn etwa $\delta^2 - \delta + 1 = 0$, so

$$\delta^{-1} = -\delta^2, \quad 1 - \delta = -\delta^2, \quad (1-\delta)^{-1} = \delta, \quad \delta(1-\delta)^{-1} = \delta^2.$$

□

Der Name "Doppelverhältnis" erklärt sich aus dem Zusammenhang mit dem in 7.3.7 eingeführten Teilverhältnis für drei Punkte einer affinen Geraden.

Lemma 9.4.9 1. *Seien p, q, r, s Punkte einer affinen Geraden $\mathcal{A}$, p, q, s verschieden. Wenn wir diese als Punkte ihrer projektiven Erweiterung $\mathcal{P} = \mathcal{A} \cup \{\infty\}$ auffassen, so gilt*

$$\mathrm{DV}(p,q,r,s) = \frac{\mathrm{TV}(r,s,p)}{\mathrm{TV}(r,s,q)}.$$

2. *Seien p, q, r Punkte einer affinen Geraden $\mathcal{A}, q \neq r$. Sei ∞ ihr uneigentlicher Punkt. Dann gilt*

$$\mathrm{DV}(p,q,r,\infty) = \mathrm{TV}(p,q,r).$$

Beweis: Zu 1.: Wie in 9.4.5 beschreiben wir p, q, r, s durch die Koordinaten $(1, \tau_0), (1, \tau_\infty), (1, \tau), (1, \tau_1)$. Dann

$$\mathrm{TV}(r,s,p) = \frac{\tau - \tau_0}{\tau_1 - \tau_0}; \quad \mathrm{TV}(r,s,q) = \frac{\tau - \tau_\infty}{\tau_1 - \tau_\infty}.$$

Die Behauptung folgt aus 9.4.5.

Zu 2.: Mit den Koordinaten aus dem Beweis von 1. wird $\mathrm{TV}(p,q,r) = \frac{\tau_0 - \tau}{\tau_\infty - \tau}$. Setze in 9.4.5 $\tau_1 = \infty$.

□

Der folgende Satz liefert eine weitere Einsicht in die Eigenschaften des Doppelverhältnisses.

Lemma 9.4.10 *Sei $\mathcal{P}$ ein projektiver Raum der Dimension $\geq 2, \mathcal{H}_i, i = 0,1,2,3$ vier Hyperebenen, deren Schnitt $\bigcap_i \mathcal{H}_i$ einen Unterraum $\mathcal{L}$ der Codimension 2 enthält. $\mathcal{H}_0, \mathcal{H}_1, \mathcal{H}_3$ seien paarweise verschieden, so daß $\bigcap_i \mathcal{H}_i = \mathcal{L}$. Seien $\mathcal{G}, \mathcal{G}'$ Geraden von $\mathcal{P}$, die nicht $\mathcal{L}$ treffen. Dann*

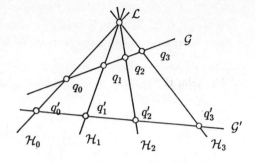

$$\mathcal{G} \cap \mathcal{H}_i = \{q_i\}, \quad \mathcal{G}' \cap \mathcal{H}_i = \{q'_i\}, \quad i = 0,1,2,3 \text{ und}$$
$$\mathrm{DV}(q_0, q_1, q_2, q_3) = \mathrm{DV}(q'_0, q'_1, q'_2, q'_3).$$

Beweis: Betrachte den affinen Raum $\mathcal{A} = \mathcal{P} \setminus \mathcal{H}_3$. Unter Beibehaltung der Bezeichnungen für die zu $\mathcal{A}$ gehörenden Teile ist dann $\mathcal{H}_0 \| \mathcal{H}_1 \| \mathcal{H}_2$ und $\mathcal{H}_0 \neq \mathcal{H}_1$. Nach 9.4.9, 2. schreibt sich damit unsere Behauptung in der Form $\mathrm{TV}(q_0, q_1, q_2) = \mathrm{TV}(q'_0, q'_1, q'_2)$. Dies folgt nun aus 7.3.10, indem wir eine lineare Funktion $\lambda : \mathcal{A} \longrightarrow K$ wählen mit $\lambda | \mathcal{H}_0 = const.$. □

Wie wir bereits in 9.4.3 zeigten, ist das Doppelverhältnis invariant unter Projektivitäten. Wir untersuchen jetzt das Verhalten des Doppelverhältnisses unter projektiven Kollineationen, vgl. 9.2.13. $(^-)$ steht für den einer solchen Kollineation zugeordneten Automorphismus des zugrundeliegenden Körpers K.

Theorem 9.4.11 1. *Sei $\bar{\pi} : \mathcal{P} \longrightarrow \mathcal{P}$ eine projektive Kollineation, dim $\mathcal{P} \geq 2$. Wenn $\{p, q, r, s\}$ Punkte auf einer projektiven Geraden sind und $\{p, q, s\}$ paarweise verschieden, so gilt*

$$\mathrm{DV}(\bar{\pi}(p), \bar{\pi}(q), \bar{\pi}(r), \bar{\pi}(s)) = \overline{\mathrm{DV}(p, q, r, s)}.$$

2. *Dann und nur dann ist eine projektive Kollineation eine Projektivität, wenn sie das Doppelverhältnis invariant läßt.*

Beweis: Zu 1.: Betrachte eine Erweiterung von $\{p, q, s\}$ zu einem projektiven Bezugssystem $Q = \{p_0, \ldots, p_n, e\}$ von $\mathcal{P}$, mit $\{p, q, s\} = \{p_0, p_n, e\}$. Aus 9.4.3 wissen wir, daß das Doppelverhältnis invariant ist unter Projektivitäten von $\mathcal{P}$. Nach 9.2.13 können wir $\bar{\pi}$ in der Form $\pi \circ (^-)$ schreiben, wo $(^-)$ das Bezugssystem Q invariant läßt. Wir können $r \neq q$ annehmen. Nach 9.4.4, 1.. gibt es für $\{p, q, r, s\}$ dann Koordinaten der Form $\{x, y, x+\delta y, x+y\}$, also $\delta = \mathrm{DV}(p, q, r, s)$. Unter $(^-)$ geht $x + \delta y$ in $x + \bar{\delta} y$ über. Also, mit $(^-)(p) = \bar{p}$ usw.:

$$\mathrm{DV}(\bar{\pi}(p), \bar{\pi}(q), \bar{\pi}(r), \bar{\pi}(s)) = \mathrm{DV}(\bar{p}, \bar{q}, \bar{r}, \bar{s})$$
$$= \bar{\delta} = \overline{\mathrm{DV}(p, q, r, s)}.$$

9.4 Das Doppelverhältnis. Der Satz von v. Staudt

Zu 2.: Da $DV(p,q,r,s)$ alle Werte aus K durchläuft, wenn r auf der Geraden durch p,q,s variiert, bedeutet die Invarianz des Doppelverhältnisses : $\bar\delta = \delta$, für alle $\delta \in K$. □

Wir beschließen diesen Abschnitt mit geometrisch besonders ausgezeichneten Quadrupeln. Hierfür müssen wir voraussetzen, daß für den Körper K $\;-1 \ne 1$ gilt. Dies sei daher für den Rest des Abschnitts getan.

Definition 9.4.12 *Vier verschiedene Punkte* $\{p,q,r,s\}$ *einer projektiven Geraden heißen in* harmonischer Lage *oder einfach* harmonisch, *wenn* $DV(p,q,r,s) = -1$. *Wir sagen auch:* (r,s) *wird durch* (p,q) *harmonisch getrennt.*

Eine erste Einsicht in die Bedeutung harmonischer Quadrupel liefert der

Satz 9.4.13 *Seien* $\{p,q,r,s\}$ *vier verschiedene Punkte einer projektiven Geraden* $\mathcal{P}$. *Betrachte die affine Gerade* $\mathcal{A} = \mathcal{P} \setminus \{s\}$. *Die vier Punkte sind harmonisch dann und nur dann, wenn auf* $\mathcal{A}$ $\;r$ *der Mittelpunkt von* p *und* q *ist.*

Beweis: Nach 9.4.9, 2. ist $DV(p,q,r,s) = TV(p,q,r) = -1$, d. h., $(p-r) = -(q-r)$ oder $r = \frac{p+q}{2}$. □

Satz 9.4.14 *Sei* p *ein Punkt und* $\mathcal{H}$ *eine Hyperebene in* $\mathcal{P}, p \notin \mathcal{H}$. *Dann ist dazu folgendermaßen die* Spiegelung *oder* Involution $\sigma = \sigma(p, \mathcal{H}) : \mathcal{P} \longrightarrow \mathcal{P}$ *als eine Projektivität* $\ne$ id *mit* $\sigma \circ \sigma =$ id *erklärt:* $\sigma|\{p\} \cup \mathcal{H} =$ id. *Für* $r \notin \{p\} \cup \mathcal{H}$ *setze* $\mathcal{G}_{pr} \cap \mathcal{H} = \{q\}$. *Erkläre* $\sigma(r) \in \mathcal{G}_{pr}$ *durch* $DV(p,q,r,\sigma(r)) = -1$.

Beweis: Betrachte $\mathcal{A} = \mathcal{P} \setminus \mathcal{H}$. Dann ist $\sigma|\mathcal{A}$ die Spiegelung an p: $r \longmapsto (p-r)+p$. □

Definition 9.4.15 *Sei* $\mathcal{P}$ *eine projektive Ebene. Unter einem* vollständigen Viereck *verstehen wir vier Punkte* $\{q_0, q_1, q_2, q_3\}$, *die ein projektives Bezugssystem bilden, zusammen mit ihren sechs Verbindungsgeraden* $\mathcal{G}_{q_i q_j} =$ *(kurz)* $\mathcal{G}_{ij}$. *Die drei Paare* $\{\mathcal{G}_{01}, \mathcal{G}_{23}\}, \{\mathcal{G}_{02}, \mathcal{G}_{13}\}, \{\mathcal{G}_{03}, \mathcal{G}_{12}\}$ *von* Gegenseiten *schneiden sich in jeweils einem Punkt, die mit* $\{r_1, r_2, r_3\}$ *bezeichnet seien. Diese bilden das* Diagonaldreieck *des vollständigen Vierecks.*

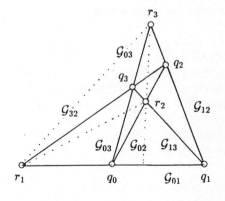

Theorem 9.4.16 *In einem vollständigen Viereck werden je zwei Ecken des Diagonaldreiecks durch die Schnitte mit dem komplementären Paar von Gegenseiten harmonisch getrennt. D.h., wenn wir mit $\{i,j,k\}$ eine zyklische Permutation von $\{1,2,3\}$ bezeichnen und $\mathcal{G}_{r_i r_j} = \mathcal{G}'_k$ setzen, so gilt mit $\mathcal{G}_{ij} \cap \mathcal{G}'_k = \{s_{ij}\}, \mathcal{G}_{0k} \cap \mathcal{G}'_k = \{s_k\}$:*

$$\mathrm{DV}(r_i, r_j, s_k, s_{ij}) = -1.$$

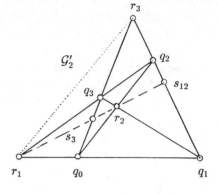

Beweis: Aus Symmetriegründen genügt es, r_1, r_2, s_3, s_{12} zu betrachten. $\mathcal{P} \setminus \mathcal{G}'_2$ ist eine affine Ebene $\mathcal{A}$. Indem wir für die in $\mathcal{A}$ gelegenen Teile von Geraden die bisherigen Bezeichnungen beibehalten, haben wir

$$\mathcal{G}_{03} \| \mathcal{G}_{12} \| \mathcal{G}'_1; \quad \mathcal{G}_{01} \| \mathcal{G}_{23} \| \mathcal{G}'_3.$$

D.h., $\{q_0, q_1, q_2, q_3\}$ bildet ein Parallelogramm:

$$q_1 - q_0 = q_2 - q_3; \quad q_3 - q_0 = q_2 - q_1.$$

$$r_2 = \frac{q_1 + q_3}{2} = \frac{q_2 + q_0}{2}.$$

$$s_3 = \frac{q_0 + q_3}{2}; \quad s_{12} = \frac{q_1 + q_2}{2}. \quad \text{Also}$$

$$\frac{s_3 + s_{12}}{2} = \frac{q_0}{4} + \frac{q_3}{4} + \frac{q_1}{4} + \frac{q_2}{4} = \frac{r_2}{2} + \frac{r_2}{2} = r_2.$$

□

Der folgende Satz liefert eine einfache Konstruktion des Punktes r, so daß bei gegebenen p, q, s $\{p, q, r, s\}$ in harmonischer Lage ist.

Satz 9.4.17 *Seien p, q, r, s vier Punkte auf einer projektiven Geraden $\mathcal{G}$ in einer projektiven Ebene $\mathcal{P}$, p, q, s paarweise verschieden. Wähle $u \notin \mathcal{G}$ und eine Gerade $\mathcal{G}' \neq \mathcal{G}$ durch s, die nicht durch u läuft. Seien v und w der Schnitt von $\mathcal{G}'$ mit $\mathcal{G}_{up}$ bzw. $\mathcal{G}_{uq}$. Sei t der Schnitt von $\mathcal{G}_{pw}$ und $\mathcal{G}_{qv}$. Dann und nur dann, wenn $\mathrm{DV}(p, q, r, s) = -1$, trifft $\mathcal{G}_{ut}$ die Gerade $\mathcal{G}$ im Punkte r.*

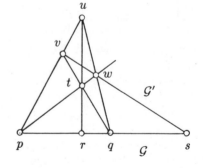

Beweis: Betrachte das vollständige Viereck mit den Ecken p, q, w, v. Nach 9.4.16 treffen die vier Geraden $\mathcal{G}_{up}, \mathcal{G}_{ut}, \mathcal{G}_{uq}, \mathcal{G}_{us}$ die Gerade $\mathcal{G}_{st}$ in vier Punkten in harmonischer Lage. Die Behauptung folgt jetzt aus 9.4.10. □

Bemerkungen:
1. Wir hätten dies auch durch Betrachtungen der affinen Ebene $\mathcal{A} = \mathcal{P} \setminus \mathcal{G}_{us}$ beweisen können. p, q, w, v ist in $\mathcal{A}$ ein Parallelogramm, vgl. den Beweis von 9.4.16.
2. Man sieht auch leicht, daß 9.4.17 aus dem Satz von Ceva 7.3.14 folgt: Betrachte p, q, u als Dreieck einer affinen Ebene, für die s ein uneigentlicher Punkt ist.

In 9.2.13 hatten wir die projektiven Kollineationen eines Raumes $\mathcal{P}$ der Dimension ≥ 2 beschrieben. Wenn $\dim \mathcal{P} = 1$, so ist offenbar jede Bijektion eine projektive Kollineation im Sinne der dortigen Definition. Wenn wir jedoch verlangen, daß die Bijektion einer projektiven Geraden $\mathcal{P}$ das Doppelverhältnis bis auf einen Körperisomorphismus fest läßt, wie es aufgrund von 9.4.11, 1. sinnvoll ist, dann ist eine solche Bijektion wieder von der Form $\pi \circ (^-)$, wo π eine Projektivität ist und $(^-)$ durch einen Körperisomorphismus gegeben wird. Dieses gilt sogar unter der schwächeren Hypothese, daß die harmonischen Quadrupel in sich transformiert werden. Dies ist der sogenannte *Hauptsatz von v. Staudt*:

Theorem 9.4.18 *Sei $\bar{\pi}: \mathcal{P} \longrightarrow \mathcal{P}$ eine Bijektion der projektiven Geraden $\mathcal{P}$, welche harmonische Quadrupel in ebensolche Quadrupel überführt. Dann ist $\bar{\pi}$ von der Form $\bar{\pi} = \pi \circ (^-)$, wo $(^-)$ ein projektives Bezugssystem fest läßt und auf den Koordinaten durch einen Körperisomorphismus operiert.*

Beweis: Wir können mit dem Modell $K \cup \{\infty\}$ von $\mathcal{P}$ arbeiten und durch Anwendung einer Projektivität erreichen, daß $\bar{\pi}$ die Punkte $0, 1, \infty$ fest läßt. Anstelle von $\bar{\pi}(\alpha)$ schreiben wir einfach $\bar{\alpha}, \alpha \in K$.
Aus den Hypothesen folgt zunächst $\overline{\frac{\alpha+\beta}{2}} = \frac{\bar{\alpha}}{2} + \frac{\bar{\beta}}{2}$. Also $\overline{\left(\frac{\alpha}{2}\right)} = \frac{\bar{\alpha}}{2}$, und damit $\overline{\alpha + \beta} = \bar{\alpha} + \bar{\beta}, \overline{-\alpha} = -\bar{\alpha}$. Mit 9.4.5 verifiziert man, daß $\{1, \alpha^2, -\alpha, \alpha\}$ ein harmonisches Quadrupel ist. Da $\bar{1} = 1, \overline{-\alpha} = -\bar{\alpha}$, folgt $\overline{\alpha^2} = \bar{\alpha}^2$, also aus $\overline{(\alpha+\beta)^2} = \overline{(\alpha+\beta)}^2$ auch $\overline{\alpha\beta} = \bar{\alpha}\bar{\beta}$. □

9.5 Quadriken und Polaritäten

Die Geometrie des projektiven Raumes $\mathcal{P}(V)$ über V ist die Geometrie der linearen Unterräume von V. Wir führen in diesem Abschnitt auf V eine zusätzliche Struktur ein, nämlich eine symmetrische Bilinearform ψ im Sinne von 7.4.1. Dabei beschränken wir uns im wesentlichen auf den Fall, daß ψ nicht-entartet ist.
Jedem Unterraum U von V ist dann der bezüglich ψ orthogonale Unterraum $U^\perp$ zugeordnet. Die unter ψ dadurch auf den Unterräumen von $\mathcal{P}(V)$ induzierte involutorische Bijektion heißt Polarität. Wir werden diese später für die reellen projektiven Räume noch weiter untersuchen.
Die Polarität hängt nur ab von dem durch ψ erzeugten 1-dimensionalen Unterraum $[\psi]$ im Raum der symmetrischen Bilinearformen. Unter einer Quadrik Qu verstehen wir das Bild der Nullstellenmenge $\{\psi = 0\}$ in $\mathcal{P}(V)$.

Für die Quadriken läßt sich leicht eine Normalform herleiten, die im Falle $K = \mathbb{R}$ oder $K = \mathbb{C}$ auch eindeutig bestimmt ist. Wir schließen mit der Untersuchung der Frage, was aus einer Quadrik Qu auf $\mathcal{P}$ bei der Einschränkung auf einen affinen Teilraum $\mathcal{A} = \mathcal{P} \setminus \mathcal{P}_\infty$ wird, $\mathcal{P}_\infty$ eine projektive Hyperebene von $\mathcal{P}$. Die Antwort hängt wesentlich davon ab, ob $\mathcal{P}_\infty$ tangential ist an Qu oder nicht.

Die betrachteten projektiven Räume haben eine Dimension ≥ 1. Sobald von einer symmetrischen Bilinearform die Rede ist, soll für den zugrundeliegenden Körper K $1 + 1 \neq 0$ sein.

Wir beginnen mit der Beschreibung einer projektiven Hyperebene.

Theorem 9.5.1 *Sei $\mathcal{P} = \mathcal{P}(V)$ der projektive Raum über V. Die Hyperebenen $\mathcal{H}$ von $\mathcal{P}$ stehen in umkehrbar eindeutiger Beziehung zu den 1-dimensionalen Unterräumen des Dualraumes V^* von V. Und zwar gilt*

$$\mathcal{H} = \mathcal{P}(U) \longleftrightarrow \{l \in V^* \text{ mit } \ker l = U\}.$$

Beweis: Eine Hyperebene $\mathcal{H}$ entspricht einem Unterraum U von V der Codimension 1. Die Menge der $l \in V^*$ mit $\ker l = U$ ist ein 1-dimensionaler Unterraum von V^*. □

In 7.4.1 hatten wir den Begriff der symmetrischen Bilinearform ψ eingeführt. Wir setzen jetzt stets voraus, daß ψ nicht-entartet ist. Damit können wir den für ein SKP $\langle\,,\,\rangle$ in 6.1 eingeführten Begriff der Orthogonalität verallgemeinern.

Definition 9.5.2 *Sei ψ eine nicht-entartete symmetrische Bilinearform auf V. Wir nennen eine solche Form auch eigentlich.*

1. *Zu $A \subset V$ ist der zu A orthogonale Teil $A^\perp$ erklärt durch*

$$A^\perp = \{x \in V;\ \psi(x,y) = 0,\ \text{für alle } y \in A\}.$$

Also, mit der Bezeichnung aus 7.4.1, 3.,

$$A^\perp = \bigcap_{y \in A} \ker \sigma_\psi(y).$$

2. *Zwei Teile A und B aus V heißen* orthogonal, *$A \perp B$ oder $B \perp A$, wenn $\psi(x,y) = 0$ für alle $(x,y) \in A \times B$. Wir schreiben dafür auch*

$$\psi(A,B) = \psi(B,A) = 0.$$

Bemerkung 9.5.3 1. $A^\perp$ ist stets ein linearer Unterraum von V, vgl. 6.1.12.
2. Bei der Bezeichnung $A^\perp$ haben wir darauf verzichtet, die zugrundeliegende Form ψ mit anzugeben. Natürlich hängt $A^\perp$ im allgemeinen von der Form ψ ab. Siehe 9.5.7 für eine Präzisierung dieser Abhängigkeit.

Lemma 9.5.4 *Sei ψ eine eigentliche symmetrische Bilinearform auf V, $\dim V = n$. Seien U, U' Unterräume von V. Dann gilt:*

9.5 Quadriken und Polaritäten

1. $\dim U + \dim U^\perp = \dim V$, d. h., $\operatorname{codim} U^\perp = \dim U$.
2. $U^{\perp\perp} = U$.
3. $U \subset U' \Longrightarrow U'^\perp \subset U^\perp$.
4. $(U + U')^\perp = U^\perp \cap U'^\perp$.
5. $(U \cap U')^\perp = U^\perp + U'^\perp$.
6. *Es gibt eine Basis* $D = \{d_1, \ldots, d_n\}$ *von* V, *so daß für die* $U_i = [d_i], 1 \le i \le n$, *gilt:* $U_i + U_i^\perp = V$.

Beweis: Zu 1.: Für $\dim U = 0$ ist $U^\perp = V$. Sei jetzt $\dim U = k \ge 1$. Wähle eine Basis $\{b_1, \ldots, b_k\}$ von U und betrachte die lineare Abbildung

$$f = \sigma_\psi(b_1) \times \cdots \times \sigma_\psi(b_k) \colon V \longrightarrow K^k.$$

Dann $\ker f = U^\perp$, $\operatorname{im} f = K^k$. Also nach 2.6.7 $\dim U^\perp + \dim K^k = \dim V$.
Zu 2.: $\psi(U, U^\perp) = \psi(U^\perp, U) = 0$ impliziert $U \subset U^{\perp\perp}$. Da nach 1. $\dim U^{\perp\perp} = \dim U$, folgt $U = U^{\perp\perp}$.
Zu 3.: $\psi(x, U') = 0 \Longrightarrow \psi(x, U) = 0$.
Zu 4.: $\psi(x, U) = \psi(x, U') = 0 \Longrightarrow \psi(x, U + U') = 0$. $\psi(x, U) \ne 0$ oder $\psi(x, U') \ne 0 \Longrightarrow \psi(x, U + U') \ne 0$.
Zu 5.: Dies folgt aus 4. und 2..
Zu 6.: Nach 7.4.2 existiert eine Basis $D = \{d_1, \ldots, d_n\}$ mit $G_D(\psi) = ((\alpha_i \delta_{ij})), \alpha_i \ne 0$ für $1 \le i \le n$, da ψ eigentlich. □

Bemerkung 9.5.5 Im Falle eines SKP ist stets $U + U^\perp = V$. In unserem Falle braucht dies jedoch nicht zu gelten, d. h., es kann $U \cap U^\perp \ne \{0\}$ sein. $U \cap U^\perp$ ist der Nullraum der auf den Unterraum U eingeschränkten symmetrischen Bilinearform $\psi|U$, und $\psi|U$ kann entartet sein. Z.B. ist auf K^2 die Form $\psi(x,x) = \xi_1^2 - \xi_2^2$, eingeschränkt auf den Unterraum $U = [(1,1)]$, identisch 0.

Für die Abbildung

$$\perp \colon \mathcal{U}(V) \longrightarrow \mathcal{U}(V); \quad U \longmapsto U^\perp$$

der Menge $\mathcal{U}(V)$ der Unterräume von V auf sich mit $\perp \circ \perp = \operatorname{id}$ kommt es bei der zugrundeliegenden Form ψ offenbar auf einen Faktor $\alpha \ne 0$ aus k nicht an. Wir bemerken:

Satz 9.5.6 *Sei* V *ein Vektorraum,* $\dim V = n$. *Bezeichne mit* $L_s(V)$ *die Menge der symmetrischen Bilinearformen auf* V. $L_s(V)$ *ist ein Unterraum von* $L(V \times V; K) = (V \times V)^*$ *der Dimension* $\frac{n(n+1)}{2}$.

Beweis: Das Unterraumkriterium 2.1.5 ist leicht verifiziert. Wenn $B = \{b_1, \ldots, b_n\}$ eine Basis von V ist, so bilden die $\{\psi_{ij} = \psi_{ji}, 1 \le i,j \le n\}$ mit $\psi_{ij}(b_i, b_j) = \psi_{ij}(b_j, b_i) = 1, \psi_{ij}(b_k, b_l) = 0$ für $\{b_k, b_l\} \ne \{b_i, b_j\}$ eine Basis für $L_s(V)$. □

Damit zeigen wir jetzt:

Lemma 9.5.7 *Seien ψ, ψ' eigentliche symmetrische Bilinearformen auf V. Die zugehörigen Bijektionen*

$$\bot : \mathcal{U}(V) \longrightarrow \mathcal{U}(V); \quad U \longmapsto U^\bot$$
$$\bot' : \mathcal{U}(V) \longrightarrow \mathcal{U}(V); \quad U \longmapsto U^{\bot'}$$

stimmen dann und nur dann überein, wenn es $\alpha \neq 0$ aus K gibt mit $\psi' = \alpha \psi$. D.h., ψ und ψ' erzeugen denselben 1-dimensionalen Unterraum von $L_s(V)$.

Beweis: Aus $\psi' = \alpha \psi$ folgt offenbar $\bot' = \bot$. Die Umkehrung ist klar für dim $V = 1$, da dann dim $L_s(V) = 1$. Wie im Beweis von 9.1.6 betrachte jetzt linear unabhängige Elemente $\{x, x'\}$ aus V. Dann existieren $\alpha, \alpha', \beta \neq 0$ aus K (die nur von $[x], [x'], [x + x']$ abhängen) mit

$$\sigma_\psi(x) = \alpha \sigma_{\psi'}(x); \quad \sigma_\psi(x') = \alpha' \sigma_{\psi'}(x'); \quad \sigma_\psi(x + x') = \beta \sigma_{\psi'}(x + x').$$

Also

$$\alpha \sigma_{\psi'}(x) + \alpha' \sigma_{\psi'}(x') = \beta \sigma_{\psi'}(x) + \beta \sigma_{\psi'}(x'),$$

d. h., $\alpha = \alpha' = \beta$. □

Wir übertragen die vorstehenden Resultate jetzt auf den projektiven Raum $\mathcal{P}(V)$ über V.

Theorem 9.5.8 *Sei V ein Vektorraum, dim $V = n + 1, \psi$ eine eigentliche symmetrische Bilinearform. Dann ist auf der Menge $\mathcal{U}(\mathcal{P})$ der projektiven Unterräume von $\mathcal{P} = \mathcal{P}(V)$ eine* Polarität

$$\bot : \mathcal{U}(\mathcal{P}) \longrightarrow \mathcal{U}(\mathcal{P}); \quad \mathcal{L} \longmapsto \mathcal{L}^\bot$$

wie folgt erklärt: Wenn $\mathcal{L} = \mathcal{P}(U)$, so $\mathcal{L}^\bot = \mathcal{P}(U^\bot)$. $\bot$ ist eine Bijektion mit folgenden Eigenschaften:

1. dim $\mathcal{L} +$ dim $\mathcal{L}^\bot =$ dim $\mathcal{P} - 1$.
2. $\mathcal{L}^{\bot\bot} = \mathcal{L}$, *d. h., $\bot$ ist eine Involution.*
3. $\mathcal{L} \subset \mathcal{L}' \Longrightarrow \mathcal{L}'^\bot \subset \mathcal{L}^\bot$.
4. $(\mathcal{L} + \mathcal{L}')^\bot = \mathcal{L}^\bot \cap \mathcal{L}'^\bot$.
5. $(\mathcal{L} \cap \mathcal{L}')^\bot = \mathcal{L}^\bot + \mathcal{L}'^\bot$.
6. *Es gibt ein projektives Bezugssystem $Q = \{p_0, \ldots, p_n, e\}$ für $\mathcal{P}$, so daß $\{p_i\} \not\subset \{p_i\}^\bot$, d. h., $\{p_i\} + \{p_i\}^\bot = \mathcal{P}, 1 \leq i \leq n$. Hier steht $\mathcal{L} + \mathcal{M}$ für den von $\mathcal{L}$ und $\mathcal{M}$ erzeugten Unterraum, d. h., den Durchschnitt aller Unterräume, die $\mathcal{L}$ und $\mathcal{M}$ enthalten.*

Die Polarität hängt nur ab von dem 1-dimensionalen Raum $[\psi]$ in L_s.

Beweis: Dies folgt mit dim $\mathcal{P}(U) =$ dim $U - 1$ aus 9.5.4 und 9.5.7. □

Bemerkung 9.5.9 Wir haben eine Polarität mit Hilfe einer eigentlichen Form $\psi \in L_s(V)$ definiert. Allgemeiner könnte man darunter eine Bijektion von $\mathcal{U}(\mathcal{P})$ auf sich verstehen mit den Eigenschaften 1. bis 6. aus 9.5.8. Es stellt sich die Frage, ob eine solche Polarität stets von einer eigentlichen Form ψ in obiger Weise induziert wird.

9.5 Quadriken und Polaritäten

Die Antwort lautet, daß dies richtig ist, wenn man anstelle symmetrischer Bilinearformen allgemeiner $(^-)$-symmetrische Bilinearformen betrachtet. Dabei ist $(^-) : K \longrightarrow K$ ein involutorischer Automorphismus von K, und anstelle $\psi(y,x) = \psi(x,y)$ tritt $\psi(y,x) = \overline{\psi(x,y)}$. Das in 6.1.1 erklärte SKP auf einem Vektorraum über $\mathbb{C}$ stellt ein Beispiel dar für eine solche $(^-)$-symmetrische Bilinearform. Wir hätten diese unseren Betrachtungen schon von Anfang an zugrundelegen können.

Definition 9.5.10 *Unter einer* (eigentlichen) *Quadrik $Qu = Qu(\psi)$ auf $\mathcal{P} = \mathcal{P}(V)$ verstehen wir das Bild der Nullstellenmenge $\{\psi = 0\}$ einer eigentlichen symmetrischen Bilinearform ψ auf V.*

Bemerkungen 9.5.11 1. Offenbar ist $Qu(\psi) = Qu(\alpha\psi)$, für jedes $\alpha \neq 0$.
2. $p \in Qu(\psi)$ bedeutet $\{p\} \subset \{p\}^\perp$ oder kürzer: $p \in p^\perp$.
3. Aus $\psi(x,x) = 0$ folgt $\psi(\alpha x, \alpha x) = 0$, für jedes $\alpha \in K$. $\{\psi(x,x) = 0\}$ heißt daher auch *Kegel* in V. Dabei kann $\{\psi(x,x) = 0\}$ nur aus $0 \in V$ bestehen. In diesem Falle ist natürlich $Qu(\psi) = \emptyset$.

Beispiel 9.5.12 Sei $A = ((\alpha_{ij})), 0 \leq i,j \leq n$, eine symmetrische $(n+1, n+1)$-Matrix, also $\alpha_{ij} = \alpha_{ji}$. A kann als Element von $L_s(K^{n+1})$ interpretiert werden vermittels

$$(x,y) \in K^{n+1} \times K^{n+1} \longmapsto xA\,{}^t y = \sum_{i,j} \alpha_{ij}\xi_i\eta_j \in K.$$

$\det A \neq 0$ bedeutet, daß die Form eigentlich ist.
Dies ist typisch für den allgemeinen Fall, da bei der Wahl einer Basis B von V mit der dadurch bestimmten Fundamentalmatrix $A = G_B(\psi)$ von ψ (vgl. 7.4.3) $\psi(x,y)$ gegeben ist durch $\Phi_B(x) A\,{}^t \Phi_B(y)$.
Sei U ein Unterraum $\neq \{0\}$ von $K^{n+1}, \{b_0, \ldots, b_l\}$ eine Basis mit $b_i = (\beta_{i0}, \ldots, \beta_{in})$. Dann sind die Elemente $x = (\xi_0, \ldots, \xi_n)$ von $U^\perp$ gegeben als die Lösungen des homogenen $(l+1, n+1)$-LGS

$$\sum_{k,j} \beta_{ik}\alpha_{kj}\xi_j = 0, \quad i = 0, \ldots, l.$$

Der Rang dieses Systems ist $l + 1$. Daher hat der Lösungsraum die Dimension $(n+1) - (l+1) = n - l$, vgl. 2.6.7.

Die Herleitung einer Normalform für eine projektive Quadrik ist besonders einfach:

Theorem 9.5.13 *Sei Qu eine eigentliche Quadrik in $\mathcal{P} = \mathcal{P}(V)$, $\dim V = n + 1 \geq 2$. Dann besitzt V eine Basis $D = \{d_0, \ldots, d_n\}$, so daß unter $\Phi_D : V \longrightarrow K^{n+1}$ die Quadrik Qu durch die*

$$\left\{\sum_{i=0}^{n} \alpha_i \xi_i^2 = 0\right\}, \quad \alpha_i \neq 0, 0 \leq i \leq n,$$

beschrieben wird. Die α_i können um einen beliebigen Faktor $\alpha \neq 0$ abgeändert werden.
Falls $K = \mathbb{C}$, so kann man $\alpha_i = 1$ für alle i erreichen. Falls $K = \mathbb{R}$, so gibt es ein wohlbestimmtes $p \geq n+1-p$ mit $\alpha_i = 1$ für $i \leq p, \alpha_i = -1$ für $i > p$.

Beweis: Dies folgt direkt aus 7.4.2 und der Tatsache, daß rg $\psi = n+1$. Im Falle $K = \mathbb{R}$ folgt die eindeutige Bestimmtheit von p aus 6.5.11. □

Bemerkung: Es ist klar, daß 7.4.2 auch eine Normaldarstellung für uneigentliche Quadriken liefert, wobei wir darunter das Bild in $\mathcal{P}(V)$ der Nullstellenmenge $\{\psi(x,x) = 0\}$ einer symmetrischen Bilinearform $\psi \neq 0$ von möglicherweise nicht maximalem Rang verstehen.

Beispiele 9.5.14 1. Für die reelle projektive Ebene gibt es folgende Quadrikgleichungen:

$$x^2 + y^2 + z^2 = 0 : \quad Qu = \emptyset;$$
$$x^2 + y^2 - z^2 = 0 : \quad Qu \text{ vom Typ eines Kreises.}$$

2. Für den reellen projektiven Raum gibt es die Quadrikgleichungen:

$$x^2 + y^2 + z^2 + t^2 = 0 : \quad Qu = \emptyset;$$
$$x^2 + y^2 + z^2 - t^2 = 0 : \quad Qu \text{ vom Typ einer Sphäre;}$$
$$x^2 + y^2 - z^2 - t^2 = 0 : \quad Qu \text{ vom Typ eines einschaligen Hyperboloids.}$$

Siehe auch 9.5.16, wo wir den Zusammenhang zwischen projektiven und affinen Quadriken untersuchen.

Definition 9.5.15 *Sei Qu eine durch die Form ψ definierte Quadrik. Die tangentiale Hyperebene $T_q Qu$ an Qu im Punkte $q \in Qu$ ist definiert als $\{q\}^\perp$. D.h., $T_q Qu$ ist der zu $\{q\}$ polare Raum.*

Satz 9.5.16 *Sei ψ eine eigentliche symmetrische Bilinearform auf V. Bezeichne mit $\perp$ die dadurch auf $\mathcal{P} = \mathcal{P}(V)$ definierte Polarität und mit Qu die durch ψ bestimmte Quadrik.*

1. *Qu besteht aus den $q \in \mathcal{P}$ mit $q \in \{q\}^\perp$.*
2. *Sei $q = \mathcal{P}(U) \in Qu$. Dann also $U \subset U^\perp$. $\psi | U^\perp$ ist entartet, der Nullraum von $\psi | U^\perp$ ist U.*

Beweis: Zu 1.: Siehe 9.5.11.
Zu 2.: $U = U^{\perp\perp} \subset U^\perp$ bedeutet, daß $U \cap U^\perp$ der Nullraum von $\psi | U^\perp$ ist, vgl. die Definition 7.4.1, 3.. □

Wir beschließen diesen Abschnitt mit der Untersuchung des Zusammenhanges zwischen Quadriken in einem projektiven Raum $\mathcal{P}$ und einem affinen Raum $\mathcal{A} \subset \mathcal{P}$. Die folgenden Überlegungen lassen sich auch für uneigentliche Quadriken durchführen.

9.5 Quadriken und Polaritäten

Theorem 9.5.17 *Sei $\mathcal{P} = \mathcal{P}(V')$ ein projektiver Raum der Dimension n. Betrachte eine Hyperebene $\mathcal{P}_\infty = \mathcal{P}(V)$ in $\mathcal{P}$ und den dadurch bestimmten affinen Raum $\mathcal{A} = \mathcal{P} \setminus \mathcal{P}_\infty$. Also $\mathcal{P}_\infty(\mathcal{A}) = \mathcal{P}_\infty$.*
Auf V' sei eine eigentliche symmetrische Bilinearform ψ gegeben. $\perp$ bezeichne die dadurch definierte Polarität, Qu die zugehörige Quadrik.

1. *Falls $\mathcal{P}_\infty$ nicht tangentiale Hyperebene an Qu ist, so ist $Qu \cap \mathcal{A}$ eine Quadrik vom Typ A1 aus 7.4.10 vom Rang n. Genauer: Es gibt ein projektives Bezugssystem $Q = \{q_0, \ldots, q_n, e\}$ mit $q_0 \in \mathcal{A}$ und $q_i \in \mathcal{P}_\infty$ für $i > 0$, so daß in einer zugehörigen Basis $D = \{d_0, \ldots, d_n\}$ von V' die Gleichung der Quadrik Qu durch*

$$\sum_{i=1}^{n} \alpha_i \xi_i^2 = \xi_0^2, \quad alle\ \alpha_i \neq 0,$$

   gegeben ist. Die Punkte aus $\mathcal{A}$ haben die Koordinaten $(1, \xi_1, \ldots, \xi_n)$.

2. *Falls $\mathcal{P}_\infty$ tangentiale Hyperebene an Qu ist, so ist $Qu \cap \mathcal{A}$ eine Quadrik vom Typ B aus 7.4.10 vom Rang $n-1$. Genauer: Es gibt ein projektives Bezugssystem $Q = \{q_0, \ldots, q_n, e\}$ für $\mathcal{P}$ mit $q_0 \in \mathcal{A}, q_i \in \mathcal{P}_\infty$ für $1 \leq i \leq n$, so daß in der zugehörigen Basis $D = \{d_0, \ldots, d_n\}$ von V' die Gleichung der Quadrik Qu durch*

$$\sum_{i=1}^{n-1} \alpha_i \xi_i^2 = 2\xi_0 \xi_n, \quad alle\ \alpha_i \neq 0,$$

   gegeben ist. Für die Punkte von $Qu \cap \mathcal{A}$ können wir $\xi_0 = 1$ setzen.

3. *Für den Fall $K = \mathbb{C}$ oder $K = \mathbb{R}$ können in beiden Fällen noch die speziellen Annahmen über die α_i aus 7.4.10 gemacht werden.*

Beweis: Zu 1.: In diesem Falle ist $\psi|V$ nicht-entartet, also $V' = V + V^\perp$. $\psi|V$ definiert eine Quadrik, nämlich $Qu_\infty = Qu \cap \mathcal{P}_\infty$. Nach 9.5.13 gibt es eine Basis $D = \{d_1, \ldots, d_n\}$ für V, so daß $\psi(d_i, d_j) = \beta_i \delta_{ij}$. Sei d_0 Basis von $V^\perp$. $\psi(d_0, d_0) \neq 0$. Indem wir ψ durch $-\frac{1}{\psi(d_0,d_0)}\psi$ ersetzen, ergibt sich die Behauptung.
Zu 2.: In diesem Falle ist $V^\perp \subset V$. Nach 9.5.16 ist $V^\perp$ der Nullraum von $\psi|V$, $\dim V^\perp = 1$. Sei W ein Komplement von $V^\perp$ in V. Dann gibt es eine Basis $\{d_1, \ldots, d_{n-1}\}$ für W mit $\psi(d_i, d_j) = \alpha_i \delta_{ij}, \alpha_i \neq 0, 1 \leq i, j \leq n-1$. Betrachte den 2-dimensionalen Raum $W^\perp$. $V' = W + W^\perp$ und $V^\perp \subset W^\perp$. Sei d_n Basis von $V^\perp \subset V$. Es gibt dann eine Basis $\{d_0, d_n\}$ für $W^\perp$ mit $\psi(d_0, d_n) = -1, \psi(d_0, d_0) = 0$. Denn jedenfalls gibt es, da ψ nicht-entartet ist und $V^{\perp\perp} = V$, ein $d'_0 \in V' \setminus V$ mit $\psi(d'_0, d_n) = -1$. Setze nun $d_0 = d'_0 + \beta d_n$ mit $\beta = \frac{\psi(d'_0, d'_0)}{2}$. □

Ergänzung 9.5.18 *Sei $\mathcal{A} = \mathcal{A}(V)$ ein n-dimensionaler affiner Raum, $\mathcal{P} = \mathcal{A} \cup \mathcal{P}_\infty(\mathcal{A})$ seine projektive Erweiterung.*

1. *Eine Quadrik $Qu_\mathcal{A}$ in $\mathcal{A}$ vom Typ A1 aus 7.4.10 mit $r = n$ bestimmt auf $\mathcal{P}$ eindeutig eine Quadrik Qu, mit $Qu \cap \mathcal{A} = Qu_\mathcal{A}$. Dabei ist $\mathcal{P}_\infty(\mathcal{A})$ nicht tangential an Qu.*

Genauer: Wenn Qu_A in einem affinen Bezugssystem P durch $\sum_{i=1}^{n} \alpha_i \xi_i^2 = 1$ gegeben ist, so lautet die Gleichung von Qu in dem dadurch nach 9.2.9 bestimmten projektiven Bezugssystem $Q: -\xi_0^2 + \sum_{i=1}^{n} \alpha_i \xi_i^2 = 0$.

2. Eine Quadrik Qu_A in $\mathcal{A}$ vom Typ B aus 7.4.10 mit $r = n - 1$ bestimmt auf $\mathcal{P}$ eindeutig eine Quadrik Qu mit $Qu \cap \mathcal{A} = Qu_A$.

Genauer: Falls Qu_A in einem affinen Bezugssystem P durch $\sum_{i=1}^{n-1} \alpha_i \xi_i^2 = 2\xi_n$ gegeben ist, so lautet die Gleichung von Qu in dem dadurch bestimmten projektiven Bezugssystem $Q: -2\xi_0 \xi_n + \sum_{i=1}^{n-1} \alpha_i \xi_i^2 = 0$.

Beweis: Dies ergibt sich aus der Beziehung zwischen den affinen Koordinaten $(\xi_1, \ldots, \xi_n)$ bezüglich P und den projektiven Koordinaten $(\xi_0, \xi_1, \ldots, \xi_n)$ bezüglich Q, vgl. 9.2.9. □

Beispiel 9.5.19 Betrachte die reelle projektive Ebene $\mathcal{P}$. Nach 9.5.14, 1. gibt es hier nur einen einzigen Typ einer Quadrik $Qu \neq \emptyset$; er wird durch $x'^2 + y'^2 - z'^2 = 0$ beschrieben.

Sei nun $\mathcal{G} = \mathcal{P}_\infty$ eine Gerade in $\mathcal{P}$. Sei $\mathcal{A} = \mathcal{P} \setminus \mathcal{P}_\infty$ die dadurch bestimmte affine Ebene. Falls $\mathcal{G} = \mathcal{P}_\infty$ nicht tangential ist an Qu,

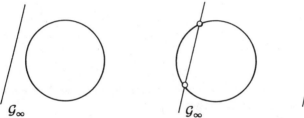
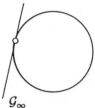

so erklärt man $Qu \cap \mathcal{A}$, indem man eine der Koordinaten $= 1$ setzt: Für $z' = 1, x' = x, y' = y$ findet man $x^2 + y^2 = 1$, den Kreis.

Für $y' = 1, x' = y, z' = x$ findet man $x^2 - y^2 = 1$, die Hyperbel.

Falls $\mathcal{G} = \mathcal{P}_\infty$ tangential ist an Qu, so setze $x' = x, -\frac{y'+z'}{\sqrt{2}} = y, \frac{y'-z'}{\sqrt{2}} = 1$. Damit erhält man $x^2 = 2y$, die Parabel.

Wir können dies folgendermaßen interpretieren: Betrachte den $\mathbb{R}^3$ als affinen Raum, und hierin den Kegel $x'^2 + y'^2 - z'^2 = 0$. Repräsentiere die affine Ebene als Ebene in $\mathbb{R}^3$, die nicht durch $0 \in \mathbb{R}^3$ läuft. Die affinen Quadriken in der Ebene ergeben sich damit als Schnitte dieser Ebene mit dem Kegel.

Vergleiche dies mit 8.6.14, wo wir analoge Resultate für die Quadrik einer euklidischen Ebene hergeleitet hatten. Da es mehr Typen euklidischer als affiner Quadriken gibt, war die Herleitung naturgemäß dort aufwendiger.

Beispiel 9.5.20 Nach 9.5.14, 2. gibt es für den reellen 3-dimensionalen projektiven Raum $\mathcal{P}$ zwei Typen von nicht-leeren Quadriken:

(I) $\quad x'^2 + y'^2 + z'^2 - t'^2 = 0;$
(II) $\quad x'^2 + y'^2 - z'^2 - t'^2 = 0.$

9.5 Quadriken und Polaritäten

Wir betrachten zunächst den Typ (I). Sei $\mathcal{P}_\infty$ eine Ebene, die nicht tangential ist an Qu. Die Quadrik $Qu \cap \mathcal{A}$ in $\mathcal{A} = \mathcal{P} \setminus \mathcal{P}_\infty$ erklärt man, indem man eine der Koordinaten $= 1$ setzt. Es gibt zwei Fälle:

$$x' = x, y' = y, z' = z, t' = 1, \text{ also } x^2 + y^2 + z^2 = 1 :$$
Die Sphäre.
$$x' = y, y' = z, t' = x, z' = 1, \text{ also } x^2 - y^2 - z^2 = 1 :$$
Zweischaliges Hyperboloid.

Falls $\mathcal{P}_\infty$ tangential ist an Qu, so setze

$$x' = x, y' = y, -\frac{z'+t'}{\sqrt{2}} = z, \frac{z'-t'}{\sqrt{2}} = 1, \text{ also } x^2 + y^2 = 2z :$$
Elliptisches Paraboloid.

Für den Typ (II) findet man analog: Falls $\mathcal{P}_\infty$ nicht tangential ist an Qu, so

$$x^2 + y^2 - z^2 = 1 : \quad \text{Einschaliges Hyperboloid.}$$

Falls $\mathcal{P}_\infty$ tangential ist an Qu, so

$$x^2 - y^2 = 2z : \quad \text{Hyperbolisches Paraboloid.}$$

Lemma 9.5.21 *Sei Qu eine Quadrik auf der projektiven Geraden $\mathcal{G}$, die aus zwei verschiedenen Punkten r und s besteht. Sei $p \in \mathcal{G}$ verschieden von r und s. Wenn dann p der zu q polare Punkt ist, so $\mathrm{DV}(p,q,r,s) = -1$.*

Bemerkung: Auf einer projektiven Geraden ist eine Quadrik entweder leer, oder sie besitzt einen Punkt oder zwei Punkte.

Beweis: Wir können $\{p,q,s\}$ durch homogene Koordinaten der Form $\{x, y, x+y\}$ beschreiben, da $\{p,q,s\}$ ein projektives Bezugssystem ist. Damit wird Qu durch ein ψ wie folgt beschrieben:

$$\psi(x,x) = \psi(y,y) = \psi(x,y) = 0. \text{ Also}$$
$$0 = \psi(x+y, x+y) = \psi(x-y, x-y).$$

D.h., $x - y$ ist der zu $x + y$ polare Punkt. Wende jetzt 9.4.4, 1. an. □

Hiermit ergibt sich das

Theorem 9.5.22 *Sei Qu eine eigentliche Quadrik in dem projektiven Raum $\mathcal{P}$. Betrachte $p \notin Qu$ und die hierzu polare Hyperebene $\{p\}^\perp = \mathcal{H}$. $p \notin \mathcal{H}$. Dann führt die Spiegelung $\sigma = \sigma(p, \mathcal{H})$ an dem Paar $(p, \mathcal{H})$ die Quadrik Qu in sich über.*

Beweis: Betrachte eine Gerade $\mathcal{G}$ durch p. Nimm an, daß $\mathcal{G} \cap Qu = \{r,s\}, r \neq s$. $\{r,s\}$ ist also die induzierte Quadrik auf $\mathcal{G}$. Sei $\mathcal{G} \cap \mathcal{H} = \{q\}$. Dann ist q der zu p polare Punkt auf $\mathcal{G}$. Nach 9.5.21 ist $\mathrm{DV}(p,q,r,s) = -1$, also nach 9.4.14 $\sigma(r) = s$. Falls $Qu \cap \mathcal{G} = \{q\}$, so $\mathcal{G} \subset T_q Qu$, vgl. 9.5.15. Also $q \in \mathcal{H}, \sigma(q) = q$.
□

Bemerkung 9.5.23 Mit Hilfe von 9.5.22 lassen sich die zu einem $p \notin Qu$ polaren Punkte $q \in \{p\}^\perp$ folgendermaßen konstruieren, jedenfalls wenn q auf einer Geraden $\mathcal{G}$ durch p liegt, die Qu trifft:
Falls $\mathcal{G} \cap Qu = \{q\}$, so $q \in \{p\}^\perp$. Falls $\mathcal{G} \cap Qu = \{r, s\}, r \neq s$, so ist $q \in \{p\}^\perp$ der vierte harmonische Punkt zu r, s, p. Dieser läßt sich gemäß 9.5.17 mit Hilfe eines vollständigen Vierseits bestimmen – beachte, daß wir $\{p, q, r, s\}$ aus 9.5.17 jetzt mit $\{r, s, p, q\}$ bezeichnen.

Übungen

1. Der projektive Raum $\mathcal{P}(V)$ über dem n-dimensionalen Vektorraum V kann aufgefaßt werden als die Menge der Äquivalenzklassen auf $V \setminus \{0\}$ bezüglich der Äquivalenzrelation $\sim$: $x \sim y$, falls ein $\lambda \in K$ existiert mit $x = \lambda y$. Durch die kanonische Projektion $p\colon V \setminus \{0\} \longrightarrow \mathcal{P}(V)$ wird dann auf $\mathcal{P}(V)$ eine Topologie induziert ($U \subset \mathcal{P}(V)$ ist offen, falls $p^{-1}(U)$ offen ist). Zeige, daß $\mathcal{P}(V)$ kompakt und zusammenhängend ist.

2. Der projektive Raum $\mathcal{P}(\mathbb{C}^2)$ ist homöomorph zur 2-Sphäre $S^2 = \{x_0^2 + x_1^2 + x_2^2 = 1\} \subset \mathbb{R}^3$. Benutze dazu die Abbildungen

$$H\colon S^3 \longrightarrow S^2; \quad H(z, w) = (2z\bar{w}, |z|^2 - |w|^2),$$
$$p\colon S^3 \longrightarrow \mathcal{P}(\mathbb{C}^2); \quad p(z) = [z]$$

und zeige, daß aus $p(x) = p(y)$ $H(x) = H(y)$ folgt.

3. Bestimme die Anzahl der Punkte und Geraden der projektiven Ebene $\mathcal{P}(\mathbb{Z}_2^3)$ über dem Körper $\mathbb{Z}_2$ mit zwei Elementen. Gib eine Konfiguration in $\mathbb{R}^2$ an, die die Punkte und Geraden von $\mathcal{P}(\mathbb{Z}_2^3)$ repräsentiert.

4. Seien p, q, r, s, t fünf verschiedene Punkte einer projektiven Geraden. Dann gilt
$$\mathrm{DV}(p, q, s, t)\mathrm{DV}(q, r, s, t)\mathrm{DV}(r, p, s, t) = 1.$$

5. Sei f eine Projektivität einer projektiven Geraden, die zwei verschiedene Fixpunkte p, q hat (d. h., $p \neq q, f(p) = p, f(q) = q$). Zeige, daß die Menge $\{k, \frac{1}{k}\}$ mit
$$k = \mathrm{DV}(p, q, r, f(r))$$
nur von f und nicht von r abhängt. Falls f durch die Matrix $\begin{pmatrix} a & b \\ c & d \end{pmatrix}$ repräsentiert wird, so sind $\{k, \frac{1}{k}\}$ die Wurzeln der Gleichung
$$(ad - bc)x^2 - (a^2 + 2bc + d^2)x + (ad - bc) = 0.$$

6. Eine Projektivität f einer projektiven Geraden ist eine Involution, falls $f^2 = \mathrm{id}, f \neq \mathrm{id}$. Wenn eine solche Projektivität durch die Matrix $\begin{pmatrix} a & b \\ c & d \end{pmatrix}$ repräsentiert wird, so ist deren Spur $a + d = 0$.

9.5 Quadriken und Polaritäten

7. Sei Qu eine Quadrik im projektiven Raum $\mathcal{P}(V)$. Wenn zwei Punkte $p \neq q$ in $\mathcal{P}(V)$ polar bezüglich Qu sind und wenn der Schnitt der projektiven Geraden durch p und q mit Qu genau aus zwei verschiedenen Punkten r,s besteht, dann teilen die Punkte p,q die Punkte r,s harmonisch. Gilt auch die Umkehrung?

8. Zu fünf verschiedenen Punkten $p_i, i = 1,\ldots,5$ in der reellen projektiven Ebene gibt es eine Quadrik Qu mit $p_i \in Qu, i = 1,\ldots,5$.

9. Sei Qu eine Quadrik in der projektiven Ebene und p,q,r,s,t,u Punkte auf Qu. Dann sind die Punkte $\mathcal{G}_{pq} \cap \mathcal{G}_{st}, \mathcal{G}_{qr} \cap \mathcal{G}_{tu}, \mathcal{G}_{rs} \cap \mathcal{G}_{up}$ kollinear.

Kapitel 10
Nichteuklidische Geometrie

10.1 Der hyperbolische Raum

Als Gegenstück zur euklidischen Geometrie gibt es zwei sogenannte nichteuklidische Geometrien, die hyperbolische und die elliptische.

In diesem Abschnitt definieren wir den hyperbolischen Raum. Ausgangspunkt für die Definition ist ein Vektorraum der Form $V' = \mathbb{R} \times V$, wobei V ein euklidischer Vektorraum mit Skalarprodukt $\langle , \rangle$ ist. Auf V' ist damit die Lorentzform $\langle , \rangle_L$ erklärt, mit $\langle , \rangle_L | \mathbb{R} = $ das Negative des kanonischen SKP und $\langle , \rangle_L | V = \langle , \rangle$.

In V' wird der positive offene Kegel $P = \{(\xi, x); |x| < \xi\}$ betrachtet. Die Untergruppe von $GL(V')$, welche $\langle , \rangle_L$ invariant läßt und P in sich transformiert, heißt Lorentzgruppe $LO(V')$. Der hyperbolische Raum $\mathcal{H}yp = \mathcal{H}yp(V')$ über V' ist erklärt als der Teil $\mathcal{P}(P) \subset \mathcal{P}(V')$. Seine Unterräume sind die zu $\mathcal{P}(P)$ gehörenden Unterräume von $\mathcal{P}(V')$.

Auf dem hyperbolischen Raum $\mathcal{H}yp$ ist ein Abstand definiert, der invariant ist unter dem Bild $\mathcal{P}(LO(V'))$ der Lorentzgruppe in der projektiven Gruppe $\mathcal{P}(GL(V')) = Pro(\mathcal{P}(V'))$. Wir nennen diese Untergruppe von $Pro(\mathcal{P}(V'))$ daher die hyperbolische Bewegungsgruppe $Bew(\mathcal{H}yp)$. Sie hat viele Eigenschaften gemeinsam mit der Bewegungsgruppe $Bew(\mathcal{E}u)$ eines euklidischen Raumes.

Definition 10.1.1 1. *Sei $V = \{V, \langle , \rangle\}$ ein euklidischer Vektorraum der Dimension $n \geq 1$. Setze $\mathbb{R} \times V = V'$. Wir schreiben ein Element (ξ, x) aus $\mathbb{R} \times V$ auch in der Form $\tilde{x}$.*

2. *Auf V' definieren wir die* Lorentzform *durch*

$$\langle \tilde{x}, \tilde{y} \rangle_L = \langle (\xi, x), (\eta, y) \rangle_L = -\xi\eta + \langle x, y \rangle.$$

Dies ist offenbar eine nicht-entartete symmetrische Bilinearform auf V'.

3. *Erkläre die* Teilmenge $P \subset V'$ *durch $\{|x| < \xi\}$. Definiere $-P$ als die Menge der $-\tilde{x}$, $\tilde{x} \in P$.*

4. *Der Nullraum $\{\langle , \rangle_L = 0\}$ der Form $\langle , \rangle_L$ wird mit K'_L bezeichnet.*

5. *Wenn U' ein Unterraum von V' ist, so bezeichnen wir mit $U'^{\perp}$ den dazu bezüglich $\langle , \rangle_L$ orthogonalen Unterraum.*

6. *Unter einer ON-Basis für V' verstehen wir eine Basis der Form $\tilde{D} = \{\tilde{d}_0, \tilde{d}_1, \ldots, \tilde{d}_n\}$ mit $\tilde{d}_0 \in P$; $\langle \tilde{d}_i, \tilde{d}_j \rangle_L = \varepsilon_i \delta_{ij}, \varepsilon_0 = -1, \varepsilon_i = +1$ für $i > 0$.*

Bemerkungen 10.1.2 1. P ist ein *Positivbereich*. D.h., mit $\tilde{x}, \tilde{y}$ aus P und $\alpha, \beta > 0$ ist $\alpha\tilde{x} + \beta\tilde{y} \in P$. P ist $\neq \emptyset$ und offen in V' mit dem euklidischen SKP $\langle \tilde{x}, \tilde{x} \rangle = \xi^2 + \langle x, x \rangle$.

2. Der Nullraum K'_L ist vom Typ eines Kegels, d. h., mit $\tilde{x} \in K'_L$ gilt auch $\alpha\tilde{x} \in K'_L, \alpha \in \mathbb{R}$. Vgl. auch 9.5.11, 3..

3. In 10.1.1, 6. hatten wir die Indexmenge einer ON-Basis mit 0 statt mit 1 beginnen lassen. Dementsprechend werden auch künftig die Indizes für die Komponenten eines Vektors und die Indexpaare für die Elemente einer Matrix mit 0 beginnen, es sei denn, wir haben ausdrücklich etwas anderes gesagt.

Satz 10.1.3 *Sei $U' \subset V'$ ein Unterraum mit $U' \cap P \neq \emptyset$. Dann ist $\langle , \rangle_L | U'$ eine Lorentzform auf U'. Insbesondere ist $U' + U'^{\perp} = V'$; $\langle , \rangle_L | U'^{\perp}$ positiv definit.*

Beweis: Nach Voraussetzung existiert ein $\tilde{d} \in U' \cap P$ mit $\langle \tilde{d}, \tilde{d} \rangle_L = -1$. Also $[\tilde{d}] + [\tilde{d}]^{\perp} = V'$. Aus 6.5.11 folgt, daß $\langle , \rangle_L | [\tilde{d}]^{\perp}$ positiv definit ist. Mit $U' = [\tilde{d}] + [\tilde{d}]^{\perp} \cap U'$ ergibt sich die Behauptung. □

Satz 10.1.4 *Sei $\tilde{y} \neq 0$ aus K'_L. Dann $[\tilde{y}] \cap P = \emptyset$.*

Beweis: Schreibe $\tilde{y} = (\eta, y)$ mit $\pm \eta = |y| \neq 0$. Dann ist

$$|\alpha y| \geq \alpha\eta, \quad \text{für alle } \alpha \in \mathbb{R}.$$

Daraus ergibt sich die Behauptung. □

Das Gegenstück zu 6.1.8 lautet:

Lemma 10.1.5 *Sei $\tilde{B} = \{\tilde{b}_0, \tilde{b}_1, \ldots, \tilde{b}_n\}$ eine Basis von V' mit $\tilde{b}_0 \in P$. Dann existiert genau eine ON-Basis $\tilde{D} = \{\tilde{d}_0, \tilde{d}_1, \ldots, \tilde{d}_n\}$ mit*

$$\tilde{d}_k = \sum_{j \leq k} \alpha_{jk} \tilde{b}_j \quad \text{und} \quad \alpha_{kk} > 0.$$

Insbesondere ist für jedes k $[\tilde{d}_0, \ldots, \tilde{d}_k] = [\tilde{b}_0, \ldots, \tilde{b}_k]$.

Beweis: $\tilde{d}_0$ ist bestimmt als $\frac{\tilde{b}_0}{\sqrt{-\langle \tilde{b}_0, \tilde{b}_0 \rangle_L}}$. Nach 10.1.3 ist $\langle , \rangle_L | [\tilde{d}_0]^{\perp}$ positiv definit. Wir können also wie mit dem Beweis von 6.1.8 fortfahren. □

Lemma 10.1.6 *Die Menge der $f \in GL(V')$ mit*

(10.1) $\qquad \langle f(\tilde{x}), f(\tilde{y}) \rangle_L = \langle \tilde{x}, \tilde{y} \rangle_L \qquad$ *für alle* $(\tilde{x}, \tilde{y}) \in V' \times V'$,

und $f(P) \subset P$ ist eine Untergruppe $LO(V')$ von $GL(V')$, genannt Lorentzgruppe.

Beweis: Das Untergruppenkriterium ist offenbar erfüllt. □

Bemerkung: Die Untergruppe der $f \in GL(V')$, welche (10.1) erfüllen, die also $\langle , \rangle_L$ invariant lassen, heißt auch *bezüglich* $\langle , \rangle_L$ *orthogonale Gruppe*, und man bezeichnet sie dann etwa mit $\mathfrak{O}(\mathbb{R}, V)$. Wir belassen es jedoch bei unserer obigen Benennung, bei der es sich ja um die Gruppe handelt, die zusätzlich die Relation $|x| < \xi$ respektiert.

Die Lorentzgruppe besitzt eine Reihe ähnlicher Eigenschaften wie die orthogonale Gruppe. Wir zeigen zunächst:

Theorem 10.1.7 *Betrachte* $(V', \langle\,,\,\rangle_L)$, $\dim V' = n + 1$.

1. $f \in LO(V')$ *führt eine ON-Basis in eine ON-Basis über. Zu je zwei ON-Basen $\tilde{D}$ und $\tilde{D}'$ gibt es genau ein $f \in LO(V')$ mit $f(\tilde{D}) = \tilde{D}'$.*
2. *Bezüglich einer ON-Basis $\tilde{D} = \{\tilde{d}_0, \tilde{d}_1, \ldots, \tilde{d}_n\}$ ist die Fundamentalmatrix $((\langle \tilde{d}_i, \tilde{d}_j \rangle_L))$ von der Form*

$$E_{1,n} = ((\varepsilon_i \delta_{ij})), \quad \textit{mit} \quad \varepsilon_0 = -1, \varepsilon_i = +1 \quad \textit{für} \quad i > 0.$$

Damit ist die Matrixdarstellung $A = \Phi_{\tilde{D}} \circ f \circ \Phi_{\tilde{D}}^{-1}$ eines Elementes $f \in LO(V')$ durch die Eigenschaft

$$AE_{1,n}\,{}^tA = E_{1,n}, \quad \alpha_{00} > 0$$

gekennzeichnet. Insbesondere ist $\det f = \pm 1$ für $f \in LO(V')$. Die spezielle Lorentzgruppe $SLO(V')$ ist erklärt als $\{f \in LO(V'); \det f = 1\}$.
3. *Für $\tilde{x} \in P$ bezeichne mit $LO(V')_{\tilde{x}}$ die Menge $\{f \in LO(V'); f(\tilde{x}) = \tilde{x}\}$. $LO(V')_{\tilde{x}}$ ist eine Untergruppe von $LO(V')$, und $LO(V')_{\alpha\tilde{x}} = LO(V')_{\tilde{x}}$, für $\alpha > 0$. $LO(V')_{\tilde{x}}$ ist konjugiert zu der zu $\mathfrak{O}(V)$ kanonisch isomorphen Gruppe $LO(V')_{(1,0)}$.*

Beweis: Zu 1.: Dies wird ebenso bewiesen wie 8.1.10.
Zu 2.: Die Gestalt der Fundamentalmatrix ergibt sich aus der Definition 10.1.1, 6.. Der Rest folgt wie im Beweis von 6.4.16.
Zu 3.: Die Gültigkeit des Untergruppenkriteriums für $LO(V')_{\tilde{x}}$ ist evident. Wenn $\tilde{x}, \tilde{x}'$ zwei Elemente aus P sind, so gibt es nach 1. ein $g \in LO(V')$ mit $g(\tilde{x}) = \alpha \tilde{x}', \alpha > 0$. Damit ist $f(\tilde{x}) = \tilde{x}$ gleichwertig mit $gfg^{-1}(\tilde{x}') = \tilde{x}'$.
Schließlich ist ein $f \in LO(V')$ mit $f((1,0)) = (1,0)$ vollständig durch $f|\{0\} \times V$ bestimmt, und $\langle f(x), f(y) \rangle = \langle x, y \rangle$, für $(x, y) \in V \times V$. □

Wir ergänzen 10.1.7 durch das Gegenstück zu 8.1.19:

Lemma 10.1.8 1. *Sei $U' \subset V'$ Unterraum, $U' \cap P \neq \emptyset$. Dann ist die Spiegelung $s = s_{U'}$ an U' erklärt als $s|U' = \text{id}_{U'}$; $s|U'^\perp = -\text{id}_{U'^\perp}, s_{U'} \in LO(V')$.*
2. *Falls speziell $\text{codim}\, U' = 1$, also $\dim U'^\perp = 1$, so gestattet die sogenannte Hyperebenenspiegelung $s_{U'}$ folgende Darstellung: Wähle $\tilde{d} \in U'^\perp$ mit $\langle \tilde{d}, \tilde{d} \rangle_L = 1$. Dann*

$$s_{U'}(\tilde{x}) = \tilde{x} - 2\langle \tilde{x}, \tilde{d} \rangle_L \tilde{d}.$$

3. *Jedes $f \in LO(V')$ läßt sich als Produkt von $\leq n+1$ Hyperebenenspiegelungen darstellen. Für ein Element aus $SLO(V')$ ist die Anzahl dieser Spiegelungen gerade. Hier ist $n + 1 = \dim V'$.*

Beweis: Zu 1.: Nach 10.1.3 folgt aus $U' \cap P \neq \emptyset : U' + U'^\perp = V'$ und $\langle , \rangle_L | U'^\perp$ positiv definit. Damit erkennt man, daß $s_{U'} \in LO(V')$.
Zu 2.: Man verifiziert $s_{U'}(\tilde{x}) = \tilde{x} \iff \langle \tilde{x}, \tilde{d} \rangle_L = 0$. $s_{U'}(\tilde{d}) = -\tilde{d}$.
Zu 3.: Wir gehen wie im Beweis von 8.1.19 vor. Da wir $f \neq \text{id}_{V'}$ annehmen können, gibt es $\tilde{d} \in P$ mit $f(\tilde{d}) \neq \tilde{d}$. Wegen $(f(\tilde{d}) - \tilde{d}) \perp (f(\tilde{d}) + \tilde{d})$ und $f(\tilde{d}) + \tilde{d} \in P$ folgt aus 10.1.4, daß $f(\tilde{d}) - \tilde{d} \notin K'_L$. D.h., $[f(\tilde{d}) - \tilde{d}]^\perp$ ist eine Hyperebene in V', welche P trifft. Für die Spiegelung s an dieser Hyperebene finden wir $s \cdot f(\tilde{d}) = \tilde{d}$. Auf $s \cdot f|[\tilde{d}]$ können wir 8.1.19 anwenden. Da eine Hyperebenenspiegelung die Determinante -1 hat, ergibt sich auch die letzte Behauptung. □

Wir kommen jetzt zum eigentlichen Gegenstand dieses Abschnitts.

Definition 10.1.9 *Betrachte* $(V', \langle , \rangle_L)$ *wie in 10.1.1.*

1. *Der* hyperbolische Raum $\mathcal{H}yp = \mathcal{H}yp(V')$ *über* $(V', \langle , \rangle_L)$ *ist erklärt als der Teil* $\mathcal{P}(P)$ *des projektiven Raumes* $\mathcal{P}(V')$. *Die k-dimensionalen hyperbolischen Unterräume sind erklärt als* $\mathcal{P}(U' \cap P)$, *wo* U' *ein* $(k+1)$-*dimensionaler Unterraum von* V' *ist mit* $P \cap U' \neq \emptyset$. *Also* $\mathcal{P}(U' \cap P) = \mathcal{P}(U') \cap \mathcal{H}yp$.
   Für $k = 0$ *heißen diese Räume* Punkte, *für* $k = 1$ Geraden, *für* $k = 2$ Ebenen *und für* codim $U' = 1$ Hyperebenen.

2. *Die* Gruppe $Bew(\mathcal{H}yp)$ *der hyperbolischen Bewegungen ist erklärt als Untergruppe* $\mathcal{P}(LO(V'))$ *von* $\mathcal{P}(GL(V')) = Pro(\mathcal{P}(V'))$. *Die Gruppe* $Bew^+(\mathcal{H}yp)$ *der eigentlichen hyperbolischen Bewegungen ist erklärt als* $\mathcal{P}(SLO(V'))$.

3. *Durch* $\mathcal{P}(K'_L) = \mathcal{P}(\{\langle , \rangle_L = 0\})$ *ist die* Quadrik Qu_L *in* $\mathcal{P}(V')$ *erklärt. Die Elemente dieser Quadrik heißen auch* unendlich ferne Punkte *des hyperbolischen Raumes. Wir bezeichnen diese Menge daher auch mit* $\mathcal{H}yp_\infty(V')$.

Bemerkungen 10.1.10 1. Da P offen ist, bedeutet $U' \cap P \neq \emptyset$, daß $U' \cap P$ ein offener Teil von U' ist, genauer, ein positiver Kegel in U'. Jeder Unterraum $\mathcal{P}(U' \cap P) \subset \mathcal{H}yp(V')$ bestimmt den Unterraum $\mathcal{P}(U')$ von $\mathcal{P}(V')$. Wir werden für diese Unterräume daher auch dieselbe Bezeichnung verwenden.
2. Die Benennung "Bewegungsgruppe" werden wir in 10.1.15 rechtfertigen. Wir bemerken, daß

$$\mathcal{P}: LO(V') \longrightarrow \mathcal{P}(LO(V')) = Bew(\mathcal{H}yp(V'))$$

ein Isomorphismus ist. Denn nach 9.1.6, 2. ist $HT(V') \cap LO(V')$ der Kern dieses Morphismus. $\det h_\alpha = \pm 1$ und $h_\alpha(P) = P$ impliziert $\alpha = 1$.
3. Betrachte auf $V' = \mathbb{R} \times V$ die Linearform l mit $\ker l = V$, $l|\{1\} \times V = 1$. In 9.2.6 hatten wir gezeigt, daß $\mathcal{P}(V') \setminus \mathcal{P}(\{0\} \times V)$ ein affiner Raum $\mathcal{A}$ ist, der kanonisch mit $\{l = 1\} = \{1\} \times V$ identifiziert werden kann. Das SKP $\langle , \rangle$ auf V macht $\mathcal{A}$ zu einem euklidischen Raum $\mathcal{E}u$, den wir mit seinem Modell V identifizieren. $\mathcal{H}yp(V') = \mathcal{P}(P)$ entspricht damit dem offenen Ball $B = \{| \ | < 1\}$ in V und $\mathcal{H}yp_\infty(V')$ dem Rand $\partial \bar{B} = \{| \ | = 1\}$, also der Einheitssphäre $S(V)$ in V. $\mathcal{H}yp(V')$ ist also auf einen Punkt zusammenziehbar.

10.1 Der hyperbolische Raum

Das Komplement $\mathcal{P}(V') \setminus \mathcal{H}yp(V')$ dagegen ist auf $\mathcal{P}_\infty(\mathcal{A}) = \mathcal{P}(\{0\} \times V)$ zusammenziehbar. $Bew(\mathcal{H}yp(V'))$ ist diejenige Untergruppe von $Pro(\mathcal{P}(V'))$, welche den "Ball" $\mathcal{P}(P) = \mathcal{H}yp(V')$ in sich transformiert.

Satz 10.1.11 *Seien p und q zwei Punkte von $\mathcal{H}yp = \mathcal{H}yp(V')$ und $\mathcal{G} = \mathcal{G}_{pq}$ die projektive Gerade durch p und q. Im Falle $p = q$ sei $\mathcal{G}$ eine beliebige Gerade durch p. $\mathcal{G}$ trifft $\mathcal{H}yp_\infty$ in genau zwei Punkten u und v. Dann $\mathrm{DV}(u,v,p,q) > 0$ und $\mathrm{DV}(u,v,p,q) = 1$ nur für $p = q$.*
Wenn $\tilde{x}, \tilde{y}$ homogene Koordinaten von p und q in P sind, so gilt

$$\begin{aligned}
\frac{1}{2}|\log \mathrm{DV}(u,v,p,q)| \\
= \frac{1}{2}\log \frac{|\langle \tilde{x},\tilde{y}\rangle_L| + \sqrt{\langle \tilde{x},\tilde{y}\rangle_L^2 - \langle \tilde{x},\tilde{x}\rangle_L \langle \tilde{y},\tilde{y}\rangle_L}}{|\langle \tilde{x},\tilde{y}\rangle_L| - \sqrt{\langle \tilde{x},\tilde{y}\rangle_L^2 - \langle \tilde{x},\tilde{x}\rangle_L \langle \tilde{y},\tilde{y}\rangle_L}} \\
= \log \frac{|\langle \tilde{x},\tilde{y}\rangle_L| + \sqrt{\langle \tilde{x},\tilde{y}\rangle_L^2 - \langle \tilde{x},\tilde{x}\rangle_L \langle \tilde{y},\tilde{y}\rangle_L}}{\sqrt{\langle \tilde{x},\tilde{x}\rangle_L \langle \tilde{y},\tilde{y}\rangle_L}} \\
= \cosh^{-1} \frac{|\langle \tilde{x},\tilde{y}\rangle_L|}{\sqrt{\langle \tilde{x},\tilde{x}\rangle_L \langle \tilde{y},\tilde{y}\rangle_L}}.
\end{aligned}$$

Hier ist $\cosh^{-1}$ die Umkehrfunktion des hyperbolischen Cosinus $\cosh(t) = \frac{e^t + e^{-t}}{2}$, eingeschränkt auf $t \geq 0$.

Beweis: Sei $\mathcal{G} = \mathcal{P}(U')$, U' ein 2-dimensionaler Unterraum mit $U' \cap P \neq \emptyset$. Nach 10.1.3 ist $\langle\,,\,\rangle_L | U'$ eine Lorentzform auf U'. Für $U' = [\tilde{x}, \tilde{y}]$ suchen wir die Elemente $\lambda \tilde{x} + \mu \tilde{y}$ aus dem Nullraum $K'_L \cap U'$ von $\langle\,,\,\rangle_L | U'$. Diese bilden zwei 1-dimensionale Unterräume, deren Basen wir in der Form $\alpha \tilde{x} + \tilde{y}, \beta \tilde{x} + \tilde{y}$ schreiben können, wobei α und β die Lösungen der Gleichung $\langle \alpha \tilde{x} + \tilde{y}, \beta \tilde{x} + \tilde{y}\rangle_L = 0$ sind. Also $\alpha \beta = \frac{\langle \tilde{y},\tilde{y}\rangle_L}{\langle \tilde{x},\tilde{x}\rangle_L}$.
Aus 9.4.4, 1. finden wir mit $(\alpha_0, \alpha_1) = (\alpha, 1)$, $(\beta_0, \beta_1) = (\beta, 1)$, $(\gamma_0, \gamma_1) = (1,0)$, $(\delta_0, \delta_1) = (0,1)$:

$$\mathrm{DV}(u,v,p,q) = \frac{-1}{\alpha} : \frac{1}{-\beta} = \frac{\beta}{\alpha} = \frac{\langle \tilde{y},\tilde{y}\rangle_L}{\alpha^2 \langle \tilde{x},\tilde{x}\rangle_L} > 0.$$

Indem wir, wenn nötig, die Bezeichnungen für u und v vertauschen, können wir $\frac{\beta}{\alpha} \geq 1$ annehmen. Damit findet man für $\frac{1}{2}|\log \mathrm{DV}(u,v,p,q)|$ den zweiten Ausdruck. Der dritte Ausdruck ergibt sich durch Erweiterung des Nenners, und der vierte folgt aus der Definition von $\cosh$. □

Bemerkung 10.1.12 Neben $\cosh t$ definiert man auch $\sinh t = \frac{e^t - e^{-t}}{2}$, und man setzt $\frac{\sinh t}{\cosh t} = \tanh t$; $\frac{\cosh t}{\sinh t} = \coth t$. Man verifiziert durch Nachrechnen:

$$\begin{aligned}
\sinh(a+b) &= \sinh a \cosh b + \cosh a \sinh b \\
\cosh(a+b) &= \cosh a \cosh b + \sinh a \sinh b,\\
\text{speziell}\quad \cosh^2 t - \sinh^2 t &= 1.
\end{aligned}$$

Satz 10.1.13 *Jeder Punkt $p \in \mathcal{H}yp(V')$ besitzt genau eine homogene Koordinate in der Menge*

$$\mathcal{H}yp_H = \{(\xi, x) \in P; \, -\xi^2 + |x|^2 = -1\}.$$

Wir nennen $\mathcal{H}yp_H = \mathcal{H}yp_H(V')$ das Hyperboloidmodell des hyperbolischen Raumes $\mathcal{H}yp(V')$.

Beweis: Beachte, daß für $\tilde{x} \in P$ die Menge $[\tilde{x}] \cap \mathcal{H}yp_H$ aus dem Element $\dfrac{\tilde{x}}{\sqrt{-\langle \tilde{x}, \tilde{x} \rangle_L}}$ besteht. □

Bemerkung: Die Benennung Hyperboloidmodell rührt daher, daß $\{-\xi^2 + |x|^2 = -1\}$ ein Hyperboloid in dem Raum V' darstellt. $\mathcal{H}yp_H(V')$ ist eine der beiden Zusammenhangskomponenten dieses Hyperboloids.

Satz 10.1.14 *Sei $\mathcal{G}$ eine hyperbolische Gerade. Wähle $p \in \mathcal{G}$ und zeichne einen der beiden unendlich fernen Punkte von $\mathcal{G}$ als positiv unendlich aus. Sei $\tilde{x} \in \mathcal{H}yp_H$ Koordinate von p und $\tilde{x}' \in V'$ mit $\langle \tilde{x}', \tilde{x}' \rangle_L = 1, \langle \tilde{x}, \tilde{x}' \rangle_L = 0$, so daß $\tilde{x} + \tilde{x}'$ Koordinate des positiv unendlich fernen Punktes ist. Dann beschreibt*

$$t \in \mathbb{R} \longmapsto \tilde{x} = \sinh t \, \tilde{x}' + \cosh t \, \tilde{x} \in \mathcal{H}yp_H$$

die Gerade $\mathcal{G}$. Genauer, mit $p(t) = \mathcal{P}(\tilde{x}(t)) \in \mathcal{H}yp$, ist

$$\frac{1}{2} |\log \mathrm{DV}(u, v, p(0), p(t))| = |t|.$$

Beweis: Mit $\langle \tilde{x}(t), \tilde{x}(t) \rangle_L = \sinh^2 t - \cosh^2 t = -1$ und $\tilde{x}(0) = \tilde{x} \in \mathcal{H}yp_H$ folgt aus Stetigkeitsgründen $\tilde{x}(t) \in \mathcal{H}yp_H$. Wegen $\langle \tilde{x}(0), \tilde{x}(t) \rangle_L = -\cosh t$ ergibt sich der Rest aus 10.1.11. □

Theorem 10.1.15 *Auf dem hyperbolischen Raum $\mathcal{H}yp = \mathcal{H}yp(V')$ ist durch*

$$d(p, q) = \frac{1}{2} |\log \mathrm{DV}(u, v, p, q)|$$

ein Abstand erklärt. Hier sind u und v die unendlich fernen Punkte der Geraden $\mathcal{G} = \mathcal{G}_{pq}$ durch p und q. Dieser Abstand ist invariant unter hyperbolischen Bewegungen.
Die Dreiecksgleichung $d(p, q) + d(q, r) = d(p, r)$ gilt nur für drei Punkte p, q, r, die auf einer Geraden liegen und $d(p, q), d(q, r) \leq d(p, r)$ erfüllen.

Beweis: Da eine hyperbolische Bewegung π die unendlich fernen Punkte einer Geraden $\mathcal{G}$ in die unendlich fernen Punkte der Geraden $\pi(\mathcal{G})$ überführt und gemäß 9.4.3 das Doppelverhältnis bei Projektivitäten invariant ist, folgt $d(\pi(p), \pi(q)) = d(p, q)$.
$d(p, q) = d(q, p)$ und $d(p, q) \geq 0$ mit $d(p, q) = 0$ nur für $p = q$ ergibt sich aus der Definition. Es bleibt also nur die Gültigkeit der Dreiecksungleichung nachzuweisen. Dazu können wir $p \neq q$ und $q \neq r$ annehmen.
Wie in 10.1.14 beschreiben wir q durch $\tilde{y} \in \mathcal{H}yp_H$ und wählen $\tilde{x}', \tilde{z}'$ mit

10.1 Der hyperbolische Raum

$\langle \tilde{x}', \tilde{x}' \rangle_L = \langle \tilde{z}', \tilde{z}' \rangle_L = +1, \langle \tilde{y}, \tilde{x}' \rangle_L = \langle \tilde{y}, \tilde{z}' \rangle_L = 0$, so daß $\mathcal{G}_{pq} = \mathcal{P}([\tilde{y}, \tilde{x}'])$, $\mathcal{G}_{qr} = \mathcal{P}([\tilde{y}, \tilde{z}'])$. Damit werden p und r in $\mathcal{H}yp_H$ dargestellt durch

$$\tilde{x} = \sinh a\, \tilde{x}' + \cosh a\, \tilde{y};$$
$$\tilde{z} = \sinh b\, \tilde{z}' + \cosh b\, \tilde{y}$$

mit $|a| = d(p,q), |b| = d(q,r)$. Wegen $\langle \tilde{x}', \tilde{z}' \rangle_L \geq -1$ ergibt sich

$$\langle \tilde{x}, \tilde{z} \rangle_L = \sinh a \sinh b \langle \tilde{x}', \tilde{z}' \rangle_L - \cosh a \cosh b$$
$$\geq -\cosh(a+b).$$

Also mit der vierten Formel aus 10.1.11:

$$d(p,r) = \cosh^{-1}|\langle \tilde{x}, \tilde{z}\rangle_L| \leq d(p,q) + d(q,r).$$

Das =-Zeichen kann nur gelten, wenn $\tilde{z}' = -\tilde{y}'$, also p, q, r kollinear sind. □

Folgerung 10.1.16 *Die in 10.1.14 beschriebene Abbildung* $t \in \mathbb{R} \longmapsto p(t) = \mathcal{P}(\tilde{x}(t)) \in \mathcal{G}$ *ist eine Isometrie. Insbesondere gilt*

$$d(p(0), p(t)) \longrightarrow \infty \quad \textit{für} \quad t \longrightarrow \pm\infty.$$

□

Definition 10.1.17 *Betrachte den hyperbolischen Raum* $\mathcal{H}yp = \mathcal{H}yp(V')$.

1. *Sei* $p \in \mathcal{H}yp$. *Unter dem* Tangentialraum $T_p\mathcal{H}yp$ *von* $\mathcal{H}yp$ *in* p *verstehen wir den Raum* $[\tilde{x}]^\perp \subset V'$ *mit dem induzierten SKP, wo* $\tilde{x} \in P$ *eine homogene Koordinate von* p *ist. Die Elemente von* $T_p\mathcal{H}yp$ *heißen* Tangentialvektoren *an* $\mathcal{H}yp$ *in* p.
2. *Für einen hyperbolischen Unterraum* $\mathcal{L} = \mathcal{P}(U' \cap P)$ *von* $\mathcal{H}yp$ *ist der Tangentialraum* $T_p\mathcal{L}$ *an* $\mathcal{L}$ *in* $p \in \mathcal{L}$ *erklärt als* $T_p\mathcal{H}yp \cap U'$.
3. *Unter einem* hyperbolischen Bezugssystem (p, D) *verstehen wir einen Punkt* $p \in \mathcal{H}yp$ *zusammen mit einer ON-Basis* D *von* $T_p\mathcal{H}yp$.

Bemerkung 10.1.18 Der Begriff des Tangentialraumes ist von fundamentaler Bedeutung für die Theorie der hyperbolischen Räume und deren Verallgemeinerung auf sogenannte Riemannsche Mannigfaltigkeiten.
Es gibt den Tangentialraum auch bereits für euklidische Räume. Hier fällt er aber nicht ins Gewicht, und seine Einführung läßt sich vermeiden, da in diesem Falle der Tangentialraum $T_p\mathcal{E}u$ an $\mathcal{E}u = \mathcal{E}u(V)$ kanonisch mit dem euklidischen Vektorraum V identifiziert ist.

Satz 10.1.19 *Betrachte* $p = \tilde{x} \in \mathcal{H}yp_H$. *Für* $\tilde{y} \neq 0$ *ist dann* $\mathcal{G}_{\tilde{y}} = \{\tilde{x} + t\tilde{y}; t \in \mathbb{R}\}$ *eine Gerade in* V', *welche den Punkt* $\tilde{x}$ *enthält.*
$\tilde{y} \in T_p\mathcal{H}yp_H$ *ist nun gleichbedeutend damit, daß* $\mathcal{G}_{\tilde{y}}$ *das "Hyperboloid"* $\{\langle,\rangle_L = 0\}$ *nur in dem Punkt* $\tilde{x}$ *trifft.*

Beweis:
$$\langle \tilde{x}+t\tilde{y}, \tilde{x}+t\tilde{y}\rangle_L = -1 + 2t\langle \tilde{x},\tilde{y}\rangle_L + t^2\langle \tilde{y},\tilde{y}\rangle_L = -1$$
nur für $t=0$ ist gleichbedeutend mit der Implikation

(10.2) $\qquad 2\langle \tilde{x},\tilde{y}\rangle_L + t\langle \tilde{y},\tilde{y}\rangle_L = 0 \Longrightarrow t=0.$

Für $\langle \tilde{y},\tilde{y}\rangle_L = 0$ ist gemäß 10.1.4 $\langle \tilde{x},\tilde{y}\rangle_L \neq 0$. Und für $\langle \tilde{y},\tilde{y}\rangle_L \neq 0$ ist (10.2) gleichwertig mit $\langle \tilde{x},\tilde{y}\rangle_L = 0$, d. h., $\tilde{y} \in T_p\mathcal{H}yp$. □

Theorem 10.1.20 1. *Eine hyperbolische Bewegung* $\pi : \mathcal{H}yp \longrightarrow \mathcal{H}yp$ *induziert für jedes* $p \in \mathcal{H}yp$ *einen isometrischen Isomorphismus*

$$T\pi = T_p\pi : T_p\mathcal{H}yp \longrightarrow T_{\pi(p)}\mathcal{H}yp.$$

Insbesondere transformiert $(\pi, T\pi)$ *ein hyperbolisches Bezugssystem* (p,D) *in das hyperbolische Bezugssystem* $(\pi(p), T\pi(D))$.

2. *Zu zwei hyperbolischen Bezugssystemen* $(p,D),(p',D')$ *von* $\mathcal{H}yp$ *gibt es genau eine hyperbolische Bewegung* π *mit* $(\pi(p), T\pi(D)) = (p', D')$.

Beweis: Beachte, daß eine hyperbolische Bewegung π sich als $\mathcal{P}(f), f \in LO(V')$, schreiben läßt.
1. folgt damit aus der Bemerkung, daß ein $f \in LO(V')$ ein $\tilde{x} \in P$ in $f(\tilde{x}) \in P$ und $[\tilde{x}]^\perp$ isometrisch in $[f(\tilde{x})]^\perp$ überführt.
Der Rest ergibt sich aus 10.1.7, 1., wobei wir beachten, daß einer ON-Basis $\tilde{D} = \{\tilde{d}_0, \tilde{d}_1, \ldots, \tilde{d}_n\}$ von $(V', \langle , \rangle_L)$ das projektive Bezugssystem $(p = \mathcal{P}(\tilde{d}_0), \{\tilde{d}_1, \ldots, \tilde{d}_n\})$ entspricht. □

Aus 10.1.8 haben wir das

Lemma 10.1.21 1. *Zu jedem k-dimensionalen Unterraum $\mathcal{L}$ von* $\mathcal{H}yp(V')$ *ist die Spiegelung* $\sigma = \sigma_\mathcal{L} \in Bew(\mathcal{H}yp)$ *an $\mathcal{L}$ erklärt durch* $\mathcal{P}(s_{U'})$, *wobei* $\mathcal{L} = \mathcal{P}(U' \cap P)$.
2. *Jedes* $\pi \in Bew(\mathcal{H}yp)$ *läßt sich als Produkt von* $\leq n+1$ *Spiegelungen an Hyperebenen schreiben,* $n = \dim \mathcal{H}yp$. *Falls* $\pi \in Bew^+(\mathcal{H}yp)$, *so ist diese Anzahl überdies gerade.* □

10.2 Das konforme Modell des hyperbolischen Raumes

Vermittels der sogenannten stereographischen Projektion wird das Hyperboloidmodell $\mathcal{H}yp_H$ des hyperbolischen Raumes $\mathcal{H}yp = \mathcal{H}yp(V')$ auf den Einheitsball $B = \{|\ |< 1\}$ des Vektorraums V in $V' = \mathbb{R} \times V$ abgebildet. Die Übertragung der hyperbolischen Struktur von $\mathcal{H}yp_H$ auf B liefert das Ballmodell $\mathcal{H}yp_B$ von $\mathcal{H}yp$, das auch konformes Modell heißt.
Der letztere Name rührt daher, daß das SKP in dem Tangentialraum $T_u\mathcal{H}yp_B$ eines Punktes u von $\mathcal{H}yp_B$ sich nur um einen positiven Faktor von dem euklidischen SKP auf V unterscheidet. Dieser Faktor hängt von u ab.

10.2 Das konforme Modell des hyperbolischen Raumes

Die hyperbolischen Unterräume von $\mathcal{H}yp_B$ sind als die Schnitte von B und Sphären $S_\rho(x) \subset V$ gegeben, die den Rand $\partial \bar{B} = S_1(0) \subset V$ orthogonal treffen.

Für die zweidimensionale hyperbolische Geometrie gibt es eine besonders einfache Beschreibung der eigentlichen Bewegungen mit Hilfe der reellen $(2,2)$-Matrizen. Wir schließen diesen Abschnitt mit den Grundformeln der hyperbolischen Dreieckslehre.

Satz 10.2.1 *Betrachte die Abbildung (auch* stereographische Projektion *genannt)*

$$u\colon \mathcal{H}yp_H \longrightarrow B = B(V) = \{|\ |<1\} \subset V; \quad \tilde{x} = (\xi, x) \longmapsto \frac{x}{1+\xi}.$$

Dies ist eine Bijektion, deren Umkehrung durch

$$\tilde{x}\colon u \in B \longmapsto (\xi(u), x(u)) = \left(\frac{1+|u|^2}{1-|u|^2}, \frac{2u}{1-|u|^2}\right) \in \mathcal{H}yp_H$$

gegeben ist.

Definition 10.2.2 *Das* Ballmodell $\mathcal{H}yp_B(V')$ *oder* konforme Modell *von* $\mathcal{H}yp(V')$ *ist definiert als der Ball $B = \{|\ | < 1\}$, zusammen mit seinen durch die Bijektion $u\colon \mathcal{H}yp_H \longrightarrow B$ erklärten hyperbolischen Unterräumen.*

Bemerkung: Die Abbildung u ordnet einem Punkt $\tilde{x} = (\xi, x) \in \mathcal{H}yp_H$ den Schnittpunkt der Geraden durch $\tilde{x}$ und $(-1, 0)$ mit dem Teil $\{0\} \times V \subset V'$ zu, der kanonisch mit V identifiziert ist.

Beweis: $|u(\tilde{x})|^2 = \frac{|x|^2}{(1+\xi)^2} < 1$ wegen $-\xi^2 + |x|^2 = -1$. Daß u eine Bijektion ist, ergibt sich daraus, daß die oben erklärte Abbildung $\tilde{x}$ die Umkehrabbildung von u ist. □

Satz 10.2.3 *Eine Hyperebene in $\mathcal{H}yp_H$ läßt sich in der Form*

$$\mathcal{H}yp_H \cap \{\tilde{x} = (\xi, x);\ -\delta\xi + \langle d, x\rangle = 0\}$$

beschreiben, mit $\langle \tilde{d}, \tilde{d}\rangle_L = -\delta^2 + |d|^2 = 1$. Das Bild unter $u\colon \mathcal{H}yp_H \longrightarrow \mathcal{H}yp_B$ ist dann durch

$$B \cap \{-\delta(1+|u|^2) + 2\langle u, d\rangle = 0\}$$

gegeben. $\{\ldots\}$ ist hier eine Hyperebene durch $0 \in B$ (falls $\delta = 0$) oder die Sphäre $S_{\frac{1}{\delta}}(\frac{d}{\delta})$, welche den Rand $\partial \bar{B} = S(V)$ von B orhogonal trifft.
Das Bild eines allgemeinen hyperbolischen Unterraumes von $\mathcal{H}yp_H$ ist der Schnitt solcher Hyperebenen bzw. Sphären.

Beweis: Mit $\xi(u)$ und $x(u)$ wie in 10.2.1 schreibt sich $-\delta\xi + \langle d, x\rangle = 0$ in der Form $-\delta(1+|u|^2) + 2\langle u, d\rangle = 0$. Für $\delta = 0$ ist dies die Hyperebene $\langle u, d\rangle = 0$, sonst die genannte Sphäre. □

Lemma 10.2.4 *Die Bijektion*

$$u: \mathcal{H}yp_H \longrightarrow \mathcal{H}yp_B$$

aus 10.2.1 bestimmt für jeden Punkt $p \in \mathcal{H}yp_H$ *eine lineare Abbildung*

(10.3)
$$T_p u: T_p \mathcal{H}yp_H \longrightarrow V; \quad \tilde{y} = (\eta, y) \longmapsto \frac{1 - |u|^2}{2}(y - \frac{2}{1 + |u|^2}\langle u, y\rangle u),$$

mit $u = u(p)$ *wie folgt: Sei* $p = \tilde{x} = (\xi, x) \in \mathcal{H}yp_H$. *Schreibe* $\tilde{y}$ *in der Form* $|\tilde{y}|\tilde{y}_0$ *mit* $|\tilde{y}| = \sqrt{\langle \tilde{y}, \tilde{y}\rangle_L}, |\tilde{y}_0| = 1$. *Dann ist* $t \in \mathbb{R} \longmapsto \tilde{y}(t) = \sinh(|\tilde{y}|t)\tilde{y}_0 + \cosh(|\tilde{y}|t)\tilde{x} \in \mathcal{H}yp_H$ *eine Kurve auf* $\mathcal{H}yp_H$. *Definiere* $T_p u(\tilde{y})$ *durch* $\frac{du(\tilde{y}(t))}{dt}|_{t=0}$.
Wir bezeichnen das Bild von $T_p u: T_p\mathcal{H}yp_H \longrightarrow V$ *auch mit* $T_{u(p)}\mathcal{H}yp_B$ *und nennen es* Tangentialraum *an* $\mathcal{H}yp_B$ *im Punkte* $u(p) \in B$.
Wir definieren auf $T_u\mathcal{H}yp_B$ *ein SKP* $\langle,\rangle_u$ *durch*

$$\langle y, z\rangle_u = \frac{4}{(1 - |u|^2)^2}\langle y, z\rangle,$$

wo $\langle,\rangle$ *das SKP von* V *ist. Dieses SKP ist gerade so gewählt, daß für* $\tilde{y}, \tilde{z}$ *aus* $T_p\mathcal{H}yp_H$ *gilt*

$$\langle T_p u(\tilde{y}), T_p u(\tilde{z})\rangle_{u(p)} = \langle \tilde{y}, \tilde{z}\rangle_L.$$

D.h., die Abbildung (10.3) ist ein isometrischer Isomorphismus.

Beweis: Mit $\tilde{y} = (\eta, y) = |\tilde{y}|(\eta_0, y_0)$ wird

$$u(\tilde{y}(t)) = \frac{\sinh(|\tilde{y}|t)y_0 + \cosh(|\tilde{y}|t)x}{1 + \eta_0\sinh(|\tilde{y}|t) + \xi\cosh(|\tilde{y}|t)}.$$

Die Ableitung in $t = 0$ liefert

$$\frac{y}{1+\xi} - \frac{x\eta}{(1+\xi)^2}.$$

Da

$$\frac{1}{1+\xi} = \frac{1-|u|^2}{2}; \quad \frac{x}{1+\xi} = u; \quad \frac{1}{\xi} = \frac{1-|u|^2}{1+|u|^2}; \quad \eta = \frac{\langle x, y\rangle}{\xi},$$

ergibt sich die Abbildung (10.3).
Die Gültigkeit von $\langle T_p u(\tilde{y}), T_p u(\tilde{z})\rangle_{u(p)} = \langle \tilde{y}, \tilde{z}\rangle_L$ ist nun leicht nachzurechnen.
□

Bemerkung 10.2.5 Wähle $u \in \mathcal{H}yp_B$. Das SKP $\langle,\rangle_u$ in $T_u\mathcal{H}yp_B$ und das SKP $\langle,\rangle$ in V unterscheiden sich um den Faktor $\frac{4}{(1-|u|^2)^2}$. Die orthogonale Gruppe $\mathbb{O}(T_u\mathcal{H}yp_H)$ bezüglich des SKP $\langle,\rangle_u$ kann also mit der orthogonalen Gruppe $\mathbb{O}(V)$ identifiziert werden. Insbesondere hängt der Winkel $\sphericalangle(y, z)$ zweier linear unabhängiger Vektoren nicht davon ab, ob man diese als Elemente von $(V, \langle,\rangle)$ oder als Elemente von $(T_p\mathcal{H}yp_B, \langle,\rangle_u)$ auffaßt. Aus diesem Grunde heißt $\mathcal{H}yp_B$ auch ein konformes Modell für $\mathcal{H}yp(V')$.

10.2 Das konforme Modell des hyperbolischen Raumes

Dagegen ist die Länge eines Vektors y davon abhängig, welches SKP man betrachtet:
$$|y|_u = \sqrt{\langle y,y \rangle_u} = \frac{2|y|}{1-|u|^2}.$$

Um die Gruppe $Bew(\mathcal{H}yp_B)$ der hyperbolischen Bewegungen von $\mathcal{H}yp_B$ zu beschreiben, benötigen wir einige Begriffe und Resultate aus der euklidischen Geometrie.

Definition 10.2.6 *Betrachte den euklidischen Raum $\mathcal{E}u = \mathcal{E}u(V)$ über V. Sei $S_\rho(o)$ eine Sphäre in $\mathcal{E}u$. Die* Potenz *von $S_\rho(o)$ bezüglich des Punktes $p \in \mathcal{E}u$ ist erklärt als*
$$P_p(S_\rho(o)) = |p-o|^2 - \rho^2.$$

Bemerkung: $P_p(S_\rho(o)) < 0$ bedeutet $|p-o| < \rho$, d. h., p gehört zum Inneren $B_\rho(o)$ der Sphäre. $P_p(S_\rho(o)) = 0$ bedeutet $p \in S_\rho(o)$ und $P_p(S_\rho(o)) > 0$ bedeutet, daß p zum Äußeren $\mathcal{E}u \setminus \bar{B}_\rho(o)$ der Sphäre gehört.

Satz 10.2.7 1. *Sei $S_\rho(o)$ eine Sphäre, p ein Punkt. Für jede Gerade $\mathcal{G}$ durch p, welche $S_\rho(o)$ trifft, gilt $\mathcal{G} \cap S_\rho(o) = \{q,q'\}$, wobei $q = q'$ zugelassen ist. Und*
$$\langle q-p, q'-p \rangle = P_p(S_\rho(o)) = |p-o|^2 - \rho^2.$$
2. *Zwei Sphären $S_\rho(o)$ und $S_{\rho'}(o')$ treffen sich orthogonal dann und nur dann, wenn $|o'-o|^2 = \rho^2 + \rho'^2$ oder $P_o(S_{\rho'}(o')) = \rho^2$ oder $P_{o'}(S_\rho(o)) = \rho'^2$.*

Beweis: Zu 1.: Setze $\frac{q+q'}{2} = m =$ Mittelpunkt von q und q'. Dann
$$\begin{aligned} q-p &= (m-p) + (q-m), \\ q'-p &= 2m - q - p = (m-p) - (q-m), \quad \text{also} \\ \langle q-p, q'-p \rangle &= |m-p|^2 - |q-m|^2 \\ &= |o-p|^2 - |m-o|^2 - |q-m|^2 \\ &= |o-p|^2 - \rho^2 = P_p(S_\rho(o)). \end{aligned}$$

Zu 2.: Daß $S_\rho(o)$ und $S_{\rho'}(o')$ sich orthogonal treffen, bedeutet:
$$|q-o| = \rho \quad \text{und} \quad |q-o'| = \rho' \Longrightarrow \langle q-o, q-o' \rangle = 0.$$

Also nach dem Satz des Pythagoras
$$|q-o|^2 + |q-o'|^2 = |o-o'|^2.$$

Letzteres schreibt sich auch als $P_o(S_{\rho'}(o')) = \rho^2$ oder $P_{o'}(S_\rho(o)) = \rho'^2$. □

Definition 10.2.8 *Wähle $o \in \mathcal{E}u$ und $\rho > 0$. Die Abbildung*
$$i = i_{o,\rho^2} : \mathcal{E}u \setminus \{o\} \longrightarrow \mathcal{E}u \setminus \{o\}; \quad p \longmapsto \frac{\rho^2}{|p-o|^2}(p-o) + o$$

heißt Inversion an der Sphäre $S_\rho(o)$.

Lemma 10.2.9 *Betrachte die Inversion* $i = i_{o,\rho^2} : \mathcal{E}u \setminus \{o\} \longrightarrow \mathcal{E}u \setminus \{o\}$.

1. $i \circ i = \text{id}$.
2. *Wenn $\mathcal{L}$ ein Unterraum von $\mathcal{E}u$ ist mit $o \in \mathcal{L}$, so ist $i|\mathcal{L} \setminus \{o\}$ die Inversion an der Sphäre $S_\rho(o) \cap \mathcal{L}$.*
3. *Das Bild unter i einer Sphäre $S_\sigma(p)$, die nicht o enthält, ist die Sphäre vom Radius $\frac{\rho^2 \sigma}{|P_o(S_\sigma(p))|}$ und Mittelpunkt $\frac{\rho^2}{P_o(S_\sigma(p))}(p - o) + o$.*
Es folgt, daß $S_\sigma(p)$ in sich transformiert wird dann und nur dann, wenn $P_o(S_\sigma(p)) = \rho^2$, d. h., wenn $S_\sigma(p)$ die Sphäre $S_\rho(o)$ orthogonal trifft.
4. *Sei $S_\sigma(p)$ eine Sphäre, die o enthält. Dann ist das Bild unter i von $S_\sigma(p) \setminus \{o\}$ eine Hyperebene mit einer Hesse-Gleichung der Form $\{\langle q - o, n\rangle = \frac{\rho^2}{2\sigma}\}$. Umgekehrt werden Hyperebenen, die nicht o enthalten, unter i in Sphären $S_\sigma(p) \setminus \{o\}$ transformiert.*

Beweis: Zu 1.: Dies rechnet man leicht nach.
Zu 2.: Dies folgt aus der Definition von i.
Zu 3.: Sei $P_o(S_\sigma(p)) = |o - p|^2 - \sigma^2 \neq 0$. $q \in S_\sigma(p)$ bedeutet

(10.4) $$|q - o|^2 + 2\langle q - o, o - p\rangle + |o - p|^2 = \sigma^2.$$

Mit $(q - o) = \frac{|q-o|^2}{\rho^2}(i(q) - o)$ und $|q - o||i(q) - o| = \rho^2$ folgt aus (10.4)

(10.5) $$\frac{\rho^4}{|i(q) - o|^2} + 2\frac{\rho^2}{|i(q) - o|^2}\langle i(q) - o, o - p\rangle + |o - p|^2 = \sigma^2,$$

und dies ist gleichwertig mit

$$|i(q) - (\frac{\rho^2}{P_o(S_\sigma(p))}(p - o) + o)|^2 = \frac{\rho^4 \sigma^2}{P_o(S_\sigma(p))^2}.$$

Dann und nur dann, wenn $P_o(S_\sigma(p)) = \rho^2$, also gemäß 10.2.7, 2. dann und nur dann, wenn $S_\sigma(p)$ und $S_\rho(o)$ sich orthogonal schneiden, stellt dieses wiederum die ursprüngliche Sphäre dar.
Zu 4.: Falls $|o - p|^2 = \sigma^2$, so schreibt (10.5) sich in der Form

$$\rho^2 + 2\langle i(q) - o, o - p\rangle = 0.$$

Dies ist eine Hyperebenengleichung. $\frac{p-o}{|p-o|} = \frac{p-o}{\sigma}$ ist Einheitsvektor orthogonal zur Richtung der Hyperebene. Damit erhalten wir die angegebene Normalform für die Hyperebenengleichung. □

Theorem 10.2.10 *Betrachte die Spiegelung $\sigma = \sigma_\mathcal{H}$ an der Hyperebene $\mathcal{H} \subset \mathcal{H}yp_H$. Jenachdem ob für $\mathcal{H} = \{\langle \tilde{x}, \tilde{d}\rangle_L = 0\}$ $\tilde{d} = (0, d)$ oder $\tilde{d} = (\delta, d)$ mit $\delta > 0$ gilt, ist $u(\mathcal{H})$ die Hyperebene $\{\langle u, d\rangle = 0\}$ oder die Sphäre $S_{\frac{1}{\delta}}(\frac{d}{\delta})$, eingeschränkt auf B. Dann ist $u \circ \sigma \circ u^{-1}$ die Spiegelung an der Hyperebene $\{\langle u, d\rangle = 0\}$ oder die Inversion an $S_{\frac{1}{\delta}}(\frac{d}{\delta})$.*

10.2 Das konforme Modell des hyperbolischen Raumes

Beweis: Falls $\tilde{d} = (0, d)$, so $u \circ \sigma \circ u^{-1} = \sigma_B$. Sei jetzt $\delta > 0$. Wir zeigen, daß $u \circ \sigma(\tilde{x}) = \sigma \circ u(\tilde{x})$, für $\tilde{x} \in \mathcal{H}yp_H$. In der Tat,

$$u \circ \sigma(\tilde{x}) = \frac{x - 2\langle \tilde{x}, \tilde{d}\rangle_L\, d}{1 + \xi - 2\langle \tilde{x}, \tilde{d}\rangle_L\, \delta}.$$

Mit

$$-2\langle \tilde{x}, \tilde{d}\rangle_L = 2\xi\delta - 2\langle x, d\rangle; \quad \frac{x}{1+\xi} = u; \quad -\delta^2 + |d|^2 = 1; \quad \frac{2\xi}{1+\xi} = 1 + |u|^2$$

wird dies

$$u \circ \sigma(\tilde{x}) = \frac{u + (\delta^2(1 + |u|^2) - 2\delta\langle u, d\rangle)\frac{d}{\delta}}{1 + \delta^2(1 + |u|^2) - 2\delta\langle u, d\rangle}.$$

Wegen

$$\delta^2(1 + |u|^2) - 2\delta\langle u, d\rangle = \delta^2\left|u - \frac{d}{\delta}\right|^2 - 1$$

läßt sich dies schreiben als

$$u \circ \sigma(\tilde{x}) = \frac{u - \frac{d}{\delta}}{\delta^2|u - \frac{d}{\delta}|^2} + \frac{d}{\delta} = i_{\frac{d}{\delta}, \frac{1}{\delta^2}}(u(x)).$$

□

Lemma 10.2.11 1. *Sei $\mathcal{H}$ eine Hyperebene von $\mathcal{H}yp_B$. Jenachdem ob $\mathcal{H} = \{\langle u, d\rangle = 0\} \cap B$ oder $\mathcal{H} = S_\rho(x) \cap B$ ist, ist die Spiegelung $\sigma_\mathcal{H}$ an $\mathcal{H}$ die euklidische Spiegelung an $\mathcal{H}$ oder die Inversion an $S_\rho(x)$.*
2. *Die Gruppe $Bew(\mathcal{H}yp_B) = u(Bew(\mathcal{H}yp_H))u^{-1}$ der hyperbolischen Bewegungen von $\mathcal{H}yp_B$ wird von den Hyperebenenspiegelungen erzeugt. Genauer, jede Bewegung von $\mathcal{H}yp_B$ läßt sich als Produkt von $\leq n+1$ Spiegelungen an Hyperebenen darstellen, $n = \dim \mathcal{H}yp_B = \dim B$.*

Beweis: Dies ist die Übertragung von 10.1.21 unter Verwendung von 10.2.10.

□

Beispiel 10.2.12 (Die hyperbolische Ebene) Wir beschreiben das Modell $\mathcal{H}yp_B$ der hyperbolischen Ebene mit Hilfe der komplexen Zahlen durch $B = \{|z| < 1\}$.
Eine hyperbolische Gerade ist dann durch $B \cap S_\rho(c); 1 + \rho^2 = |c|^2 > 1$ oder durch $B \cap \{\arg z = \alpha\}$ gegeben. Die Spiegelung an diesen Geraden lautet

$$z \longmapsto \frac{\rho^2}{|z - c|^2}(z - c) + c = \frac{c\bar{z} - 1}{\bar{z} - \bar{c}} \quad \text{bzw.} \quad z \longmapsto e^{2i\alpha}\bar{z}.$$

Die Komposition zweier solcher Spiegelungen läßt sich stets in der Form

(10.6) $$z \longmapsto \frac{az + b}{\bar{b}z + \bar{a}}; \quad a\bar{a} - b\bar{b} = 1$$

schreiben. Das rechnet man nach. Z.B. für die Komposition der oben angegebenen Spiegelungen findet man zunächst

$$z \longmapsto \frac{ce^{-2i\alpha}z - 1}{e^{-2i\alpha}z - \bar{c}}.$$

Multiplikation des Zählers und des Nenners mit $\frac{ie^{i\alpha}}{\sqrt{|c|^2-1}}$ liefert die angegebene Gestalt (10.6).

Jede Transformation der Form (10.6) stellt eine eigentliche hyperbolische Bewegung dar, d. h., eine Bewegung, die sich als Produkt von zwei Geradenspiegelungen schreiben läßt. Für $b = 0$ ist das klar, vgl. 8.1.22. Für $b \neq 0$ schreiben wir (10.6) als

$$z \longmapsto z' = \frac{\frac{-\bar{a}}{b}\bar{z} - 1}{\bar{z} - \frac{-a}{\bar{b}}}; \quad z' \longmapsto z'' = -\frac{b}{\bar{b}}\bar{z}'.$$

Das SKP in $T_{z_0}\mathcal{H}yp_B$ lautet gemäß 10.2.4:

$$\frac{4\langle\,,\,\rangle}{(1-|z_0|^2)^2},$$

wo $\langle\,,\,\rangle$ das euklidische SKP ist.

Eine Bewegung (10.6) wird durch die Matrix $\begin{pmatrix} a & b \\ \bar{b} & \bar{a} \end{pmatrix}$ beschrieben. Diese Matrix ist bis auf den Faktor ± 1 festgelegt. Man rechnet leicht nach, daß das Produkt $f'f$ zweier Bewegungen f, f', die gemäß (10.6) durch die Matrizen $\begin{pmatrix} a & b \\ \bar{b} & \bar{a} \end{pmatrix}$ und $\begin{pmatrix} a' & b' \\ \bar{b}' & \bar{a}' \end{pmatrix}$ beschrieben sind, durch die Produktmatrix $\begin{pmatrix} a' & b' \\ \bar{b}' & \bar{a}' \end{pmatrix}\begin{pmatrix} a & b \\ \bar{b} & \bar{a} \end{pmatrix}$ beschrieben wird.

Bezeichne die durch die Matrizen $\begin{pmatrix} a & b \\ \bar{b} & \bar{a} \end{pmatrix}$, $a\bar{a} - b\bar{b} = 1$, erklärte Untergruppe von $SL(2, \mathbb{C})$ mit U. Mit $a = \alpha + i\beta$, $b = \gamma + i\delta$ ist

$$\frac{1}{2}\begin{pmatrix} 1 & i \\ i & 1 \end{pmatrix}\begin{pmatrix} a & b \\ \bar{b} & \bar{a} \end{pmatrix}\begin{pmatrix} 1 & -i \\ -i & 1 \end{pmatrix}$$
$$= \frac{1}{2}\begin{pmatrix} (a+\bar{a}) + (i\bar{b}-ib) & (i\bar{a}-ia) + (b+\bar{b}) \\ -(i\bar{a}-ia) + (b+\bar{b}) & (a+\bar{a}) - (i\bar{b}-ib) \end{pmatrix}$$
$$= \begin{pmatrix} \alpha+\delta & \beta+\gamma \\ -\beta+\gamma & \alpha-\delta \end{pmatrix},$$

mit $\alpha, \beta, \gamma, \delta$ reell und Determinante 1. D.h.: Durch Konjugation mit dem Element $\frac{1}{\sqrt{2}}\begin{pmatrix} 1 & i \\ i & 1 \end{pmatrix}$ wird die Gruppe U isomorph zur Gruppe $SL(2, \mathbb{R})$:

$$\frac{1}{\sqrt{2}}\begin{pmatrix} 1 & i \\ i & 1 \end{pmatrix} U \left[\frac{1}{\sqrt{2}}\begin{pmatrix} 1 & i \\ i & 1 \end{pmatrix}\right]^{-1} = SL(2, \mathbb{R}).$$

10.2 Das konforme Modell des hyperbolischen Raumes

Damit ist gezeigt:

Theorem 10.2.13 *Für* $\dim V' = 3$ *ist die Gruppe* $SLO(V') = Bew^+(\mathcal{H}yp(V'))$ *der eigentlichen hyperbolischen Bewegungen isomorph zur Gruppe* $PSL(2,\mathbb{R}) = SL(2,\mathbb{R})/\{\pm \begin{pmatrix} 1 & 0 \\ 0 & 1 \end{pmatrix}\}$. □

Bemerkung 10.2.14 Der vorstehend beschriebene Isomorphismus der Gruppe der reellen $(3,3)$-Matrizen A mit $AE_{1,2}\,{}^tA = E_{1,2}, \det A = 1$ mit der Gruppe $PSL(2,\mathbb{R})$ ist ein Beispiel für einen der ganz wenigen Isomorphismen zwischen linearen, d. h., Matrizen-Gruppen.

Wir wollen diesen Isomorphismus auch noch direkt auf algebraische Weise herleiten. Dazu führen wir auf dem Vektorraum $\mathbb{R}^4$ eine multiplikative Verknüpfung ein, ähnlich wie bei der Definition der Quaternionen $\mathbb{H}$ aus 8.4. Bei dieser Gelegenheit sei bemerkt, daß $\mathbb{H}$ mit seinen Verknüpfungen isomorph ist zu der Menge der Matrizen $\begin{pmatrix} a & b \\ -\bar{b} & \bar{a} \end{pmatrix}$ des Ringes $L(\mathbb{C}^2;\mathbb{C}^2)$ der komplexen $(2,2)$-Matrizen. Beachte, daß wir diese Menge als Vektorraum über $\mathbb{R}$ und nicht über $\mathbb{C}$ auffassen. Den Isomorphismus erhalten wir, indem wir der Basis $\{1,i,j,k\}$ von $\mathbb{H}$ die Matrizen

$$\left\{\begin{pmatrix} 1 & 0 \\ 0 & 1 \end{pmatrix}, \begin{pmatrix} i & 0 \\ 0 & -i \end{pmatrix}, \begin{pmatrix} 0 & 1 \\ -1 & 0 \end{pmatrix}, \begin{pmatrix} 0 & i \\ i & 0 \end{pmatrix}\right\}$$

zuordnen.

Wir bezeichnen die kanonische Basis von $\mathbb{R}^4$ mit $\{1,\tilde{i},\tilde{j},\tilde{k}\}$. Für diese Basiselemente sei die multiplikative Verknüpfung erklärt durch die Tafel

·	1	$\tilde{i}$	$\tilde{j}$	$\tilde{k}$
1	1	$\tilde{i}$	$\tilde{j}$	$\tilde{k}$
$\tilde{i}$	$\tilde{i}$	-1	$\tilde{k}$	$-\tilde{j}$
$\tilde{j}$	$\tilde{j}$	$-\tilde{k}$	1	$-\tilde{i}$
$\tilde{k}$	$\tilde{k}$	$\tilde{j}$	$\tilde{i}$	1

Wir erweitern die Multiplikation auf ganz $\mathbb{R}^4$ durch Bilinearität, und wir schreiben für den so definierten nicht-kommutativen Ring $\tilde{\mathbb{H}}$.

In Analogie zu der obigen Beschreibung von $\mathbb{H}$ als Teilalgebra über $\mathbb{R}$ des Ringes $L(\mathbb{C}^2;\mathbb{C}^2)$ können wir auch $\tilde{\mathbb{H}}$ als eine solche Teilalgebra beschreiben. Dazu ordne der Basis $\{1,\tilde{i},\tilde{j},\tilde{k}\}$ die Matrizen

$$\left\{\begin{pmatrix} 1 & 0 \\ 0 & 1 \end{pmatrix}, \begin{pmatrix} i & 0 \\ 0 & -i \end{pmatrix}, \begin{pmatrix} 0 & 1 \\ 1 & 0 \end{pmatrix}, \begin{pmatrix} 0 & i \\ -i & 0 \end{pmatrix}\right\}$$

zu.

Für $\tilde{\mathbb{H}}$ ist es jedoch auch möglich, einen Isomorphismus Φ mit dem Ring $L(\mathbb{R}^2;\mathbb{R}^2)$ aller reellen $(2,2)$-Matrizen herzustellen. Dazu bilde $\{1,\tilde{i},\tilde{j},\tilde{k}\}$ auf

$$\left\{\begin{pmatrix} 1 & 0 \\ 0 & 1 \end{pmatrix}, \begin{pmatrix} 0 & 1 \\ -1 & 0 \end{pmatrix}, \begin{pmatrix} 0 & 1 \\ 1 & 0 \end{pmatrix}, \begin{pmatrix} 1 & 0 \\ 0 & -1 \end{pmatrix}\right\}$$

ab.

Man rechnet sogleich nach, daß die vier aufgeführten Matrizen gerade die obige Multiplikationstafel besitzen.

$$\Phi(\alpha + \beta \tilde{i} + \gamma \tilde{j} + \delta \tilde{k}) = \begin{pmatrix} \alpha + \delta & \beta + \gamma \\ -\beta + \gamma & \alpha - \delta \end{pmatrix}.$$

$\tilde{\mathbb{H}}$ enthält $\mathbb{R}$ als Unterkörper, indem man die Elemente $\alpha 1 + 0\tilde{i} + 0\tilde{j} + 0\tilde{k}$ aus $\tilde{\mathbb{H}}$ mit $\alpha \in \mathbb{R}$ identifiziert. Wir schreiben für solche Elemente auch einfach α. Durch

$$\tilde{q} = \alpha + \beta\tilde{i} + \gamma\tilde{j} + \delta\tilde{k} \longmapsto \bar{\tilde{q}} = \alpha - \beta\tilde{i} - \gamma\tilde{j} - \delta\tilde{k}$$

ist die Konjugation $(^-) : \tilde{\mathbb{H}} \longrightarrow \tilde{\mathbb{H}}$ erklärt mit $(^-) \circ (^-) = \mathrm{id}$. Damit wird $\tilde{q}\bar{\tilde{q}} = \alpha^2 + \beta^2 - \gamma^2 - \delta^2 = \det \Phi(\tilde{q})$. Auf $\mathbb{R}^4 \cong \tilde{\mathbb{H}}$ haben wir eine nicht-entartete symmetrische Bilinearform gegeben durch

$$\langle \tilde{q}, \tilde{q}' \rangle = \frac{1}{2}(\tilde{q}\bar{\tilde{q}}' + \tilde{q}'\bar{\tilde{q}}).$$

Bezeichne mit $\tilde{\mathbb{L}}$ den Teilraum $\{\alpha = 0\}$ von $\tilde{\mathbb{H}}$. D.h., $r \in \tilde{\mathbb{L}} \iff \bar{\tilde{r}} = -\tilde{r}$.
Mit $\tilde{\mathbb{H}}_1$ bezeichne die multiplikative Gruppe der Elemente $\tilde{q}$ mit $\tilde{q}\bar{\tilde{q}} = 1$. Unter $\Phi : \tilde{\mathbb{H}} \longrightarrow L(\mathbb{R}^2; \mathbb{R}^2)$ wird $\tilde{\mathbb{H}}_1$ mit der speziellen linearen Gruppe $SL(2, \mathbb{R})$ identifiziert.
Das Hyperboloidmodell $\mathcal{H}yp_H(\mathbb{R} \times V)$ wird durch Wahl einer Basis des 2-dimensionalen Vektorraums V mit der Menge

$$\mathbb{L} \cap \tilde{\mathbb{H}}_1 \cap \{\beta > 0\} = \{\tilde{q}\bar{\tilde{q}} = 1, \alpha = 0, \beta > 0\}$$

identifiziert.
Ähnlich wie in 8.4.5 ordnen wir nun jedem $\tilde{q} \in \tilde{\mathbb{H}}_1$ ein Element $\rho(\tilde{q})$ aus der Bewegungsgruppe von $\mathcal{H}yp_H$ zu:

$$\rho(\tilde{q}) : \tilde{r} \in \mathcal{H}yp_V \longmapsto \tilde{q}\tilde{r}\bar{\tilde{q}} \in \mathcal{H}yp_V.$$

Man rechnet nach, daß mit $\tilde{r}$ auch $\tilde{q}\tilde{r}\bar{\tilde{q}} \in \tilde{\mathbb{H}}_1 \cap \{\beta > 0\}$. Da $\rho(1) = \mathrm{id}$, folgt aus Stetigkeitsgründen $\det \rho(\tilde{q}) = 1$; beachte, daß $\tilde{\mathbb{H}}_1$ zusammenhängend ist. Wir haben also einen Gruppenmorphismus

$$\rho : \tilde{\mathbb{H}}_1 \cong SL(2, \mathbb{R}) \longrightarrow \mathrm{Bew}^+(\mathcal{H}yp_B)$$

definiert. Wie in 8.4 zeigt man, daß $\ker \rho = \pm 1$.
Um zu sehen, daß ρ surjektiv ist, genügt es zu zeigen, daß im ρ die Spiegelungen an Punkten und damit deren Produkte enthält, sowie die Drehungen um den Punkt $1\tilde{i} \in \mathcal{H}yp_H$.
Wenn $\tilde{q} \in \mathbb{L} \cap \tilde{\mathbb{H}}_1$, so $\tilde{q}\tilde{q}\bar{\tilde{q}} = \tilde{q}, \rho(\tilde{q}\tilde{q}) = \rho(-1) = \mathrm{id}$, aber $\rho(\tilde{q}) \neq \mathrm{id}$. D.h., $\rho(\tilde{q})$ ist die Spiegelung an dem Punkt mit der homogenen Koordinate $\tilde{q}$.
Wenn $\tilde{q} = \alpha + \beta\tilde{i} \in \tilde{\mathbb{H}}_1$, heißt dies $(\alpha, \beta) = (\cos\phi, \sin\phi)$. $\rho(\tilde{q})(\tilde{i}) = \tilde{i}$, $\rho(\tilde{q})(\tilde{j}) = \cos 2\phi\,\tilde{j} + \sin 2\phi\,\tilde{k}$, $\rho(\tilde{q})(\tilde{k}) = -\sin 2\phi\,\tilde{j} + \cos 2\phi\,\tilde{k}$. D.h., $\rho(\tilde{q})$ ist Drehung um den Punkt mit der homogenen Koordinate $\tilde{i}$.

10.2 Das konforme Modell des hyperbolischen Raumes

Beispiel 10.2.15 (Die Poincarésche Halbebene) Durch

$$J: z \in B = \{|z| < 1\} \longmapsto w = \frac{z+i}{iz+1} \in \text{OH} = \{\text{Im}\, w > 0\}$$

ist eine Bijektion des Inneren des Einheitskreises in $\mathbb{C}$ mit der sogenannten *oberen Halbebene* OH definiert. Die Umkehrabbildung lautet:

$$J^{-1}: w \in \text{OH} \longmapsto z = \frac{w-i}{-iw+1} \in B.$$

Vermittels J erhalten wir damit ein weiteres Modell der hyperbolischen Ebene, das wir auch mit $\mathcal{H}yp_{OH}$ bezeichnen und das nach Poincaré benannt ist. In $\mathcal{H}yp_{OH}$ bestehen die Geraden aus Halbkreisen, die den Rand $\{\text{Im}\, w = 0\}$ von OH orthogonal treffen, sowie aus den zum Rande orthogonalen Geraden, soweit sie zu OH gehören.

Die am Schluß von 10.2.12 hergeleitete Relation

$$(\frac{1}{\sqrt{2}}J)U(\frac{1}{\sqrt{2}}J)^{-1} = SL(2,\mathbb{R})$$

bedeutet gerade, daß die eigentlichen hyperbolischen Bewegungen in $\mathcal{H}yp_{OH}$ die Darstellung

$$w \longmapsto \frac{\alpha w + \beta}{\gamma w + \delta}, \qquad \alpha, \beta, \gamma, \delta \text{ reell}, \ \alpha\delta - \beta\gamma = 1$$

besitzen.

Wir schließen mit den grundlegenden Formeln der Dreieckslehre in einer hyperbolischen Ebene.

Definition 10.2.16 *Sei $\mathcal{H}yp$ eine hyperbolische Ebene.*

1. *Unter einem* Dreieck abc *in $\mathcal{H}yp$ verstehen wir drei Punkte a, b, c, die nicht einer Geraden angehören. a, b, c heißen die* Ecken *des Dreiecks abc.*
2. *Die* Seite A *des Dreiecks abc besteht aus den Punkten $p \in \mathcal{G}_{bc}$ mit $d(b,p) + d(p,c) = d(b,c)$. Die Länge $|A|$ von A ist erklärt als $d(b,c)$. Entsprechend sind die Seiten B, C und ihre Längen $|B|, |C|$ erklärt.*
3. *In der Tangentialebene $T_a \mathcal{H}yp$ der Ecke a ist der Vektor x_{ab} der Länge 1 erklärt als $\dot{\tilde{x}}_{ab}(0)$. Hier ist $t \in \mathbb{R} \longmapsto \tilde{x}_{ab}(t) \in \mathcal{G}_{ab}$ die wie in 10.1.14 erklärte Parametrisierung der Geraden $\mathcal{G}_{ab}$ mit $\tilde{x}_{ab}(0) = a, \tilde{x}_{ab}(d(a,b)) = b$. Entsprechend ist der Vektor $x_{ac} \in T_a \mathcal{H}yp$ als $\dot{\tilde{x}}_{ac}(0)$ erklärt, wo $\tilde{x}_{ac}(t)$ die Parametrisierung der Geraden $\mathcal{G}_{ac}$ mit $\tilde{x}_{ac}(0) = a, \tilde{x}_{ac}(d(a,c)) = c$ ist. Der Winkel α in der Ecke a ist erklärt als der Winkel $\sphericalangle(x_{ab}, x_{ac})$ in der euklidischen Ebene $T_a \mathcal{H}yp$ mit dem SKP $\langle\,,\,\rangle_a$. Entsprechend sind die Winkel β und γ in b bzw. c erklärt.*

Als Gegenstück zu 8.5.3 haben wir das

Lemma 10.2.17 *Sei abc ein Dreieck in einer hyperbolischen Ebene.*

1. $\cosh|C| = \cosh|A|\cosh|B| - \sinh|A|\sinh|B|\cos\gamma$.
   (Hyperbolischer Cosinussatz)
2. *Falls* $\gamma = \frac{\pi}{2}$, *so* $\cosh|C| = \cosh|A|\cosh|B|$,
   (Hyperbolischer Satz des Pythagoras) und

$$\tanh|A| = \tanh|C|\cos\beta; \quad \tanh|B| = \tanh|C|\cos\alpha.$$
$$\sinh|A| = \sinh|C|\sin\alpha; \quad \sinh|B| = \sinh|C|\sin\beta.$$

3. $\sin\alpha : \sin\beta : \sin\gamma = \sinh|A| : \sinh|B| : \sinh|C|$.
   (Hyperbolischer Sinussatz)

Beweis: Zu 1.: Sei $\tilde{z} \in \mathcal{H}yp_H$ Koordinate von c. Gemäß 10.1.14 lassen sich die Koordinaten $\tilde{x}$ und $\tilde{y}$ in $\mathcal{H}yp_H$ von a und b in der Form

$$\tilde{x} = \cosh|B|\,\tilde{z} + \sinh|B|\,\tilde{x}';$$
$$\tilde{y} = \cosh|A|\,\tilde{z} + \sinh|A|\,\tilde{y}'$$

schreiben mit

$$\langle \tilde{x}', \tilde{x}' \rangle_L = \langle \tilde{y}', \tilde{y}' \rangle_L = 1;$$
$$\langle \tilde{x}', \tilde{z} \rangle_L = \langle \tilde{y}', \tilde{z} \rangle_L = 0.$$

Mit $\langle \tilde{x}, \tilde{y} \rangle_L = -\cosh|C|$, $\langle \tilde{x}', \tilde{y}' \rangle_L = \cos\gamma$ ergibt sich damit der Cosinussatz.

Zu 2.: Die erste Gleichung folgt aus 1. für $\gamma = \frac{\pi}{2}$.

Aus $\cosh|B| = \cosh|A|\cosh|C| - \sinh|A|\sinh|C|\cos\beta$ ergibt sich damit unter Verwendung von 10.1.12:

$$\cos\beta = \frac{(\cosh^2|A| - 1)\cosh|B|}{\sinh|A|\sinh|C|} = \frac{\sinh|A|\cosh|B|}{\sinh|C|} = \frac{\tanh|A|}{\tanh|C|}$$

$$\sin^2\beta = \frac{\sinh^2|C|\cosh^2|A| - \cosh^2|C|\sinh^2|A|}{\sinh^2|C|\cosh^2|A|}$$

$$= \frac{\sinh^2|C| - \cosh^2|B|\sinh^2|A|}{\sinh^2|C|} = \frac{-1 + \cosh^2|B|}{\sinh^2|C|}.$$

Zu 3.: Wir bemerken zunächst, daß es genau eine durch c laufende Gerade $\mathcal{L}_c$ gibt, die $\mathcal{G}_{ab}$ orthogonal trifft. Der Schnittpunkt von $\mathcal{L}_c$ mit $\mathcal{G}_{ab}$ heißt der *Lotfußpunkt* l_c von c auf $\mathcal{G}_{ab}$.

Beschreibe $\mathcal{G}_{ab}$ durch die Ebene $U' \subset V'$. Dann $U' + U'^{\perp} = V'$. Die homogene Koordinate $\tilde{z} \in V'$ von c schreibt sich entsprechend dieser Zerlegung als $\tilde{z}' + \tilde{z}''$. $\tilde{z}'$ ist die Koordinate des Lotfußpunktes l_c und $\mathcal{L}_c = \mathcal{P}([\tilde{z}', \tilde{z}])$.

cal_c und bcl_c sind Dreiecke mit dem Winkel $\frac{\pi}{2}$ bei l_c. Nach 2. ist

$$\sinh|B|\sin\alpha = \sinh(d(l_c, c)) = \sinh|A|\sin\beta.$$

□

10.2 Das konforme Modell des hyperbolischen Raumes

Bemerkung 10.2.18 Aus den vorstehenden Formeln für hyperbolische Dreiecke lassen sich die Formeln 8.5.3 für euklidische Dreiecke herleiten, indem man die Taylorreihen für die hyperbolischen Funktionen einsetzt und die ersten nicht-konstanten Terme auf beiden Seiten vergleicht. Beachte:

$$\cosh t = 1 + \frac{t^2}{2} + \cdots; \quad \sinh t = t + \cdots; \quad \tanh t = t + \cdots.$$

Dies bedeutet, daß die Geometrie hyperbolischer Dreiecke sich der Geometrie euklidischer Dreiecke annähert, wenn die Dreiecke klein werden.

Bemerkung 10.2.19 (Über den Unterschied zwischen der euklidischen und der hyperbolischen Ebene) Wir wählen zur Beschreibung der hyperbolischen Ebene das Innere $B = \{|z| < 1\}$ des Einheitskreises in $\mathbb{C}$. Sei $\mathcal{G}$ eine hyperbolische Gerade und $p \notin \mathcal{G}$. Sei o der Lotfußpunkt von p auf $\mathcal{G}$. Nötigenfalls durch Anwendung einer hyperbolischen Bewegung können wir annehmen, daß $\mathcal{G} = B \cap \{\text{Im } z = 0\}$ ist und $p = i\beta, 0 < \beta < 1, o = 0$.
Abgesehen von der Geraden $\{\text{Re } z = 0\}$ sind die durch $p = i\beta$ laufenden Geraden von der Form $B \cap S_\rho(Z_0)$ mit $\rho^2 + 1 = |z_0|^2$; $|i\beta - z_0| = \rho$. D.h., mit $z_0 = x_0 + iy_0$: Die Koordinate y_0 des Mittelpunktes eines solchen Kreises ist stets von der Form $y_0 = \frac{1+\beta^2}{2\beta} > 1$. Für $x_0 = \pm 1$ berührt $S_\rho(z_0)$ die reelle Achse in ± 1. Dieses sind also zwei Geraden $\mathcal{G}_{-1}, \mathcal{G}_{+1}$ durch p, welche $\mathcal{G}$ nicht treffen. Darüber hinaus erhalten wir für jedes $x_0, -1 < x_0 < 1$, eine Gerade $\mathcal{G}_{x_0} = B \cap S_\rho(z_0)$, die $\mathcal{G} = B \cap \{\text{Im } z = 0\}$ nicht trifft, da dann $\rho^2 = |z_0|^2 - 1 < y_0^2$.

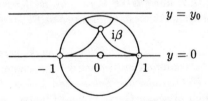

Im Unterschied zur euklidischen Ebene gibt es also in der hyperbolischen Ebene zu einer Geraden $\mathcal{G}$ und einem nicht auf ihr gelegenen Punkt p eine einparametrige Schar $\mathcal{G}_x, -1 \leq x \leq 1$, von Geraden durch p, welche $\mathcal{G}$ nicht treffen. Zwei dieser Geraden haben mit $\mathcal{G}$ den einen bzw. den anderen der beiden unendlich fernen Punkte gemeinsam.

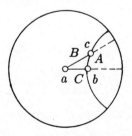

Schließlich liest man aus diesem Modell der hyperbolischen Ebene auch ab, daß die Winkelsumme $\alpha + \beta + \gamma$ in einem hyperbolischen Dreieck abc kleiner als π ist. Es genügt zu bemerken, daß in einem solchen Dreieck jedenfalls eine der drei Seiten A, B, C verschieden ist von der euklidischen = geradlinigen Seite. Wenn dies etwa die Seite A ist, so sind die anliegenden Winkel β und γ in abc kleiner als die Winkel in dem entsprechenden euklidischen Dreieck.

10.3 Elliptische Geometrie

Das andere Gegenstück zur euklidischen Geometrie, die elliptische Geometrie, ist nichts anderes als die projektive Geometrie über einem euklidischen Vektorraum V mit der durch das SKP $\langle , \rangle$ auf V gegebenen Struktur.

Die elliptische Geometrie verhält sich also zur projektiven Geometrie wie die euklidische Geometrie zur affinen. Wir hatten einen projektiven Raum auch als den Raum $\mathcal{P}_\infty(\mathcal{A})$ der unendlich fernen Punkte eines affinen Raums $\mathcal{A}$ erhalten. Dementsprechend läßt sich der elliptische Raum als der Raum $\mathcal{P}_\infty(\mathcal{E}u)$ der unendlich fernen Punkte eines euklidischen Raums $\mathcal{E}u$ auffassen.

In diesem Abschnitt zeigen wir, daß es auf einem elliptischen Raum eine Metrik gibt und daß die zugehörige Bewegungsgruppe die meisten derjenigen Eigenschaften besitzt, die wir bereits von der hyperbolischen Bewegungsgruppe kennen. Wie überhaupt unsere Herleitung der elliptischen Geometrie die Analogie mit der hyperbolischen Geometrie herausstellen wird.

Definition 10.3.1 *Sei* $V = (V, \langle , \rangle)$ *ein euklidischer Vektorraum,* $\dim V = n+1$.

1. *Sei* $V_\mathbb{C}$ *die komplexe Erweiterung von* V, *vgl. 5.6.1. Wir erweitern* $\langle , \rangle$ *zu einer symmetrischen Bilinearform* $\langle , \rangle_\mathbb{C}$ *auf* $V_\mathbb{C}$ *durch die Festsetzung*

$$\langle x+iy, x'+iy'\rangle_\mathbb{C} = (\langle x, x'\rangle - \langle y, y'\rangle) + i(\langle y, x'\rangle + \langle x, y'\rangle).$$

Während der Nullraum $\{\langle x, x\rangle = 0\}$ *in* V *nur aus* $0 \in V$ *besteht, ist der Nullraum* $\{\langle z, z\rangle_\mathbb{C} = 0\}$ *in* $V_\mathbb{C}$ *eine echt Quadrik, bestehend aus den Elementen* $z = x+iy$ *mit* $\langle x, y\rangle = 0, |x| = |y|$.

2. *Unter dem n-dimensionalen elliptischen Raum* $\mathcal{E}ll = \mathcal{E}ll(V)$ *über* V *verstehen wir den projektiven Raum* $\mathcal{P}(V)$ *zusammen mit seinen k-dimensionalen elliptischen Unterräumen* $\mathcal{P}(U), U$ *Unterraum der Dimension* $k+1$. *Für* $k = 1$ *und 2 sprechen wir auch von* elliptischen Geraden *und* Ebenen. *Ferner ist zu* $\mathcal{E}ll$ *die* Menge $\mathcal{E}ll_\infty$ *der uneigentlichen Punkte erklärt als die Punkte der Quadrik* $\mathcal{Q}u_\mathbb{C} = \mathcal{P}(\{\langle , \rangle_\mathbb{C} = 0\})$ *in* $\mathcal{P}(V_\mathbb{C})$.

3. *Die* Gruppe $Bew(\mathcal{E}ll)$ *der elliptischen Bewegungen ist als die Untergruppe* $\mathcal{P}(\mathbb{O}(V))$ *der Gruppe* $Pro(\mathcal{P}(V)) = \mathcal{P}(GL(V))$ *der Projektivitäten von* $\mathcal{P}(V)$ *erklärt.*

Satz 10.3.2 *Der Kern des Gruppenmorphismus*

$$\mathcal{P} \colon \mathbb{O}(V) \longrightarrow Bew(\mathcal{E}ll(V))$$

besteht aus $\pm \operatorname{id}_V$.

Beweis: Wegen 9.1.6 ist der Kern durch $\mathbb{O}(V) \cap HT(V)$ gegeben. □

Satz 10.3.3 *Seien p und q zwei verschiedene Punkte von* $\mathcal{E}ll = \mathcal{E}ll(V), \mathcal{G} = \mathcal{G}_{pq}$ *die Gerade durch p und q.*

10.3 Elliptische Geometrie

Dann enthält $\mathcal{G}$, betrachtet als Gerade in $\mathcal{P}(V_\mathbb{C})$, genau zwei verschiedene uneigentliche Punkte u und v. Es gilt

$$\mathrm{DV}(u,v,p,q) = e^{2i\phi} \neq 1.$$

Für $p = q$ setze $\mathrm{DV}(u,v,p,q) = 1$.

Beweis: Seien x und y homogene Koordinaten von p und q auf der Einheitssphäre $S(V) = \{ |\ | = 1\}$ von V mit $\langle x, y \rangle = \cos\phi \in [0,1[$. Die Gleichung $\langle \lambda x + y, \lambda x + y \rangle_\mathbb{C} = 0$ besitzt die Lösungen $-e^{\pm i\phi}$. D.h., $-e^{-i\phi}x + y$ und $-e^{i\phi}x + y$ sind homogene Koordinaten für die uneigentlichen Punkte u und v von $\mathcal{G}_{pq}$. Wie im Beweis von 10.1.11 wird damit $\mathrm{DV}(u,v,p,q) = \frac{e^{i\phi}}{e^{-i\phi}}$. □

Das Gegenstück zu 10.1.14 lautet:

Satz 10.3.4 *Sei $\mathcal{G}$ eine Gerade in $\mathcal{E}ll(V)$. Wähle $p \in \mathcal{G}$. Sei $x \in S(V)$ homogene Koordinate von p. Wähle in der Ebene $U \subset V$ mit $\mathcal{P}(U) = \mathcal{G}$ ein $x' \in S(V)$ mit $\langle x, x' \rangle = 0$. Durch*

$$t \in [-\frac{\pi}{2}, \frac{\pi}{2}] \longmapsto x(t) = \cos t\, x + \sin t\, x' \in S(V)$$

sind dann homogene Koordinaten für die Punkte von $\mathcal{G}$ gegeben. Mit $\mathcal{P}(x(t)) = p(t)$ haben wir

$$\frac{1}{2}|\log \mathrm{DV}(u,v,p,p(t))| = |t|,$$

wobei u, v die uneigentlichen Punkte von $\mathcal{G}$ sind. Beachte: $p(-\frac{\pi}{2}) = p(\frac{\pi}{2})$, aber $p(t) \neq p(t')$ für $|t - t'| < \pi$.

Beweis: Wegen $\langle x(0), x(t) \rangle = \cos t \in [0,1]$ folgt dies aus 10.3.3. □

Theorem 10.3.5 1. *Auf dem elliptischen Raum $\mathcal{E}ll = \mathcal{E}ll(V)$ ist durch*

$$d(p,q) = \frac{1}{2}|\log \mathrm{DV}(u,v,p,q)| \in [0, \frac{\pi}{2}]$$

ein Abstand erklärt. Hier sind für $p \neq q$ u und v die uneigentlichen Punkte der Geraden $\mathcal{G}_{pq}$. Für $p = q$ verwenden wir die Festsetzung $\mathrm{DV}(u,v,p,q) = 1$.

2. *Zwei Punkte p und q von $\mathcal{E}ll$ besitzen stets homogene Koordinaten x und y auf der Einheitssphäre $S(V) = \{|\ | = 1\}$ von V. Diese können noch so gewählt werden, daß $\langle x, y \rangle \geq 0$. Damit wird dann $d(p,q) = \cos^{-1}\langle x, y \rangle$, wobei $\cos^{-1}$ die Umkehrfunktion von $\cos|[0, \frac{\pi}{2}]$ bezeichnet.*
3. *Der so definierte Abstand ist invariant unter elliptischen Bewegungen.*
4. *Die Dreiecksgleichung $d(p,q) + d(q,r) = d(p,r)$ gilt nur für drei Punkte p, q, r, die auf einer Geraden liegen und die notwendige Ungleichung $d(p,q) + d(q,r) \leq d(p,r)$ erfüllen.*

Beweis: Zu 1.: $d(p,q) = d(q,p) \geq 0$ und $d(p,q) = 0$ nur für $p = q$ ergibt sich aus der Definition. Die Dreiecksungleichung beweisen wir ähnlich wie in 10.1.15: Wir können $p \neq q$ und $q \neq r$ annehmen. Gemäß 10.3.4 schreiben wir homogene Koordinaten x und z von p und r in der Form

$$x = \sin a\, x' + \cos a\, y; \quad z = \sin b\, z' + \cos b\, y,$$

mit $x, x', y, z, z' \in S(V), \langle x', y \rangle = \langle z', y \rangle = 0, a = d(p,q), b = d(q,r)$. $\langle x, z \rangle = \cos d(p,r)$, falls $\langle x, z \rangle \geq 0$. Anderenfalls $\langle x, z \rangle = \cos(\pi - d(p,r))$. Also

$$\langle x, z \rangle = \sin a \sin b \cos\gamma + \cos a \cos b \geq \cos(a+b).$$

D.h.,

$$\begin{aligned} d(p,r) &\leq d(p,q) + d(q,r) \quad \text{oder} \\ d(p,r) &\leq \pi - d(p,r) \leq d(p,q) + d(q,r). \end{aligned}$$

Das =-Zeichen bedeutet $\langle x', z' \rangle = -1$, also $z' = -x'$, d. h., die Punkte p, q, r liegen auf einer Geraden.

Zu 2.: Das ergibt sich aus 10.3.3.

Zu 3.: Das folgt aus der Invarianz des Doppelverhältnisses bei Projektivitäten und daraus, daß eine elliptische Bewegung π die uneigentlichen Punkte einer Geraden $\mathcal{G}$ in die uneigentlichen Punkte von $\pi(\mathcal{G})$ überführt.

Zu 4.: Siehe den Beweis von 1.. □

Satz 10.3.6 *Durch die in 10.3.4 erklärte Abbildung* $t \in [-\frac{\pi}{2}, \frac{\pi}{2}] \longmapsto p(t) \in \mathcal{G}$ *mit* $p(-\frac{\pi}{2}) = p(\frac{\pi}{2})$ *wird die elliptische Gerade umkehrbar eindeutig auf den Kreis* $\{(\frac{1}{2}\cos 2t, \frac{1}{2}\sin 2t), -\frac{\pi}{2} \leq t \leq \frac{\pi}{2}\}$ *vom Umfang π bezogen. Insbesondere gibt es zwischen zwei Punkten p und q auf $\mathcal{G}$ vom Abstand $\frac{\pi}{2}$ zwei verschiedene Geradensegmente der Länge $\frac{\pi}{2}$. Z.B. für* $p = p(0), q = p(-\frac{\pi}{2}) = p(\frac{\pi}{2})$ *die Segmente* $\{p(t), 0 \leq t \leq \frac{\pi}{2}\}$ *und* $\{p(-t), 0 \leq t \leq \frac{\pi}{2}\}$.

Beweis: Dies folgt aus 10.3.4 und 10.3.5. □

Definition 10.3.7 *Betrachte* $\mathcal{E}ll = \mathcal{E}ll(V), \dim V = n \geq 2$.

1. *Unter einem* elliptischen Bezugssystem *für $\mathcal{E}ll$ verstehen wir ein projektives Bezugssystem*

$$Q = \{q_0, q_1, \ldots, q_n, e\} \quad \text{mit} \quad d(q_i, q_j) = \frac{\pi}{2} \quad \text{für} \quad i \neq j.$$

2. *Der* Tangentialraum $T_p\mathcal{E}ll$ *an $\mathcal{E}ll$ im Punkte $p \in \mathcal{E}ll$ ist definiert als* $[x]^\perp \subset V$ *mit dem induzierten SKP. Hier ist x eine homogene Koordinate von p.*

Bemerkung 10.3.8 Ein elliptisches Bezugssystem $Q = \{q_0, q_1, \ldots, q_n, e\}$ ist offenbar gleichwertig mit einer bis auf das Vorzeichen festgelegten ON-Basis $\{d_0, d_1, \ldots, d_n\}$ von V, mit $\mathcal{P}(d_i) = q_i$. D.h., D und $-D$ bestimmen dasselbe Bezugssystem Q.

Das Gegenstück zu 10.1.20 lautet:

10.3 Elliptische Geometrie

Theorem 10.3.9 *Betrachte $\mathcal{E}ll = \mathcal{E}ll(V)$.*

1. *Eine elliptische Bewegung $\pi: \mathcal{E}ll \longrightarrow \mathcal{E}ll$ induziert für jedes $p \in \mathcal{E}ll$ einen isometrischen Isomorphismus*

$$T\pi = T_p\pi : T_p\mathcal{E}ll \longrightarrow T_{\pi(p)}\mathcal{E}ll.$$

2. *Eine elliptische Bewegung transformiert ein elliptisches Bezugssystem in ein ebensolches Bezugssystem.*
   Zu je zwei elliptischen Bezugssystemen Q, Q' gibt es genau eine elliptische Bewegung, die Q in Q' transformiert.
3. *Sei $p \in \mathcal{E}ll$. Die Menge $\text{Bew}_p(\mathcal{E}ll)$ der $\pi \in \text{Bew}(\mathcal{E}ll)$ mit $\pi(p) = p$ ist eine Untergruppe isomorph zu $\mathbb{O}(T_p\mathcal{E}ll)$.*
   Alle diese Untergruppen sind zueinander konjugiert und isomorph zu der orthogonalen Gruppe $\mathbb{O}(V')$ eines Unterraums V' von V der Codimension 1.

Beweis: Dies folgt aus früher bewiesenen Sätzen über $\mathbb{O}(V)$ und aus 10.3.2, wonach $\text{Bew}(\mathcal{E}ll(V)) = \mathbb{O}(V)/\pm \text{id}$. □

Wir ergänzen dieses Theorem noch durch das Gegenstück zu 10.1.21:

Lemma 10.3.10 *Betrachte $\mathcal{E}ll = \mathcal{E}ll(V)$, $\dim \mathcal{E}ll = n$.*

1. *Für jeden k-dimensionalen Unterraum $\mathcal{L} = \mathcal{P}(U)$ von $\mathcal{E}ll$ ist die Spiegelung $\sigma_\mathcal{L}$ an $\mathcal{L}$ erklärt als $\mathcal{P}(s_U)$, s_U wie in 8.1.18.*
2. *Jede elliptische Bewegung π läßt sich als Produkt von $\leq n+1$ Spiegelungen an Hyperebenen von $\mathcal{E}ll$ darstellen.*

Beweis: Dies folgt aus 8.1.21. □

Die durch das SKP $\langle,\rangle$ auf V gegebene eigentliche symmetrische Bilinearform gestattet es, auf $\mathcal{E}ll(V)$ eine Polarität zu definieren, vgl. 9.5.8.

Theorem 10.3.11 *Auf der Menge $\mathcal{U}(\mathcal{E}ll)$ der Unterräume des elliptischen Raumes $\mathcal{E}ll = \mathcal{E}ll(V)$ ist eine Polarität*

$$\perp : \mathcal{U}(\mathcal{E}ll) \longrightarrow \mathcal{U}(\mathcal{E}ll)$$

erklärt, so daß gilt:

1. $\dim \mathcal{L} + \dim \mathcal{L}^\perp = \dim \mathcal{E}ll - 1$.
2. $\mathcal{L}^{\perp\perp} = \mathcal{L}$, d. h., $\perp \circ \perp = \text{id}$.
3. $\mathcal{L} \subset \mathcal{L}' \Longrightarrow \mathcal{L}'^\perp \subset \mathcal{L}^\perp$.
4. $(\mathcal{L} + \mathcal{L}')^\perp = \mathcal{L}^\perp \cap \mathcal{L}'^\perp$.
5. $(\mathcal{L} \cap \mathcal{L}')^\perp = \mathcal{L}^\perp + \mathcal{L}'^\perp$.
6. $\mathcal{L} + \mathcal{L}^\perp = \mathcal{E}ll$.

Beweis: Dies ergibt sich aus 9.5.8 und dem Umstand, daß für einen beliebigen Unterraum U von V $U + U^\perp = V$ gilt. □

Damit erhalten wir folgende Kennzeichnung der elliptischen Bewegungsgruppe:

Theorem 10.3.12 *Sei* $\dim \mathcal{E}ll(V) \geq 2$. *Die elliptischen Bewegungen sind dann gerade diejenigen Kollineationen von $\mathcal{E}ll$, welche mit der Polarität kommutieren.*

Beweis: Offenbar gilt für $\pi \in Bew(\mathcal{E}ll)$, daß $(\pi \mathcal{L})^\perp = \pi(\mathcal{L}^\perp)$, für einen beliebigen Unterraum $\mathcal{L}$ von $\mathcal{E}ll$.
Umgekehrt wissen wir aus 9.2.14, daß eine Kollineation eine Projektivität ist. Wenn nun für eine Projektivität $\pi = \mathcal{P}(f), f \in GL(V)$, gilt $(\pi \mathcal{L})^\perp = \pi(\mathcal{L}^\perp)$, so bedeutet dies für eine ON-Basis $D = \{d_1, \ldots, d_n\}$ von V: $\langle f(d_i), f(d_j) \rangle = 0$ für $i \neq j$. Wie im Beweis von 9.1.6, 2. ergibt sich, daß $f(d_i) = \alpha f'(d_i), f' \in \mathbb{O}(V), \alpha \neq 0$. D.h., $\pi \in \mathcal{P}(f) = \mathcal{P}(f') \in Bew(\mathcal{E}ll)$. □

Beispiel 10.3.13 (Die elliptische Ebene $\mathcal{E}ll$) In diesem Falle ist der zu einem Punkt p polare Unterraum $\{p\}^\perp$ eine Gerade und der zu einer Geraden $\mathcal{G}$ polare Raum $\mathcal{G}^\perp$ ein Punkt.
Wenn p und q verschiedene Punkte sind, so bedeutet $(\{p\} + \{q\})^\perp = \{p\}^\perp + \{q\}^\perp$, daß der zu der Verbindungsgeraden $\mathcal{G}_{pq}$ polare Punkt $\mathcal{G}_{pq}^\perp$ gerade der Schnittpunkt der zu p und q polaren Geraden ist.
Wenn $\mathcal{G}$ und $\mathcal{H}$ verschiedene Geraden sind, so bedeutet $(\mathcal{G} \cap \mathcal{H})^\perp = \mathcal{G}^\perp + \mathcal{H}^\perp$, daß die zum Schnittpunkt $\mathcal{G} \cap \mathcal{H}$ polare Gerade die Verbindungsgerade der zu $\mathcal{G}$ und $\mathcal{H}$ polaren Punkte ist.
Insbesondere haben zwei verschiedene Geraden in der elliptischen Ebene stets einen Schnittpunkt. Wie wir schon in 10.3.6 sahen, hat jede Gerade die Gestalt eines Kreises vom Umfang π. Beide diese Tatsachen zeigen deutlich den Unterschied zwischen der euklidischen und hyperbolischen Ebene einerseits und der elliptischen Ebene andererseits.

10.4 Das konforme Modell des elliptischen Raumes

Wir hatten bereits in 10.3 wiederholt benutzt, daß jeder Punkt p des elliptischen Raumes $\mathcal{E}ll(V)$ genau zwei homogene Koordinaten $\pm x$ auf der Einheitssphäre $S(V)$ von V besitzt. $S(V)$ heißt sphärisches Modell. Wenn wir auf $S(V)$ eine Halbsphäre $HS(V, e)$ durch ihren Mittelpunkt $e \in S(V)$ bestimmen und auf ihrem Rand $S(V_e)$ = Einheitssphäre in $V_e = [e]^\perp$ Diametralpunkte identifizieren, erhalten wir das Halbsphärenmodell von $\mathcal{E}ll(V)$. Die stereographische Projektion dieses Modells von e in V_e liefert das konforme Modell $\mathcal{E}ll_{B,e}$ von $\mathcal{E}ll(V)$.

Dies ist ganz ähnlich wie für den hyperbolischen Raum. Es gibt jedoch auch gewichtige Unterschiede. Zum einen hängt dieses Modell von der Wahl eines $e \in S(V)$ ab. Zum anderen sind immer auf dem Rand Diametralpunkte zu identifizieren. Dies liegt daran, daß der elliptische Raum, im Unterschied zum hyperbolischen Raum, kompakt ist und daher nicht umkehrbar eindeutig und stetig auf einen offenen Teil eines Vektorraumes bezogen werden kann.

10.4 Das konforme Modell des elliptischen Raumes

Die elliptischen Unterräume von $\mathcal{E}ll_{B,e}$ bestehen aus den Schnitten $\bar{B} = \bar{B}(V_e)$ mit Sphären $S_\rho(x) \subset V_e$, die den Rand $\partial \bar{B} = S(V_e)$ in Diametralpunkten treffen. Damit können wir die Hyperebenenspiegelungen wie im konformen Modell des hyperbolischen Raumes durch Inversion an diesen Sphären beschreiben.

Für die elliptische Ebene gibt es schließlich eine besonders einfache Beschreibung der eigentlichen Bewegungen mit Hilfe komplexer $(2,2)$-Matrizen. Dies entspricht der Beschreibung von $S\mathbb{O}(3)$ durch die Quaternionen vom Betrag 1, vgl. 8.4.6.

Satz 10.4.1 *Jeder Punkt $p \in \mathcal{E}ll(V)$ besitzt genau zwei homogene Koordinaten der Form $\pm x$ auf der Einheitssphäre $S(V) = \{|\ |=1\}$.*
Wir nennen $S(V)$ mit identifizierten Diametralpunkten $\{x, -x\}$ das sphärische Modell von $\mathcal{E}ll(V)$, Bezeichnung: $\mathcal{E}ll_S(V)$. □

Der Nachteil dieses Modells, daß seine Elemente aus Vektorpaaren $\{x, -x\}$ bestehen und nicht aus einzelnen Vektoren, läßt sich – jedenfalls zum Teil – beheben. Allerdings nur auf Kosten einer gewissen Inhomogenität.

Definition 10.4.2 *Wähle $e \in S(V)$. Mit $HS(V, e)$ bezeichne die offene Halbsphäre um e,*

$$HS(V, e) = \{x \in S(V); \langle x, e \rangle > 0\}.$$

In $\mathcal{E}ll(V)$ setze $\mathcal{P}(e) = o$. $B_{\frac{\pi}{2}}(o)$ bezeichnet den offenen Ball vom Radius $\frac{\pi}{2}$ um o, d. h.,

$$B_{\frac{\pi}{2}}(o) = \{p \in \mathcal{E}ll(V); d(p, o) < \frac{\pi}{2}\}.$$

$B_{\frac{\pi}{2}}(o) = \mathcal{E}ll(V) \setminus \{o\}^\perp$, wo $\{o\}^\perp$ die zu o polare Hyperebene ist.
Jeder Punkt $p \in B_{\frac{\pi}{2}}(o)$ besitzt genau eine homogene Koordinate $x \in HS(V, e)$. Die so erklärte Bijektion

$$\Phi_e \colon B_{\frac{\pi}{2}}(o) \longrightarrow HS(V, e)$$

heißt sphärische Karte von $\mathcal{E}ll(V)$ bezüglich $e \in S(V)$.
Setze $[e]^\perp = V_e$. Dann $\mathcal{P}(V_e) = \{o\}^\perp$. Die kanonische Erweiterung der Abbildung Φ_e zu

$$\bar{\Phi}_e \colon \mathcal{E}ll(V) \longrightarrow HS(V, e) \cup \mathcal{E}ll_S(V_e),$$

bei der einem $q \in \{o\}^\perp$ seine beiden homogenen Koordinaten $\{y, -y\}$ auf $S(V_e) = \text{Rand } HS(V, e)$ zugeordnet werden, heißt Halbsphärenmodell von $\mathcal{E}ll(V)$ bezüglich e. Bezeichnung: $\mathcal{E}ll_{H,e}(V)$.

Satz 10.4.3 *Betrachte eine Karte $\Phi_e \colon B_{\frac{\pi}{2}}(o) \longrightarrow HS(V)$.*
$B_{\frac{\pi}{2}}(o)$ ist der affine Unterraum von $\mathcal{E}ll(V)$, betrachtet als projektiver Raum $\mathcal{E}ll(V)$, der durch Herausnahme der Hyperebene $\{o\}^\perp = \mathcal{P}(V_e)$ entsteht.
*Sei $\mathcal{L} = \mathcal{P}(U)$ ein k-dimensionaler Unterraum von $\mathcal{E}ll(V)$. Falls $\mathcal{L} \not\subset \{o\}^\perp$, also $U \not\subset V_e$, so wird der zu $\mathcal{E}ll(V) \setminus \{o\}^\perp$ gehörende Teil von $\mathcal{L}$ unter Φ_e auf die k-dimensionale offene Halbsphäre $HS(V, e) \cap U$ abgebildet. $\mathcal{L} \cap \{o\}^\perp$ wird durch

$\bar{\Phi}_e$ *auf* $\mathcal{E}ll_S(U \cap V_e)$ *abgebildet. Das ist die Sphäre* $S(U \cap V_e)$ *mit identifizierten Diametralpunkten.*

Insbesondere werden die zu $\mathcal{E}ll(V) \setminus \{o\}^\perp$ *gehörenden Teile von elliptischen Geraden auf halbe Großkreise der Halbsphäre* $HS(V, e)$ *abgebildet, wobei ein Großkreis durch* $S(V) \cap U$, $\dim U = 2$, *definiert ist.*

Beweis: Dies folgt alles unmittelbar aus den vorangegangenen Definitionen. □

Das Gegenstück zu dem konformen Modell $\mathcal{H}yp_B(V')$ eines hyperbolischen Raumes (vgl. 10.2.1) für den elliptischen Raum ergibt sich aus dem

Satz 10.4.4 *Betrachte einen euklidischen Vektorraum* V, $\dim V \geq 2$. *Sei* $e \in S(V)$. *Dann ist durch die* stereogaphische Projektion

(10.7) $$u: x \in HS(V, e) \longmapsto \frac{x - \langle x, e \rangle e}{1 + \langle x, e \rangle} \in B(V_e)$$

eine Bijektion von der offenen Halbsphäre $HS(V, e)$ *auf den offenen Einheitsball* $B(V_e)$ *in dem zu* e *orthogonalen Unterraum* V_e *von* V *gegeben. Die Umkehrabbildung zu* u *lautet*

(10.8) $$x: u \in B(V_e) \longmapsto \frac{1 - |u|^2}{1 + |u|^2} e + \frac{2}{1 + |u|^2} u \in HS(V, e).$$

Die Abbildung u, *(10.7), besitzt die kanonische Erweiterung*

(10.9) $$\bar{u}: \mathcal{E}ll_{H,e}(V) = HS(V, e) \cup \mathcal{E}ll_S(V_e) \longrightarrow B(V_e) \cup \mathcal{E}ll_S(V_e).$$

Definition 10.4.5 *Das* Ballmodell $\mathcal{E}ll_{B,e}(V)$ *oder* konforme Modell *von* $\mathcal{E}ll(V)$ *bezüglich* $e \in S(V)$ *ist definiert als* $B(V_e) \cup \mathcal{E}ll_S(V_e)$, *zusammen mit seinen durch die Bijektion* $\bar{u}$, *(10.9), aus 10.4.4 erklärten elliptischen Unterräumen.*

Bemerkung 10.4.6 Die Abbildung (10.7) aus 10.4.4 ordnet jedem Punkt $x \in HS(V, e)$ den Schnittpunkt der Geraden durch x und $-e$ mit $[e]^\perp = V_e$ zu. Diese Abbildung läßt sich durch dieselbe Formel auf $S(V) \setminus \{-e\}$ erweitern:

$$u: x \in S(V) \setminus \{-e\} \longmapsto \frac{x - \langle x, e \rangle e}{1 + \langle x, e \rangle} \in V_e$$

ist eine Bijektion, deren Umkehrung genau wie in (10.8), 10.4.4, lautet. Dies ist die *stereographische Projektion der punktierten Sphäre* $S(V) \setminus \{-e\}$ *auf den Vektorraum* V_e.

Beweis von 10.4.4: Aus der Definition von u folgt

$$|u(x)|^2 = \frac{1 - \langle x, e \rangle}{1 + \langle x, e \rangle},$$

$$1 - |u(x)|^2 = \frac{2\langle x, e \rangle}{1 + \langle x, e \rangle},$$

$$1 + |u(x)|^2 = \frac{2}{1 + \langle x, e \rangle}.$$

Damit sieht man ein, daß x, (10.8), in der Tat das Inverse von u ist. □

10.4 Das konforme Modell des elliptischen Raumes

Das Gegenstück zu 10.2.3 lautet:

Satz 10.4.7 *Die elliptischen Hyperebenen in dem Ballmodell $\mathcal{E}ll_{B,e}(V)$ sind entweder die Hyperebenen von V_e durch den Ursprung oder die Sphären $S_\rho(x)$ in V_e mit $|x|^2 = \rho^2 - 1$, jeweils eingeschränkt auf $\bar{B}(V_e)$. Dieses sind gerade diejenigen Hyperebenen und Sphären des euklidischen Raumes V_e, welche den Rand $\partial\bar{B}(V_e)$ in Diametralpunkten treffen.*
Und zwar gilt genauer: Wenn eine Hyperebene in $\mathcal{E}ll_{B,e}(V)$ durch $\{\langle x,d\rangle = 0\}$; $d \in S(V)$, $\langle d,e\rangle \geq 0$, gegeben ist, ist ihr Bild unter $\bar{u}$ durch die Gleichung

$$\delta(1 - |\bar{u}|^2) + 2\langle \bar{u}, d'\rangle = 0$$

gegeben, mit $\delta = \langle d,e\rangle$, $d' = d - \langle d,e\rangle e \in V_e$.
Falls $\delta = 0$, d. h., falls die ursprüngliche Hyperebene den Punkt e enthält, ist das Bild die Hyperebene $\{\langle \bar{u}, d\rangle = 0\} \cap \bar{B}(V_e)$. Andernfalls ist das Bild die Sphäre $S_{\frac{1}{\delta}}(\frac{d'}{\delta}) \cap \bar{B}(V_e)$. $S_{\frac{1}{\delta}}(\frac{d'}{\delta}) \cap S(V_e)$ ist durch $\{\langle \bar{u}, d'\rangle = 0\} \cap S(V_e)$ gegeben.

Beweis: Mit dem Ausdruck für $x(u)$ aus (10.8), 10.4.4, schreibt $\langle x,d\rangle = 0$ sich in der angegebenen Form. Da $e \perp V_e$, konnten wir in $\langle \bar{u}, d\rangle$ d durch seine Komponente $d' = d - \langle e,d\rangle e$ in V_e ersetzen. Für $\langle d,e\rangle = \delta > 0$ ist $\delta(1 - |\bar{u}|^2) + 2\langle \bar{u}, d'\rangle = 0$ gleichwertig mit $|\bar{u} - \frac{d'}{\delta}|^2 = \frac{1}{\delta^2}$. □

Das Gegenstück zu 10.2.4 lautet:

Lemma 10.4.8 *Für jeden Punkt $p \in \mathcal{E}ll_{H,e}(V)$ ist der Tangentialraum $T_p\mathcal{E}ll_{H,e}$ erklärt als der Unterraum $[x]^\perp$ von V mit dem induzierten SKP. Hier ist $p = x \in HS(V,e)$ oder $p = \{x,-x\} \in \mathcal{E}ll_S(V_e)$, vgl. 10.3.7.*
Die Bijektion

$$\bar{u}: \mathcal{E}ll_{H,e}(V) \longrightarrow \mathcal{E}ll_{B,e}(V)$$

aus 10.4.4 bestimmt für jedes $p \in \mathcal{E}ll_{H,e}(V)$ einen linearen Isomorphismus

$$T_p\bar{u}: T_p\mathcal{E}ll_{H,e}(V) \longrightarrow T_{\bar{u}(p)}\mathcal{E}ll_{B,e}(V) \cong V;$$

$$y \longmapsto \frac{1+|\bar{u}|^2}{2}\left(y - \langle y,e\rangle e + \frac{2}{1-|\bar{u}|^2}\langle y,\bar{u}\rangle \bar{u}\right),$$

mit $\bar{u} = \bar{u}(p)$, der folgendermaßen erzeugt wird:
Falls $p = x \in HS(V,e)$, ist ein Tangentialvektor $\neq 0$ durch $y \in [x]^\perp$ beschrieben. Falls $p = \{x,-x\} \in \mathcal{E}ll_S(V_e)$, so ist ein Tangentialvektor durch $\{(x,y),(-x,-y)\}$ beschrieben, $y \in [x]^\perp$. Setze $\frac{y}{|y|} = y_0$. Dann wird durch

$$t \in [-\frac{\pi}{2|y|}, \frac{\pi}{2|y|}] \longmapsto y(t) = \cos(|y|t)\,x + \sin(|y|t)\,y_0$$

eine Gerade in $\mathcal{E}ll_{H,e}(V)$ beschrieben mit $\dot{y}(0) = y$. Erkläre jetzt $T_p\bar{u}(y)$ durch $\frac{d\bar{u}(y(t))}{dt}|_{t=0}$.
Auf $T_{\bar{u}}\mathcal{E}ll_{B,e}(V)$ definiere ein SKP durch

$$\langle \bar{y}, \bar{z}\rangle_{\bar{u}} = \frac{4}{(1+|\bar{u}|^2)^2}\,\langle \bar{y}, \bar{z}\rangle,$$

wo $\langle\,,\,\rangle$ das SKP von $V_e \subset V$ ist.

Damit wird die oben definierte Abbildung ein isometrischer Isomorphismus. D.h.,

$$\langle T_p \bar{u}(y), T_p \bar{u}(z)\rangle_{\bar{u}(p)} = \langle y, z\rangle.$$

Beweis:

$$\bar{u}(y(t)) = \frac{y(t) - \langle y(t), e\rangle e}{1 + \langle y(t), e\rangle}.$$

$$\left.\frac{d\bar{u}(y(t))}{dt}\right|_{t=0} = \frac{y - \langle y, e\rangle e}{1 + \langle x, e\rangle} - \frac{(x - \langle x, e\rangle e)\langle y, e\rangle}{(1 + \langle x, e\rangle)^2}.$$

Aus dem Beweis von 10.4.4 haben wir

$$\frac{x - \langle x, e\rangle e}{1 + \langle x, e\rangle} = \bar{u}, \quad -\frac{\langle x, e\rangle\langle y, e\rangle}{1 + \langle x, e\rangle} = \langle \bar{u}, y\rangle,$$

$$\frac{1}{\langle x, e\rangle} = \frac{1 + |\bar{u}|^2}{1 - |\bar{u}|^2}, \quad \text{also} \quad \langle y, e\rangle = -\frac{2\langle \bar{u}, y\rangle}{1 - |\bar{u}|^2}.$$

Die Gültigkeit der letzten Gleichung rechnet man nach. □

Bemerkung 10.4.9 Wie das Ballmodell $\mathcal{H}yp_B$ des hyperbolischen Raumes ist auch das Ballmodell $\mathcal{E}ll_{B,e}(V)$ des elliptischen Raumes ein konformes Modell in dem Sinne, daß das SKP $\langle , \rangle_{\bar{u}}$ auf $T_{\bar{u}}\mathcal{E}ll_{B,e}(V)$ bis auf den Faktor $\frac{4}{(1+|\bar{u}|^2)^2}$ mit dem SKP $\langle , \rangle$ des Vektorraums V_e, der $\bar{u}$ enthält, übereinstimmt. Genau für die Punkte $\bar{u}$ auf dem Rande $S(V_e)$ des Modells ist dieser Faktor $= 1$.

Das Gegenstück zu 10.2.10 lautet:

Theorem 10.4.10 *Sei $\mathcal{H}$ eine elliptische Hyperebene in $\mathcal{E}ll_{H,e}(V)$ und $\sigma = \sigma_{\mathcal{H}}$ die Spiegelung an $\mathcal{H}$. Unter $\bar{u}: \mathcal{E}ll_{H,e} \longrightarrow \mathcal{E}ll_{B,e}$ wird dann σ in die Inversion an dem Bild $\bar{u}(\mathcal{H})$ transformiert.*
Genauer: Wenn $\mathcal{H}$ den Punkt e enthält, also $\bar{u}(\mathcal{H})$ eine Hyperebene in $\bar{B}(V_e)$ durch 0 ist, so ist die transformierte Abbildung $\bar{u} \circ \sigma \circ \bar{u}^{-1}$ die Spiegelung an $\bar{u}(\mathcal{H})$.
Andernfalls ist $\bar{u}(\mathcal{H})$ eine Sphäre in V_e, eingeschränkt auf $\bar{B}(V_e)$. Und $\bar{u}\circ\sigma\circ\bar{u}^{-1}$ ist in diesem Falle die Inversion an dieser Sphäre im Sinne von 10.2.8.

Beweis: Wir gehen vor wie beim Beweis von 10.2.10: Sei die Hyperebene in $\mathcal{E}ll_{H,e}(V)$ durch $[d]^\perp$ gegeben, $|d| = 1, \langle d, e\rangle \geq 0$. Die Spiegelung σ an dieser Hyperebene lautet dann

$$\sigma(x) = x - 2\langle x, d\rangle d,$$

vgl. 8.1.20. Damit wird, mit $\langle d, e\rangle = \delta, \langle x, e\rangle = \xi, d - \langle d, e\rangle e = d', x - \langle x, e\rangle e = x'$,

$$\bar{u}\sigma(x) = \frac{x' - 2\langle x, d\rangle d'}{1 + \xi - 2\langle x, d\rangle \delta}.$$

10.4 Das konforme Modell des elliptischen Raumes

Mit $-2\langle x, d \rangle = -2\xi\delta - 2\langle x', d' \rangle$, $\frac{x'}{1+\xi} = \bar{u}$, $\delta^2 + |d'|^2 = 1$, $\frac{2\xi}{1+\xi} = 1 - |\bar{u}|^2$ haben wir für $\delta = 0$ $\bar{u}\sigma(x) = \sigma\bar{u}(x)$ und sonst

$$\bar{u}\sigma(x) = \frac{\bar{u} - (1 - \delta^2|\bar{u} - \frac{d'}{\delta}|^2)\frac{d'}{\delta}}{\delta^2|\bar{u} - \frac{d'}{\delta}|^2}$$

$$= \frac{\bar{u} - \frac{d'}{\delta}}{\delta^2 - |\bar{u} - \frac{d'}{\delta}|^2} + \frac{d'}{\delta} = i_{\frac{d'}{\delta}, \delta^2}(\bar{u}(x)).$$

Damit können wir nun auch das Gegenstück zu 10.2.12 betrachten.

Beispiel 10.4.11 (Das konforme Modell der elliptischen Ebene) Wir beschreiben dieses Modell mit Hilfe der komplexen Zahlen durch $\bar{B} = \{|z| \leq 1\}$, wobei $e^{i\phi}$ mit $-e^{i\phi}$ identifiziert wird.
Eine elliptische Gerade ist gegeben durch $\bar{B} \cap S_\rho(c)$, $-1 + \rho^2 = |c|^2$, oder durch $\bar{B} \cap \{\arg z = \alpha\}$. Die Spiegelung an diesen Geraden lautet

$$z \longmapsto \frac{\rho}{|z-c|^2}(z - c) + c = \frac{c\bar{z} + 1}{\bar{z} - \bar{c}} \quad \text{bzw.} \quad z \longmapsto e^{2i\alpha}\bar{z}.$$

Die Komposition zweier solcher Spiegelungen läßt sich in der Form

(10.10) $$z \longmapsto \frac{az + b}{-\bar{b}z + \bar{a}}; \quad a\bar{a} + b\bar{b} = 1$$

schreiben. Dies rechnet man nach. Z.B. findet man für die Komposition der oben angegebenen Spiegelungen zunächst

$$z \longmapsto \frac{ce^{-2i\alpha}z + 1}{e^{-2i\alpha}z - \bar{c}}.$$

Multiplikation des Zählers und Nenners mit $\frac{ie^{i\alpha}}{\sqrt{|c|^2+1}}$ ergibt die Gestalt (10.10). Die Transformationen der Form (10.10) stellen die eigentlichen elliptischen Bewegungen dar.

Damit haben wir das

Theorem 10.4.12 *Die Gruppe $Bew^+(\mathcal{E}ll)$ der eigentlichen Bewegungen einer elliptischen Ebene $\mathcal{E}ll$ ist isomorph zu der Gruppe der komplexen $(2,2)$-Matrizen $\begin{pmatrix} a & b \\ -\bar{b} & \bar{a} \end{pmatrix}$ mit $a\bar{a} + b\bar{b} = 1$, modulo der Untergruppe $\pm \begin{pmatrix} 1 & 0 \\ 0 & 1 \end{pmatrix}$.* □

Bemerkung 10.4.13 Wir hatten bereits in 10.2.14 gesehen, daß die Quaternionen $\mathbb{H}$ isomorph sind zu dem Unterring der komplexen $(2,2)$-Matrizen der Form $\begin{pmatrix} a & b \\ -\bar{b} & \bar{a} \end{pmatrix}$. $\mathbb{H}_1$ ist also isomorph zu den Matrizen mit der zusätzlichen Eigenschaft $a\bar{a} + b\bar{b} = 1$.
In 8.4.6 hatten wir schon gezeigt, daß $\mathbb{H}_1/\{+1, -1\}$ isomorph ist zu $S\mathbb{O}(3)$. $S\mathbb{O}(3)$ ist aber gerade die Gruppe der eigentlichen Bewegungen der elliptischen Ebene $\mathcal{E}ll(\mathbb{R}^3)$, denn für n ungerade ist $\mathcal{P}(S\mathbb{O}(n)) = S\mathbb{O}(n)$.

10.5 Cliffordparallelen

Unter Verwendung der Quaternionen lassen sich für einen 3-dimensionalen elliptischen Raum $\mathcal{E}ll(V)$ zu einer orientierten Geraden $\mathcal{G}$ durch einen Punkt q zwei orientierte Geraden $\mathcal{G}_l$ und $\mathcal{G}_r$ mit festem Abstand zu $\mathcal{G}$ erklären. Sie heißen Links- bzw. Rechtsparallele zu $\mathcal{G}$ durch q. Beide zusammen heißen Cliffordparallelen zu $\mathcal{G}$ durch q.

Dies beruht auf der Tatsache, daß, nach einer isometrischen Identifizierung von V mit dem Raum $\mathbb{H}$ der Quaternionen, jede orientierte Gerade $\mathcal{G}$ von $\mathcal{E}ll(V)$ zwei 1-Parametergruppen in der Gruppe $\mathbb{H}_1$ der Quaternionen vom Betrag 1 bestimmt. Die Links- bzw. Rechtsparallele zu $\mathcal{G}$ durch q ist dann die Bahn von q unter der Linksaktion bzw. Rechtsaktion dieser Gruppen.

Wenn man schließlich die simultane Aktion zweier 1-Parametergruppen von $\mathbb{H}_1$ auf $\mathcal{E}ll(V)$ betrachtet, eine von links und die andere von rechts, so sind die Bahnen eines Punktes im allgemeinen vom Typ eines flachen Torus, d.h., eines Torus, der lokal wie ein Stück der euklidischen Ebene aussieht. Diese Bahnen heißen die Cliffordflächen in $\mathcal{E}ll(V)$.

Wir beginnen mit einem weiteren Beispiel für einen Isomorphismus zwischen gewissen linearen Gruppen. Vgl. 10.2.13 und die anschließende Bemerkung 10.2.14 für ein erstes dieser Beispiele. Auch 10.4.12 ist ein solcher Isomorphismus.

Theorem 10.5.1 *Die Gruppe $Bew^+(\mathcal{E}ll)$ der eigentlichen Bewegungen eines 3-dimensionalen elliptischen Raumes $\mathcal{E}ll = \mathcal{E}ll(V)$ ist isomorph zur Gruppe $S\mathbb{O}(3) \times S\mathbb{O}(3)$.*

Beweis: Durch Wahl einer ON-Basis D für V erhalten wir einen isometrischen Isomorphismus $\Phi_D: V \longrightarrow \mathbb{H} \cong \mathbb{R}^4$, $\mathbb{H}$ die Quaternionen aus 8.4. Nach 8.4.8 ist $S\mathbb{O}(\mathbb{H}) = S\mathbb{O}(4)$ isomorph zu $\mathbb{H}_1 \times \mathbb{H}_1/(\{1,1\},\{-1,-1\})$. Und zwar hatten wir einem Paar $(q,r) \in \mathbb{H}_1 \times \mathbb{H}_1$ die Abbildung $\{\tau(q,r): q' \in \mathbb{H} \longmapsto qq'\bar{r} \in \mathbb{H}\} \in S\mathbb{O}(\mathbb{H})$ zugeordnet. Unter

$$\mathcal{P}: S\mathbb{O}(\mathbb{H}) \longrightarrow Bew^+(\mathcal{E}ll(\mathbb{H}))$$

liefern die vier Elemente $\{(q,r),(-q,r),(q,-r),(-q,-r)\}$ dieselbe eigentliche Bewegung. Nach 8.4.6 ist $\mathbb{H}_1/\{+1,-1\} \cong S\mathbb{O}(\mathbb{L}) = S\mathbb{O}(3)$. □

Wir beginnen jetzt mit den Vorbereitungen zur Definition der Links- und Rechtsparallelen. Für die verwendeten Bezeichnungen sei auf 8.4 verwiesen.

Satz 10.5.2 *Für jedes $l \in \mathbb{L}_1 = \mathbb{L} \cap \mathbb{H}_1 \cong S(\mathbb{L})$ ist durch*

$$l: e^{it} \in S^1 \longmapsto l(e^{it}) = \cos t + \sin t \, l$$

ein injektiver Gruppenmorphismus erklärt. Wir nennen das Bild eine 1-Parametergruppe von $\mathbb{H}_1$, und wir schreiben dafür auch G_l.
Je zwei solche Untergruppen G_l und $G_{l'}$ sind konjugiert zueinander. D.h., es gibt $q \in \mathbb{H}_1$ mit $l' = ql\bar{q}$.
Für verschiedene l, l' haben G_l und $G_{l'}$ nur die Elemente ± 1 gemeinsam.

10.5 Cliffordparallelen

Beweis: Der erste und dritte Teil werden durch Nachrechnen verifiziert. Der zweite Teil folgt aus 8.4.6. □

Wir kommen jetzt zu der Beschreibung orientierter Geraden von $\mathcal{E}ll(\mathbb{H})$ durch Paare $(l,m) \in \mathbb{L} \times \mathbb{L}$. Dies geht auf Study zurück.

Satz 10.5.3 *Betrachte den 3-dimensionalen elliptischen Raum $\mathcal{E}ll(\mathbb{H})$.*

1. *Sei G_l eine 1-Parametergruppe von $\mathbb{H}_1$. Dann ist für jeden Punkt $p \in \mathcal{E}ll(\mathbb{H})$, repräsentiert durch das Paar $\pm x \in S(\mathbb{H})$, die Linksbahn $G_l(\pm x) = \{\pm l(e^{it})x; e^{it} \in S^1\}$ erklärt.*
   Setze $\mathcal{P}(G_l(\pm x)) = G_l.p$. Dies ist eine orientierte elliptische Gerade $\mathcal{G}$ in $\mathcal{E}ll(\mathbb{H})$, wobei Orientierung bedeutet, daß in der Ebene $[x,lx] \in \mathbb{H}$ mit $\mathcal{P}([x,lx]) = \mathcal{G}$ die ON-Basis $\{x,lx\}$ als positiv erklärt ist.
   Ist umgekehrt $\mathcal{G}$ eine orientierte Gerade in $\mathcal{E}ll(\mathbb{H})$ und $\{x,x'\}$ eine positive ON-Basis der zugehörigen Ebene $U \subset \mathbb{H}$ mit $\mathcal{P}(U) = \mathcal{G}$, so ist $l = x'\bar{x} \in \mathbb{L}_1$, und $\mathcal{G}$ läßt sich beschreiben als Linksbahn $G_l(\pm x)$. Die Gruppe G_l ist eindeutig festgelegt durch $\mathcal{G}$.

2. *Sei $G_m = \{m(e^{it}); e^{it} \in S^1\}$ eine 1-Parametergruppe von $\mathbb{H}_1$. Sei $q \in \mathcal{E}ll(\mathbb{H})$, $\pm y \in S(\mathbb{H})$ die Darstellung in $\mathcal{E}ll_S(\mathbb{H})$. Dann ist die Rechtsbahn $q.G_{\bar{m}} = \{\pm y\bar{m}(e^{it}); e^{it} \in S^1\}$ eine orientierte Gerade $\mathcal{H}$, wobei die Orientierung durch die als positiv erklärte ON-Basis $\{y, y\bar{m}\}$ bestimmt ist.*
   Ist umgekehrt eine orientierte Gerade $\mathcal{H}$ gegeben und $\{y,y'\}$ eine positive ON-Basis ihrer Ebene, so ist $m = y'\bar{y} \in \mathbb{L}_1$, und $\mathcal{H}$ läßt sich als Rechtsbahn $q.G_{\bar{m}}$ eines der Punkte $q \in \mathcal{H}$ beschreiben. Die Gruppe G_m ist eindeutig festgelegt durch die orientierte Gerade $\mathcal{H}$.

3. *Durch 1. und 2. entsprechen die orientierten Geraden $\mathcal{G}$ von $\mathcal{E}ll(\mathbb{H})$ umkehrbar eindeutig den Paaren $(l,m) \in \mathbb{L}_1 \times \mathbb{L}_1 \cong S^2 \times S^2$. Die Umkehrung der Orientierung von $\mathcal{G}$ liefert das Paar $(-l,-m)$.*
   Damit ist gezeigt: Den (nicht-orientierten) Geraden in $\mathcal{E}ll(\mathbb{H})$ entsprechen umkehrbar eindeutig die Paare

$$\pm(l,m) \in (\mathbb{L} \times \mathbb{L})/\{(1,1),(-1,-1)\}.$$

Beweis: Zu 1.: $G_l.x = \cos t\, x + \sin t\, lx$ liefert die Beschreibung einer Geraden wie in 10.3.4. Hier ist wegen $\bar{l} = -l$

$$\langle x, lx \rangle = \frac{1}{2}x(\overline{lx}) + lx\bar{x} = 0.$$

Umgekehrt, nach Wahl einer Koordinate $x \in S(\mathbb{H})$ besitzt eine orientierte Gerade die Beschreibung $\{\cos t\, x + \sin t\, x'\}$, wobei $\{x,x'\}$ eine positive ON-Basis ist. Diese läßt sich in der Form $l(e^{it}).x$ schreiben mit $l = x'\bar{x}$. Wegen

$$(\cos(t+\frac{\pi}{2})x + \sin(t+\frac{\pi}{2})x')(\cos t\,\bar{x} + \sin t\,\bar{x}') = x'\bar{x}$$

ist $l = x'\bar{x}$ eindeutig bestimmt.

Zu 2.: Dies ergibt sich ganz analog wie in 1..

Zu 3.: Wir zeigen: Zu $(l,m) \in \mathbb{L}_1 \times \mathbb{L}_1$ gibt es genau eine orientierte Gerade $\mathcal{G}$ in $\mathcal{E}ll(\mathbb{H})$, mit $\mathcal{G} = G_l.p = p.G_{\bar{m}}$.
Für eine Koordinate $x \in S(\mathbb{H}) = \mathbb{H}_1$ eines Punktes p von $\mathcal{G}$ muß $lx = x\bar{m}$ gelten, und wenn dies gilt, so liefern Links- und Rechtsbahn dieselbe Gerade. Nach 8.4.6 gibt es $x \in \mathbb{H}_1$ mit $l = x\bar{m}\bar{x}$. Für ein beliebiges x' mit $l = x'\bar{m}\bar{x}'$ gilt $(\bar{x}x')\bar{m}(\bar{x}'x) = \bar{m}$, d. h., $\bar{x}x'$ gehört zu der Untergruppe der Elemente von $\mathbb{H}_1$, die unter ρ (vgl. 8.4.5) das Element $\bar{m} \in S(\mathbb{L})$ festlassen. Diese Untergruppe ist vom Typ $S\mathbb{O}(2)$. Also ist eine Gerade durch G_l, G_m eindeutig festgelegt. □

Wir untersuchen jetzt, inwieweit die vorstehenden Konstruktionen abhängen von der Wahl einer ON-Basis eines 4-dimensionalen euklidischen Vektorraums.

Satz 10.5.4 *Sei V ein orientierter euklidischer Vektorraum, $\dim V = 4$. Sei D eine positive ON-Basis von V.*
Wir definieren dann für eine 1-Parametergruppe G_l von $\mathbb{H}_1$ die Linksbahn $G_l.p$ eines Punktes $p \in \mathcal{E}ll(V)$ durch $\Phi_D^{-1} G_l.\Phi_D(p) = $ (kurz) $G_{lD}.p$. Hier steht $\Phi_D(p)$ für ein Element $\pm x$ aus $\mathcal{E}ll_S(\mathbb{H})$.
Wenn nun D^* eine weitere positive ON-Basis von V ist, so ist $\Phi_D \circ \Phi_{D^*}^{-1}$ ein Element aus $S\mathbb{O}(\mathbb{H})$, das gemäß 8.4.8 durch $\tau(q,r), (q,r) \in \mathbb{H}_1 \times \mathbb{H}_1$, dargestellt werden kann. Hier ist das Paar (q,r) bis auf das gemeinsame Vorzeichen $\pm(q,r)$ festgelegt.
Es gilt dann, daß für jedes $p \in \mathcal{E}ll(V)$

$$G_{lD}.p = G_{l^*D^*}.p, \quad \text{mit} \quad l^* = ql\bar{q}.$$

Analog gilt für eine Rechtsbahn $p_D.G_{\bar{m}} = \Phi_D^{-1}(\Phi_D(p).G_{\bar{m}})$ *unter einer 1-Parametergruppe $G_{\bar{m}}$*

$$p_D.G_{\bar{m}} = p_{D^*}.G_{\bar{m}^*}, \quad \text{mit} \quad m^* = rm\bar{r}.$$

Beweis:

$$\begin{aligned}
\Phi_D^{-1} l\, \Phi_D(p) &= \Phi_{D^*}^{-1}(\Phi_{D^*} \circ \Phi_D^{-1})\, l\, (\Phi_D \circ \Phi_{D^*}^{-1})\Phi_{D^*}(p) \\
&= \Phi_{D^*}^{-1} q(l\bar{q}\Phi_{D^*}(p)r)\bar{r} = \Phi_{D^*}^{-1}(ql\bar{q})\Phi_{D^*}(p).
\end{aligned}$$

Hier haben wir benutzt, daß $\tau(\bar{q},\bar{r})$ das Inverse von $\tau(q,r)$ ist. Entsprechend:

$$\begin{aligned}
\Phi_D^{-1}(\Phi_D(p)\bar{m}) &= \Phi_{D^*}^{-1}(\Phi_{D^*} \circ \Phi_D^{-1})[(\Phi_D \circ \Phi_{D^*}^{-1})\Phi_{D^*}(p)\bar{m})] \\
&= \Phi_{D^*}^{-1}\bar{q}[q\Phi_{D^*}(p)\bar{r}\bar{m}]r = \Phi_{D^*}^{-1}(\Phi_{D^*}(p)(rm\bar{r})).
\end{aligned}$$

□

Aufgrund der vorstehenden Resultate sind nun die folgenden Definitionen nur abhängig von der Orientierung von V.

Definition 10.5.5 *Sei V ein 4-dimensionaler orientierter euklidischer Vektorraum.*

1. *Wir nennen zwei orientierte Geraden $\mathcal{G}, \mathcal{G}'$ von $\mathcal{E}ll(V)$ linksparallel, $\mathcal{G}\|_l\mathcal{G}'$, wenn beide Geraden sich als Linksbahn ein und derselben 1-Parametergruppe darstellen lassen.*

10.5 Cliffordparallelen

2. *Zwei orientierte Geraden $\mathcal{G}, \mathcal{G}''$ von $\mathcal{E}ll(V)$ heißen* rechtsparallel, *wenn beide sich als Rechtsbahn ein und derselben 1-Parametergruppe darstellen lassen. Bezeichnung: $\mathcal{G}\|_r\mathcal{G}''$.*

3. *Zwei Geraden $\mathcal{G}, \mathcal{G}^*$ von $\mathcal{E}ll(V)$ heißen* Cliffordparallelen, *wenn sie bei geeigneter Orientierung links- oder rechtsparallel sind.*

Bemerkung 10.5.6 Linksparallelität ist ebenso wie Rechtsparallelität offenbar eine Äquivalenzrelation. Dagegen ist dies für die Cliffordparallelität nicht der Fall. Aus $\mathcal{G}\|_l\mathcal{G}'$ und $\mathcal{G}'\|_r\mathcal{G}''$ braucht weder $\mathcal{G}\|_l\mathcal{G}''$ noch $\mathcal{G}\|_r\mathcal{G}''$ zu folgen.

Theorem 10.5.7 *Sei $\mathcal{E}ll(V)$ ein 3-dimensionaler orientierter Raum.*

1. *Sei $\mathcal{G}$ eine orientierte Gerade in $\mathcal{E}ll$. Durch jeden Punkt $q \in \mathcal{E}ll$ läuft genau eine Linksparallele $\mathcal{G}_l$ und eine Rechtsparallele $\mathcal{G}_r$ zu $\mathcal{G}$. Für $q \in \mathcal{G}$ stimmen beide mit $\mathcal{G}$ überein. Für $q \in \mathcal{G}^\perp$ sind dies $\mathcal{G}^\perp$ mit den beiden möglichen Orientierungen. Für $q \notin \mathcal{G} \cup \mathcal{G}^\perp$ haben $\mathcal{G}_l$ und $\mathcal{G}_r$ nur den Punkt q gemeinsam, und ihre positiven Tangentenvektoren bilden den Winkel $2d(q, \mathcal{G})$. Sie sind orthogonal zu dem Lot von q auf $\mathcal{G}$.*

2. *Wenn $\mathcal{G}$ und $\mathcal{G}^*$ Cliffordparallelen sind, so haben sie festen Abstand voneinander: Zu $p \in \mathcal{G}$ sei $p^* \in \mathcal{G}^*$ der Punkt mit kleinstem Abstand von p. Dann ist $d(p, p^*)$ unabhängig von p.*

3. *Seien $\mathcal{G}, \mathcal{G}'$ verschiedene linksparallele Geraden. Wähle $p, q, p \neq q$ auf $\mathcal{G}$ und p' auf $\mathcal{G}'$. Die Rechtsparallele $\mathcal{G}'_{pp'}$ zu $\mathcal{G}_{pp'}$ durch q trifft $\mathcal{G}'$ in einem Punkt q', so daß $pp'qq'$ ein* Parallelogramm *bildet im folgenden Sinne:*

$$d(p, p') = d(q, q'); \quad d(p, q) = d(p', q'),$$

und die vier Winkel an die positiven Richtungen in den Punkten p, p', q, q' stimmen überein.

Beweis: Zu 1.: Gemäß 10.5.3, 10.5.4 bestimmt die orientierte Gerade $\mathcal{G}$ in $\mathcal{E}ll$ nach Wahl einer positiven ON-Basis D zwei 1-Parametergruppen G_l und G_m, so daß $\mathcal{G} = G_{lD}.p = p_D G_{\bar{m}}, p \in \mathcal{G}$. Damit sind $\mathcal{G}_l$ und $\mathcal{G}_r$ definiert als $G_{lD}.q$ und $q_D.G_{\bar{m}}$.

Sei $q \notin \mathcal{G}$. Sei $p \in \mathcal{G}$ der Lotfußpunkt von q auf $\mathcal{G}$. Falls $q \in \mathcal{G}^\perp$, so ist dies jeder Punkt von $\mathcal{G}$. Andernfalls ist p eindeutig bestimmt, wie man z. B. am sphärischen Modell sieht.

Seien $x, z \in S(V)$ homogene Koordinaten von p, q mit $\langle x, z \rangle \in [0, 1[$. Die positiven Tangenten an die Links- und Rechtsparallelen zu $\mathcal{G}$ durch q sind dann durch lz bzw. $z\bar{m}$ gegeben. Diese sind orthogonal zu der Ebene $[x, z]$. $\langle lz, x \rangle = \langle x, z\bar{m} \rangle = 0$ impliziert $\bar{z}l = \bar{x}lz\bar{x}$ und $zm = xm\bar{z}x$. Zusammen mit $xm = \bar{l}x, \bar{m}\bar{x} = \bar{x}l$ finden wir

$$\begin{aligned}\langle lz, z\bar{m} \rangle &= \frac{1}{2}(l(zm)\bar{z} + z\bar{m}(\bar{z}\bar{l})) = \frac{1}{2}(l(xm)\bar{z}x\bar{z} + z(\bar{m}\bar{x})lz\bar{x}) \\ &= \frac{1}{2}(l\bar{l}x\bar{z}x\bar{z} + z\bar{x}llz\bar{x}) = \frac{1}{2}((x\bar{z})^2 + (z\bar{x})^2).\end{aligned}$$

Andererseits ist

$$2\langle x,z\rangle^2 = \frac{1}{2}(x\bar{z}+z\bar{x})^2 = 1 + \frac{1}{2}((x\bar{z})^2 + (z\bar{x})^2).$$

Also

$$\cos(2d(x,z)) = 2\cos^2(d(x,z)) - 1 = \cos \sphericalangle(lz, z\bar{m}).$$

Zu 2.: Dies ergibt sich daraus, daß z. B. zwei linksparallele Geraden $\mathcal{G}$ und $\mathcal{G}^*$ Linksbahnen ein und derselben 1-Parametergruppe von Isometrien von $\mathcal{E}ll(V)$ sind.

Zu 3.: Wir haben $\mathcal{G} = G_l.p, \mathcal{G}' = G_l.p'$, wo wir auf die Bezeichnung der ON-Basis D verzichtet haben. $\mathcal{G}_{pp'}$ kann als $p.G_{\bar{m}}$ geschrieben werden. Mit $q = g.p, g \in G_l$, wird $g.\mathcal{G}_{pp'} = g.p.G_{\bar{m}} = q.G_{\bar{m}}$. Mit $p' = p.\bar{h}, h \in G_m$, ist $g.p.\bar{h} \in q.G_{\bar{m}} \cap G_l.p'$ der gemeinsame Punkt q' auf der Rechtsparallelen zu $\mathcal{G}_{pp'}$ durch q und der Linksparallelen zu $\mathcal{G}$ durch p'. □

Wir wollen 10.5.7, 3. noch ergänzen. Dazu zeigen wir zunächst:

Satz 10.5.8 *Sei $\mathcal{E}ll = \mathcal{E}ll(V)$ orientiert, $\dim \mathcal{E}ll = 3$. Wähle eine positive ON-Basis D für V. Dann ist eine Aktion*

$$\bar{\tau} = \bar{\tau}_D \colon (\mathbb{H}_1 \times \mathbb{H}_1) \times \mathcal{E}ll \longrightarrow \mathcal{E}ll$$

der Gruppe $\mathbb{H}_1 \times \mathbb{H}_1$ auf $\mathcal{E}ll$ wie folgt erklärt: Wenn $(q,r) \in \mathbb{H}_1 \times \mathbb{H}_1$ und $p \in \mathcal{E}ll$, so sei $\bar{\tau}(q,r;p) = \Phi_D^{-1}(q\Phi_D(p)\bar{r})$. Hier steht $\Phi_D(p)$ für eine Koordinate von p in $S(\mathbb{H})$. Die zur Kleinschen Vierergruppe (vgl. 9.4.6) isomorphe Untergruppe aus den Elementen $\{(1,1),(1,-1),(-1,1),(-1,-1)\}$ operiert als Identität.

Beweis: Aus 8.4.7 folgt, daß dies eine Gruppenaktion ist, d. h., daß

$$\bar{\tau}(q,r;\bar{\tau}(q',r';p)) = \bar{\tau}(qq',rr';p) \quad \text{und} \quad \bar{\tau}(1,1;p) = p.$$

Denn wenn wir für p eine der homogenen Koordinaten $\pm x \in S(V)$ wählen, so ist $\Phi_D(x) = q' \in \mathbb{H}_1$ und $q\Phi_D(x)\bar{r} = \tau(q,r)(\Phi_D(x)), \tau(q,r) \in S\mathbb{O}(\mathbb{H})$. Es bleibt nur noch zu bemerken, daß $\Phi_D(-x) = -\Phi_D(x)$ und daß die vier Elemente $(q,r),(-q,r),(q,-r),(-q,-r)$ auf die gleiche Weise operieren. □

Theorem 10.5.9 *Sei $\mathcal{E}ll(V)$ ein 3-dimensionaler elliptischer Raum. Seien G_l und G_m 1-Parametergruppen von $\mathbb{H}_1$. Durch die Wahl einer ON-Basis von V ist gemäß 10.5.8 eine $G_l \times G_m = S^1 \times S^1$-Aktion auf $\mathcal{E}ll(V)$ erklärt:*

$$\bar{\tau} \colon (G_l \times G_m) \times \mathcal{E}ll(V) \longrightarrow \mathcal{E}ll(V).$$

Dann ist die Bahn $\bar{\tau}(G_l, G_m; p_0) = $ (kurz) $G_l.p_0.G_{\bar{m}}$ eines Punktes p_0 im allgemeinen ein lokal-euklidischer Torus; sie heißt Cliffordfläche. *Genauer: Gemäß 10.5.3 gibt es genau eine orientierte Gerade $\mathcal{G}$ in $\mathcal{E}ll(V)$, die sowohl Links- als auch Rechtsbahn von G_l bzw. G_m ist. Sei $p_0 \notin \mathcal{G} \cup \mathcal{G}^\perp$, also $d(p_0, \mathcal{G}) = \alpha \in]0, \frac{\pi}{2}[$. Dann enthält $G_l.p_0.G_{\bar{m}}$ zwei Scharen von untereinander links- bzw. rechtsparallelen orientierten Geraden, nämlich $\{G_l.p_0.\bar{h}; h \in G_m\}$ und $\{g.p_0.G_{\bar{m}}; g \in G_l\}$.*

Für jedes $p = g.p_0.\bar{h}$ *bilden die beiden orientierten Geraden* $G_l.p_0.\bar{h}$ *und* $g.p_0.G_{\bar{m}}$ *durch p den von p unabhängigen Winkel* $2\alpha \in]0, \pi[$.
Wenn p und q' *Punkte aus* $G_l.p_0.G_{\bar{m}}$ *sind, bei denen* q' *weder der einen noch der anderen Geraden durch p aus den beiden Scharen angehört, so bestimmen p und* q' *ein Parallelogramm* $pp'qq'$ *im Sinne von 10.5.7, 3., dessen Seiten zu den beiden Geradenscharen gehören.*

Beweis: Dies folgt unmittelbar aus der Definition der Bahn $G_l.p_0.G_{\bar{m}}$ und dem Beweis von 10.5.7. □

Bemerkung 10.5.10 Falls speziell der Punkt p_0 in 10.5.9 den gleichen Abstand $\alpha = \frac{\pi}{4}$ von den beiden Geraden $\mathcal{G}$ und $\mathcal{G}^\perp$ besitzt, so schneiden sich die Geraden der beiden Scharen auf $G_l.p_0.G_{\bar{m}}$ orthogonal. Dies zeigt, daß die Bahn lokal wie die euklidische Ebene $\mathbb{R}^2$ aussieht, wobei den beiden Scharen die Parallelen zu den beiden Koordinatenachsen entsprechen. Global dagegen unterscheiden sich die Bahn und $\mathbb{R}^2$ wesentlich: Die Bahn ist vom Typ des Produkts $S^1 \times S^1$ zweier Kreise, also vom Typ des Torus. Das Entsprechende gilt für ein beliebiges α; hier sieht die Bahn $G_l.p_0.G_{\bar{m}}$ lokal wie eine euklidische Ebene aus, in der eine Basis aus Einheitsvektoren gewählt ist, die miteinander den Winkel 2α bilden.

10.6 Sphärische Geometrie und Dreieckslehre

Wir wollen die Grundformeln für Dreiecke einer elliptischen Ebene herleiten, analog zu den Formeln 8.5.3 für euklidische Dreiecke und den Formeln 10.2.17 für hyperbolische Dreiecke.
Dabei ergibt sich jedoch die folgende Schwierigkeit:
Betrachte auf der 2-dimensionalen Halbsphäre $HS(V,e)$ Punkte x,y mit $\langle x,e\rangle = \langle y,e\rangle = \delta > 0, \langle x,y\rangle = 0$. Dann beschreibt

$$x(t) = \cos t\, x + \sin t\, y, \quad -\frac{\pi}{4} \le t \le \frac{3\pi}{4}$$

eine Gerade auf dem halbsphärischen Modell $\mathcal{E}ll_{H,e}(V) = HS(V,e) \cup \mathcal{E}ll_S(V_e)$. Wähle $\varepsilon, 0 < \varepsilon < \frac{\pi}{4}$. Die Punkte $x(-\varepsilon)$ und $x(\frac{\pi}{2} + \varepsilon)$ gehören zu $HS(V,e)$. Wegen $\langle x(-\varepsilon), x(\frac{\pi}{2} + \varepsilon)\rangle = -\sin 2\varepsilon > 0$ ist nicht $\{x(t), -\varepsilon \le t \le \frac{\pi}{2} + \varepsilon\}$ eine Parametrisierung der kürzesten Verbindungsstrecke von $x(-\varepsilon)$ nach $x(\frac{\pi}{2} + \varepsilon)$, sondern

$$\{x(-t), \varepsilon \le t \le \frac{\pi}{4}\} \cup \{x(t), \frac{3\pi}{4} \ge t \ge \frac{\pi}{2} + \varepsilon\}.$$

Die drei Seiten des Dreiecks mit den Ecken $e, x(-\varepsilon), x(\frac{\pi}{2} + \varepsilon)$ bilden zusammen eine geschlossene Kurve, die etwa auf die elliptische Gerade durch die Punkte $x(\frac{\pi}{4}) = -x(\frac{3\pi}{4})$ und e deformierbar ist, aber nicht auf einen Punkt. Es fehlt daher so etwas wie das "Innere" eines Dreiecks, wie wir es für euklidische und hyperbolische Dreiecke haben.
Diese Schwierigkeit tritt nicht auf, wenn wir Dreiecke auf der 2-dimensionalen

Sphäre betrachten. Wir stellen daher zunächst die Grundbegriffe der sogenannten sphärischen Geometrie zusammen und kommen dann auf die sphärischen Dreiecke zu sprechen. Damit behandeln wir zum Schluß auch die elliptischen Dreiecke.

Definition 10.6.1 *Sei* $V = (V, \langle , \rangle)$ *ein euklidischer Vektorraum,* $\dim V = n + 1 \geq 2$.

1. *Der n-dimensionale sphärische Raum $Sph(V)$ ist erklärt als die Einheitssphäre* $S(V) = \{|x| = 1\}$ *in V, zusammen mit den k-dimensionalen sphärischen Unterräumen* $S(V) \cap U = S(U) \subset S(V), U$ *ein Unterraum von V der Dimension $k + 1$.*

   Ein 0-dimensionaler Unterraum ist also ein Paar $\{x, -x\}$ von Diametralpunkten. Dieser ist zu unterscheiden von den Punkten = Elementen *von $S(V)$.*

   Ein 1-dimensionaler Unterraum, auch sphärische Gerade *genannt, ist ein Großkreis auf $S(V)$. Einen 2-dimensionalen Unterraum nennen wir auch* sphärische Ebene.

2. *Die Gruppe $Bew(Sph(V))$ der sphärischen Bewegungen ist erklärt als die Gruppe $\mathbb{O}(V)$. $S\mathbb{O}(V)$ definiert die Gruppe $Bew^+(Sph(V))$ der eigentlichen sphärischen Bewegungen.*

Theorem 10.6.2 *Auf dem sphärischen Raum $Sph(V)$ ist ein* Abstand *erklärt durch*
$$d(p,q) = \cos^{-1}(\langle p, q \rangle).$$
Hier ist $\cos^{-1}$ die Umkehrabbildung von $\cos: [0, \pi] \longrightarrow [1, -1]$.
Dieser Abstand ist invariant unter sphärischen Bewegungen.
Die Dreiecksgleichung
$$d(p,q) + d(q,r) = d(p,r)$$
gilt nur, wenn die drei Punkte p, q, r auf einer sphärischen Geraden liegen und $d(p,q) + d(q,r) \leq \pi$.

Beweis: Die Invarianz des Abstandes unter $\mathbb{O}(V)$ ist klar. Von den Bedingungen für einen Abstand ist nur die Gültigkeit der Dreiecksungleichung nicht ganz trivial.

Wie beim Beweis von 10.3.5 schreiben wir mit x, y, z anstelle p, q, r:
$$x = \sin a\, x' + \cos a\, y, \quad z = \sin b\, z' + \cos b\, y.$$
Hier ist $a = d(p,q), b = d(q,r), \langle x', y \rangle = \langle z', y \rangle = 0, x', z' \in S(V)$. Damit wird
$$\begin{aligned}\cos(d(p,r)) &= \langle x, z \rangle = \sin a \sin b\, \langle x', z' \rangle + \cos a \cos b \\ &\geq \cos(d(p,q) + d(q,r)).\end{aligned}$$
Also $d(p,r) \leq d(p,q) + d(q,r) \leq \pi$ oder sonst
$$d(p,r) \leq \pi \leq d(p,q) + d(q,r).$$
Das =-Zeichen bedeutet $z' = -x'$, also p, q, r auf einer Geraden. Falls $d(p,q) + d(q,r) \leq \pi$, so folgt, daß dies $= d(p,r)$ ist. □

10.6 Sphärische Geometrie und Dreieckslehre

Bemerkung 10.6.3 Der sphärische Raum $Sph(V)$ steht in engstem Zusammenhang mit dem elliptischen Raum $\mathcal{E}ll(V)$. Das sieht man am einfachsten an dem sphärischen Modell $\mathcal{E}ll_S(V)$. Jedes $x \in Sph(V)$ bestimmt das Element $\{x, -x\} \in \mathcal{E}ll_S(V)$. Die so erklärte Abbildung

$$\phi: Sph(V) \longrightarrow \mathcal{E}ll_S(V); \quad x \longmapsto \{x, -x\}$$

ist surjektiv; das Urbild eines Punktes $\{x, -x\} \in \mathcal{E}ll_S(V)$ unter ϕ besteht aus zwei Punkten, nämlich x und $-x$.

Wir gehen nicht weiter auf die Geometrie von $Sph(V)$ ein. Wir bemerken nur noch, daß für dim $Sph(V) = 2$, also für die sphärische Ebene, zwei verschiedene Geraden sich stets in zwei Punkten (aber in einem einzigen 0-dimensionalen Unterraum!) treffen.

Wir kommen jetzt zur sphärischen Dreieckslehre.

Definition 10.6.4 *Betrachte eine sphärische Ebene $Sph(V)$, also die Einheitssphäre $S(V)$ in einem 3-dimensionalen euklidischen Vektorraum V.*

1. *Unter einem* Dreieck *abc in $Sph(V)$ verstehen wir drei Punkte a, b, c, die nicht einer sphärischen Geraden angehören. Mit anderen Worten, a, b, c sind linear unabhängig in V. a, b, c heißen* Ecken *von abc.*
2. *Die* Seite *A des Dreiecks abc besteht aus den Punkten p mit $d(b, p) + d(p, c) = d(b, c) < \pi$. Nach 10.6.2 gehört A zur sphärischen Geraden $\mathcal{G}_{bc}$ durch b und c.*
   Entsprechend sind die Seiten $B \subset \mathcal{G}_{ca}$ und $C \subset \mathcal{G}_{ab}$ erklärt. Die Länge *$|A|$ der Seite A ist der Abstand $d(b, c)$ ihrer Endpunkte. Ebenso ist $|B| = d(c, a), |C| = d(a, b)$.*
3. *Der* Winkel *α des Dreiecks abc im Punkte a ist erklärt als $\sphericalangle(x_{ab}, x_{ac})$. Hier sind x_{ab}, x_{ac} die positiven Tangentialvektoren an die orientierten Geraden $\mathcal{G}_{ab}$ und $\mathcal{G}_{ac}$ im Punkte a, vgl. 10.2.16, 3. für die analoge Definition. Entsprechend sind die Winkel β in b und γ in c erklärt.*

Das Gegenstück zu 8.5.3 und 10.2.17 lautet jetzt:

Lemma 10.6.5 *Sei abc ein Dreieck in der sphärischen Ebene $\mathcal{E}ll(V)$.*
1. $\cos |C| = \cos |A| \cos |B| + \sin |A| \sin |B| \cos \gamma$.
   (Sphärischer Cosinussatz)
2. *Falls abc in c rechtwinklig ist, also $\gamma = \frac{\pi}{2}$, so*

$$\begin{aligned} \cos |C| &= \cos |A| \cos |B| \quad \text{(Sphärischer Satz des Pythagoras)} \\ \tan |A| &= \tan |C| \cos \beta; \quad \tan |B| = \tan |C| \cos \alpha \\ \sin |A| &= \sin |C| \sin \alpha; \quad \sin |B| = \sin |C| \sin \beta. \end{aligned}$$

3. $\sin \alpha : \sin \beta : \sin \gamma = \sin |A| : \sin |B| : \sin |C|$
   (Sphärischer Sinussatz)

Beweis: Zu 1.: Mit $a', b' \in S(V), \langle a', c \rangle = \langle b', c \rangle = 0$ geeignet in $[a, c]$ bzw. $[b, c]$ gilt:
$$a = \sin|B|\, a' + \cos|B|\, c; \quad b = \sin|A|\, b' + \cos|A|\, c.$$

Wegen $\langle a', b' \rangle = \cos \gamma, \cos|C| = \langle a, b \rangle$ liefert die Multiplikation der beiden Gleichungen die Behauptung.

Zu 2.: Die erste Gleichung ergibt sich aus 1..

Mit $\cos|A| = \cos|B| \cos|C| + \sin|B| \sin|C| \cos \alpha$ finden wir unter Verwendung des Pythagoras:

$$\cos \alpha = \frac{\cos|A| \sin^2|B|}{\sin|B| \sin|C|} = \frac{\tan|B|}{\tan|C|}$$

$$\sin^2 \alpha = \frac{1 - \cos^2|C| - \sin^2|B| \cos^2|A|}{\sin^2|C|} = \frac{\sin^2|A|}{\sin^2|C|}$$

Zu 3.: Sei l_c der Lotfußpunkt von c auf die Gerade $\mathcal{G}_{ab}$. cal_c und bcl_c sind Dreiecke mit dem Winkel $\frac{\pi}{2}$ bei l_c. Mit 2. ist

$$\sin|B| \sin \alpha = \sin d(l_c, c) = \sin|A| \sin \beta.$$

□

Bemerkung 10.6.6 Ähnlich wie wir dies in 10.2.18 für hyperbolische Dreiecke zeigten, lassen sich auch aus den vorstehenden Formeln für sphärische Dreiecke die Formeln 8.5.3 für euklidische Dreiecke herleiten, indem man die ersten nicht-konstanten Terme der Taylorreihen miteinander vergleicht. Z.B. erhalten wir den euklidischen Cosinussatz aus 10.6.5, 1. mit $\cos|C| = 1 - \frac{|C|^2}{2} + \ldots$, $\cos|A| = 1 - \frac{|A|^2}{2} + \ldots$, $\cos|B| = 1 - \frac{|B|^2}{2} + \ldots$, $\sin|A| = |A| - \ldots$, $\sin|B| = |B| - \ldots$ Dies bedeutet, daß die Geometrie eines sphärischen Dreiecks sich mehr und mehr der Geometrie eines euklidischen Dreiecks annähert, je kleiner es wird.

Definition 10.6.7 *Sei abc ein sphärisches Dreieck. Das dazu* polare Dreieck *$a'b'c'$ ist erklärt durch*

$$\begin{aligned}
\langle a', b \rangle &= \langle a', c \rangle = 0; \quad \langle a, a' \rangle > 0 \\
\langle b', c \rangle &= \langle b', a \rangle = 0; \quad \langle b, b' \rangle > 0 \\
\langle c', a \rangle &= \langle c', b \rangle = 0; \quad \langle c, c' \rangle > 0.
\end{aligned}$$

Bemerkung: a', b', c' sind linear unabhängig. Denn wäre etwa $c' \in [a', b']$, so $\langle c, c' \rangle = 0$, also $a, b, c \perp c'$, was unmöglich ist.

Satz 10.6.8 *Sei $a''b''c''$ das polare Dreieck zu dem zu abc polaren Dreieck $a'b'c'$. Dann $a'' = a, b'' = b, c'' = c$.*

Beweis: Aus $a'' \perp [b', c']$ und $a \perp [b, c]$ folgt $a'' = \pm a$. Da $\langle a'', a' \rangle = \langle a, a' \rangle > 0$ folgt $a'' = a$. □

10.6 Sphärische Geometrie und Dreieckslehre

Satz 10.6.9 *Zwischen den Seitenlängen $|A|, |B|, |C|, |A'|, |B'|, |C'|$ und Winkeln $\alpha, \beta, \gamma, \alpha', \beta', \gamma'$ eines Dreiecks abc und seines polaren Dreiecks $a'b'c'$ bestehen die Beziehungen*

$$|A| + \alpha' = |B| + \beta' = |C| + \gamma' = |A'| + \alpha = |B'| + \beta = |C'| + \gamma = \pi.$$

Beweis: Offenbar genügt es, $|A'| + \alpha = \pi$ zu beweisen. α ist der Winkel zwischen den Einheitsvektoren x_{ab}, x_{ac} an die Geraden $\mathcal{G}_{ab}, \mathcal{G}_{ac}$. $x_{ab}, x_{ac}, b', c' \in [a]^\perp$. $x_{ab} \in [a, b]$, also $\langle x_{ab}, c' \rangle = 0$. Ebenso $\langle x_{ac}, b' \rangle = 0$. $\langle b, b' \rangle > 0$ und $\langle x_{ac}, b' \rangle = 0$ implizieren $\langle x_{ab}, b' \rangle > 0$. Ebenso $\langle x_{ac}, c' \rangle > 0$. Also

$$\sphericalangle(x_{ab}, x_{ac}) + \sphericalangle(b', c') = \alpha + |A'| = \pi.$$

$\square$

Hiermit folgt:

Theorem 10.6.10 *In einem sphärischen Dreieck abc ist die Winkelsumme $\alpha + \beta + \gamma > \pi$.*
Genauer gilt mit den Seitenlängen des polaren Dreiecks:

$$\pi < \alpha + \beta + \gamma = 3\pi - (|A'| + |B'| + |C'|) < 3\pi.$$

Für $|A| + |B| + |C|$ klein wird $0 < (\alpha + \beta + \gamma) - \pi$ klein. Für $0 < 2\pi - (|A| + |B| + |C|)$ klein wird $0 < 3\pi - (\alpha + \beta + \gamma)$ klein.

Beweis: Der Umfang $A' + B' + C'$ eines Dreiecks $a'b'c'$ ist stets $< 2\pi$. Um das zu sehen, beachte, daß $a'b'c'$ ganz im Innern einer geeignet gewählten Halbsphäre gelegen ist. Die radiale Deformation des Dreiecks vom Mittelpunkt der Halbsphäre auf ihren Rand vergrößert den Umfang und liefert eine Kurve der Länge 2π. Falls die Ecken a, b, c des Dreiecks abc sich einem Punkt o nähern, so nähert sich die von den Seiten A', B', C' des polaren Dreiecks gebildete geschlossene Kurve dem Großkreis $S(V) \cap [o]^\perp$. Also geht $0 < 2\pi - (|A'| + |B'| + |C'|)$ gegen 0. $\square$

Definition 10.6.11 *Sei $\mathcal{E}ll = \mathcal{E}ll(V)$ eine elliptische Ebene.*

1. *Unter einem Dreieck abc in $\mathcal{E}ll$ verstehen wir drei Punkte a, b, c, die nicht einer Geraden angehören und für die $d(a, b), d(b, c), d(c, a) < \frac{\pi}{4}$ sind. D.h., die drei Punkte a, b, c, auch Ecken von abc genannt, besitzen genau eine Verbindungsstrecke der Länge = Abstand.*
2. *Die Seite A des Dreiecks abc besteht aus den Punkten p mit $d(b, p) + d(p, c) = d(b, c)$. Also $A \subset \mathcal{G}_{bc}$. Entsprechend sind die Seiten B und C erklärt.*
   Die Länge $|A|$ von A ist der Abstand $d(b, c)$ der Endpunkte von A. Entsprechend sind $|B|$ und $|C|$ erklärt.
3. *Der Winkel α in a ist als $\sphericalangle(x_{ab}, x_{ac})$ erklärt, wobei x_{ab}, x_{ac} die positiven Tangentialvektoren an die orientierten Geraden $\mathcal{G}_{ab}, \mathcal{G}_{ac}$ im Punkte a sind. Entsprechend sind die Winkel β und γ in b bzw. c erklärt.*

Lemma 10.6.12 *Sei abc ein Dreieck in der elliptischen Ebene $\mathcal{E}ll = \mathcal{E}ll(V)$.*

1. *Falls abc samt seinen Seiten A, B, C ganz zu der Halbsphäre $HS(V, c)$ des halbsphärischen Modells $\mathcal{E}ll_{HS}(V, c) = HS(V, c) \cup \mathcal{E}ll_S(V_c)$ gehört, gelten die Formeln 1., 2., 3. aus 10.6.5.*
2. *Wenn 1. nicht gilt, so trifft die Seite C den Rand $\mathcal{E}ll_S(V_c) = \{c\}^\perp$ der Halbsphäre $HS(V, c)$. In diesem Falle gelten die Formeln 1., 2., 3. aus 10.6.5, wenn man in ihnen $|C|$ durch $\pi - |C|$ und α, β durch $\pi - \alpha, \pi - \beta$ ersetzt.*

Beweis: 1. ist klar. Zum Beweis von 2. bemerken wir, daß das elliptische Dreieck abc ein sphärisches Dreieck mit denselben Eckpunkten a, b, c bestimmt, in welchem jedoch die Seite C durch die Seite $\mathcal{G}_{ac} \setminus C$ der Länge $\pi - |C|$ ersetzt ist und die Winkel α, β durch die Winkel $\pi - \alpha, \pi - \beta$. □

Übungen

1. Klassifiziere in der elliptischen Ebene die Mengen $\{p_1, p_2, p_3\}$ von Punkten mit Abstand $d(p_1, p_2) = d(p_2, p_3) = d(p_1, p_3)$. Gibt es Punkte p_1, p_2, p_3, p_4 mit $d(p_i, p_j) = const.$ für alle $i < j$?
2. Bestimme für ein Viereck mit drei rechten Winkeln in der hyperbolischen Ebene, bei dem a, b die Seitenlängen der die rechten Winkel verbindenden Seiten sind, den vierten Winkel.
3. Zwei sphärische Dreiecke mit gleichen Winkeln sind kongruent.
4. Beschreibe für zwei Geraden $\mathcal{G}_1, \mathcal{G}_2$ im elliptischen Raum $\mathcal{E}ll$ die Menge

$$\{p \in \mathcal{E}ll;\ d(p, \mathcal{G}_1) = d(p, \mathcal{G}_2)\}.$$

5. Für welche $n \geq 3$ gibt es n-Ecke in der hyperbolischen Ebene, bei denen alle Seitenlängen gleich sind und alle Winkel den Wert $\frac{2\pi}{n}$ haben?
6. Untersuche für die 2-Sphäre S^2 und für die elliptische Ebene die Gruppe der winkelerhaltenden Bijektionen (vgl. mit der Isometriegruppe).

Schlußbemerkung: Die nicht-euklidische Geometrie wurde am Beginn des vorigen Jahrhunderts von Gauss, W. Bolay und Lobatschewski konzipiert. Wir haben in diesem Buch nur die Grundlagen und eine begrenzte Auswahl aus den seither gefundenen Resultaten bringen können. Unter den nachfolgenden Literaturhinweisen findet der Leser weiterführende Bücher. Unsere Darstellung soll ihm helfen, bei dem umfangreichen Material die Übersicht zu behalten.

Literaturhinweise

Die in den Kapiteln 1 bis 5 behandelten Gegenstände sind in jedem Lehrbuch der Linearen Algebra mehr oder weniger vollständig zu finden. Ich erwähne hier nur: Bourbaki [5a], Fischer [8a], Greub, Klingenberg-Klein, Kowalski, Oeljeklaus-Remmert. Zu der Herleitung der Jordan-Normalform in 5.4 siehe auch Weyl.

Für die in Kapitel 6 behandelten Vektorräume mit Skalarprodukt oder Norm siehe auch – insbesondere für die Abschnitte 6.2 bis 6.4 – Bourbaki [5b], Dieudonné [7a] und Wloka.

Eine ausgezeichnete Darstellung vom höheren Standpunkt der in den Kapiteln 7 bis 10 behandelten klassischen Geometrie gibt Berger. Aus der älteren Literatur sei auf die Bücher von Blaschke [4a], [4b] hingewiesen. Dazwischen stehen auch die Werke von Kuiper und Pickert. Zu empfehlen ist auch Fischer [8b].

Mehr algebraisch ausgerichtet und weiterführend sind die Bücher von Artin und Baer. Dieudonné [7b] trifft sich vielfach mit unserer Darstellung; zu den Quaternionen (8.4) siehe auch Blaschke [4c]. Zu den Grundlagen der Geometrie, insbesondere zu 9.3, vgl. Klingenberg [11b] und Lingenberg. Zu Kapitel 10 sei auf Coxeter, Klein und Lenz verwiesen. Einen Überblick mit vielen Literaturhinweisen gebe ich in Klingenberg [11a].

Literaturverzeichnis

[1]   Artin, E.: *Geometric Algebra*. New York, N.Y.: Interscience 1957

[2]   Baer, R.: *Linear Algebra and Projective Geometry*. New York, N.Y.: Academic Press 1952

[3]   Berger, M.:

[3a] *Géométrie, 5 vol*. Paris: Cedic/Fernand Nathan 1977

[3b] *Geometry I, II*. Translation from the French by Michael Cole and Silvio Levy. Berlin: Springer 1987

[4]   Blaschke, W.:

[4a] *Analytische Geometrie*, 2. Auflage, Basel: Birkhäuser 1954

[4b] *Projektive Geometrie*, 3. Auflage, Basel: Birkhäuser 1954

[4c] *Nichteuklidische Geometrie und Mechanik*. Leipzig und Berlin: Teubner 1942

[5]   Bourbaki, N.:

[5a] *Eléments de mathématiques I, Livre II: Algébre*. Paris: Hermann 1962 ff.

[5b] *Eléments de mathématiques I, Livre V: Espaces vectoriels topologiques*. Paris: Hermann 1955

[6]   Coxeter, H.S.M.: *Non-euclidian Geometry*. Toronto: The University of Toronto Press 1947

[7]   Dieudonné, J.:

[7a] *Foundations of Modern Analysis*. New York and London: Academic Press 1960

[7b] *Linear Algebra and Geometry*. Paris: Hermann 1969

[8]   Fischer, G.:

[8a] *Lineare Algebra*. Braunschweig: Vieweg 1978

[8b] *Analytische Geometrie*. Braunschweig: Vieweg 1978

[9]   Greub, W.: *Linear Algebra*, 4. ed., New York-Heidelberg-Berlin: Springer 1975

[10] Klein, F.: *Vorlesungen über Nicht-euklidische Geometrie.* Berlin: Springer 1928

[11] Klingenberg, W.:

[11a] *Grundlagen der Geometrie.* Mannheim-Wien-Zürich: Bibliographisches Institut 1971

[11b] *Beziehungen zwischen einigen affinen Schließungssätzen.* Abh. Math. Sem. Hamburg 18, 120-143 (1952)

[12] Klingenberg, W. – Klein, P.: *Lineare Algebra und Analytische Geometrie.* Zwei Bände und ein Übungsband. Mannheim-Wien-Zürich: Bibliographisches Institut 1971-73

[13] Kowalski, H.J.: *Lineare Algebra,* 9. Auflage, Berlin-New York: de Gruyter 1979

[14] Kuiper, N.: *Linear Algebra and Geometry.* Amsterdam: North-Holland Publ. Comp. 1965

[15] Lenz, H.: *Nichteuklidische Geometrie.* Mannheim: Bibliographisches Institut 1967

[16] Lingenberg, R.: *Grundlagen der Geometrie I.* Mannheim-Wien-Zürich: Bibliographisches Institut 1969

[17] Oeljeklaus, E. – Remmert, R.: *Lineare Algebra I.* Berlin-Heidelberg-New York: Springer 1974

[18] Pickert, G.: *Analytische Geometrie.* Leipzig: Akademische Verlagsgesellschaft 1955

[19] Weyl, H.: *Mathematische Analyse des Raumproblems.* Berlin: Springer 1922

[20] Wloka, J.: *Funktionalanalysis und Anwendungen.* Berlin-New York: de Gruyter 1971

Index

Abbildung 1
-, affine 134
-, bijektive 1
-, identische 1
-, injektive 1
-, inverse 1
-, lineare 19
-, normale 117
-, orthogonale 117
-, selbstadjungierte 117
-, surjektive 1
-, transponierte 38
-, unitäre 117
abgeschlossene Menge 103
Ableitung d/dt 38
Absolutbetrag 98
Abstand 103
    -, elliptischer 263
    -, hyperbolischer 248
    -, sphärischer 278
Achsen eines affinen Bezugssystems 219
Addition 11
    -, in einer allgemeinen affinen Ebene 219
Additionstheoreme 172, 247
affine Abbildung 134
affine Starrheit 153
Affinität 134
affine Ebene, allgemeine 132
affines Erzeugnis 132
affiner Raum 129
affin-euklidischer Raum 159
affin-unitärer Raum 159
Algebra, K-Algebra 34

Allgemeine lineare Gruppe $GL(V)$ 21
Allgemeine lineare Gruppe $GL(n, K)$ 45
alternierende Gruppe A_n 60
Ankreis 186
Approximationssatz von Weierstrass 102
Äquivalenzklasse 8
Äquivalenzrelation 7
Assoziativgesetz 3, 11, 17, 220, 221
Asymptoten 190
Außenwinkel im Dreieck 181
Austauschlemma 26
Austauschsatz (v. Steinitz) 26
    -, kleiner 25
Automorphismus 7
    -, innerer 7
    -, linearer 20
    -, isometrischer 117

Ball 103
    -, abgeschlossener 103
    -, offener 103
Ballmodell
    -, des elliptischen Raumes 268
    -, des hyperbolischen Raumes 251
Banachraum 104
Baryzentrum 130
baryzentrischer Kalkül 130
Basis (Basissystem) 24
    -, affine 136
    -, zu einem projektiven Bezugssystem 209

-, duale 36
-, kanonische 24
Besselsche Ungleichung 111
beste Approximation 110
Bewegung 159
 -, eigentliche 159
 -, (eigentliche) elliptische 262
 -, (eigentliche) hyperbolische 246
Bezugssystem
 -, affines 136, 219
 -, elliptisches 264
 -, hyperbolisches 249
 -, projektives 209
 -, unitäres 161
Bild 1
Bild von f, im f 6
Brennpunkte 189, 190

Cauchy-Folge 104
Cauchy-Schwarzsche Ungleichung 103
Cayleysche Oktaven 178
Ceva, Satz von 142
charakteristisches Polynom 72, 73
$\mathcal{C}(I; \mathbb{R})$, Menge der stetigen Funktionen 35
Cliffordfläche 276
Cliffordparallelen 275
Codimension 28, 132
Cosinussatz 105, 182
 -, hyperbolischer 260
 -, sphärischer 279
Cramersche Regel 67

Dandelinsche Sphären 199
Darstellungssatz von Riesz 116
Desargues, Satz von 145, 215
Determinante 60, 73
 -, Gramsche 125
 -, Vandermondsche 69
Determinantenabbildung 60
Diagonaldreieck eines vollständigen Vierecks 229
Diametralpunkte 208
Dilatation 211
Dimension

-, eines affinen (Unter-) Raums 132
-, eines elliptischen (Unter-) Raums 262
-, eines hyperbolischen (Unter-) Raums 246
-, eines projektiven (Unter-) Raums 159
-, eines sphärischen (Unter-) Raums 278
-, eines Vektorraums 26
$\mathcal{D}(I; \mathbb{R})$, Menge der einmal differenzierbaren Funktionen 39
Dimensionsformel
 -, für affine Räume 132
 -, für projektive Räume 208
 -, für Unterräume 29
 -, für Vektorräume 28
Distributivgesetz 11, 17
direkte Summe 19
Doppelverhältnis 224
Dreieck
 -, euklidisches 181
 -, orientiertes 181
 -, elliptisches 281
 -, hyperbolisches 259
 -, sphärisches 279
Dreiecksgeraden 181
Dreiecksgleichung 263, 278
Dreiecksregel 130
Dreiecksungleichung 103
Dualraum 34
 -, $L(V; K)$ oder V^* 34
 -, $L_b(V; K)$ oder V_b^* 116

E_{kl} 42
Ebene
 -, affine 132
 -, elliptische 262, 266
 -, hyperbolische 246, 255
 -, projektive 207
 -, sphärische 278
Ecke eines Dreiecks 181, 259, 279, 281
Eigenwert 71

Index

Eigenraum 71
  -, verallgemeinerter 80
Eigenvektor 71
  -, verallgemeinerter 80
Einheitspunkt
  -, eines projektiven Bezugssystems 209
  -, eines affinen Bezugssystems 219
Einparametergruppe 272
Ellipse 189
elliptische Bewegung 262
elliptische Koordinaten 197
elliptischer (Unter-) Raum 262
endlich erzeugt 26
Erweiterung einer linearen Abbildung 24
Erzeugende eines Kegels 200
Erzeugendensystem 22
erzeugter Unterraum 132
Euklidischer Algorithmus 75
Evaluierungsabbildung ev 20
Exzentrizität 190

f_A, die durch eine Matrix A bestimmte lineare Abbildung 41
f_φ, die zu einer Affinität φ gehörende lineare Abbildung 134
Familie von Elementen 18
Fokalpunkte 190
Fourierpolynom 114
Fourierreihe, formale 114
freies System, frei 22
Fundamentalmatrix
  -, einer hermiteschen Form 122
  -, einer symmetrischen Form 146
Fundamentalsatz
  -, der Algebra 76
  -, reelle Fassung 76
  -, der projektiven Geometrie 216
  -, für euklidische Dreiecke 182
  -, über lineare Gleichungssysteme 54

Gärtnerformeln 192

Gaußsches Eliminationsverfahren 56
Gegenseiten eines vollständigen Vierecks 229
Gerade
  -, affine 132, 218
  -, elliptische 262
  -, hyperbolische 246
  -, projektive 207, 218
  -, sphärische 278
Gewichte 130
gleichorientiert 170
Grad eines Polynoms 72
Gruppe 3
  -, abelsche 4
  -, allgemeine lineare 21, 45
  -, alternierende 60
  -, Kleinsche Vierergruppe 226
  -, kommutative 4
  -, Lorentzgruppe 244
  -, orthogonale 117
  -, orthogonale bezüglich $\langle , \rangle_L$ 244
  -, spezielle lineare 65
  -, spezielle orthogonale 119
  -, spezielle unitäre 119
  -, symmetrische 47, 58
Gruppe der Affinitäten $\text{Aff}(\mathcal{A})$ 135
Gruppe der Projektivitäten $Pro(\mathcal{P})$ 209
Gruppenaxiome 3
Gruppenmorphismus 5

$\mathbb{H}$, Quaternionen 177, 257
$\tilde{\mathbb{H}}$ 257
Halbgerade 173
Halbsphäre 267
Halbsphärenmodell von $\mathcal{E}ll$ 267
Hamilton-Cayley, Satz von 78
Hauptachsen bei konfokalen Kegelschnitten 196
Hauptachsentransformation 122
Hauptsatz über quadratische Funktionen 148
  -, in affin-euklidischen Räumen 165

Hauptsatz über symmetrische Bilinearformen 146
hermitesche Form 121
Hessesche Normalform 165
Hessenberg, G. 221
Hilbert, D. 221
Hilbertbasis 111
Hilbert-Dualraum 116
Hilbertraum 109
Höhenlinie in einem Dreieck 184
Höldersche Ungleichung 106
homogene Koordinate 209
homogenes lineares Gleichungssystem 55
Homomorphiesatz für Gruppen 10
Homothetie 208, 211
Hyperbel 190
hyperbolische Bewegung 246
hyperbolischer (Unter-) Raum 246
Hyperboloidmodell von $\mathcal{H}yp$ 248
Hyperebene
-, affine 132
-, hyperbolische 246
-, projektive 207
Hyperebenenspiegelung 163, 245

identische Abbildung 1
im f, Bild von f 6
Inkreis 184
Integral 35
inverse Abbildung f^{-1} 1
Inversion an der Sphäre 253
Involution 229
isometrisch 117
Isomorphismus 7
-, linearer 20

Jordanmatrix $J_m(\lambda)$ 80
-, reelle $J_{2m}(\alpha, \beta)$ 89
Jordan-Normalform 84
-, reelle 89

kanonische Basis 24, 42
Karte (durch eine Basis bestimmt) 27
-, sphärische 267

Kegel 235
ker f, Kern von f 6
Klassifikationssatz
-, für affine Quadriken 153
-, für euklidische Quadriken 168
Klassifikationstheorem 49
Kleinsche Vierergruppe 226
Körper 11
Körperautomorphismus 138
Kofaktor 66
Kollineation 137
Komplement 28
komplexe Erweiterung $V_\mathbb{C}$ eines $\mathbb{R}$-Vektorraums V 87
komplexe Konjugation 12, 87
komplexe Zahlen 12
Komposition 2
konfokale Kegelschnitte 196
konformes Modell
-, des elliptischen Raumes 268
-, der hyperbolischen Raumes 251
Kongruenz 159
Kongruenzsätze für Dreiecke 183
Kongruenzsatz
-, für affin-euklidische Räume 162
-, für unitäre Vektorräume 161
konjugierte Elemente in einem Ring 58
konjugierte Matrizen 73
konjugierte Quaternionen 178
konjugiert-lineare Abbildung 97
konvergente Folge 104
Koordinate 27, 140
-, homogene 209
Koordinatendarstellung einer linearen Abbildung 43
Koordinatentransformation 43
Kroneckersymbol 36

l_K^2, Hilbertraum der Folgen 109
LGS, lineares Gleichungssystem 53, 55

$L(V;W)$, Menge der linearen Abbildungen 33
Länge einer Dreiecksseite 181, 259, 279, 281
Laplacescher Entwicklungssatz 66
Leitlinie 190
Limes einer konvergenten Folge 104
linear unabhängig, linear abhängig 22
lineare Abbildung 19
-, normale 117
-, orthogonale 117
-, selbstadjungierte 117
-, unitäre 117
lineare Funktion 139
lineare Hülle 22
Linearform 34
linearer Operator 115
lineares Erzeugnis 22
lineares Gleichungssystem, LGS 53, 55
-, homogenes 55
-, zugehöriges homogenes 55
Linkstranslation, Linksbahn 4, 273
Lorentzform 243
Lorentzgruppe 244
-, spezielle 245
Lösung eines LGS 53
-, allgemeine 55
-, partikuläre 55
Lösung eines Systems linearer Differentialgleichungen 85
Lot, Lotfußpunkt 162, 260, 280

Matrizen, (m,n)-Matrizen 41
-, ähnliche 48
-, Diagonal- 46
-, Dreiecks- 46
-, nilpotente 95
-, schiefsymmetrische 69
-, skalare 46
maximale freie Teilmenge 25
Maximumsnorm 102
Menelaos, Satz von 142
Menge, abgeschlossene, offene 103

metrischer Raum 103
-, vollständiger 104
Minkowskische Ungleichung 106
Minimalpolynom 78
minimales Erzeugendensystem 25
Mittelpunktsquadrik 168
Mittelpunkt einer Quadrik 168
Mittelsenkrechte in einem Dreieck 184
Modul, R-Modul 17
Morley, Satz von 188
Morphismus 5
Multiplikation 11
-, in einer allgemeinen affinen Ebene 219

Nebenachse bei konfokalen Kegelschnitten 196
nicht-entartete Form 123, 146
Norm 98, 102
Normaldarstellung von Quadriken 166
Normalteiler 9
normierter Vektorraum 102
Nullraum 123, 146, 243

obere Halbebene OH 259
offene Menge 103
Operator, linearer 115
-, normaler 117
-, orthogonaler 117
-, selbstadjungierter 117
-, unitärer 117
Ordnung von S_n, A_n 60
orientiert, Orientierung 171
-, positiv, negativ 171
orthogonale Gruppe 117
-, spezielle 119
orthogonale Unterräume 98, 100, 162, 232
-, Vektoren 98
Orthonormal-Basis, ON-Basis 98, 243
Orthonormalsystem 98
Orthonormalisierungsverfahren von Gram-Schmidt 99

Ortsvektor 130

Paarung, natürliche 35
Pappos-Pascal, Satz von 144, 214
Parabel 190
    -, Parameter einer 190
parallel 133, 218
    -, links- oder rechts- 274, 275
Parallelepiped 125
Parallelogramm 275
Parallelogrammgleichung 105
Parallelogrammregel 130
Parsevalsche Gleichung 112
Parsevalsche Identität 112
Partition 8
p-Norm 106, 107
Permutation 3
    -, gerade, ungerade 59
Pfaffsche einer Determinante 69
Poincarésche Halbebene 259
Polynom 11, 19, 72
polares Dreieck 280
Polarkoordinaten 193
Polarität 234
positiv unendlich 248
positiver Sektor 175
Positivitätsbereich 244
Potenz eines Punktes bezüglich einer Sphäre 253
Prähilbertraum 109
Produkt von Matrizen 44
Projektion 19
Projektion von $\mathcal{A}$ in $\mathcal{B}$ 135
projektive Abbildung 208
projektive Ebene, allgemeine 218
projektive Erweiterung eines affinen (Unter-) Raums 213
$\mathcal{P}_\infty$, projektive Erweiterung eines Körpers 224
projektive Kollineation 216
projektive Koordinate 209
projektiver (Unter-) Raum 207
Projektivität 208
$\psi_f: K - t - \longrightarrow L(V;V)$ 77

Pythagoras, Satz des 106, 182, 260, 279

quadratische Funktion 147
Quadrik
    -, affine 150
    -, affin-unitäre 166
    -, eigentliche projektive 235
    -, $(n-1)$-dimensionale 151
Quaternionen(-körper) 177, 257
    -, reelle 178
    -, reine 178

Rang
    -, einer linearen Abbildung 47
    -, einer hermiteschen Form 123
    -, einer Matrix 47
rationale Funktion 11
Rechtstranslation, Rechtsbahn 4
Regel von Sarrus 64
Restklasse 8
Richtung
    -, eines affinen Unterraums 132
    -, eines Strahls 173
Riesz, Darstellungssatz von 116

S_n, symmetrische Gruppe 47, 58
Scheitel, Haupt- und Neben- 189, 190
Schließungssatz 144, 222
Schmetterlingssatz 220
Schwerpunkt 130
Seite eines Dreiecks 181, 259, 279, 281
Seitenhalbierende in einem Dreieck 184
selbstadjungiert 117
separabel 109
Sinussatz 182
    -, Ergänzung zum 187
    -, hyperbolischer 260
    -, sphärischer 279
Skalar 17
Skalarprodukt, SKP 97
    -, kanonisches 98, 110
Spalte, j-te einer Matrix 41

Spektralwert 119
Sphäre 103, 105
sphärischer (Unter-) Raum 278
sphärische Bewegung 278
sphärisches Modell für $\mathcal{E}ll$ 267
Spiegelung 127, 163, 229
Spur einer Matrix bzw. linearen Abbildung 72, 73
Stabilität der Nullösung 92
v. Staudt, Hauptsatz von 231
stereographische Projektion 251, 268
stetige lineare Abbildung 104
Strahl 173
Strahlensatz 141
Streichungsmatrix $S_{ij}(A)$ 66
streng konvex 105
Study, E. 273
symmetrische Bilinearform 121, 146
-, eigentliche 232
symmetrische Gruppe S_n 47, 58
Sylvester, Trägheitssatz von 124, 146
System von n linearen Differentialgleichungen mit konstanten Koeffizienten 85

Tangentialraum 249, 252, 264
Tangentialvektor 249
Teilverhältnis 140
Tetraeder, allgemeines 133
Thales, Satz des 141, 187
topologisch-äquivalente Normen 104
Translation 129
transponierte Abbildung 38
Transposition 58
Transvektion 212

Umkehrabbildung f^{-1} 1
uneigentliche Punkte
-, eines affinen Raums 211

-, einer allgemeinen affinen Ebene 218
unendlich ferner Punkt
-, eines affinen Raumes 211
-, eines hyperbolischen Raumes 246
unitäre Gruppe 119
-, spezielle 119
Untergruppe 4
-, der inneren Automorphismen 7
-, invariante 9
Untergruppenkriterium 5
Untermodulkriterium 18
Urbild 1
Ursprung
-, eines Raumes 130
-, eines Strahls 173

Vektorprodukt 176
Vektorraum, R-Vektorraum 17
-, euklidischer 97
-, normierter 102
-, unitärer 97
Verfasser 221
Verknüpfung 3
vollständiges Viereck 229
Volumen eines Parallelepipedes 125
Vorzeichen einer Permutation 59

Winkel 175
-, orientierter 173
Winkel an Parallelen 174
Winkel eines Dreiecks 181, 259, 279, 281
Winkelhalbierende 175, 184

Zeile, i-te einer Matrix 41
Zeilenstufenform einer Matrix 56
Zentrum einer Gruppe 10
Zornsches Lemma 25

Wilhelm Klingenberg

DER WEITE WEG ZUM KAILAS

Mit dem Rucksack auf der Seidenstraße und in Tibet

Mit Karten der Reiserouten, 257 Seiten
ISBN 3-8902199-5-X
Fabri-Verlag, Ulm 1992

Nicht ohne Mühen - und wiederholt vergeblich - folgt der Autor den frühen Reisenden, umkreist und umreist das Gebiet, das ihn so sehr fasziniert - das ehemals "verschlossene" Tibet.

Von Tag zu Tag begleiten wir den Wanderer, haben teil an seinen lustigen Begegnungen als bescheidener Einzelreisender, an den überwältigenden landschaftlichen Eindrücken.

Die witzig-kritischen Schilderungen voller Situationskomik gehen in ihrer "Laienhaftigkeit" - im besten Sinne - besonders zu Herzen. Selbst der routinierteste Asienfahrer wird sich an den lebendigen Schilderungen freuen, wird sich gern an seine eigene Reisen erinnern und zu neuen Abenteuern inspirieren lassen.

Dr. Veronika Ronge

Fabri Verlag

Ab 1992 bei Springer-Verlag

Mathematische Semesterberichte

Geschäftsführender Herausgeber: N. Knoche, Essen

Die Mathematischen Semesterberichte wurden im Jahre 1932 durch H. Behnke und O. Toeplitz gegründet. Sie widmen sich zwei Aufgabenbereichen:
- der Fortbildung von Mathematikern, die als Lehrer oder Diplommathematiker im Berufsleben stehen

und
- grundlegenden didaktischen Fragen des Lehrens und Lernens von Mathematik an Schule und Hochschule

Aus diesem doppelten Aufgabenbereich ergibt sich eine Stellung der Zeitschrift zwischen rein fachwissenschaftlichen Journalen und Zeitschriften, die sich ausschließlich didaktischen Fragestellungen widmen.

Der Intention der Zeitschrift entsprechen die Rubriken „Mathematik in Forschung und Anwendung", „Mathematik in Studium und Unterricht" und „Mathematik in historischer und philosophischer Sicht".

In allen Rubriken umfaßt Mathematik die Informatik.

Die Rubrik „Probleme und Lösungen" dient der Kommunikation. Hier können Fragestellungen diskutiert werden, aber auch gezielt Probleme angesprochen werden, deren Lösung für die eigene Forschung relevant ist.

Bezugsbedingungen 1992:

ISSN 0720-728X   Titel Nr. 591
Bd. 39 (2 Hefte) DM 68,-*
zzgl. Versandkosten: BRD DM 3,53;
andere Länder DM 6,70

*gebundener Preis

Springer-Verlag
Berlin
Heidelberg
New York
London
Paris
Tokyo
Hong Kong
Barcelona
Budapest

Springer-Verlag und Umwelt

Als internationaler wissenschaftlicher Verlag sind wir uns unserer besonderen Verpflichtung der Umwelt gegenüber bewußt und beziehen umweltorientierte Grundsätze in Unternehmensentscheidungen mit ein.

Von unseren Geschäftspartnern (Druckereien, Papierfabriken, Verpackungsherstellern usw.) verlangen wir, daß sie sowohl beim Herstellungsprozeß selbst als auch beim Einsatz der zur Verwendung kommenden Materialien ökologische Gesichtspunkte berücksichtigen.

Das für dieses Buch verwendete Papier ist aus chlorfrei bzw. chlorarm hergestelltem Zellstoff gefertigt und im ph-Wert neutral.

Druck: Weihert-Druck GmbH, Darmstadt
Bindearbeiten: Theo Gansert Buchbinderei GmbH, Weinheim

Wie können wir unsere Lehrbücher noch besser machen?

Diese Frage können wir nur mit Ihrer Hilfe beantworten. Zu den unten angesprochenen Themen interessiert uns Ihre Meinung ganz besonders. Natürlich sind wir auch für weitergehende Kommentare und Anregungen dankbar.

Unter allen Einsendern der ausgefüllten Karten aus **Springer-Lehrbüchern** verlosen wir pro Semester **Überraschungspreise** im Wert von insgesamt **DM 5000.-!**

(Der Rechtsweg ist ausgeschlossen)   Springer-Verlag

Damit wir noch besser auf Ihre Wünsche eingehen können, bitten wir Sie, uns Ihre persönliche Meinung zu diesem Springer-Lehrbuch mitzuteilen.

Zu welchem Zweck haben Sie dieses Buch gekauft?

Bitte kreuzen Sie an:	++		0		--
Didaktische Gestaltung	❏	❏	❏	❏	❏
Qualität der Abbildungen	❏	❏	❏	❏	❏
Erläuterung der Formeln	❏	❏	❏	❏	❏
Sachverzeichnis	❏	❏	❏	❏	❏

- ❏ zur Prüfungsvorbereitung im Prüfungsfach _____
- ❏ Verwendung neben einer Vorlesung
- ❏ zur Nachbereitung einer Vorlesung
- ❏ zum Selbststudium
- ❏ _____

	mehr		gerade richtig		weniger
Aufgaben	❏	❏	❏	❏	❏
Beispiele	❏	❏	❏	❏	❏
Abbildungen	❏	❏	❏	❏	❏
Index	❏	❏	❏	❏	❏
Symbolverzeichnis	❏	❏	❏	❏	❏

Anregungen:

_____
_____
_____
_____

Klingenberg: Lineare Algebra und Geometrie

Absender:
_____
_____
_____

Ich bin:

❏ Student im _____ -ten Fachsemester
❏ Grundstudium   ❏ Hauptstudium
❏ Diplomand   ❏ Doktorand
❏ _____

Fachrichtung

❏ Mathematik   ❏ Physik
❏ Informatik   ❏ _____

Hochschule/Universität
_____

❏ U   ❏ TU   ❏ TH   ❏ FH

Bitte freimachen

Antwort

An den
Springer-Verlag
Planung Mathematik
Tiergartenstraße 17

W-6900 Heidelberg